畜禽屠宰行业兽医卫生检验人员培训系列教材

全国牛羊屠宰兽医卫生检验人员培训教材

中国动物疫病预防控制中心
（农业农村部屠宰技术中心） 编

中国农业出版社
北 京

目 录

第一章

屠宰检验检疫概论

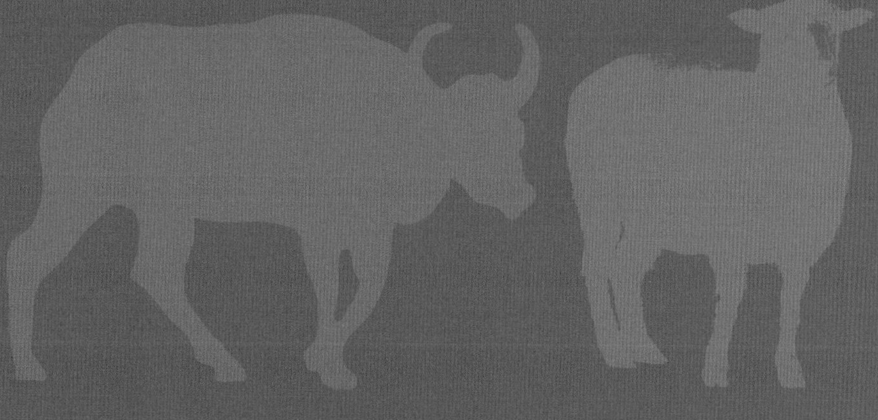

第一节　我国屠宰检验检疫发展概况

实施屠宰检验检疫是保障畜禽屠宰产品质量安全的重要环节，且其效果与国家的经济发展总体水平和屠宰产业发展水平密切相关。新中国成立后，屠宰检验检疫主要经过了以下几个发展阶段。

一、“企业自检、部门监督”阶段

1955年8月8日，国务院发布了《关于统一领导屠宰场及场内卫生和兽医工作的规定》，针对屠宰场及场内卫生和兽医工作领导关系尚未统一的问题，明确屠宰场及场内卫生和兽医工作由商业部门及所属的食品公司负责，屠宰场的建筑设备、环境卫生、肉品加工、储运和销售方面的卫生要求由卫生部门监督和指导，屠宰场的兽医工作由农业部门监督和指导，出口肉类的检验与品级鉴定由屠宰场负责，但肉品检验与品质鉴定由对外贸易部商品检验局监督与检查。

为加强对肉品的安全利用，保障人身健康和防止畜禽疫病的传播，1959年11月1日，农业部、卫生部、对外贸易部、商业部联合发布了《肉品卫生检验试行规程》(试行)，简称“四部规程”，进一步明确各地商业部门领导所属屠宰厂（场）按照该规程进行肉品卫生检验，卫生、农业部门对该规程的执行情况进行监督指导，对外贸易部门对出口肉品的检验进行监督检查。这一阶段，屠宰厂（场）须按照该规程的规定，负责家畜（猪、牛、羊、马、骡、驴）、家禽（鸡、鸭、鹅）以及家兔的肉尸和内脏检验，各部门按照职责分工对企业进行监督管理。

二、“分类检疫、农业部门统一监管”阶段

1985年2月14日，国务院发布了《家畜家禽防疫条例》，同年8月7日，农牧渔业部下发了《家畜家禽防疫条例实施细则》，提出屠宰厂、肉类联合加工厂的畜禽防疫、检疫工作，由厂方负责，并出具检疫证明，加盖验讫印章，农牧部门进行监督检查。其他单位、个人屠宰家畜，必须由当地畜禽防疫机构或其委托单位实施检疫，出具畜产品检疫证明，胴体须加盖验讫印章。

1992年4月8日，农业部修订并发布新的《家畜家禽防疫条例实施细则》，继续

明确屠宰厂、肉类联合加工厂生产的畜禽产品由厂方实施检验检疫，厂方要有专门兽医卫生检验机构、专职工作人员、检验检疫人员和设备。这个时期，屠宰检疫实行分类管理，具备条件的屠宰厂、肉类联合加工厂，由企业自检，农牧部门实施辖区内的兽医卫生监督管理，其他屠宰厂则由农业部门负责检疫。

三、"两检并立、稳步推进"阶段

1997年7月3日颁布的《中华人民共和国动物防疫法》（以下简称《动物防疫法》）依然延续了之前的规定，即屠宰检疫由企业负责。而在2007年，新修订的《动物防疫法》规定，动物卫生监督机构的官方兽医实施屠宰检疫，并一直沿用至今。2022年10月30日修订通过的《中华人民共和国畜牧法》（以下简称《畜牧法》），增加了"畜禽屠宰"一章，明确对生猪以外的其他畜禽可以实行定点屠宰，具体管理办法由省、自治区、直辖市制定。并提出畜禽屠宰经营者应当建立畜禽屠宰质量安全管理制度，未经检验、检疫或者检验、检疫不合格的畜禽产品不得出厂销售。这一阶段，明确了畜禽屠宰企业负责肉品品质检验，屠宰检疫由动物卫生监督机构的官方兽医实施。

2013年按照《国务院机构改革和职能转变方案》的要求，农业部负责农产品质量安全监督管理。按照该方案要求，畜禽屠宰环节质量安全监管职责由农业部门承担，牛羊屠宰检疫、肉品品质检验等由农业部门监管。

近年来，随着屠宰行业法律法规和监管体系的不断完善，牛羊屠宰行为逐步规范，牛羊屠宰产品质量安全水平不断提升，牛羊屠宰行业稳步发展。

四、兽医卫生检验人员的法律地位与职责

2016年，《国务院关于取消一批职业资格许可和认定事项的决定》（国发〔2016〕68号）规定，取消肉品品质检验人员资格，将其纳入兽医卫生检验人员资格统一实施。2022年修订的《畜牧法》中明确畜禽屠宰企业应当具备的条件之一是"有经考核合格的兽医卫生检验人员"，至此，兽医卫生检验人员具备了法律地位。

第二节　牛羊屠宰检验检疫的内容

牛羊屠宰检验检疫包括牛羊屠宰肉品品质检验和牛羊屠宰检疫。肉品品质检验

由屠宰企业的兽医卫生检验人员实施，屠宰检疫由动物卫生监督机构的官方兽医实施。按照《动物防疫法》，屠宰企业的执业兽医或者动物防疫技术人员，应当协助官方兽医实施检疫。

一、肉品品质检验的内容及处理

《畜牧法》规定，畜禽屠宰企业应当建立畜禽屠宰质量安全管理制度。肉品品质检验应当与屠宰操作同步进行，并如实记录检验结果。

肉品品质检验包括宰前检验和宰后检验，主要检验内容包括牛羊健康状况，动物疫病以外的疾病，注水或注入其他物质，有害腺体，有毒有害非食品原料，黄疸，肉品卫生状况，以及国家规定的其他检验项目，牛肉品品质检验还包括DFD肉，羊肉品品质检验还包括黄脂、种公羊等的检验及处理。

经肉品品质检验合格的，对胴体、内脏、头、蹄等牛羊产品出具肉品品质检验合格证，准予出厂（场）。屠宰的种公羊，出厂前应标明“种公羊”。经检验不合格的牛羊产品及有害腺体等，应在兽医卫生检验人员的监督下，按照国家有关规定处理，并如实记录处理情况。未经肉品品质检验或者经检验不合格的牛羊产品，不得出厂。应及时记录检验结果和不合格牛羊产品处理情况。检验记录保存期限不得少于2年。

二、屠宰检疫的内容及处理

动物卫生监督机构的官方兽医按照《动物防疫法》《动物检疫管理办法》等法律法规要求，严格执行牛羊屠宰检疫规程，认真履行屠宰检疫职责。牛羊屠宰检疫是按照国家规定的检疫范围和对象实施检疫。根据《农业农村部关于印发〈生猪产地检疫规程〉等22个动物检疫规程的通知》（农牧发〔2023〕16号）要求，牛屠宰检疫对象是口蹄疫、布鲁氏菌病、炭疽、牛结核病、牛传染性鼻气管炎（传染性脓疱外阴阴道炎）、牛结节性皮肤病和日本血吸虫病，羊屠宰检疫对象是口蹄疫、小反刍兽疫、炭疽、布鲁氏菌病、蓝舌病、绵羊痘和山羊痘、山羊传染性胸膜肺炎、棘球蚴病和片形吸虫病。根据检疫规程规定，牛羊屠宰检疫环节主要包括检疫申报、宰前检查和同步检疫等。

检疫合格的，对牛羊的胴体及生皮、原毛、绒、脏器、血液、蹄、头、角出具动物检疫证明，加盖检疫验讫印章或者加施其他检疫标志。经检疫，怀疑患有动物疫病的，由官方兽医出具检疫处理通知单，向农业农村部门或者动物疫病预防控制机构报告，并由货主采取隔离等控制措施。官方兽医应当做好检疫申报、宰前检查、同步检疫、检疫结果处理等环节记录。检疫申报单和检疫工作记录保存期限不得少于12个月。电子记录与纸质记录具有同等效力。

第三节　兽医卫生检验人员岗位技能要求

牛羊屠宰兽医卫生检验人员是指依据国家有关法律、法规、规章、标准和规程，经考核合格，对屠宰的牛羊及其产品进行肉品品质检验，并协助实施检疫工作的人员。屠宰企业兽医卫生检验人员通过系统的培训，应当掌握动物检验检疫相关法律、法规、标准和规程，应当具备牛羊解剖学、兽医病理学、兽医病原学的基础知识，掌握屠宰检疫规程规定的传染病和寄生虫病的临床症状与病理变化，掌握品质不合格肉品的检验方法，掌握牛羊宰前与宰后检查的岗位设置、检查内容、检查流程与检查操作技术，掌握检验检疫不合格肉的处理流程与方法。

一、专业知识要求

（一）法律法规和标准知识

我国颁布实施的与牛羊屠宰检验检疫相关的法律法规有《中华人民共和国动物防疫法》《中华人民共和国畜牧法》《中华人民共和国食品安全法》《中华人民共和国农产品质量安全法》《中华人民共和国生物安全法》和《重大动物疫情应急条例》等，兽医卫生检验人员应了解上述法律法规中的相关内容。同时，兽医卫生检验人员要了解《动物检疫管理办法》《动物防疫条件审查办法》《病死畜禽和病害畜禽产品无害化处理管理办法》《畜禽标识和养殖档案管理办法》等行政规章中的内容。此外，还要熟悉《一、二、三类动物疫病病种名录》和《人畜共患传染病名录》中收录的有关牛羊疫病和人畜共患传染病的种类，熟悉《病死及病害动物无害化处理技术规范》中的相关要求。

牛羊屠宰检验检疫涉及的标准、规程较多，兽医卫生检验人员应熟悉和了解GB 18394《畜禽肉水分限量》、GB 12694《食品安全国家标准　畜禽屠宰加工卫生规范》、GB/T 19477《畜禽屠宰操作规程　牛》、GB/T 43562《畜禽屠宰操作规程　羊》、GB 51225《牛羊屠宰与分割车间设计规范》、NY/T 3384《畜禽屠宰企业消毒规范》以及《反刍动物产地检疫规程》《牛屠宰检疫规程》《羊屠宰检疫规程》等标准、规程的相关要求。牛羊屠宰兽医卫生检验人员应关注农业农村部等相关单位发布的动物防疫、屠宰检疫等制度文件。

（二）兽医卫生检验基础知识

1.熟悉牛羊解剖学知识，掌握运动系统、消化系统、呼吸系统、泌尿系统、生殖系统、循环系统、淋巴系统和内分泌系统的主要解剖结构。

2.熟悉牛羊屠宰检验检疫常见病理变化，包括头蹄、内脏器官、胴体和淋巴结等的病理变化。

3.熟悉兽医病原学知识，包括病原微生物学基础知识和牛羊屠宰检疫对象涉及的病原等。

4.兽医传染病学、兽医寄生虫病学等基础知识，以及《牛屠宰检疫规程》《羊屠宰检疫规程》规定的检疫对象的临床症状、病理变化、诊断要点等。

5.肉品品质检验基础知识，掌握牛羊常见的与肉品品质检验相关疾病的临床症状、病理变化、诊断要点及处理方法。掌握品质异常肉基础知识及处理方法。

6.肉品卫生学基础知识，掌握人畜共患病、食品动物中禁止使用的药品及其他化合物等有毒有害非食品原料的危害及防控等知识。

7.实验室检验基础知识，掌握感官检验知识，熟悉理化检验和微生物学检验基础知识。

二、技能要求

（一）牛羊屠宰检查基本方法

1.宰前动态、静态、食态等群体检查方法。

2.宰前视诊、听诊和触诊等个体检查方法。

3.宰后视检、嗅检、触检和剖检等方法。

（二）牛羊宰前和宰后检查技术

1.牛羊屠宰检查岗位及其检查内容。

2.牛羊屠宰检查操作技术。

3.检查结果处理方法。

（三）实验室检验技术

1.采样方法及要求。

2.肉品感官检验方法。

3.水分和挥发性盐基氮等常见理化指标检验方法。

4.有毒有害非食品原料的检验方法。

5.微生物学检验方法。

思考题:

1.牛羊屠宰兽医卫生检验人员的法律职责与地位是如何确定的?
2.牛羊屠宰肉品品质检验的主要内容是什么?不合格产品如何处理?
3.牛、羊屠宰检疫的实施机构及人员有哪些?
4.牛、羊屠宰检疫对象都有哪些?

第二章

屠宰检验检疫设施设备及卫生管理

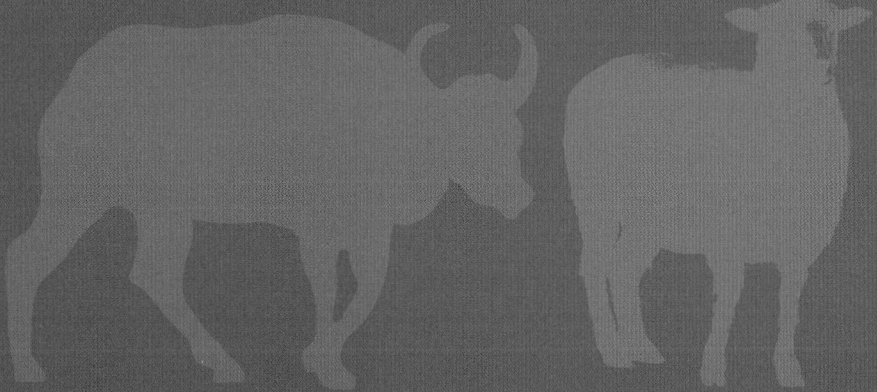

第一节 检验检疫设施设备要求

一、同步检验检疫设施

牛羊宰后应实施同步检验检疫。同步检验检疫是指与屠宰操作相对应，将牛羊的头、蹄、内脏与胴体生产线同步运行，由检验检疫人员对照检查和综合判断的一种检验方法（图2-1、图2-2）。为实现同步检验检疫，屠宰车间内需要设置同步检验检疫设施。

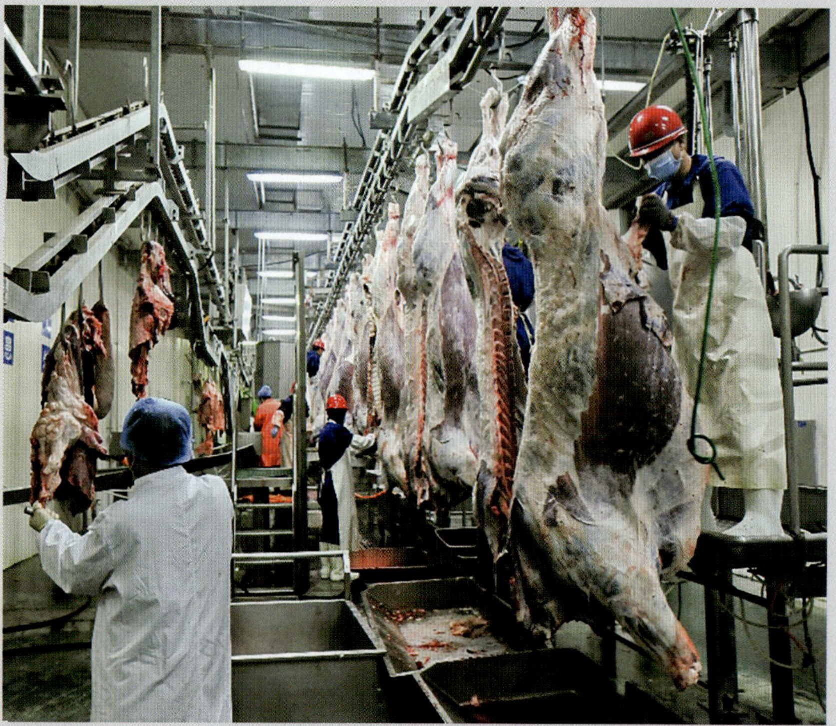

图2-1 牛屠宰与检验检疫同步

在屠宰流水线上设置了同步检验检疫设施的屠宰企业，摘除的内脏、头蹄与胴体同步运行、同步检验检疫，因此红脏、白脏和头蹄可以不用编号，为了与待宰圈编号对应，只在主轨道的胴体上挂编号牌即可（图2-3）。

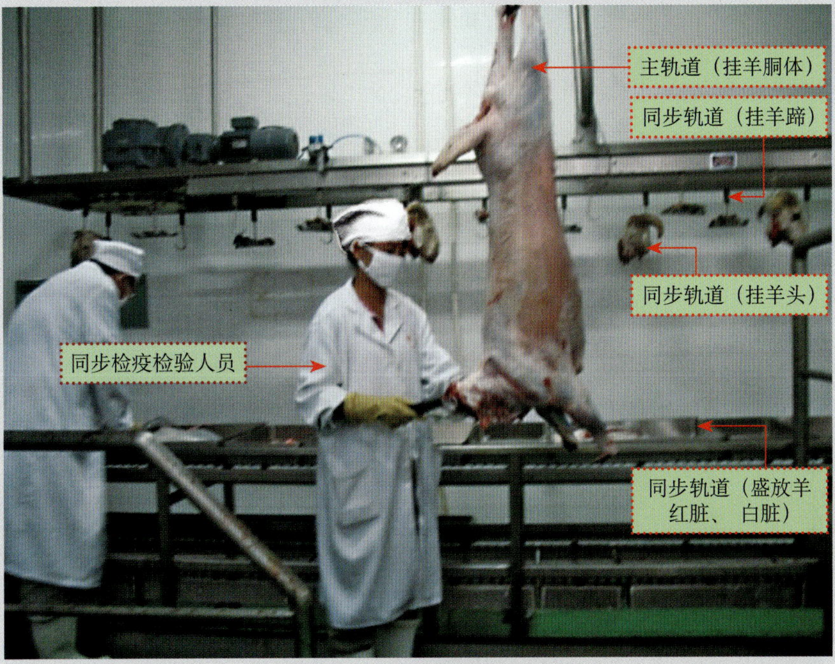

图2-2 羊宰后同步检验检疫

图2-3 主轨道胴体上挂编号牌

没有同步检验检疫设施的企业，胴体和离体的头蹄及红脏、白脏采取统一编号方法对照检查，以便检验检疫人员发现病变时，及时查出该病畜的胴体及内脏并进行处理。在内脏检验检疫点处应设检验检疫工作台、内脏输送滑槽及清洗消毒设施。

二、疑病胴体间和疑病胴体轨道

疑病胴体间是宰后检验和确诊可疑胴体的场所；疑病胴体轨道是从胴体生产线轨道上分支出来的一条轨道。按照GB 51225《牛羊屠宰与分割车间设计规范》的规定，在胴体检验工序后，胴体加工轨道上必须设置疑病胴体的分支轨道。分支轨道可与胴体加工轨道形成一个回路，或将分支轨道通往疑病胴体间（图2-4）。

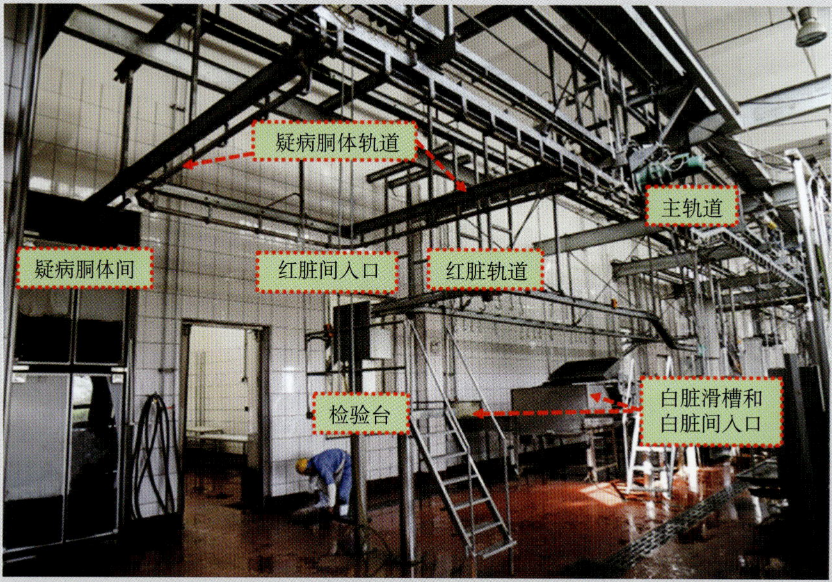

图2-4　疑病胴体轨道与疑病胴体间

在宰后检查中发现病畜或疑似病畜的屠体或胴体时，应立即做好标记，并将其从主轨道上转入疑病胴体轨道，送入疑病胴体间，必要时将该病畜的头、蹄、内脏一并送到疑病胴体间进行全面检查，避免同线操作造成交叉污染。确诊为健康的屠体或胴体，经回路轨道返回主轨道，继续加工；确诊为病畜的，从轨道上卸下，与头、蹄、内脏一起放入密闭的运送车内，运到无害化处理间，按照《病死及病害动物无害化处理技术规范》（农医发〔2017〕25号）的规定进行无害化处理。

三、照明设施及要求

牛羊屠宰和分割车间内应有适宜的自然光线或人工照明。照明灯具的光泽不应改变加工物本色，亮度应能满足屠宰加工和检验检疫工作需要。在暴露肉类及相关产品的上方安装灯具时，应使用安全型照明设施或采取防护设施，以防灯具破碎而污染肉品。

牛羊屠宰与分割车间宜采用分区一般照明与局部照明相结合的照明方式。屠宰与分割车间照明标准值不宜低于表2-1的规定。

表2-1 牛羊屠宰与分割车间照明标准值

照明场所	照明种类及位置	照度（IX）	照明密度（W/m²）	
			现行值	目标值
屠宰车间	加工线操作部位照明	200	≤9	≤7
	检验操作部位照明	500	≤19	≤17
分割车间、副产品加工间	操作台面照明	300	≤13	≤11
包装间	包装工作台面照明	200	≤9	≤7
冷却间、冻结间、暂存间	一般照明	50	≤3	≤2.5
待宰间、隔离间	一般照明	50	≤3	≤2.5
急宰间、无害化处理间	一般照明	100	≤5	≤4

来源：GB 51225《牛羊屠宰与分割车间设计规范》。

第二节 检验检疫卫生管理要求

一、消毒技术要求

牛羊屠宰企业消毒的基本要求、消毒原则、消毒管理、消毒方法及消毒质量管理应当按照NY/T 3384《畜禽屠宰企业消毒规范》有关要求执行。主要消毒方法如下。

（一）车辆及运载工具消毒

装运健康牛羊的车辆进入屠宰厂（场），卸载后先清理车厢内的粪便等杂物，用水冲洗后，再用有效氯含量300 ~ 500 mg/L的含氯消毒剂等进行消毒，最后用水冲洗干净。装运病牛或病羊的车辆，卸载后先用4%氢氧化钠溶液作用2 ~ 4 h后，再彻底清理杂物，然后用热水冲洗干净，清理后的杂物应无害化处理。装运过染疫牛或染疫羊的车辆，卸载后应先用4%的甲醛溶液或含有不低于4%有效氯的含氯消毒剂等喷洒消毒（按0.5 kg/m^{2}消毒剂量计算），保持0.5 h后清理杂物，再用热水冲洗干净，然后再用上述消毒溶液消毒（1 kg/m^2），清理后的杂物应进行无害化处理。

装运牛羊产品的车辆、笼框及其他运载工具，卸载后应先进行清理清洗，再使用有效氯含量300 ~ 500 mg/L的含氯消毒剂等进行消毒；装载前，应再次使用有效氯含量300 ~ 500 mg/L的含氯消毒剂进行消毒。

（二）厂区出入口消毒

厂区出入口应设置底部长不小于4 m、深不小于0.3 m、与门同宽且能排放消毒液的消毒池（图2-5）。池内消毒液建议用2% ~ 3%的氢氧化钠溶液或有效氯含量600 ~ 700 mg/L的含氯消毒剂（二氧化氯、次氯酸钠或二氯异氰尿酸钠），液面深度不小于0.25 m，消毒液应及时补充更换。环境温度低于0℃时，可向消毒液中添加固体氯化钠或10%丙二醇溶液。应配备相应的消毒设施，对进出车辆喷雾消毒（图2-6）。

图2-5　车辆入场消毒池

图2-6　车辆入口处的喷雾消毒

（三）生产车间消毒

1.屠宰、分割车间入口消毒　屠宰、分割车间入口应设与门同宽的鞋靴消毒池，内置有效氯含量600 ~ 700 mg/L的含氯消毒剂等消毒液，并定期排放和更换消毒液，或放置靴底消毒垫。

2.屠宰、分割车间内部环境消毒 首先机械清扫车间地面、墙面、设备表面的污物，用不低于40℃的温水洗刷干净车间地面、墙壁、食品接触面等，再分别对车间不同部位消毒，作用0.5 h以上，然后用水冲洗干净。不同部位选用的消毒剂如下：车间的台案、工器具、设施设备选用有效氯含量200～300 mg/L的含氯消毒剂；地面、墙裙、通道及经常使用或触摸的物体表面选用有效氯含量300～500 mg/L的含氯消毒剂；放血道及附近地面和墙裙选用有效氯含量700～1 000 mg/L的含氯消毒剂；排污沟选用有效氯含量1 000 mg/L以上的消毒剂；非工作时间可对车间环境进行臭氧消毒［100～200 mg/（h·m^2）］。每周应对车间进行一次全面、彻底的清洗消毒（图2-7）。

图2-7 屠宰车间冲洗干净

（四）车间入口洗手消毒

车间入口处应配有适宜水温的洗手设施及干手和消毒设施，洗手设施应采用非手动式开关（图2-8）。消毒设施一般采用手部浸泡消毒池，池内置50～100 mg/L次氯酸钠溶液。

图2-8 车间入口处洗手消毒设备

（五）检验检疫工具消毒

在各检验检疫操作区和宰杀放血、预剥皮、剖腹取内脏等操作区，应设置82℃刀具热水消毒池（图2-9、图2-10）。检验检疫工具每次使用后，应使用82℃以上的热水进行清洗消毒。生产加工或检验检疫过程中，所用刀、钩等工器具触及病变组织时，应立即彻底消毒后再继续使用。检验检疫人员应配备两套刀具，一套使用，另外一套放在82℃消毒设备中消毒，轮换使用和消毒，做到“一畜一刀一消毒”。

图2-9 82℃刀具热水消毒设备

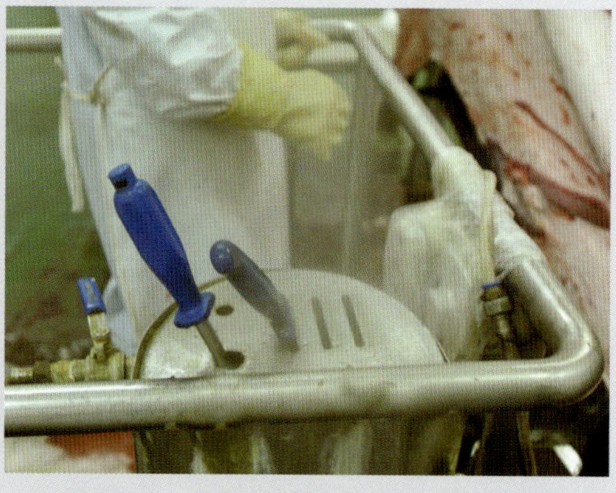

图2-10 检验检疫工具82℃热水消毒

班后将所用检验检疫工具清洗干净、煮沸消毒，也可使用0.5%过氧乙酸溶液等浸泡消毒后清洗干净。

（六）待宰圈消毒

待宰圈家畜在圈待宰12 h以上时，可使用有效氯含量50 ～ 100 mg/L的含氯消毒剂或0.1%过氧乙酸溶液等喷雾消毒。待宰圈空圈后，应对圈舍地面、墙壁等进行清理、消毒（图2-11、图2-12），然后用水冲洗干净。宜使用有效氯含量700 ～ 1 000 mg/L的含氯消毒剂或2%～ 3%氢氧化钠溶液等擦拭和喷雾消毒。

图2-11 待宰圈清洗

（七）隔离圈消毒

隔离圈带畜消毒时，可使用0.1%～ 0.3%过氧乙酸溶液、有效氯含量200 ～ 300 mg/L的含氯消毒剂等进行喷雾消毒。牛羊移除后，应使用0.1%～ 0.3%过氧乙酸溶液、有效氯含量1 000 mg/L以上的含氯消毒剂或2%～ 3%氢氧化钠溶液等对地面、墙壁等部位喷雾消毒。

图2-12　待宰圈消毒

（八）急宰间、无害化处理间消毒

急宰间、无害化处理间消毒应在急宰或无害化处理作业完毕后进行，应使用有效氯含量1 500 mg/L以上的含氯消毒剂等对相应病原微生物有效的消毒剂对地面、墙壁、排污沟等部位喷雾消毒，车间内的运输工具及其他器具等应使用有效氯含量1 000 mg/L以上的含氯消毒剂等进行消毒。

注：病害动物及产品暂存间的消毒参考无害化处理间消毒。

（九）防护用品消毒

兽医卫生检验人员穿戴的工作服、工作帽清洗后使用200 ～ 300 mg/L的次氯酸钠溶液、0.5%过氧乙酸溶液等浸泡消毒。胶靴、围裙、袖套等橡胶制品，清洗后使用有效氯含量600 ～ 700 mg/L的含氯消毒剂等擦拭消毒。

二、人员卫生要求

（一）健康检查要求

兽医卫生检验人员需经体检合格，并取得健康证后方可上岗，每年应进行一次健康检查，必要时做临时健康检查。凡患有影响食品安全疾病和人畜共患传染病的人员，不得从事牛羊屠宰肉品品质检验工作。

（二）清洁卫生要求

兽医卫生检验人员应保持个人清洁，与生产无关的物品不应带入车间；工作时不应戴首饰、手表，不应化妆；进入车间时应洗手、消毒。

（三）着装和消毒要求

兽医卫生检验人员上岗前应穿戴好工作服、工作帽、手套、口罩、胶靴等，必要时戴防护镜。不得穿着工作服离开工作场所（如去餐厅、办公室和卫生间等）。工作服和日常服装应分开存放，下班后应将换下的工作服统一收集、统一清洗消毒、烘干后再穿。

三、无害化处理卫生要求

（一）无害化处理的定义和方法

无害化处理是指用物理、化学等方法处理病死及病害动物和相关动物产品，消灭其所携带的病原体，消除危害的过程。根据《病死及病害动物无害化处理技术规范》，无害化处理的方法主要有焚烧法、化制法、高温法、深埋法和硫酸分解法。

1.焚烧法 焚烧法是指在焚烧容器内，使病死及病害动物和相关动物产品在富氧或无氧条件下进行氧化反应或热解反应的方法。

2.化制法 化制法是指在密闭的高压容器内，通过向容器夹层或容器内通入高温饱和蒸汽，在干热、压力，或蒸汽、压力的作用下，处理病死及病害动物和相关动物产品的方法。化制法不得用于患有炭疽等芽孢杆菌类疫病，以及海绵状脑病、痒病的染疫动物及产品、组织的处理。

3.高温法 高温法是指常压状态下，在封闭系统内利用高温处理病死及病害动物和相关动物产品的方法。

4.深埋法 深埋法是指按照相关规定，将病死及病害动物和相关动物产品投入深埋坑中并覆盖、消毒的一种无害化处理方法。深埋法不得用于患有炭疽等芽孢杆菌类疫病，以及海绵状脑病、痒病的染疫动物及产品、组织的处理。

5.硫酸分解法 硫酸分解法是指在密闭的容器内，将病死及病害动物和相关动物产品用硫酸在一定条件下进行分解的方法。

（二）无害化处理暂存设施要求

屠宰厂（场）委托进行病死畜类无害化处理场处理的，需要在厂（场）区内设置病死畜类和病害畜产品集中暂存点，暂存点应有独立封闭的贮存区域，并且防渗、防漏、防鼠、防盗，易于清洗消毒；有冷藏冷冻、清洗消毒等设施设备；设置显著警示标识；有符合动物防疫需要的其他设施设备。同时，定期对暂存场所及周边环境进行清洗消毒。此外，还需要设置病死畜类和病害畜产品专用输出通道，及时通知无害化处理场进行收集，或自行送至指定地点。

（三）无害化处理操作人员防护要求

病死及病害动物和相关动物产品的收集、暂存、转运、无害化处理操作的工作人员应经过专门培训，掌握相应的动物防疫知识。工作人员在操作过程中应穿戴防护服、口罩、护目镜、胶鞋及手套等防护用具。工作人员应使用专用的收集工具、包装用品、转运工具、清洗工具、消毒器材等。工作完毕后，应对一次性防护用品进行销毁处理，对循环使用的防护用品进行消毒处理。

思考题：

1. 什么是同步检验检疫？
2. 兽医卫生检验人员的卫生要求有哪些？
3. 牛羊运输车辆出入厂消毒的要求有哪些？
4. 屠宰、分割车间及圈舍的消毒要点有哪些？
5. 屠宰工器具消毒要点有哪些？

第三章

兽医卫生检验基础知识

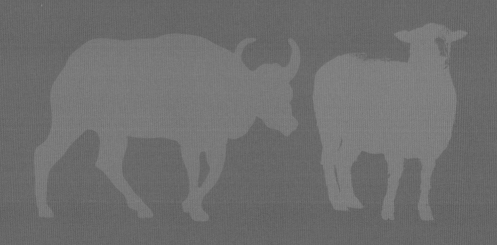

第一节 牛羊解剖学基础知识

牛羊解剖学基础知识，以屠宰检验检疫应用为目的，针对屠宰肉品品质检验规程和屠宰检疫规程涉及的有关内容，阐述牛羊机体基本结构及被皮系统、运动系统、消化系统、呼吸系统、泌尿系统、生殖系统、循环系统、淋巴系统、内分泌系统的组成、主要器官位置及形态结构。

一、牛羊机体基本构造和内脏基础

（一）基本构造

牛羊机体基本构造由微观到宏观依次为：细胞→组织→器官→系统。机体的基本结构和功能单位是细胞。起源相同、形态相似、结构和功能相关的一群细胞和细胞间质结合在一起构成的结构为组织，动物机体的细胞可组成四种基本组织，包括上皮组织、结缔组织、肌肉组织和神经组织。执行同一机能、不同组织结合在一起构成了器官。共同执行相近功能的不同器官，按照一定的次序组合形成一个系统。

（二）内脏基础

1.内脏概念 广义的内脏是指动物身体内部的器官。狭义的内脏是指大部分位于体腔内，直接或间接与体外相通，参与动物体新陈代谢、维持生命活动和繁衍后代的器官总称。

2.内脏器官特点 内脏器官按照有无较大而明显的空腔，分为管状器官和实质性器官两大类。

（1）管状器官 又叫管腔性器官，呈管状或囊状，内部有较大而明显的空腔，管壁结构由内到外依次为黏膜、黏膜下层、肌层和浆膜（或外膜），以一端或两端与体外相通，如消化道、呼吸道、泌尿和生殖道。

（2）实质性器官 无特定的空腔，包括肝、胰、肺、脾、肾、卵巢、睾丸等，其中肝和胰为腺体，以导管开口于管状器官的壁内。实质性器官由实质和间质组成。实质是实质性器官的结构和功能的主要部分；间质是结缔组织，被覆于器官外表面，称为被膜，并伸入实质内构成支架（小梁）。分布于实质性器官的血管、神经、淋巴管及该器官的导管出入器官处常为一凹陷，称为该器官的门，如肺门、肝门和肾门等。

3.体腔 体腔是指动物机体内脏器官周围的腔隙，包括胸腔、腹腔和骨盆腔。

（1）胸腔 位于胸部、胸廓内的腔洞，以膈与腹腔分开，由肋骨、胸椎和胸骨共同围成。牛羊的胸廓前部有心、肺、气管、食管和血管。

（2）腹腔 位于胸腔后方，由膈、腹壁和盆腔前口共同围成，内有胃、肠、肝、胆囊、胰、脾、肾、输尿管，母畜还有卵巢、输卵管和子宫等。

（3）骨盆腔 位于腹腔后方，内有直肠、输尿管和膀胱，公畜还有输精管、尿生殖道和副性腺，母畜还有子宫后部和阴道。

4.浆膜 浆膜为衬在体腔壁和转折覆盖于内脏器官表面的光滑、透明的薄膜，包括胸膜、腹膜、心包膜。

（1）胸膜 衬覆于胸壁内面和肺表面的浆膜，分为壁层和脏层两层，两层之间的密闭间隙称胸膜腔。

（2）腹膜 衬覆于腹腔和骨盆腔壁内表面并转折覆盖于腹腔和骨盆腔内脏器官外表面的浆膜。脏腹膜与壁腹膜互相延续，共同围成不规则的腔隙称腹膜腔。

（3）网膜 网膜是与胃和其他脏器相连系的腹膜褶，包括小网膜和大网膜。小网膜连于从肝门到胃小弯和十二指肠起始部之间的双层腹膜褶。大网膜连于胃大弯和横结肠之间的双层腹膜结构，贮积大量脂肪，呈网状，有的连成一片。

（4）肠系膜 肠系膜是悬吊、固定肠管的宽而阔的腹膜褶，包括空肠系膜、回肠系膜、结肠系膜等。

二、主要部位名称

牛羊机体各部位划分和命名通常以骨为基础，分为头部、躯干和四肢3大部分，进而分为头、颈、胸、腹、骨盆、前肢和后肢等。体表各部位名称不尽相同（图3-1、图3-2）。

（一）头部

牛羊的头部大体解剖结构相似，包括颅部和面部（图3-3）。

1.颅部 颅部为头的主要部分，分为6部分：①枕部，在头颈交界部，两耳根之间；②顶部，在枕部的前方；③额部，在顶部之前，两眼眶之间；④颞部，在耳和眼之间；⑤耳部，包括耳及耳根；⑥腮腺部，在耳根腹侧，咬肌后方。

2.面部 面部位于口腔和鼻腔周围（图3-4），分为8部分：①眼部，包括眼及眼睑；②眶下部，在眼眶前下方；③鼻部，包括鼻孔、鼻背和鼻侧；④咬肌部，咬

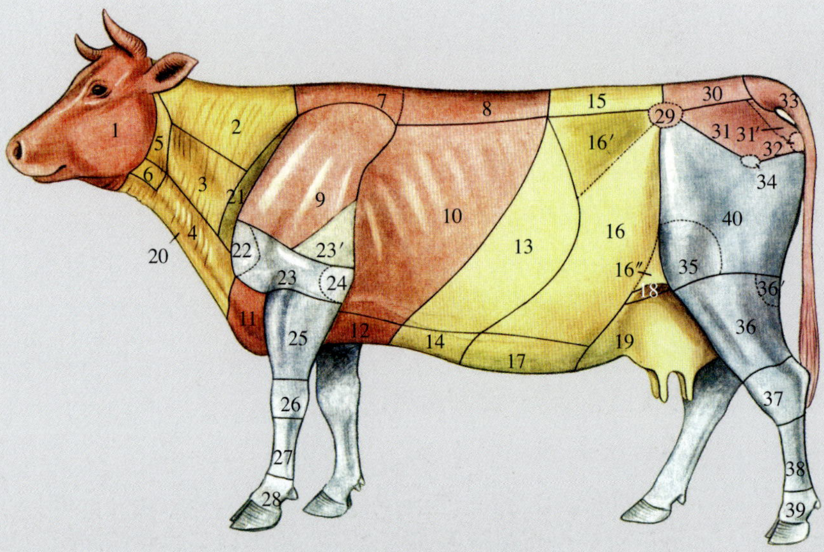

图3-1 牛体表各部位名称

1.头部 2.颈背侧部 3.颈外侧部 4、6、20.颈腹侧部 5.腮腺区 6.喉部 7、8.胸背部 7.鬐甲部 9.肩胛部 10.肋部 11.胸骨柄部 12.胸骨部 13.季肋部 14.剑状软骨区 15.腰腹部 16、16′、16″、17.腹中部 16′.腰旁窝 16″.膝褶部 17.脐部 18.腹股沟部 19.耻骨部 20.颈腹侧褶 21.肩胛前部 22.肩骨关节区 23.臂部 23′.三角肌部 24.尺骨部 25.前臂部 26.腕部 27.掌部 28.指部 29.髋结节 30.荐部 31、31′.臀部 32.坐骨结节部 33.尾部 34.髋关节区 35.膝关节区 36.小腿部 36′.腘区 37.跗部 38.跖部 39.趾部 40.股部

（引自Popesko，Atlas of topographical Anatomy of the Domestic Animals，1985）

图3-2 绵羊体表各部位名称

1.颅部 2.面部 3.肩胛部 4.肩关节 5.臂部 6.肘部 7.前臂部 8.腕部 9.掌部 10.指部 11.胸骨部 12.腹部 13.趾部 14.跖部 15.跗部 16.小腿部 17.膝部 18.股部 19.髋关节 20.尾部 21.荐臀部 22.髋结节 23.腰部 24.肋部 25.背部 26.鬐甲部 27.颈部

（熊本海、恩和等，2012，绵羊实体解剖学图谱）

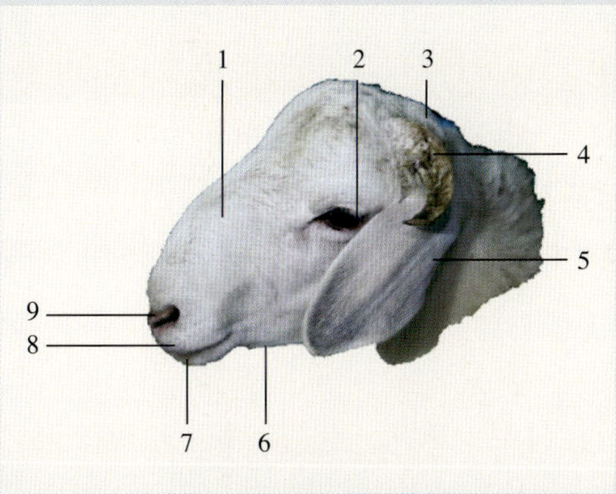

图3-3 绵羊头部结构

1.面部 2.眼睛 3.颅部 4.角 5.耳 6.下颌 7.下唇 8.上唇 9.鼻

图3-4 牛头部正面观

1.牛角 2.耳 3.眼睛 4.颊部 5.鼻唇镜

肌所在部位；⑤颊部，颊肌所在部位；⑥唇部，包括上唇和下唇；⑦颏部，在下唇腹侧；⑧下颌间隙部，在下颌支之间。

（二）躯干

牛羊的躯干部包括颈部、背胸部、腰腹部、荐臀部和尾部（图3-1、图3-2）。

1.颈部 分为3部分：①颈背侧部，位于颈部背侧，前端接枕部，后端达鬐甲部前缘；②颈侧部，位于颈部两侧，在臂头肌和胸头肌之间；③颈腹侧部，位于颈部腹侧，前部为喉部，后部为气管部。

2.背胸部 分为3部分：①背部，为颈背部的延续，以胸椎为基础，包括鬐甲部和背部；②胸侧部（肋部），以肋为基础，前为肩带部所覆盖，后以肋弓和腹部为界；③胸腹侧部，分胸前部和胸骨部，胸前部在胸骨柄附近，胸骨部自两前肢之间向后达剑状软骨。

3.腰腹部 分为2部分：①腰部，以腰椎为基础，为背部的延续；②腹部，腰椎横突腹侧的软腹壁部分。

4.荐臀部 分为2部分：①荐部，以荐骨为基础，为腰部的延续；②臀部，位于荐部两侧。

5.尾部 分为尾根、尾体和尾尖3部分，位于荐部之后。

（三）四肢

1.前肢 分为肩部（肩带部）、臂部、前臂部和前脚部，前脚部又分腕部、掌部和指部（图3-1、图3-2）。

2.后肢 分为臀部、股部、膝部、小腿部和后脚部，后脚部又分为跗部、跖部和趾部（图3-1、图3-2）。

三、被皮系统

被皮系统由皮肤和皮肤衍生物构成。在机体某些部位，皮肤演变为特殊器官，称为皮肤衍生物，如毛、蹄、皮肤腺（包括汗腺、皮脂腺、乳腺）、角（图3-3、图3-4）等。皮肤和皮肤衍生物是牛羊宰前个体检查、宰后体表或胴体检查的重要器官，检验检疫时应当注意观察有无异常。

（一）皮肤

皮肤是机体最大的器官，覆盖于体表，在口裂、鼻孔、肛门和尿生殖道等天然孔处与黏膜相延续。皮肤由表皮、真皮、皮下组织3层构成，借皮下组织与深层组织相连。

（二）毛

毛覆盖于皮肤的表面，分为被毛和特殊毛。被毛为着生在体表的普通毛，特殊毛为着生于牛羊特定部位的一些长毛，如公山羊颏部的髯。

（三）乳腺

乳腺属于皮肤腺，雄性、雌性动物均有，母畜的乳腺随着机体生长而逐渐发育，并形成较为发达的乳房。乳房由皮肤、筋膜和实质构成。

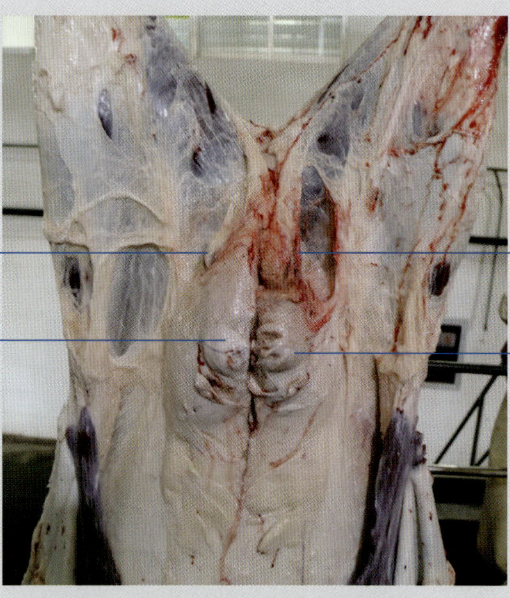

图3-5　母牛乳房及乳房淋巴结位置

1.牛乳房左侧淋巴结　2.牛左侧乳房
3.牛乳房右侧淋巴结　4.牛右侧乳房

1.牛乳房　牛乳房位于两股之间，悬吊于耻骨部。母牛有4个相联的乳丘，左右以纵沟分开，前后以横沟为界。每个乳丘上有一乳头，呈圆柱状（图3-5），顶端有乳头管开口。

2.羊乳房　母羊乳房位置与牛的相同，呈圆锥形，有2个，乳头基部有较大的乳池，每个乳头有一乳头管开口。

（四）蹄

蹄位于指（趾）端。牛、羊为偶蹄动物，每肢有4个蹄，其中主蹄和悬蹄各2个（图3-6）。牛、羊感染口蹄疫时，蹄部皮肤可能出现病变，屠宰检验时应注意观察。

1.主蹄 主蹄直接与地面接触，呈三面棱锥形，包括蹄缘、蹄冠、蹄壁、蹄底和蹄枕5部分（图3-7）。蹄的结构分为蹄匣、肉蹄和皮下组织3层。蹄匣为蹄的表皮，完全角质化，质地坚硬；肉蹄为真皮层，套于蹄匣内，颜色鲜红，分为肉壁、肉底和肉球。

2.悬蹄 悬蹄也叫副蹄，位于主蹄的后上方，不与地面接触，呈短圆锥状（图3-6、图3-7），结构与主蹄结构相似。

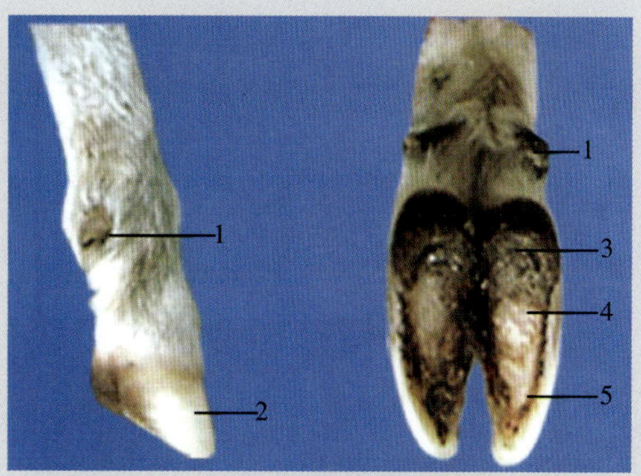

图3-6 绵羊蹄部结构

1.悬蹄 2.蹄壁 3.蹄球 4.蹄底 5.蹄白线

（熊本海、恩和等，2012，绵羊实体解剖学图谱）

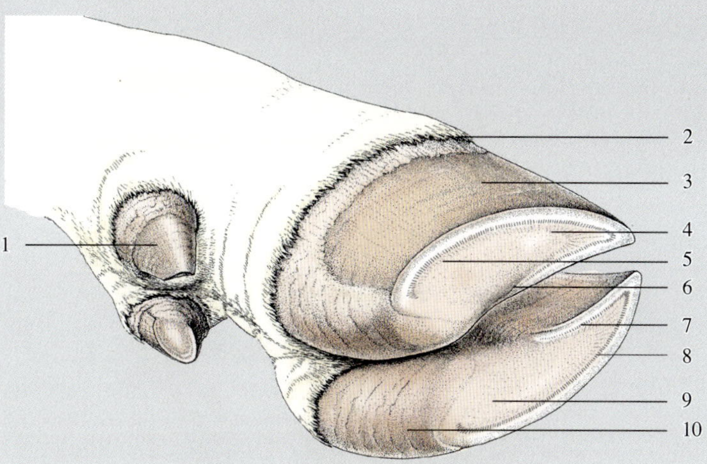

图3-7 牛蹄部结构

1.悬蹄 2.蹄缘 3.蹄冠 4.蹄底体 5.蹄底远轴部 6.蹄底轴部 7.蹄白线轴部 8.蹄白线远轴部 9.蹄枕顶部 10.蹄枕基部

（陈耀星、崔燕，2019，动物解剖学与组织胚胎学）

四、运动系统

运动系统由骨、骨连结和肌肉组成。骨与骨之间借纤维结构组织、软骨、骨组织相连，称之为骨连接。骨连接分为直接连接和间接连接，关节是间接连接的一种形式。全身的骨通过骨连接形成骨架，赋予动物基本体型。肌肉附着于骨上。

（一）骨

骨由骨组织构成，坚硬而有弹性。根据骨形态不同，分为长骨（如股骨）、短骨（如腕骨）、扁骨（如肋骨）和不规则骨（如上颌骨）。骨由骨膜、骨质和骨髓构成。

全身骨可分为中轴骨和四肢骨，每部分由不同骨组成（图3-8、图3-9）。

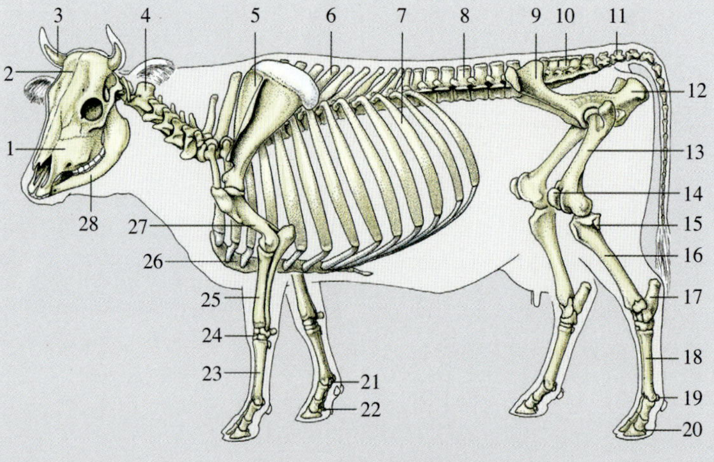

图3-8 牛全身骨骼

1.上颌骨 2.额骨 3.角突 4.颈椎 5.肩胛骨 6.胸椎 7.肋骨 8.腰椎 9.髂骨 10.荐骨 11.尾椎 12.坐骨 13.股骨 14.膝盖骨 15.腓骨 16.胫骨 17.跗骨 18.跖骨 19.近籽骨 20.远籽骨 21.近籽骨 22.远籽骨 23.掌骨 24.腕骨 25.桡骨 26.胸骨 27.肱骨 28.下颌骨

（陈耀星、刘为民，2009，家畜兽医解剖学教程与彩色图谱）

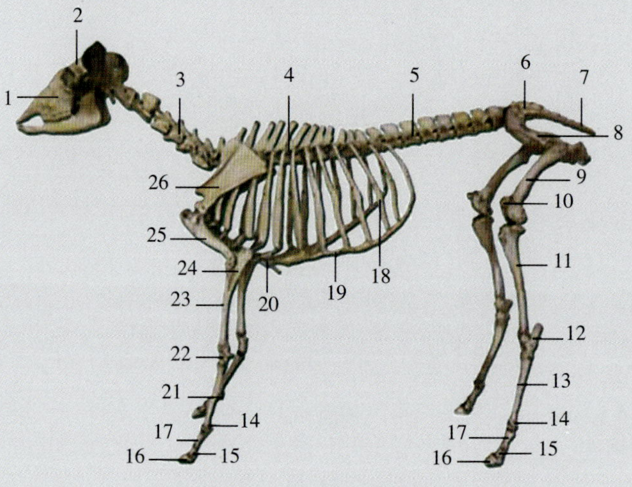

图3-9 绵羊全身骨骼

1.面骨 2.颅骨 3.颈椎 4.胸椎 5.腰椎 6.荐骨 7.尾椎 8.髋骨 9.股骨 10.膝盖骨 11.小腿骨 12.跗骨 13.跖骨 14.近籽骨 15.冠状骨 16.蹄骨 17.系骨 18.肋骨 19.肋软骨 20.胸骨 21.掌骨 22.腕骨 23.前臂骨 24.尺骨 25.臂骨 26.肩胛骨

（熊本海、恩和等，2012，绵羊实体解剖学图谱）

1.中轴骨 中轴骨位于畜体正中线，包括头骨和躯干骨。头骨分为颅骨、面骨，躯干骨包括椎骨、肋骨和胸骨。

2.四肢骨 四肢骨位于中轴骨两侧，包括前肢骨和后肢骨：①前肢骨包括肩胛骨、肱骨、前臂骨（桡骨、尺骨）、腕骨、掌骨、指骨和籽骨；②后肢骨包括髋骨（髂骨、坐骨、耻骨）、股骨、髌骨（膝盖骨）、小腿骨（胫骨、腓骨）、跗骨、跖骨、趾骨和籽骨。

（二）肌肉

肌肉是机体活动的动力器官，可分为平滑肌、心肌、骨骼肌三类，其中心肌和骨骼肌统称为横纹肌。平滑肌分布于血管和内脏（如胃肠），心肌分布于心脏，骨骼肌附着于骨骼。运动系统的肌肉主要是骨骼肌，每一块肌肉就是一个器官，由肌腹和肌腱组成。肌腹位于中部，有收缩能力，由肌纤维借结缔组织结合而成，肌纤维在肌肉内部集合成肌束，肌束再集合成一块肌肉，整块肌肉外部由肌外膜包裹，使肌肉具有一定的形状。肌腱位于肌腹的两端，由致密结缔组织构成，无收缩能力，但具有很强的韧性，在四肢多呈索状，在躯干多呈薄板状，又称腱膜，俗称筋。

牛羊全身肌肉按部位可分为皮肌、头部肌、躯干肌、前肢肌和后肢肌，通常根据肌肉的形状、结构、位置、作用、起止点、肌纤维走向等命名（图3-10）。牛羊

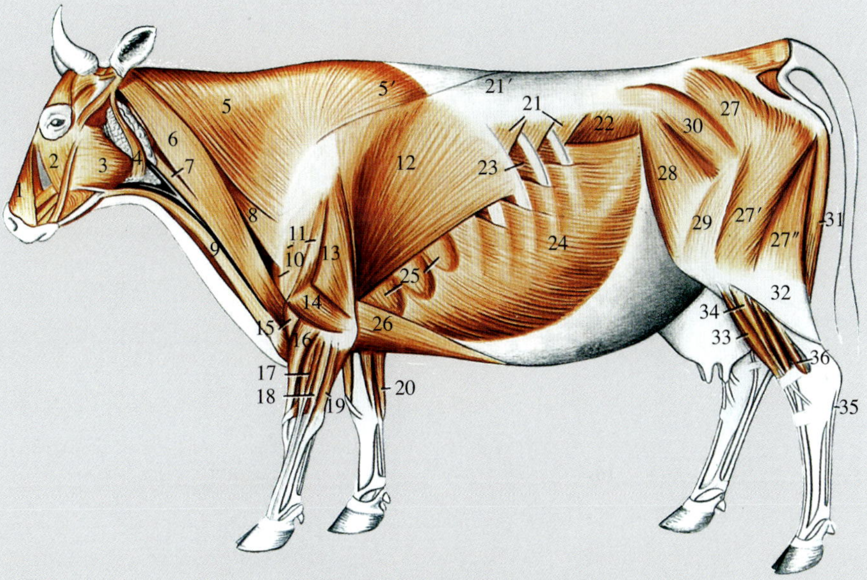

图3-10　牛体浅层肌

1.鼻唇提肌　2.颊提肌　3.咬肌　4.耳肌　5.颈斜方肌　5′.胸斜方肌　6.臂头肌的锁枕肌　7.臂头肌的锁乳突肌　8.肩胛横突肌　9.胸头肌　10.冈上肌　11.三角肌　12.背阔肌　13.臂三头肌长头　14.臂三头肌外侧头　15.臂肌　16.腕桡侧伸肌　17.指总伸肌　18.指外侧伸肌　19.腕外侧屈肌　20.腕尺侧屈肌　21.后背侧锯肌　21′.胸腰筋膜　22.腹内斜肌　23.肋间外肌　24.腹外斜肌　25.胸腹侧锯肌　26.升胸肌　27、27′、27″.臀股二头肌　28.阔筋膜张肌　29.股四头肌　30.臀中肌　31.半腱肌　32.小腿筋膜　33.第3腓骨肌　34.腓骨长肌　35.趾浅屈肌腱　36.腓肠肌
（引自Popesko，Atlas of topographical Anatomy of the Domestic Animals，1985）

宰后胴体检验和复验时，应注意观察肌肉有无异常变化。黑干肉检验时，应检查股部、臀部等部位肌肉。在分割肉加工中，常根据分割标准及市场需要，按部位进行分割。

五、消化系统

牛、羊的消化系统由消化管和消化腺组成，各部分由不同器官组成（表3-1、图3-11、图3-12）。消化管长而曲折，包括口腔、咽、食管、胃、小肠、大肠和肛门，又可分为上、下消化道（表3-1）。消化腺为分泌消化液的腺体，分为壁外腺和壁内腺，壁外腺位于消化道外，如唾液腺、肝脏和胰脏，壁内腺指分布于消化道壁内的小腺体，如胃腺、肠腺等（表3-1）。

表3-1　牛、羊消化系统的组成

- 消化系统的组成
  - 消化管
    - 上消化道
      - 口腔、咽、食管、胃
      - 十二指肠（小肠）
    - 下消化道
      - 空肠、回肠（小肠）
      - 盲肠（大肠）
      - 结肠、直肠（大肠）
      - 肛门
  - 消化腺
    - 壁外腺：唾液腺、肝脏、胰脏
    - 壁内腺：胃腺、肠腺

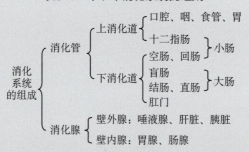

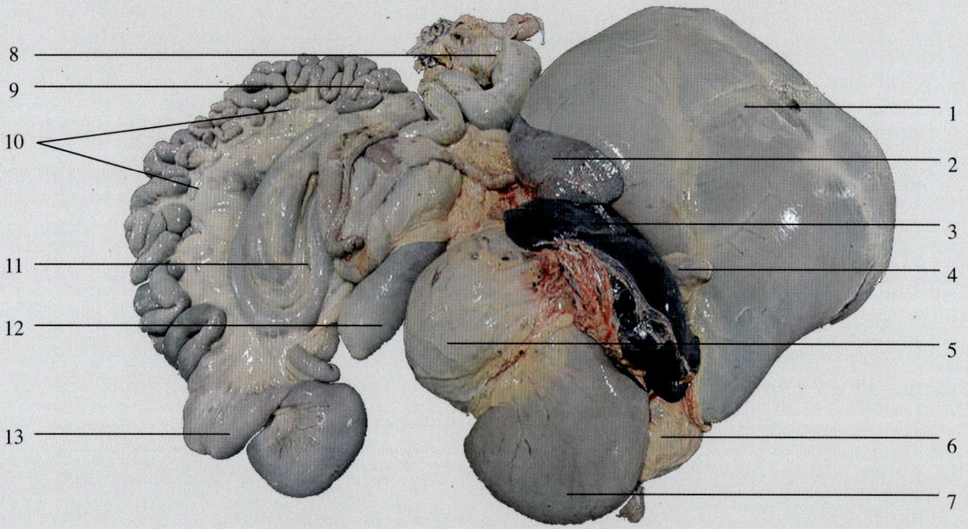

图3-11　牛消化系统的主要器官

1.瘤胃　2.脾脏　3.肝脏　4.胆囊　5.瓣胃　6.网胃　7.皱胃　8.直肠　9.空肠　10.肠系膜淋巴结　11.结肠　12.盲肠　13.回肠

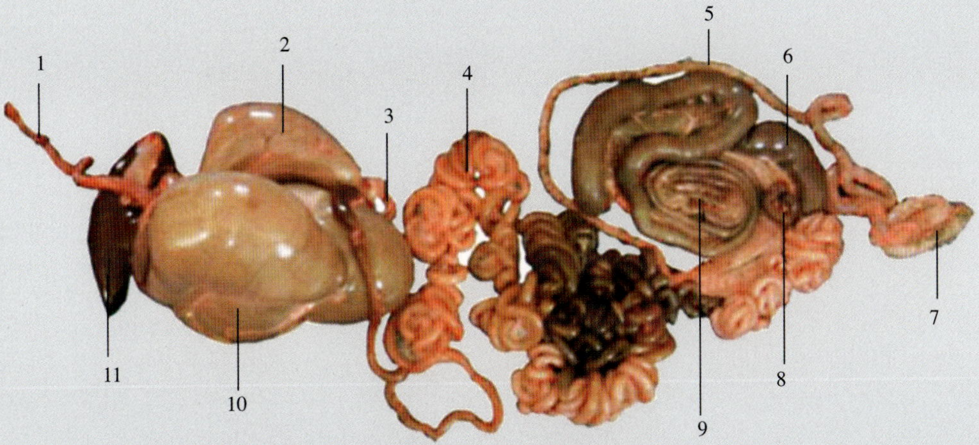

图3-12 羊消化器官

1.食管 2.皱胃 3.十二指肠 4.空肠 5.结肠 6.盲肠 7.直肠 8.回肠 9.结肠旋袢 10.瘤胃 11.肝脏
（熊本海、恩和等，2012，绵羊实体解剖学图谱）

（一）口腔

牛羊口腔为消化器官的起始部，由唇、颊、硬腭、软腭、口腔底、舌、齿、齿龈及唾液腺组成（图3-13、图3-14）。口腔的前壁为唇，两侧壁为颊，顶壁为硬腭，

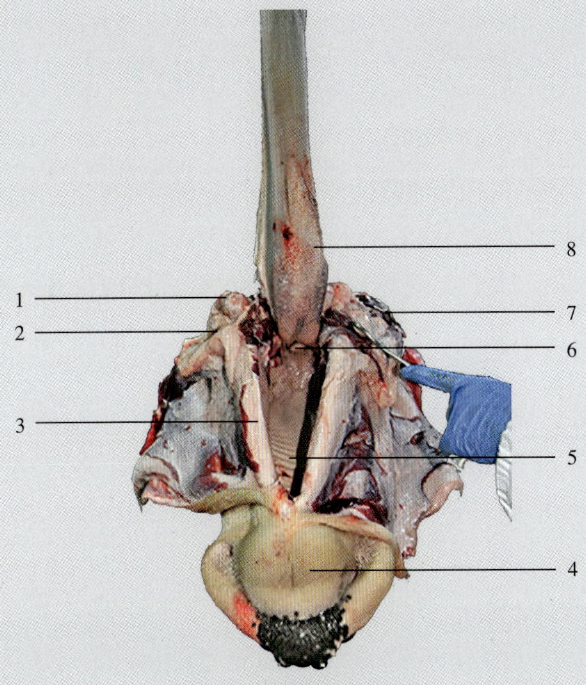

图3-13 牛头腹面结构

1.下颌腺 2.下颌淋巴结 3.下颌骨 4.下唇
5.上腭 6.喉头 7.咬肌 8.舌

图3-14 绵羊口腔上部结构

1.齿板 2.腭缝 3.腭褶 4.软腭 5.臼齿（前3齿、后3齿） 6.锥状乳头 7.硬腭 8.上唇 （熊本海、恩和等，2012，绵羊实体解剖学图谱）

向后延续为软腭，底部为口腔底和舌（图3-15）。口腔内面衬以黏膜，呈粉红色。牛羊宰前个体检查、宰后头部检查时，应注意观察唇、鼻唇镜或鼻镜、口腔黏膜、舌、齿龈等部位有无异常。

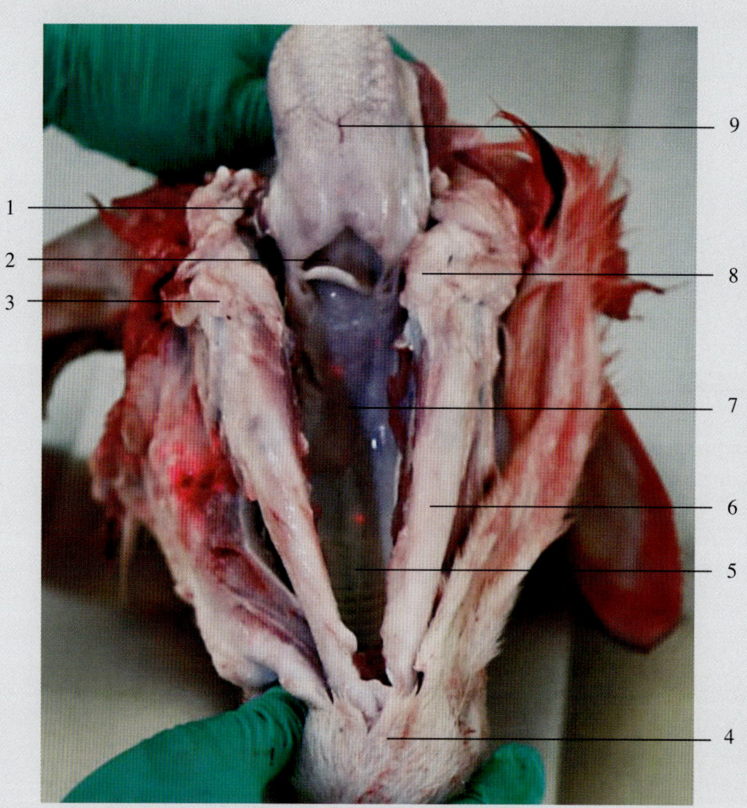

图3-15 绵羊头部腹面构造

1.下颌腺 2.咽喉 3.下颌淋巴结 4.下唇 5.硬腭 6.下颌骨 7.软腭 8.下颌角 9.舌

1.唇 唇为口腔入口，分为上、下唇，表面被覆皮肤，内面衬以黏膜。牛唇较短厚、坚实、不灵活，上唇中部与两鼻孔之间的无毛区，称为鼻唇镜（图3-16A），健康牛的鼻唇镜湿润。羊唇薄而灵活，上唇中部有明显的纵沟，两鼻孔间形成光滑的无毛区，称为鼻镜（图3-16B）。

图3-16 牛、羊鼻唇部结构

A.牛鼻唇镜 B.羊鼻镜

（陈耀星，2013，动物解剖学彩色图谱）

2.舌 舌位于口腔底（图3-13、图3-15），附着于舌骨上。舌由舌肌构成，分为舌尖、舌体和舌根3部分，表面被覆黏膜，舌背表面的黏膜形成舌乳头，舌背后部椭圆形的隆起称舌圆枕（图3-17）。

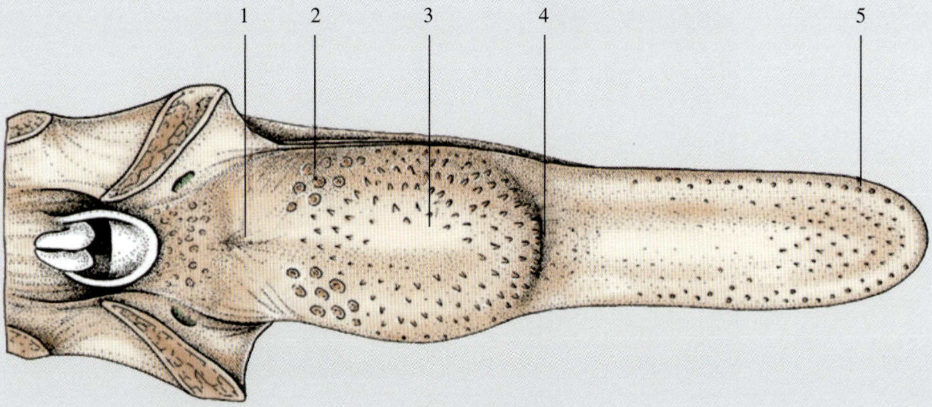

图3-17 牛舌结构

1.舌根 2.轮廓乳头 3.舌圆枕 4.舌隐窝 5.菌状乳头

（陈耀星、刘为民，2009，家畜兽医解剖学教程与彩色图谱）

3.齿龈 齿龈被覆于齿槽缘和齿颈上，是口腔黏膜的延续，呈淡红色。

（二）咽

咽位于口腔和鼻腔后、喉和气管前上方，分为鼻咽部、口咽部和咽喉3部分。咽壁由黏膜、肌层和外膜组成。咽是消化和呼吸的共同通道，易受到病原侵袭，宰后头部检查时应注意观察。

（三）胃

胃位于腹腔内、肝和膈后方，前接食管形成贲门，后形成幽门通十二指肠。胃是消化管的膨大部分，为肌性空腔器官。牛、羊为反刍动物，胃为多室胃，又称复胃，由瘤胃、网胃、瓣胃、皱胃4个胃室组成（图3-11、图3-18），前3个胃的黏膜

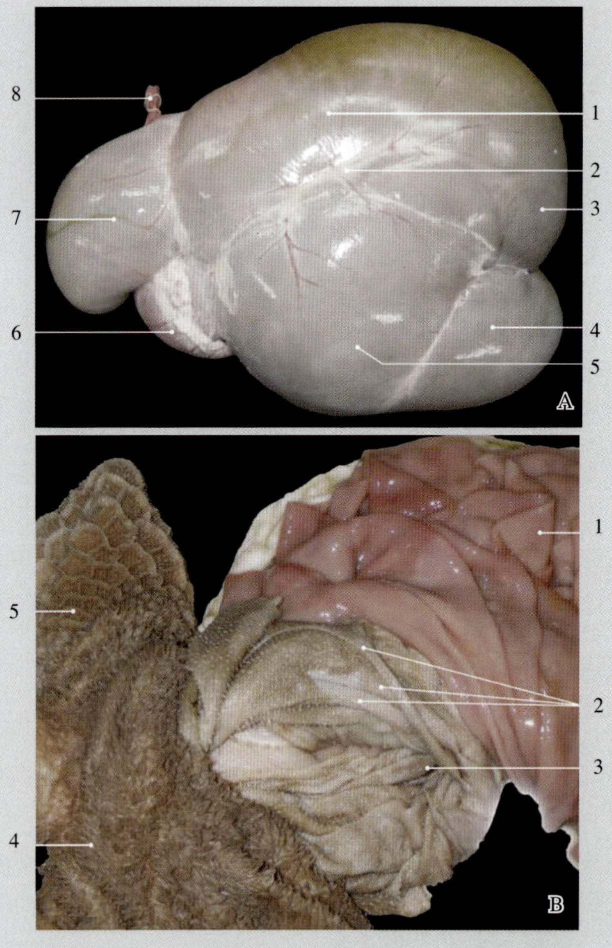

图3-18 羊胃结构

A.左侧面：1.瘤胃背囊 2.左纵沟 3.后背盲囊 4.后腹盲囊 5.瘤胃腹囊 6.皱胃 7.网胃 8.食管
B.黏膜面：1.皱胃黏膜 2.瓣胃叶 3.瓣皱口 4.瘤胃黏膜（瘤胃乳头） 5.网胃黏膜
（陈耀星，2013，动物解剖学彩色图谱）

无腺体，称前胃；皱胃黏膜内有腺体，又称真胃。每个胃自内向外由黏膜、黏膜下层、肌层、浆膜4层结构构成。

1.瘤胃 瘤胃位于腹腔左侧，以贲门接食管，左侧为壁面，右侧为脏面。瘤胃呈椭圆形，前后略长、左右稍扁，在4个胃中容积最大。

2.网胃 网胃膈面与膈、肝接触，呈梨形，前后稍扁，容积最小。网胃黏膜形成许多隆起的皱褶（图3-18B），称网胃嵴，像蜂巢，故网胃又称蜂巢胃。网胃位置低，前面紧贴膈，如果尖锐金属异物被牛吞食，经网胃向前移动穿透膈，易引起创伤性网胃炎，甚至穿过心包，引发创伤性心包炎。

3.瓣胃 牛的瓣胃位于右季肋部，与第7～11（12）肋骨下半部相对，呈两侧稍扁的球形，很坚实。羊的瓣胃位于第7～10肋骨下半部，呈卵圆形。瓣胃的黏膜表面有许多大小不等的瓣胃叶（图3-18B），很像百叶，故瓣胃又称百叶胃。

4.皱胃 皱胃位于右季肋部和剑状软骨部，与第8～12肋骨相对，左邻网胃和瘤胃腹囊，下贴腹腔底壁，呈前粗后细的弯曲长囊，后端幽门与十二指肠相通。皱胃的黏膜表面光滑、柔软，内有胃腺。

（四）肠

肠起自胃的幽门，止于肛门，分小肠和大肠两部分，每部分又分3段（图3-19）。肠包括黏膜、黏膜下层、肌层和浆膜4层结构。

1.小肠 小肠位于腹腔右侧，为细长的管道，牛小肠长约40 m，羊小肠约25 m。小肠由十二指肠、空肠和回肠3段组成（图3-11、图3-12、图3-19、图3-20），十二指肠前接皱胃的幽门；空肠很长，形成许多肠圈；回肠较短，以回盲口通盲肠。

2.大肠 大肠位于腹腔后侧和骨盆腔，前接回肠，后通肛门，牛大肠长6.4～10 m，羊大肠长7.8～10 m。大肠由盲肠、结肠和直肠3段组成（图3-11、图3-19、图3-20）。盲肠呈圆筒状，以回盲口为界，牛盲肠盲端向后伸达骨盆前口，羊盲肠伸入骨盆腔内，呈游离状态，在回肠口转为结肠。结肠分为升结肠、横结肠和降结肠。升结肠特别长，又可分为近袢、旋袢和远袢3段。直肠位于骨盆腔内，短而直，常含较多脂肪。

（五）肝脏

肝脏位于腹腔前部、膈的后方，大部分位于右季肋部。肝脏是体内最大的腺体，略呈长方形，扁而厚，深红褐色或淡褐色，略有弹性。肝的壁面（膈面）凸，与膈右侧紧贴；脏面凹，与胃肠等器官接触。牛、羊肝分叶不明显，但胆囊和圆韧带切迹将肝分为左、中、右3叶，中叶又被肝门分为右侧的方叶和左侧的尾状叶（图3-21、图3-22）。肝由被膜和实质构成，实质由肝小叶组成。

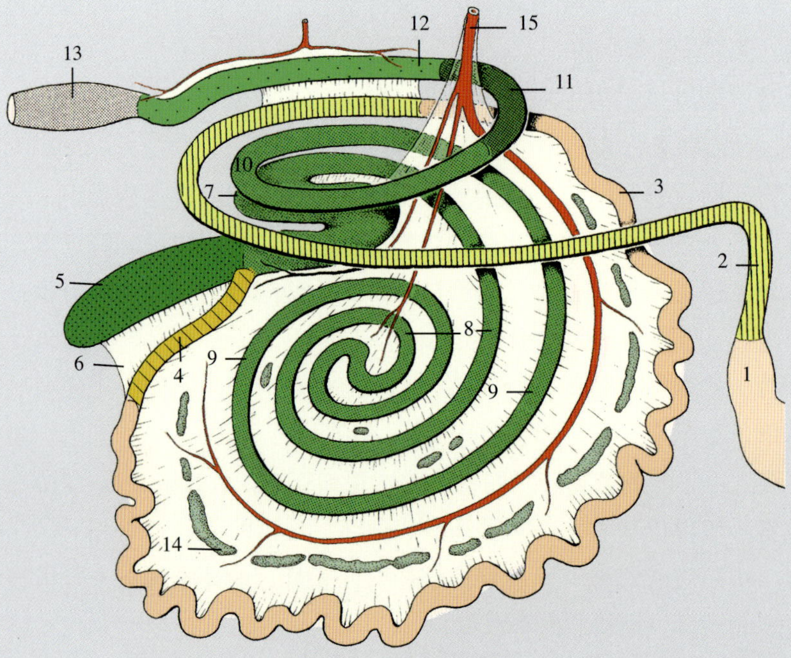

图3-19　牛肠模式图

1.皱胃幽门部　2.十二指肠　3.空肠　4.回肠　5.盲肠　6.回盲韧带　7～10.升结肠　7.升结肠近袢　8.向心回　9.离心回　10.升结肠远袢　11.横结肠　12.降结肠　13.直肠　14.空肠淋巴结　15.肠系膜前动脉

（陈耀星、刘为民，2009，家畜兽医解剖学教程与彩色图谱）

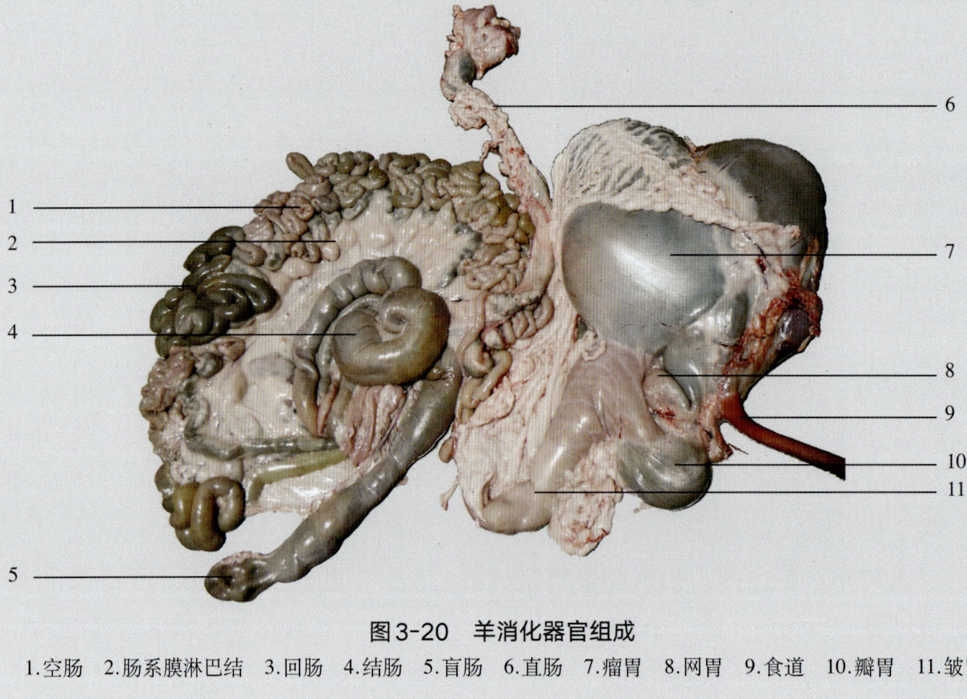

图3-20　羊消化器官组成

1.空肠　2.肠系膜淋巴结　3.回肠　4.结肠　5.盲肠　6.直肠　7.瘤胃　8.网胃　9.食道　10.瓣胃　11.皱胃

胆囊（图3-21、图3-22）位于肝的脏面，牛的呈梨形、较大，羊的较细长，以胆囊管与肝管汇合成胆总管。

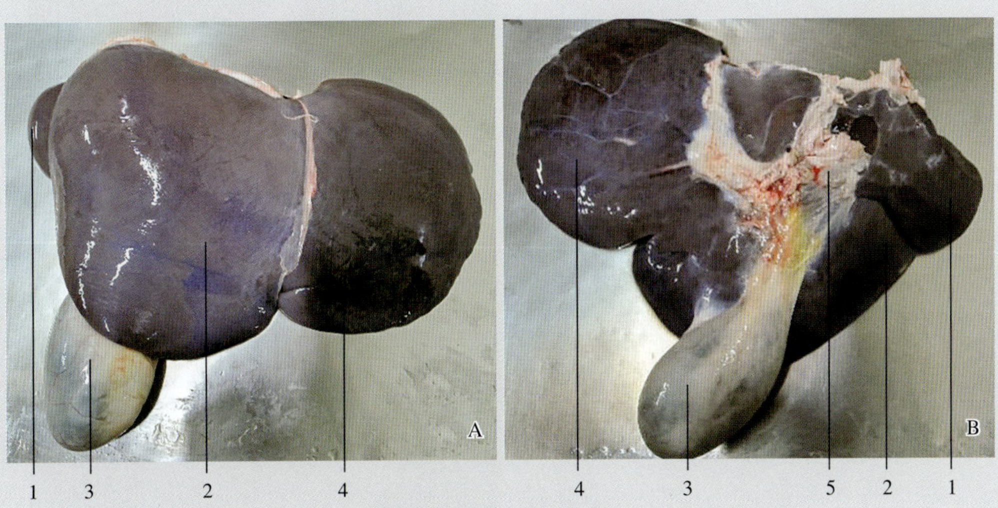

图3-21 牛肝脏外观

A.牛肝壁面（膈面）：1.肝尾状凸 2.肝右叶 3.胆囊 4.肝左叶
B.牛肝脏面：1.肝尾状凸 2.肝右叶 3.胆囊 4.肝左叶 5.肝门淋巴结

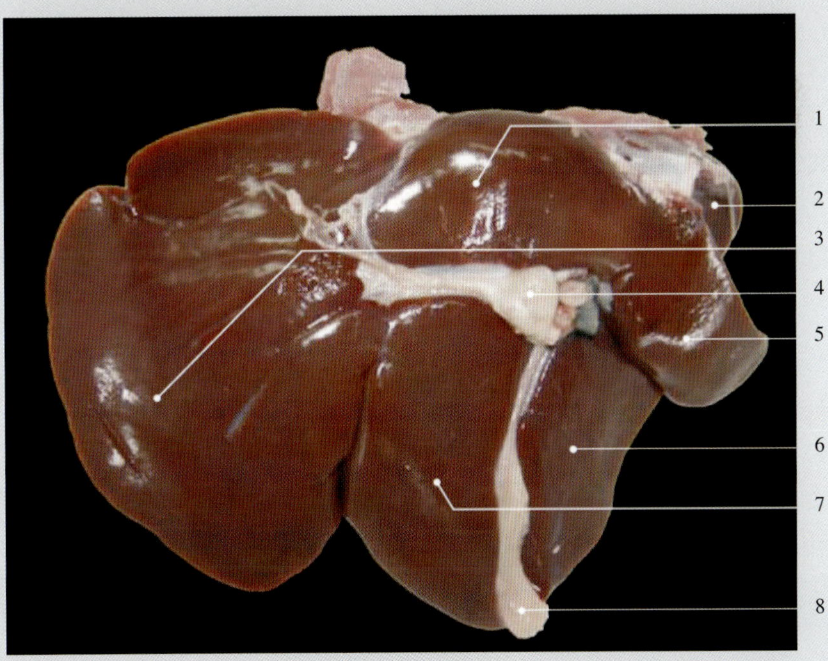

图3-22 羊肝脏面外观

1.肝尾叶 2.肾压迹 3.肝左叶 4.肝门 5.肝尾状突 6.肝右内叶 7.肝方叶 8.胆囊
（陈耀星，2013，动物解剖学彩色图谱）

（六）网膜和肠系膜

1.网膜 网膜是以胃为中心，连系肝、脾和肠等器官的腹膜褶（浆膜褶），分为大网膜和小网膜。大网膜覆盖于瘤胃腹囊的表面和肠管右侧的大部分，分浅层和深层，常沉积大量的脂肪。小网膜起自肝的脏面，包绕瓣胃，止于皱胃和十二指肠前段。

2.肠系膜 肠系膜是悬吊、固定肠管的腹膜的一部分。小肠和大肠通过肠系膜附着于腹腔背侧，肠系膜上分布有淋巴结（图3-20）。

六、呼吸系统

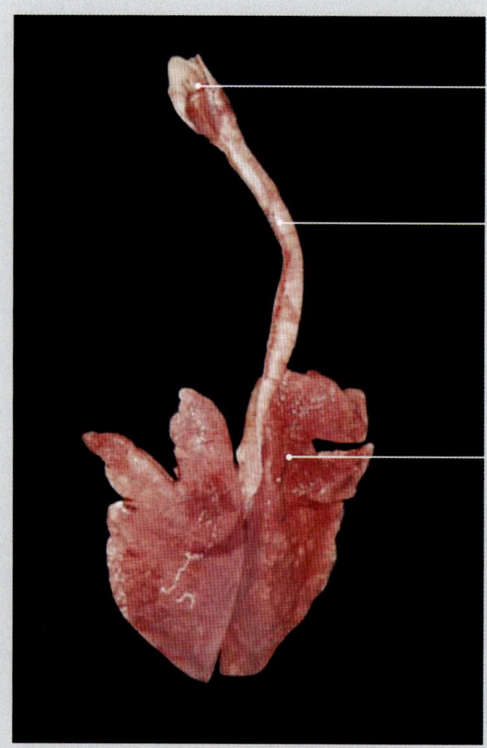

图3-23 羊呼吸器官外观

1.喉 2.气管 3.肺

（陈耀星，2013，动物解剖学彩色图谱）

呼吸系统由呼吸道和肺脏组成（图3-23）。呼吸道是气体进出肺脏的通道，包括鼻、咽（见消化系统）、喉、气管和支气管，由骨、软骨形成开放性的管腔。肺脏是呼吸系统的主要器官，气体交换的场所。通常将鼻、咽、喉统称为上呼吸道，气管以下的气体通道部分（包括肺内各级支气管）称为下呼吸道。

（一）鼻

鼻是呼吸道的起始部，由外鼻、鼻腔和鼻旁窦（副鼻窦）构成。鼻腔前方以鼻孔通外界，鼻腔由鼻中隔分为左、右两个腔体，前为鼻孔和鼻翼，后止鼻后孔，通鼻咽部。牛羊宰前、宰后检验，应当注意观察该部位有无异常。

（二）喉

喉位于下颌间隙后方、头颈交界的腹侧，前端以喉口与咽相通，后端与气管相连，由喉软骨、喉肌和喉黏膜构成。喉软骨包括不成对的会厌软骨、甲状软骨、环状软骨和成对的勺状软骨。牛宰后头部检查时，应当观察咽喉黏膜有无病变。

（三）肺脏

肺脏位于胸腔纵隔两侧，分左肺和右肺，左肺比右肺小。牛羊肺分叶明显，左肺有3叶，从前到后依次为前叶（尖叶）、中叶（心叶）、后叶（膈叶）；右肺有4叶，分别是前叶（又分前、后两部分）、中叶、后叶和副叶，副叶呈锥体形，位于尖叶与膈叶内侧（图3-24、图3-25）。

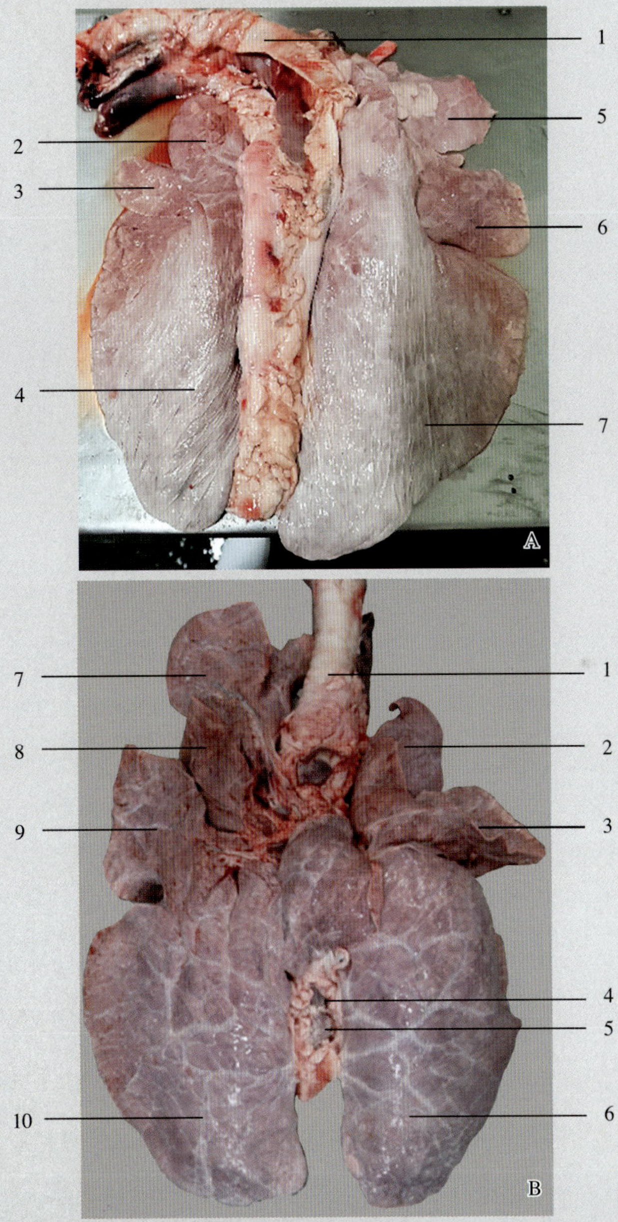

图3-24　牛肺脏结构

A.肺壁面：1.气管　2.左尖叶　3.左心叶　4.左膈叶　5.右尖叶　6.右心叶　7.右膈叶
B.肺脏面：1.气管　2.左尖叶　3.左心叶　4.纵隔淋巴结（中）　5.纵隔淋巴结（后）　6.左膈叶　7.右尖叶　8.右副叶　9.右心叶　10.右膈叶

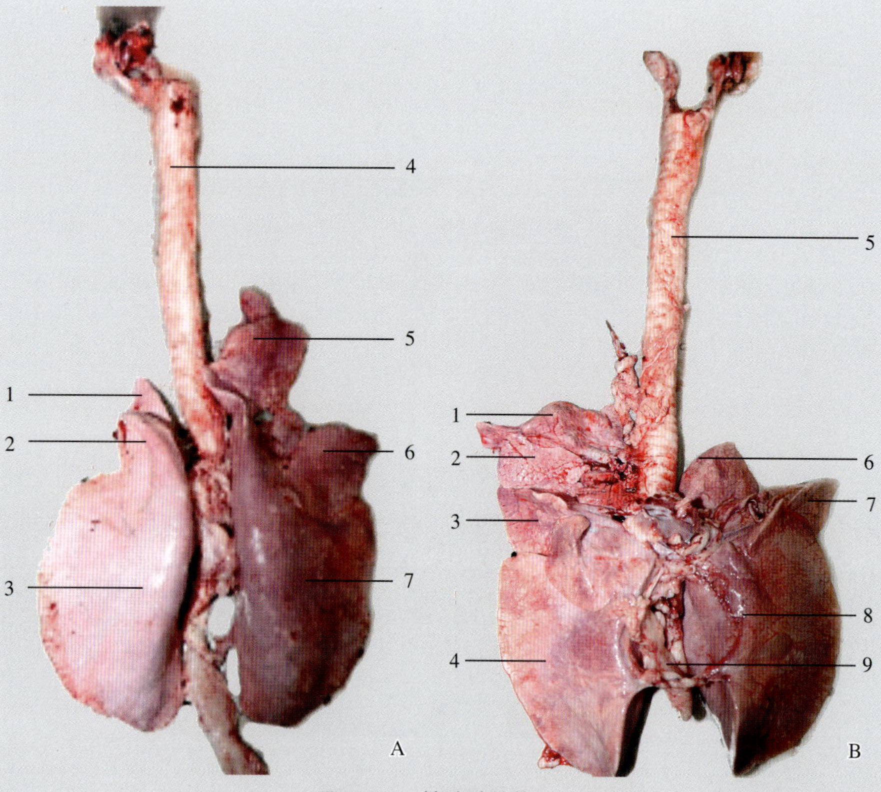

图3-25 羊肺脏结构

A.肺壁面：1.左肺尖叶 2.左肺心叶 3.左肺膈叶 4.气管 5.右肺尖叶 6.右肺心叶 7.右肺膈叶
B.肺脏面：1.右肺尖叶 2.副叶 3.右肺心叶 4.右肺膈叶 5.气管 6.左肺尖叶 7.左肺心叶 8.左肺膈叶 9.纵隔淋巴结

肺脏呈粉红色，柔软而富有弹性，由间质（被膜）和实质构成。间质为肺表面光滑的浆膜，称肺胸膜，其深层结缔组织伸入肺实质，将肺分隔成许多肺小叶。肺实质包括肺内支气管和肺泡。肺脏是疾病多发器官，在宰后检查中应当注意观察有无异常。

七、泌尿系统

泌尿系统由肾脏、输尿管、膀胱和尿道组成（图3-26），后三部分合称尿路。肾脏，是生成尿液的器官；输尿管，是输送尿液至膀胱的细长管道，开口于膀胱颈部；膀胱，是暂时贮存尿液的器官；尿道，是排出尿液的管道。

（一）肾脏

肾脏位于腹腔中部的腰区，在腹主动脉和后腔静脉两侧、腰椎的腹侧。肾脏是成对的实质器官，呈红褐色至深褐色。肾周围常包有大量脂肪，称肾脂肪囊（图3-27）。

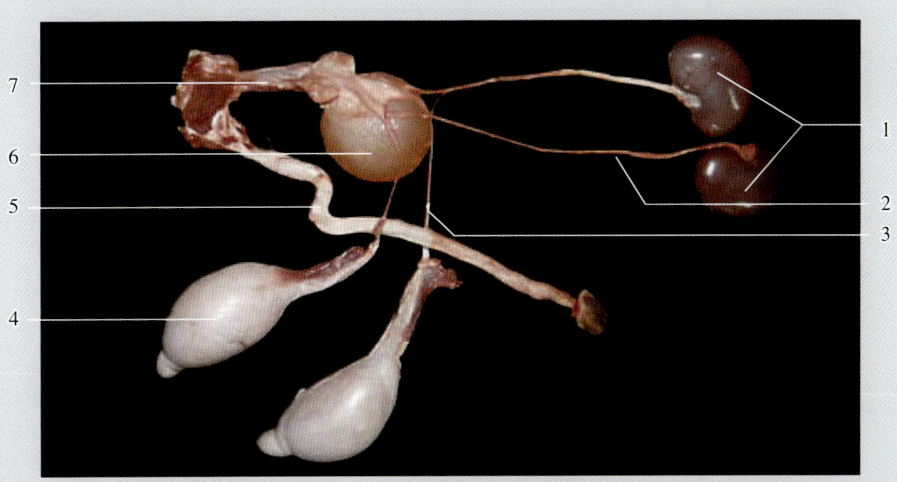

图3-26 公羊泌尿生殖器官

1.肾脏 2.输尿管 3.输精管 4.睾丸 5.尿生殖道阴茎部 6.膀胱 7.尿生殖道骨盆部
（陈耀星，2013，动物解剖学彩色图谱）

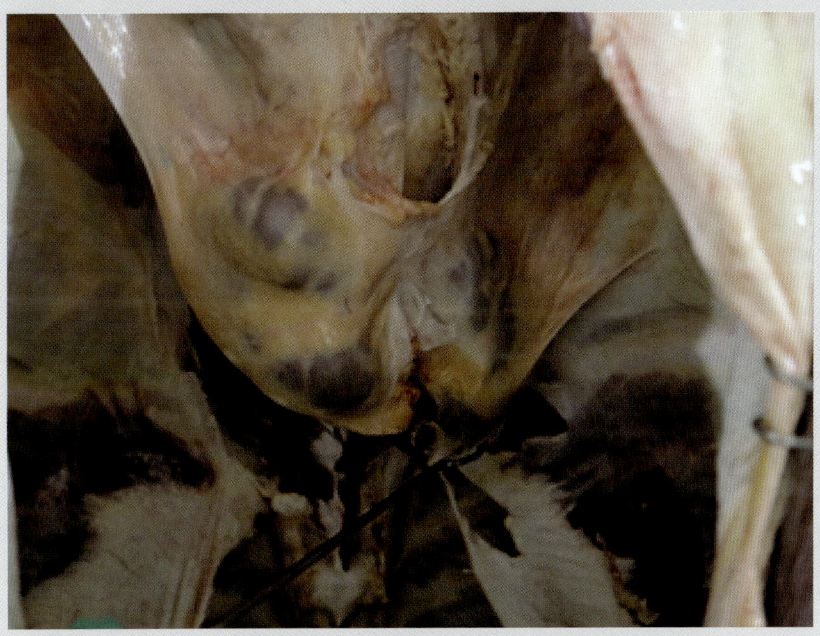

图3-27 牛肾位置及肾脂肪囊

肾包裹在肾脂肪囊内（姜艳芬 供图）

肾脏由被膜和实质构成。被膜是肾表面包裹的一层薄而坚韧的纤维膜，正常时易剥离。肾实质由许多肾叶组成，每一肾叶可分为皮质和髓质。皮质位于周围，呈红褐色，由肾小体和肾小管组成。髓质位于皮质内部，淡红色，呈圆锥形，由肾锥体构成；肾锥体的尖端钝圆，呈乳头状，为肾乳头（图3-28）。

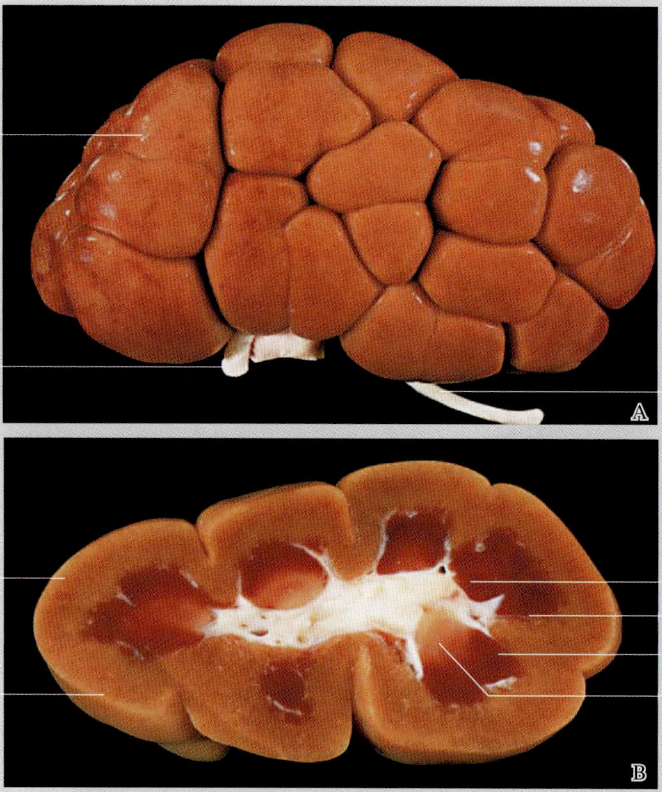

图3-28 牛肾结构

A．肾脏外观 B．肾脏剖面

1.肾叶 2.肾动、静脉 3.输尿管 4.肾皮质 5.肾髓质内区 6.肾髓质外区 7.肾髓质 8.肾乳头

（陈耀星、刘为民，2009，家畜兽医解剖学教程与彩色图谱）

1.牛肾 右肾位于最后一根肋骨上端至前2～3腰椎横突的腹面，呈长椭圆形。左肾位于第2～5腰椎左横突的腹面，常随瘤胃充满程度的不同而左右移动，呈厚三棱柱形，前端小、后端大。牛肾为表面有沟多乳头肾，表面有沟，肾叶中部融合，肾乳头单独存在，髓质深部呈漏斗状的膜管，包绕肾乳头的部分称为肾小盏（图3-29）。

2.羊肾 右肾位于最后1肋骨至第2腰椎下，左肾位于瘤胃背囊后方、第4～5腰椎横突下。羊肾为平滑单乳头肾，呈豆形，表面平滑（图3-30），皮质较薄，肾锥体合并成肾脊，与肾盂相接。

（二）膀胱

膀胱位于骨盆腔，充满尿液时突入腹腔。膀胱呈圆形至长卵圆形或梨形（图3-26）。前端钝圆为膀胱顶，中部为膀胱体，后端狭窄为膀胱颈。膀胱从内向外由黏膜、肌层和浆膜3层构成。牛、羊宰后检验开展“瘦肉精”（β-肾上腺素受体激动剂等化合

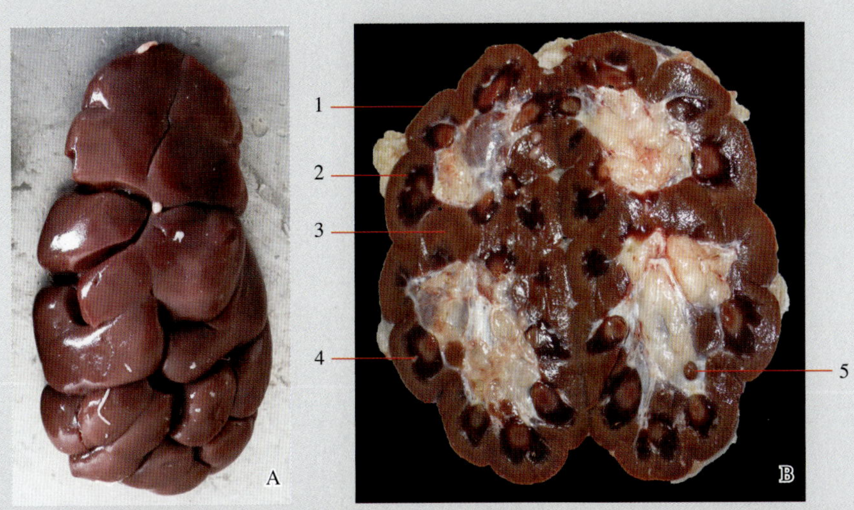

图3-29 牛肾结构

A. 去肾脂肪囊和包膜的牛左肾外观 B.牛肾纵切面
1.被膜 2.皮质 3.肾乳头 4.髓质 5.肾小盏

物）筛查时，可从膀胱取尿液作为样本；宰后内脏检验时，应注意观察膀胱有无异常变化。

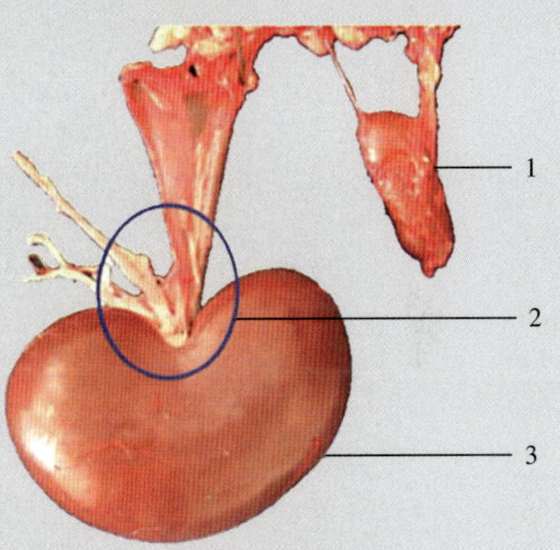

图3-30 绵羊肾脏及肾上腺外观

1.肾上腺 2.肾门（血管、神经、输尿管） 3.肾脏
（熊本海、恩和等，2012，绵羊实体解剖学图谱）

八、生殖系统

（一）雄性生殖器官

雄性牛、羊的生殖器官由睾丸、附睾、输精管、精索、尿生殖道、副性腺、阴茎、包皮和阴囊等组成（图3-31、图3-32）。其中睾丸、附睾、输精管、精索、副性腺和尿生殖道称内生殖器；阴茎、包皮和阴囊为外生殖器。牛、羊宰后内脏检查时，应当观察公牛、公羊睾丸、附睾有无异常。

1.睾丸与附睾 睾丸为成对的实质性器官，位于阴囊内，长椭圆形（图3-33），上端为睾丸头，下端为睾丸尾。附睾位于睾丸的后缘，由睾丸输出管和附睾管构成，分为附睾头、附睾体和附睾尾3部分。牛、羊出生后，睾丸和附睾一起经腹股沟管下降至阴囊内。如果有一侧或两侧睾丸未下降到阴囊内，称为单睾或隐睾。

2.阴茎 阴茎位于腹壁之下，分为阴茎根、阴茎体和阴茎头3部分。

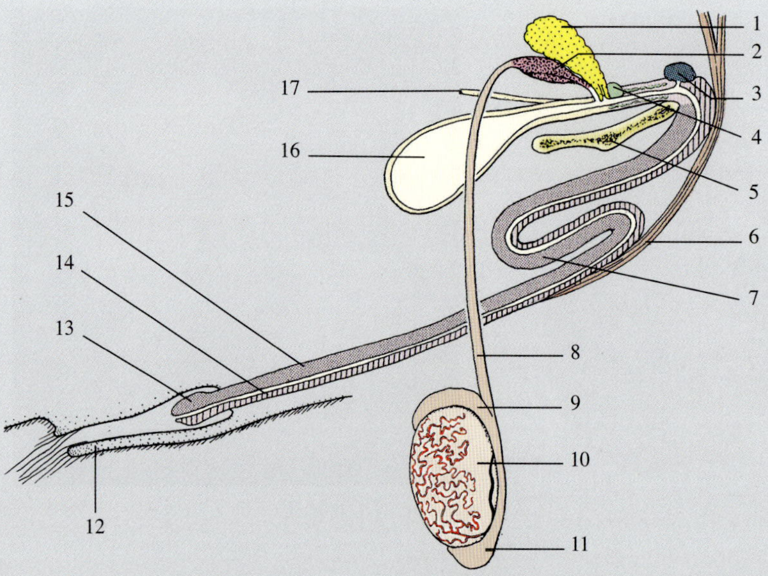

图3-31 公牛生殖系统模式图

1.精囊腺 2.输精管壶腹 3.尿道球腺 4.前列腺 5.坐骨联合 6.阴茎缩肌 7.乙状弯曲 8.输精管 9.附睾 10.睾丸 11.附睾尾 12.包皮 13.阴茎头 14.尿道海绵体 15.阴茎海绵体 16.膀胱 17.输尿管

(陈耀星、刘为民，2009，家畜兽医解剖学教程与彩色图谱)

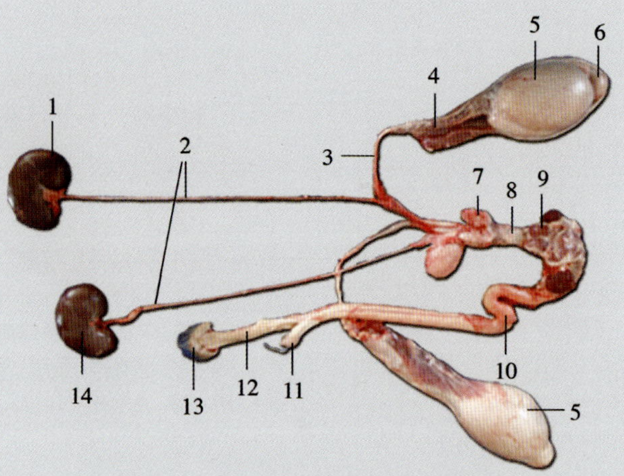

图3-32 公羊生殖器官结构（绵羊）

1.右肾 2.输尿管 3.输精管 4.精索 5.睾丸 6.附睾尾 7.精囊腺 8.前列腺 9.尿道球腺 10.阴茎s状弯曲 11.阴茎头 12.包皮 13.尿道外口 14.左肾

(熊本海、恩和等，2012，绵羊实体解剖学图谱)

（二）雌性生殖器官

雌性生殖器官由卵巢、输卵管、子宫、阴道、尿生殖前庭和阴门等器官组成(图3-34、图3-35)，前4个器官为内生殖器官，尿生殖前庭和阴门为外生殖器官。

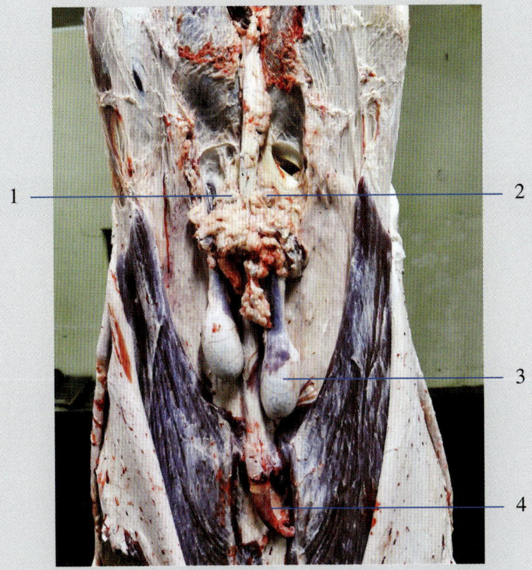

图3-33 公牛主要生殖器官及周围淋巴结

1.左侧腹股沟浅淋巴结 2.右侧腹股沟浅淋巴结 3.睾丸 4.阴茎

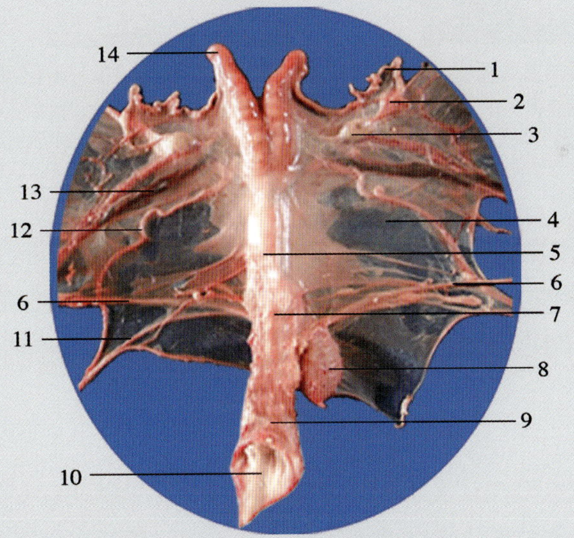

图3-34 母羊生殖泌尿系统结构（绵羊）

1.输卵管 2.输卵管伞 3.卵巢 4.子宫阔韧带 5.子宫体 6.输尿管 7.子宫颈 8.膀胱 9.阴道 10.尿生殖前庭 11.腹下神经 12.子宫中动脉 13.静脉 14.子宫角

（熊本海、恩和等，2012，绵羊实体解剖学图谱）

1.卵巢和输卵管 卵巢为成对的实质性器官，母牛的卵巢呈侧扁的卵圆形，母羊的较圆、较小（图3-35）。输卵管是连接卵巢和子宫角之间的一对弯曲的管道。

2.子宫 子宫是有腔的肌质器官，分为子宫角、子宫体和子宫颈3部分。牛羊的子宫角较长，前部呈绵羊角状（图3-35），表面为浆膜；子宫体短，壁厚而坚实，内为黏膜（图3-36）。牛羊宰后内脏检验时，应当观察母畜子宫及子宫内膜有无异常变化。

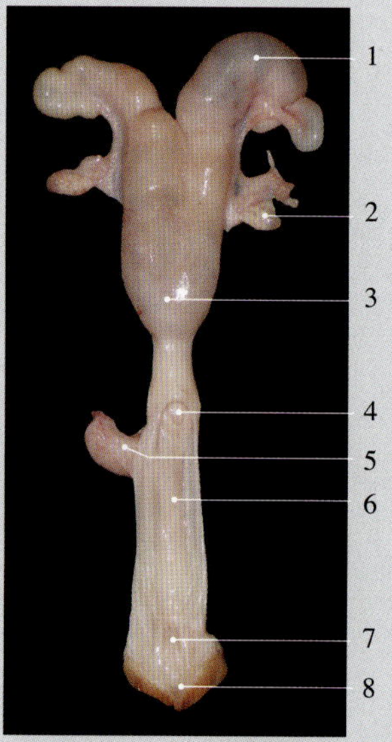

图3-35 母羊生殖器官

1.子宫角 2.卵巢 3.子宫体 4.子宫颈阴道部
5.膀胱 6.阴道 7.尿生殖前庭 8.阴蒂
（陈耀星，2013，动物解剖学彩色图谱）

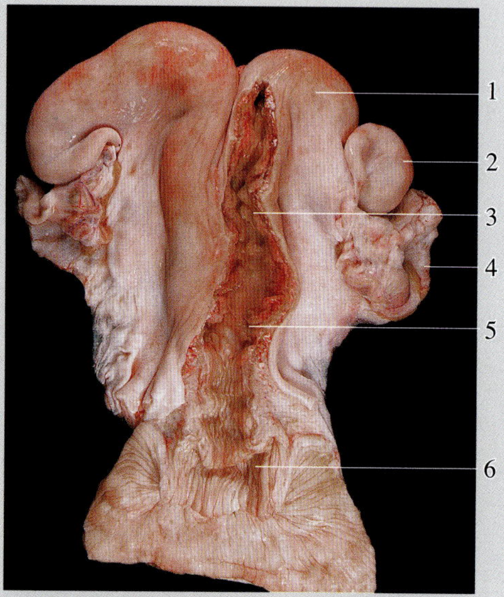

图3-36 母牛生殖器官

1.子宫角 2.卵巢 3.子宫阜 4.输卵管 5.子宫体
6.子宫颈阴道部
（陈耀星、刘为民，2009，家畜兽医解剖学教程与彩色图谱）

九、循环系统

循环系统由心脏、动脉、毛细血管和静脉构成，为一个密闭的循环管道，管腔内流动着血液。心脏是血液循环的动力器官，牛羊宰后应当检查心包、心肌等有无异常变化。

（一）心脏

心脏位于胸腔纵隔内，夹于两肺之间，略偏左。心脏外有心包包围，分为脏层和壁层，脏层覆盖于心脏表面的浆膜，称为心外膜，脏层在心基处向外折转而成壁层。壁层和脏层之间形成心包腔，内含少量心包液。

心脏呈倒圆锥形，锥底朝上、为心基，锥尖朝下、为心尖，游离于心包腔内。心脏左侧面称心耳面，右侧面称心房面。心底有冠状沟，将心脏分为上部的心房和下部的心室。心室左、右侧面各有一纵沟，分别称为左纵沟和右纵沟，为左、右心室外表的分界线（图3-37、图3-38）。

心腔为中空的肌质器官，由房中隔和室中隔分为左、右两半，每半又分为上

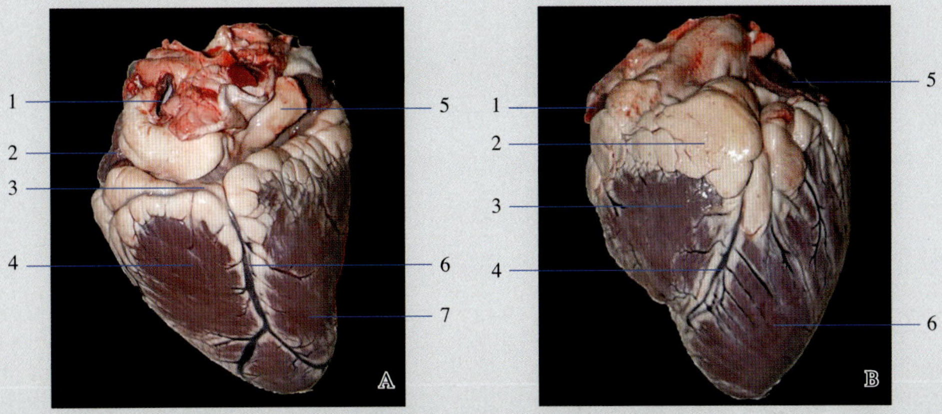

图3-37 牛心脏外观

A.右侧观：1.肺静脉 2.左心耳 3.冠状沟 4.左心室 5.后腔静脉 6.窦下室间沟 7.右心室
B.左侧观：1.右心耳 2.冠状沟（被脂肪覆盖） 3.右心室 4.锥旁室间沟 5.左心耳 6.左心室

（心房）、下（心室）两部分，同侧的心房与心室经房室口相通。因此，心脏有右心房、右心室，左心房、左心室4个腔（图3-37、图3-38）。

右房室口略呈卵圆形，口周缘为致密结缔组织构成的纤维环，环上附着有3片三角形瓣膜，称右房室瓣，即三尖瓣。左房室口呈圆形，口周围有纤维环，环上有两片强大的瓣膜，称左房室瓣，即二尖瓣（图3-39）。心壁由心内膜、心肌和心外膜构成。心外膜即心包的脏层，心肌由心肌纤维组成。心内膜为紧贴心肌内表面的光滑薄膜，向心腔内折叠形成双层结构的瓣膜。

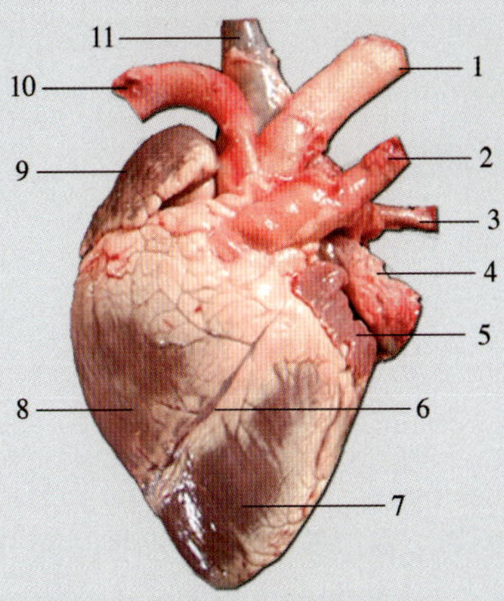

图3-38 绵羊心脏左侧外观

1.主动脉弓 2.肺动脉 3.后腔静脉 4.肺静脉口
5.左心房 6.左纵沟 7.左心室 8.右心室
9.右心房 10.头臂动脉总干 11.前腔静脉
（熊本海、恩和等，2012，绵羊实体解剖学图谱）

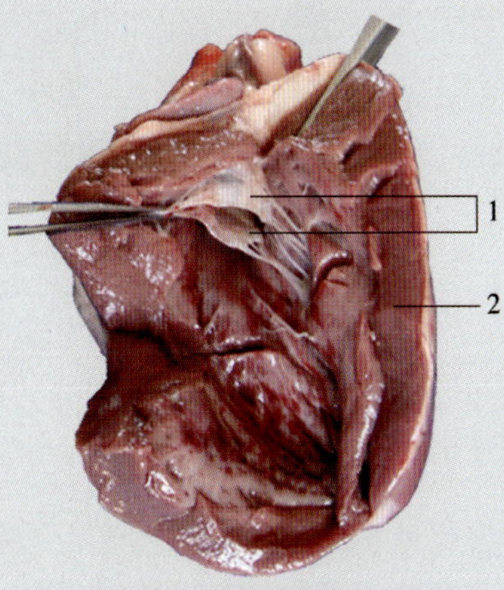

图3-39 绵羊心脏及二尖瓣

1.二尖瓣 2.左心室肌
（熊本海、恩和等，2012，绵羊实体解剖学图谱）

（二）血管

血管分为动脉、毛细血管和静脉3种。动脉是将血液由心脏运输到全身各部的血管，分为大动脉、中动脉和小动脉，动脉管壁厚而有弹性，逐步分支变细，接毛细血管。静脉是将血液由全身各部运输到心脏的血管，多与动脉伴行，管壁与动脉相似（图3-38）。毛细血管是血液与组织液进行物质交换的场所，为动脉和静脉间的微细血管，管壁很薄，短而密，相互吻合成网。

（三）血液循环

血液是一种流体组织，在心脏的推动下不断地在心血管系统中循环流动。机体的血液循环有两种：①肺循环，血液从右心室经肺动脉→肺毛细血管网→肺静脉→左心房的通路，循环过程短，又称小循环；②体循环，血液经左心室→主动脉→各级动脉分支→全身毛细血管→各级静脉→前、后腔静脉→右心房的通路，循环行程长，又称大循环（图3-40）。

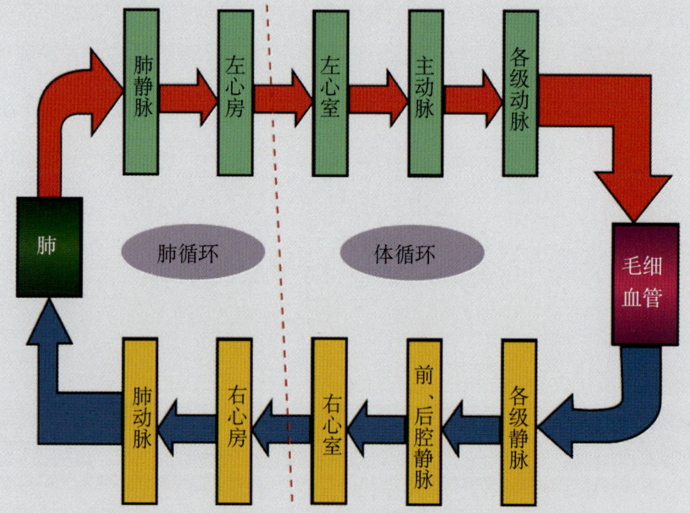

图3-40 血液循环模式图

（时建忠，2015，全国畜禽屠宰检疫检验培训教材）

十、淋巴系统

淋巴系统由淋巴管、淋巴组织和淋巴器官构成。淋巴管包括毛细淋巴管、淋巴管、淋巴干、淋巴导管，为淋巴回流的管道系统。淋巴组织，分为弥散淋巴组织和淋巴小结。淋巴器官是由淋巴组织构成的实质性器官，分为中枢淋巴器官（如胸腺）和外周淋巴器官（淋巴结、血淋巴结、扁桃体、脾脏等）两大类。淋巴系统是动物机体防御功能系统，对宰后检验具有重要意义，应注意检查扁桃体（牛）、脾脏、淋巴结等器官有无异常。

（一）脾脏

脾脏是体内最大的淋巴器官，为实质性器官，由被膜和实质构成。脾脏表面为被膜，实质由红髓和白髓构成，红髓位于白髓周围，呈红色，白髓色淡（图3-41）。牛羊宰后内脏检验时，应观察脾脏有无异常。

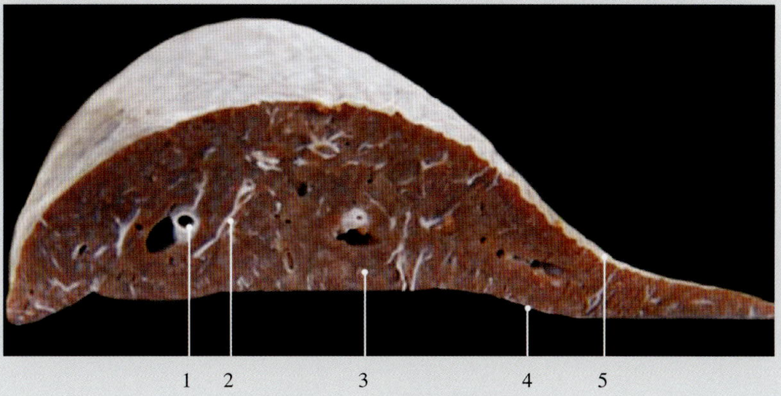

图3-41 牛脾脏横切面

1.小梁血管 2.小梁结缔组织 3.脾红髓 4.脏面 5.膈面
（陈耀星，2013，动物解剖学彩色图谱）

1.牛脾脏 斜位于左季肋区，瘤胃背囊左前方，壁面略凸接膈，脏面略凹贴瘤胃左面，上部以腹膜及结缔组织附着于左膈脚及瘤胃背囊，下端游离（图3-42）。牛脾脏呈长而扁的椭圆形，蓝紫色，质地较软（图3-43A）。

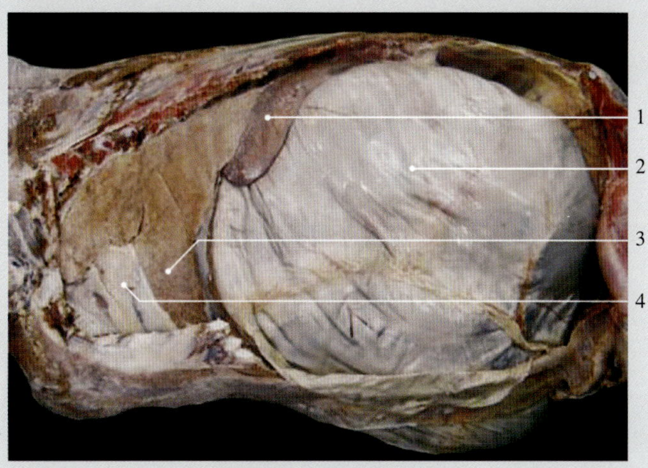

图3-42 牛脾脏位置

1.脾 2.瘤胃 3.肺 4.心脏
（陈耀星，2013，动物解剖学彩色图谱）

2.羊脾脏 位于瘤胃左侧，长轴斜向前下方，形状扁平，略呈钝三角形，紫红色，质地较软（图3-43B）。

（二）淋巴结

家畜的淋巴结颜色深浅不一，单个或成簇、成链排列，呈圆形、椭圆形、扁圆形、长圆形或不规则形。牛羊体内的淋巴结数目众多、分布广，屠宰检验中应有所选择。淋巴结选择的原则主要有3个：其一，能反映特定病变过程的淋巴结，如下颌淋巴结；其二，收集淋巴液范围广泛的淋巴结，如颈浅淋巴结、髂下淋巴结（图3-44、图4-45）；其三，便于剖检的淋巴结，如肠系膜淋巴结。

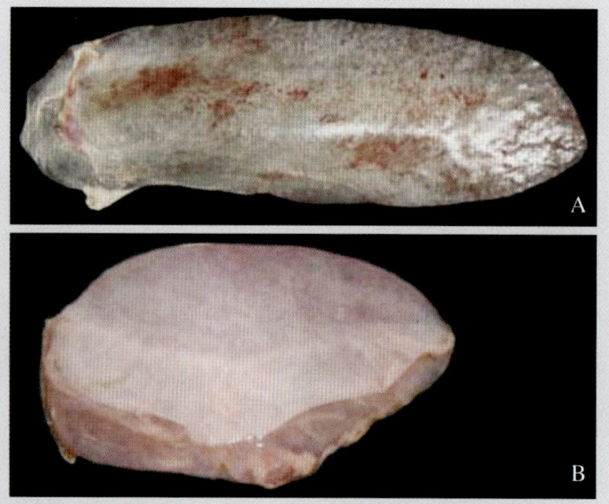

图3-43 脾脏外观

A.牛 B.羊

（陈耀星，2013，动物解剖学彩色图谱）

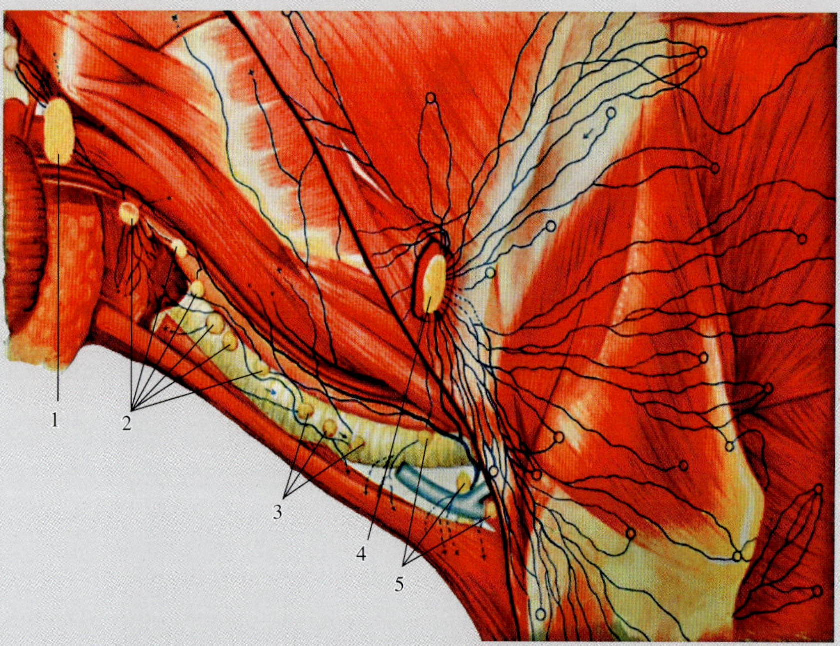

图3-44 牛头颈部淋巴结

1.咽后外侧淋巴结 2.颈深前淋巴结 3.颈深中淋巴结 4.颈浅淋巴结 5.颈后淋巴结

（陈耀星、崔燕，2019，动物解剖学与组织胚胎学）

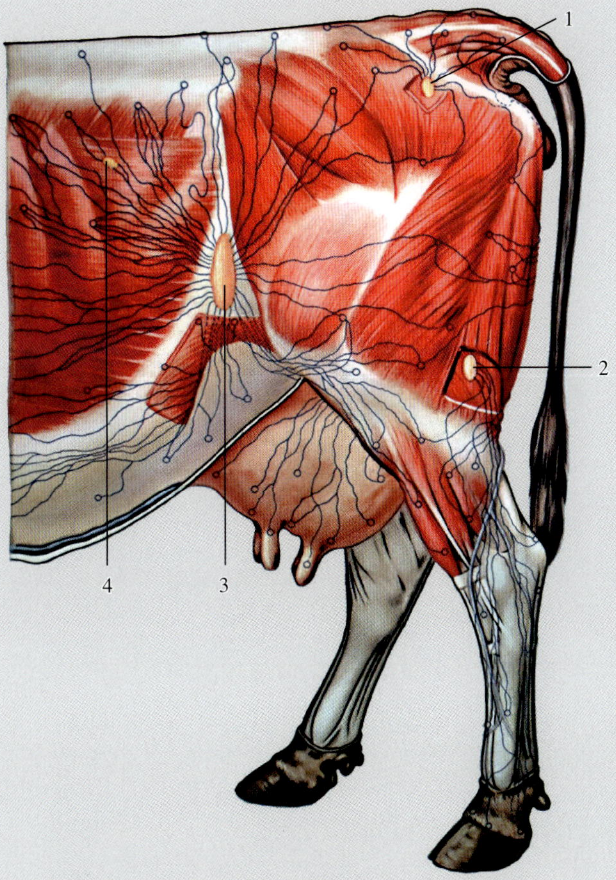

图3-45 牛后躯淋巴结

1.臀淋巴结 2.腘淋巴结 3.髂下淋巴结 4.腹股沟浅淋巴结
（陈耀星、崔燕，2019，动物解剖学与组织胚胎学）

淋巴结是机体重要的免疫器官，在屠宰检验中具有重要意义。兽医卫生检验人员应当熟悉被检淋巴结的位置，以及正常淋巴结的形状、大小、色泽、质地等。2023年实施的《牛屠宰检疫规程》规定，同步检疫时检查的淋巴结有8个；《羊屠宰检疫规程》规定，同步检疫时检查的淋巴结有7个。

1.头部淋巴结

（1）咽后内侧淋巴结 牛的咽后内侧淋巴结有1～3个，位于咽的背外侧，汇入咽后外侧淋巴结（图3-46），为牛头部检查时应剖检的淋巴结。

（2）下颌淋巴结 下颌淋巴结有1～3个，位于下颌间隙内，在下颌骨支后内侧、胸下颌肌前部和下颌腺之间，呈卵圆形或扁椭圆形（图3-46、图3-47、图3-48）。

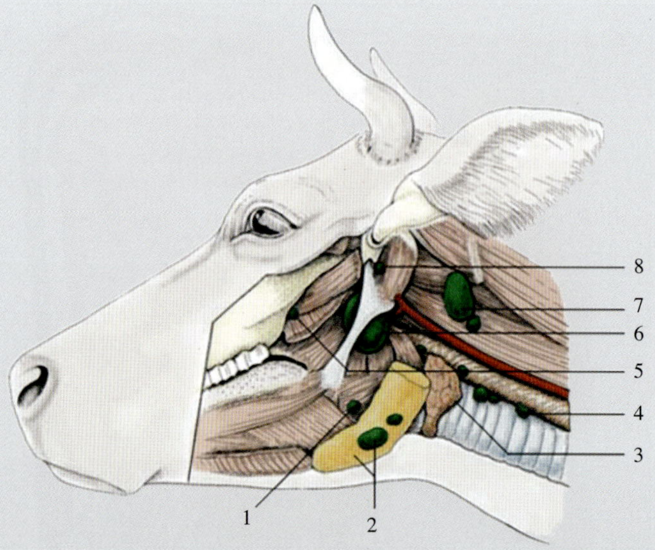

图3-46 牛头颈部淋巴结

1.舌骨前淋巴结 2.下颌腺与下颌淋巴结 3.甲状腺 4.颈深前淋巴结 5.翼肌淋巴结 6.咽后内侧淋巴结 7.咽后外侧淋巴结 8.舌骨后淋巴结

（陈耀星、刘为民，2009，家畜兽医解剖学教程与彩色图谱）

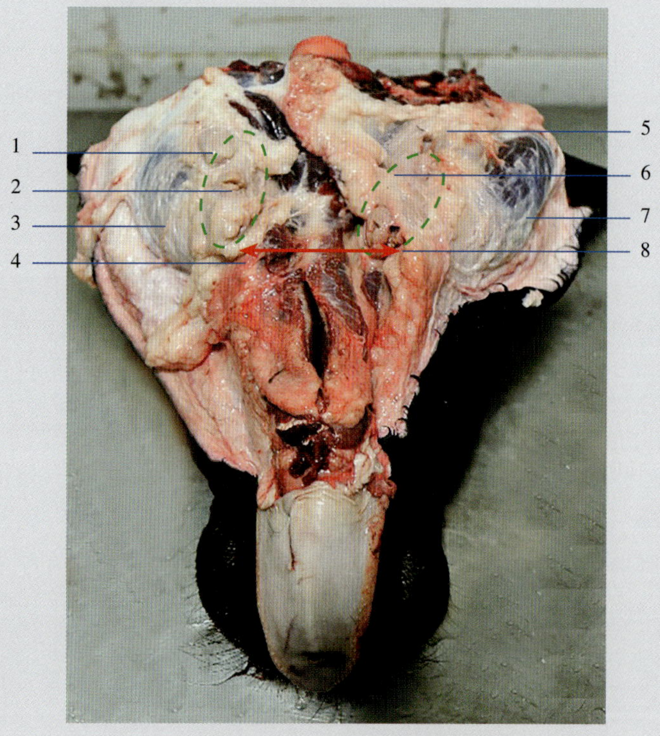

图3-47 牛下颌淋巴结位置

1.左下颌淋巴结 2.左下颌腺 3.左咬肌 4.左下颌角 5.右下颌淋巴结 6.右下颌腺 7.右咬肌 8.右下颌角

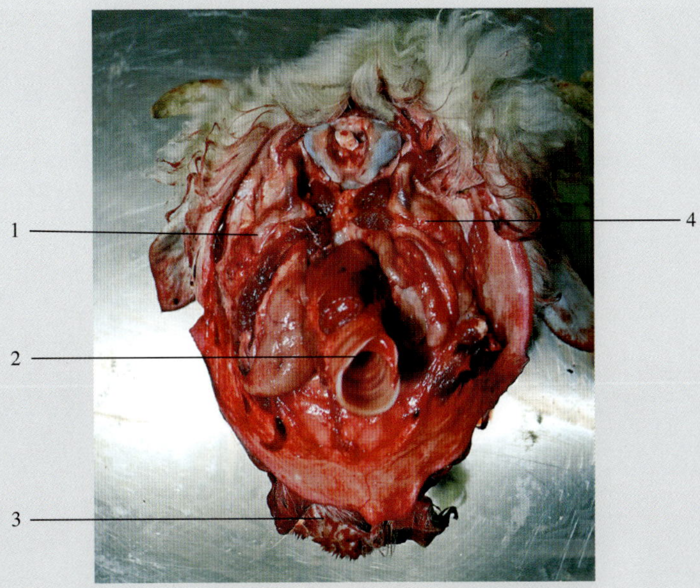

图3-48 绵羊下颌淋巴结位置
1.左下颌淋巴结 2.气管 3.下唇 4.右下颌淋巴结

2.胴体淋巴结

(1) 颈浅淋巴结 颈浅淋巴结较大，位于肩关节前上方、肩胛横突肌的深层，故又称肩前淋巴结（图3-44），牛的长7 ~ 10 cm，活体可触摸。牛羊宰后胴体倒挂时，在肩关节前稍上方剖开臂头肌、肩胛横突肌，即可见颈浅淋巴结（图3-49、图3-50）。

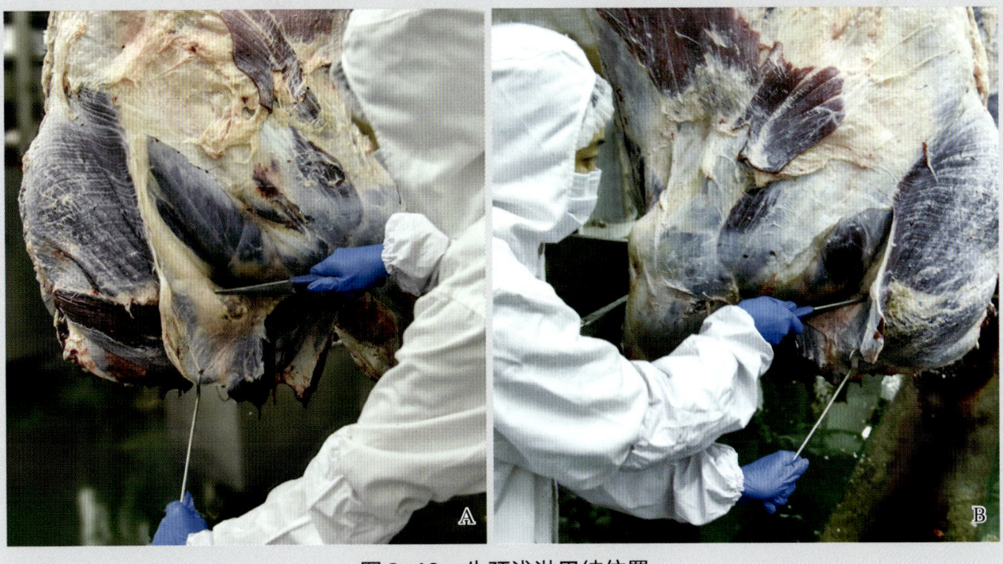

图3-49 牛颈浅淋巴结位置
A. 左侧颈浅淋巴结 B.右侧颈浅淋巴结

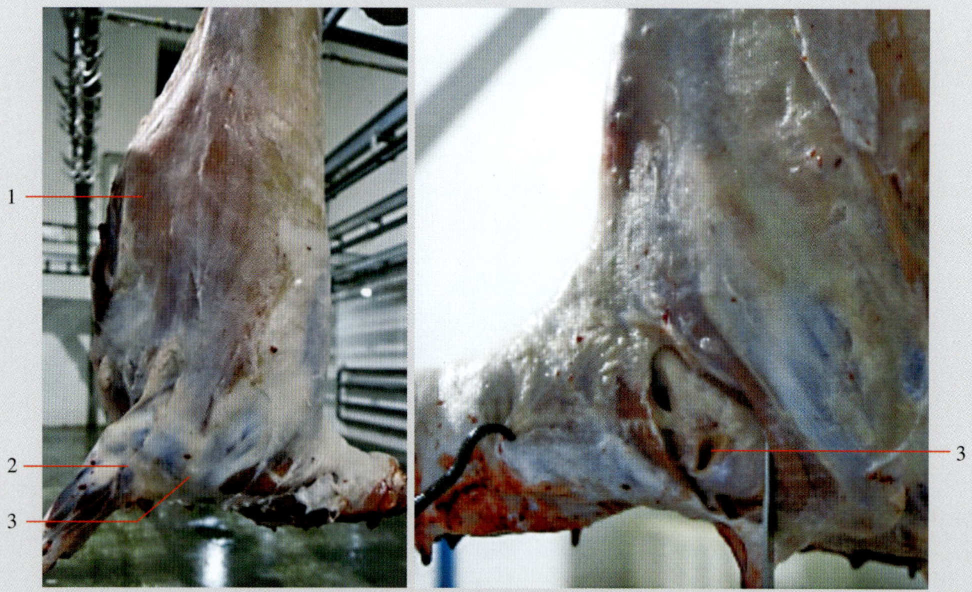

图3-50 羊颈浅淋巴结位置

1.腹壁 2.前肢 3.颈浅淋巴结

(2) 髂下淋巴结 髂下淋巴结大而长，位于膝关节的前上方、阔筋膜张肌前缘膝褶中，又叫股前淋巴结、膝上淋巴结（图3-45、图3-51、图3-52），活体可触及。

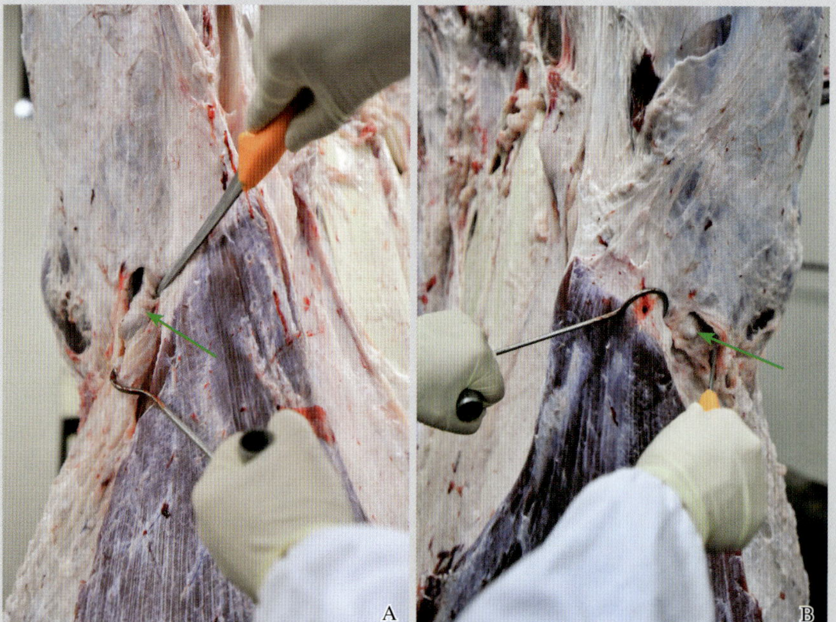

图3-51 牛髂下淋巴结位置

A. 左侧髂下淋巴结 B.右侧髂下淋巴结

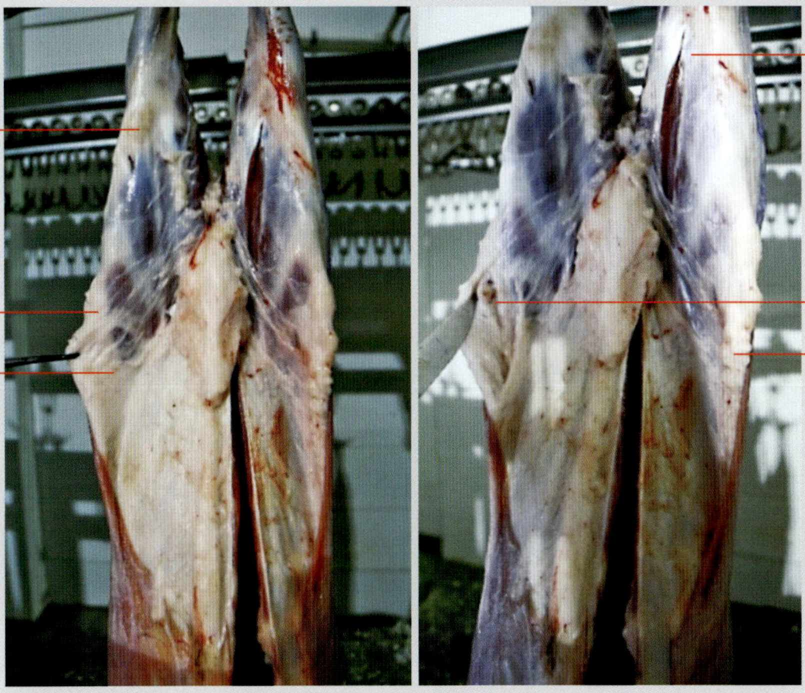

图3-52　羊髂下淋巴结位置

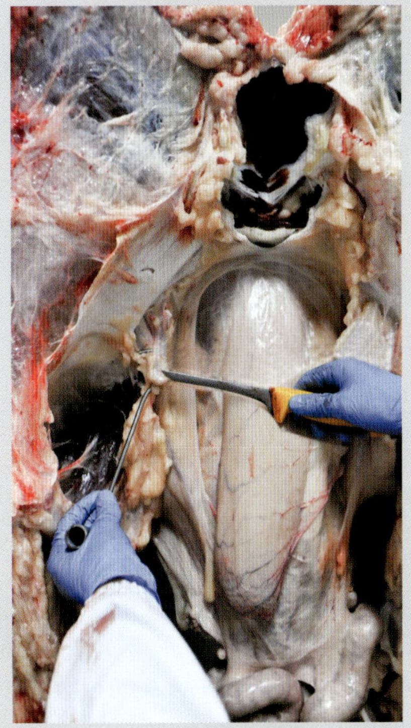

图3-53　牛左侧腹股沟深淋巴结位置

（3）腹股沟深淋巴结　胴体倒挂时，腹股沟深淋巴结位于骨盆腔横径线的稍下方、骨盆边缘侧方2～3 cm处（图3-53），有时也稍向两侧上下移位。

3. 内脏淋巴结

（1）支气管淋巴中心　有五个淋巴群，即气管支气管左、右、中淋巴结，气管支气管前淋巴结和肺淋巴结（图3-54、图3-55）。

①气管支气管左淋巴结：位于气管叉左侧的淋巴结，简称支气管左淋巴结、左支气管淋巴结；

②气管支气管右淋巴结：位于气管叉右侧的淋巴结，简称支气管右淋巴结、右支气管淋巴结；

③气管支气管中淋巴结：位于气管叉之间的淋巴结，简称支气管中淋巴结；

④气管支气管前淋巴结：位于气管支气管背侧与气管夹角处的1～2个淋巴结；

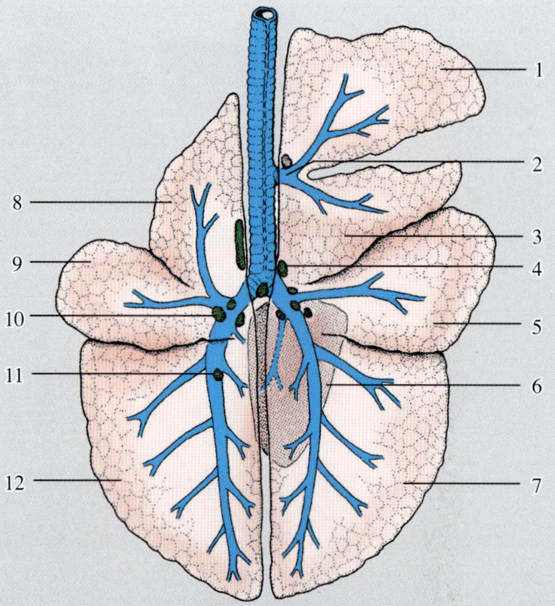

图3-54　牛肺脏及淋巴结模式图

1.右前叶　2.气管支气管前淋巴结及气管支气管　3.右前叶　4.气管支气管右淋巴结　5.中叶　6.副叶　7.右后叶　8.左前叶（前部）　9.左前叶（后部）　10.气管支气管左淋巴结　11.肺淋巴结　12.左后叶

（陈耀星、刘为民，2009，家畜兽医解剖学教程与彩色图谱）

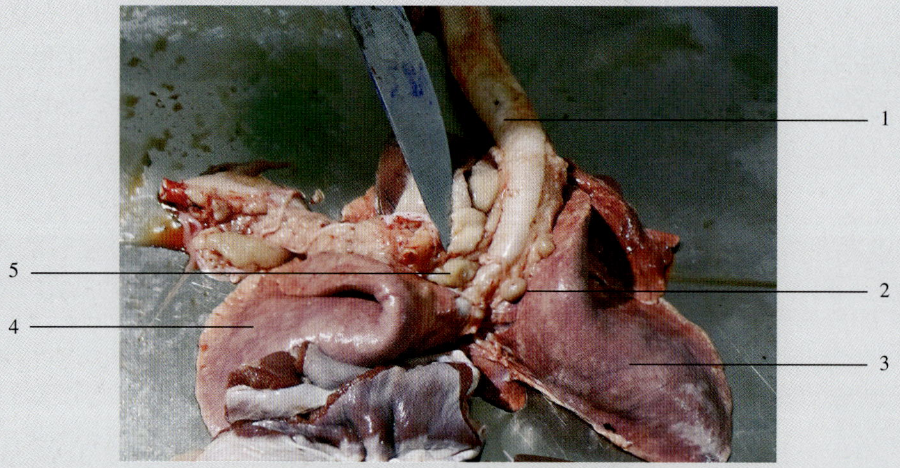

图3-55　羊支气管淋巴结位置

1.气管　2.右支气管淋巴结　3.右肺膈叶　4.左肺膈叶　5.左支气管淋巴结

⑤肺淋巴结：有数个，沿肺内支气管分布。

牛羊肺脏检查需剖检一侧支气管淋巴结，通常剖检便于剖检的左支气管淋巴结。

(2) 肝门淋巴结　肝门淋巴结位于肝门，沿门静脉分布（图3-21、图3-56），又称为肝淋巴结。肝脏检查时，应剖检肝门淋巴结。

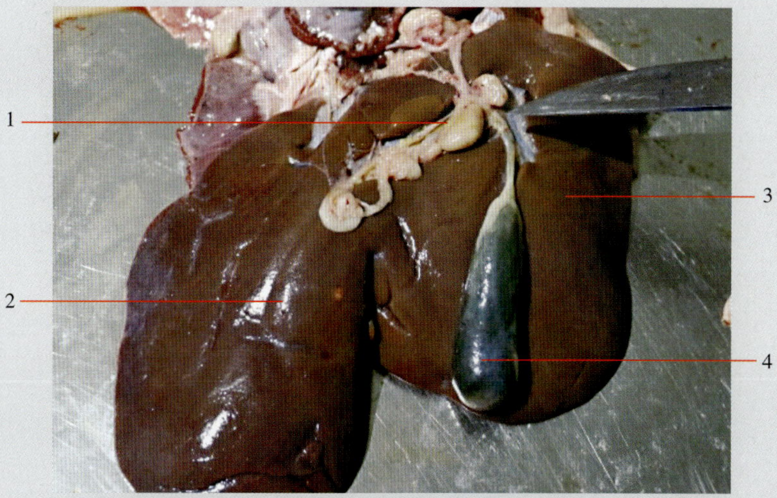

图3-56 羊肝脏面结构

1.肝门淋巴结 2.肝左叶 3.肝右叶 4.胆囊

(3) 肠系膜淋巴结 位于肠系膜内，沿小肠分布如串索状（图3-20、图3-57）。有5群淋巴结：肠系膜前淋巴结、空肠淋巴结、盲肠淋巴结、结肠淋巴结、肠系膜后淋巴结。其中，空肠淋巴结（图3-19）数目很多，大小不一，牛有30 ~ 50个，最长达10 cm以上，分布于空肠系膜内，沿结肠旋袢与空肠间呈长条状念珠状分布，总长0.5 ~ 1.2 m，是胃肠检查时应剖检的淋巴结。

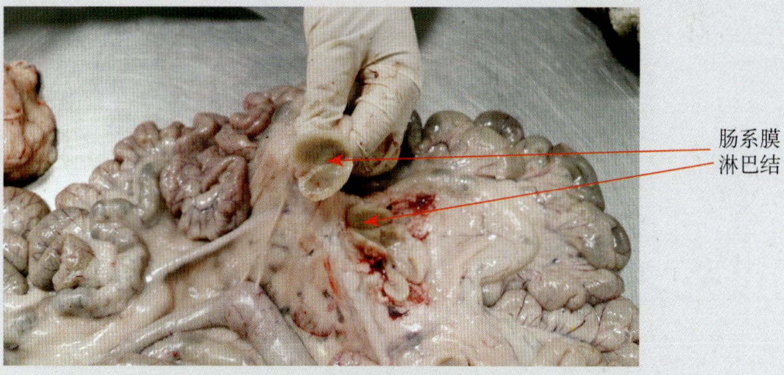

图3-57 绵羊肠系膜淋巴结剖面

（三）扁桃体

扁桃体是分布于舌、软腭和咽的黏膜下组织，有下列几群：①舌扁桃体，位于舌根部黏膜内；②腭扁桃体，位于口咽部两侧，牛、羊腭扁桃体较发达，牛长达3 cm，并形成腭扁桃体窦，开口于口咽部侧壁上；③咽扁桃体，位于咽喉的最上部和鼻腔最后的交界处。牛头部检查时，应检查扁桃体有无病变。

十一、内分泌系统

内分泌系统由内分泌器官、内分泌组织和散在的内分泌细胞组成，其分泌物称为激素。内分泌器官，主要是内分泌腺，有脑垂体、松果腺、甲状腺、甲状旁腺、肾上腺等。内分泌组织和细胞，主要有胰腺内的胰岛、卵巢内的卵泡细胞和黄体细胞等。甲状腺含甲状腺素，肾上腺含肾上腺素，被人误食后可引起食物中毒。因此，在牛、羊屠宰及检验中，应割除甲状腺和肾上腺。

（一）甲状腺

甲状腺位于喉的后方、气管软骨环的两侧和腹侧面，是畜体最大的内分泌腺。甲状腺为实质器官，由左叶、右叶和腺峡构成（图3-58），质地较软，富有弹性。

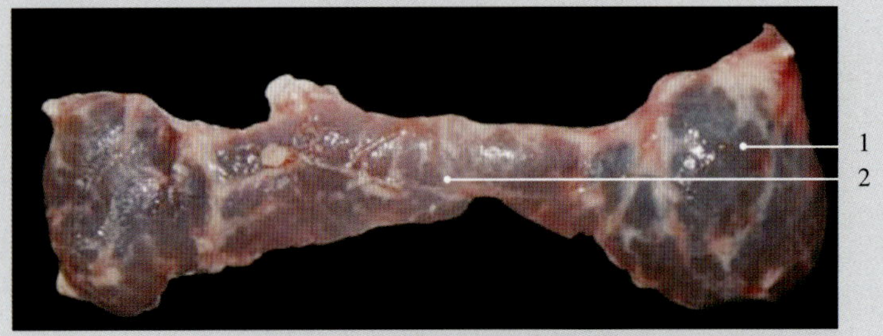

图3-58　犊牛甲状腺外观

1.左叶　2.腺峡

（陈耀星，2013，动物解剖学彩色图谱）

1.牛甲状腺　牛甲状腺位于气管前端和喉附近（图3-59），呈黄褐色，由左叶、右叶和腺峡组成，腺叶发达，呈扁三角形（图3-58）。

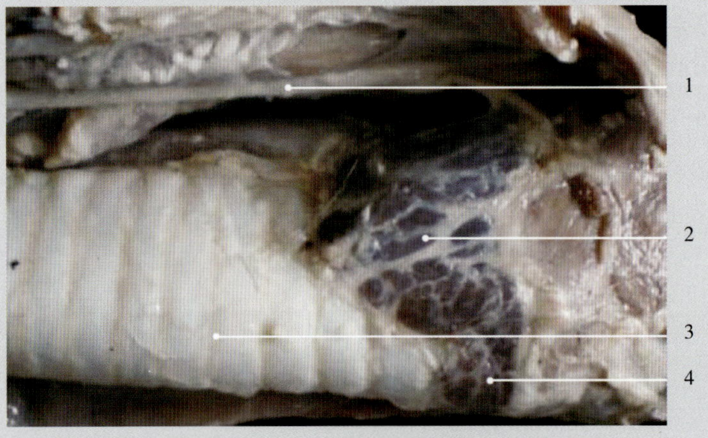

图3-59　牛甲状腺位置

1.迷走交感干　2.甲状腺右叶　3.气管　4.腺峡

（陈耀星，2013，动物解剖学彩色图谱）

2.羊甲状腺 绵羊甲状腺呈深红色，左右两腺叶呈长椭圆形，腺峡不发达（图3-60）。山羊甲状腺的左右两侧腺叶不对称，腺峡较小。

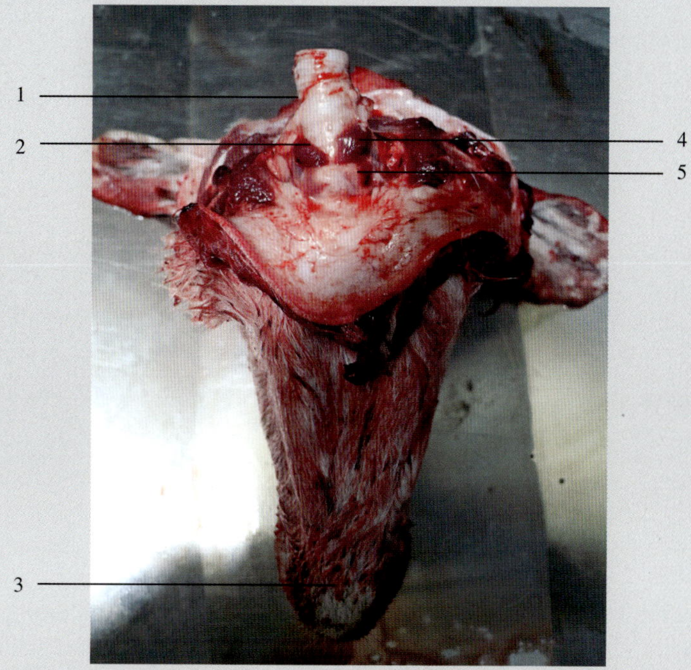

图3-60 绵羊甲状腺位置

1.气管 2.甲状腺左叶 3.下唇 4.甲状腺右叶 5.喉头

（二）肾上腺

肾上腺位于肾脏前端，为成对的实质器官，外为被膜，内为实质。实质又分为外层的皮质和内层的髓质，其色泽不同（图3-61）。皮质分泌糖皮质激素和盐皮质激素，髓质分泌肾上腺素和去甲肾上腺素。

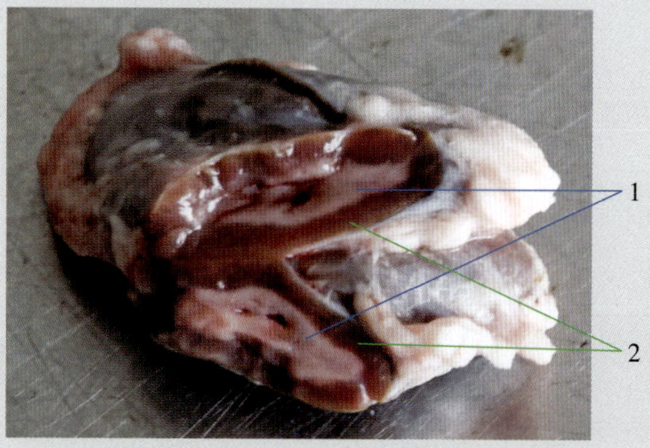

图3-61 牛肾上腺剖面

1.髓质 2.皮质

1.牛肾上腺 牛的左肾上腺位于左肾前方，呈肾形；右肾上腺位于右肾前端内侧，呈心形（图3-62、图3-63）。

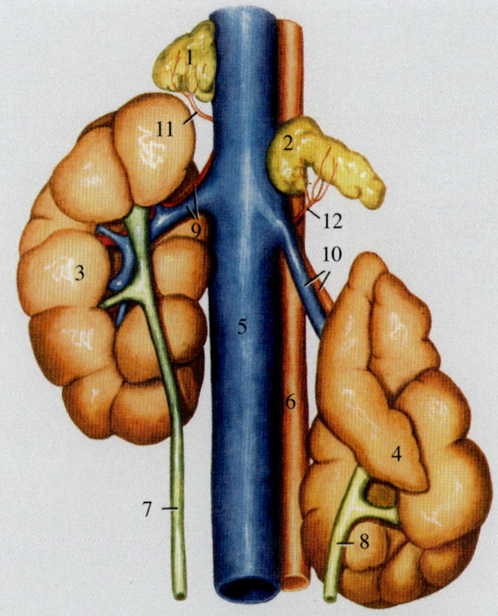

图3-62 牛肾脏和肾上腺模式图

1.右肾上腺 2.左肾上腺 3.右肾 4.左肾 5.后腔静脉 6.主动脉 7.右输尿管 8.左输尿管 9.右肾动、静脉 10.左肾动、静脉 11.右肾动脉肾上腺后支 12.左肾动脉肾上腺后支

（引自Popesko，Atlas of topographical Anatomy of the Domestic Animals，1985）

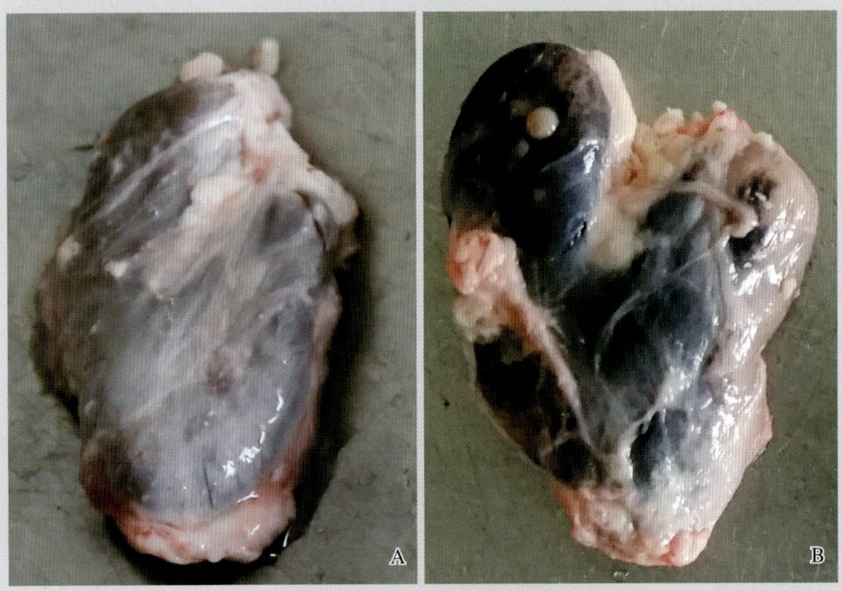

图3-63 牛肾上腺外观

A.左肾上腺 B.右肾上腺

2.羊肾上腺 羊的两侧肾上腺位于肾内侧缘的前方，均为扁椭圆形，长而窄（图3-64）。

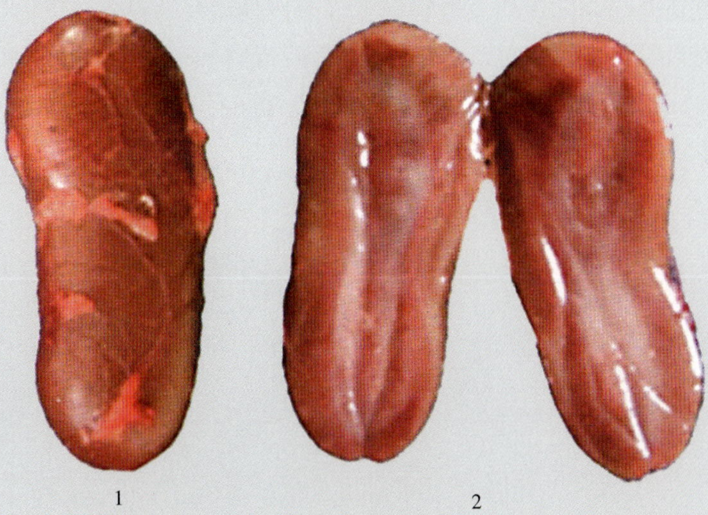

图3-64 绵羊肾上腺外观

1.肾上腺外观 2.肾上腺纵向切面

（熊本海、恩和等，2012，绵羊实体解剖学图谱）

第二节 兽医病理学基础知识

兽医病理学是研究动物疾病的原因、发病机理和患病机体所呈现的形态结构、代谢和机能等方面的变化，揭示疾病发生发展和转归的一门学科，主要包括基础病理学、系统病理学和疾病病理学3部分。本节介绍基础病理学中的充血、淤血、出血、水肿、坏死、脓肿等病理变化，系统病理学的有关知识见本章第五节，疾病病理学中传染病的知识见本章第四节。在疾病的发展过程中，组织、器官出现的形态结构改变具有病变特点。牛羊屠宰检验中，通过观察和分析病变特点，可以更准确地发现疾病、评估其危害程度，并进行处理。

一、充血和淤血

充血是指组织、器官的血管内血液含量增多的现象。根据发生部位不同，可分为动脉性充血和静脉性充血。

（一）充血（动脉性充血）

动脉性充血是指局部组织、器官动脉输入血量增多的现象，又称主动性充血、简称充血。充血组织、器官的小血管过度扩张，色泽鲜红。宰前检验见皮肤、黏膜红肿（图3-65），宰后检验见体表、淋巴结、内脏肿胀、鲜红（图3-66、图3-67）。

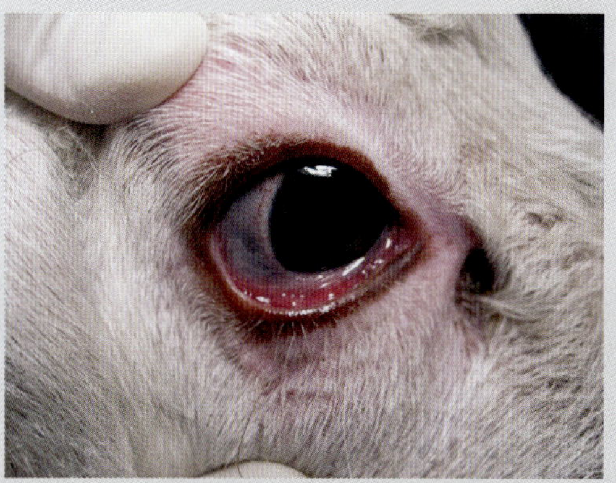

图3-65 羊眼结膜充血

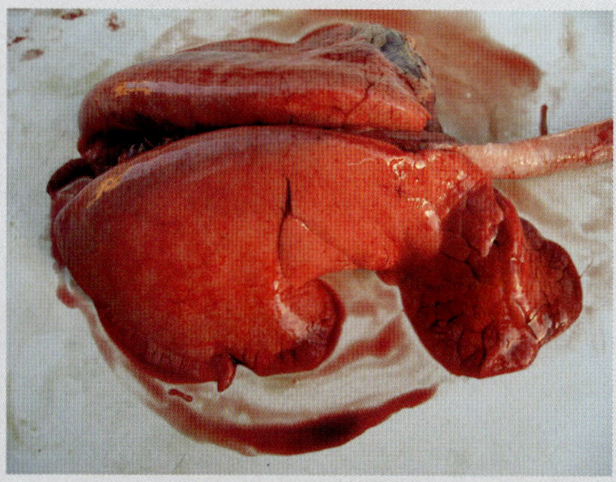

图3-66 羊肺充血

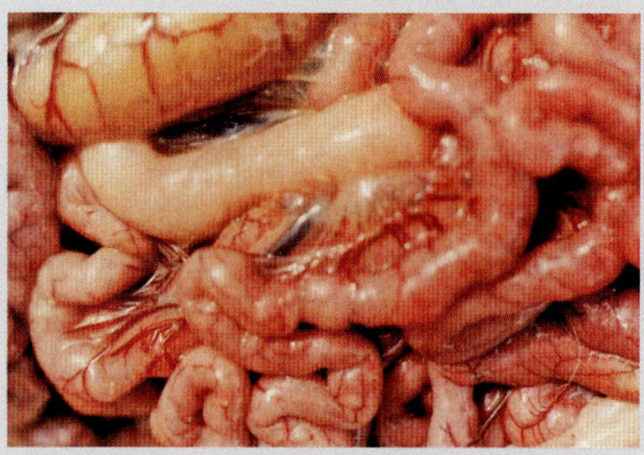

图3-67 肠系膜充血
肠系膜血管充血，肠系膜淋巴结肿大
（陈怀涛，2008，兽医病理学原色图谱）

（二）淤血（静脉性充血）

静脉性充血是指由于静脉回流受阻，局部组织、器官的毛细血管和小静脉的血量增多，又称为被动性充血，简称淤血。淤血的组织、器官体积增大、肿胀，呈暗红色或蓝紫色，切面多血，有时伴有水肿、出血等病理变化。淤血见于皮肤、肺脏、肝脏、肾脏等部位。可视黏膜、无毛皮肤的淤血称为发绀，宰前检验应注意观察。

1.肝淤血 急性肝淤血时，肝脏肿大，呈暗红色（图3-68），切面流出多量暗红色血液。慢性肝淤血伴有脂肪变性时，暗红色淤血区与黄色脂肪变性区相间，似如槟榔花纹，故称“槟榔肝”（图3-69）。

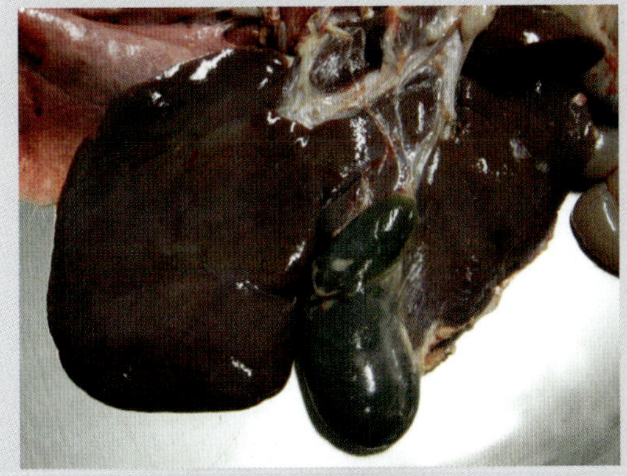

图3-68　山羊肝淤血

肝肿大、色暗红，伴有胆囊肿大

（陈怀涛，2008，兽医病理学原色图谱）

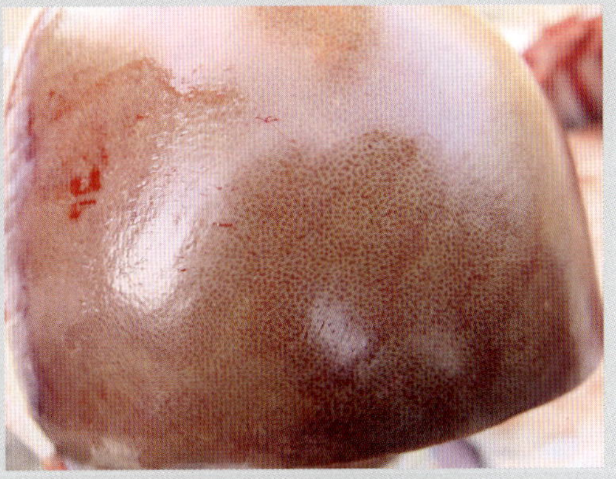

图3-69　羊慢性肝淤血

2.肺淤血　急性肺淤血时，肺脏体积膨大，呈暗红色或紫红色，质地柔韧，被膜紧张，切面血管流出暗红色血液（图3-70）。慢性肺淤血，见肺间质增生，呈褐色硬化。

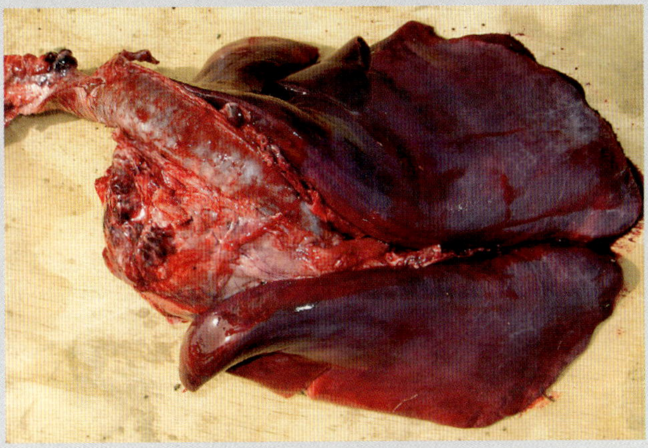

图3-70　羊肺淤血

二、出血

出血是指血液流出血管、心脏之外的现象。血液流入组织间隙或体腔内，称为内出血（如体腔积血、皮下血肿）；血液流至体外，称为外出血（如鼻出血、便血）。根据血液逸出的机制，可分为破裂性出血和渗出性出血。破裂性出血是因心脏或血管壁破裂所致。渗出性出血是由于小血管壁的通透性增高，血液通过血管壁渗出到血管外，可形成淤点、淤斑。出血病灶针头大的，称血点或淤点；出血灶呈斑块状的，称血斑或淤斑（图3-71）。引起出血的原因有病理性因素和非病理性因素（如外伤所致，也见于窒息、呛血等），在牛羊屠宰检验中应注意鉴别。

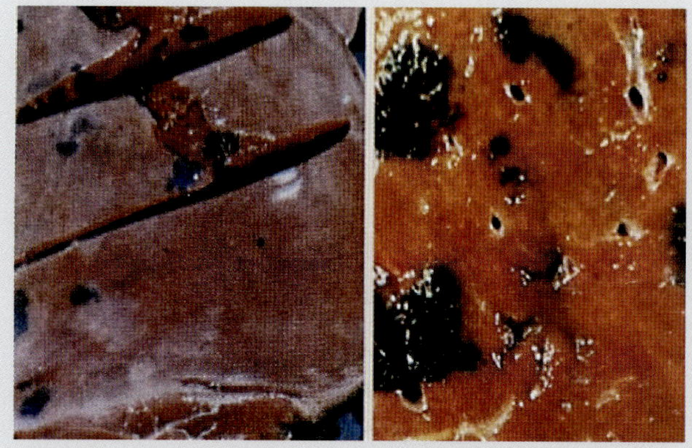

图3-71　牛肝斑块状出血
肝表面（左）和切面（右）散在大小不等、边缘不整的黑红色和红褐色出血斑
（张旭静，2003，动物病理学检验彩色图谱）

（一）病理性出血

牛羊发生感染性、中毒性等疾病，可见皮肤、肌肉、淋巴结、内脏器官浆膜和黏膜等部位的渗出性出血，表现为散在或弥漫性出血点、出血斑（图3-72至图3-75）。有时，出血伴有水肿、充血等病理变化。

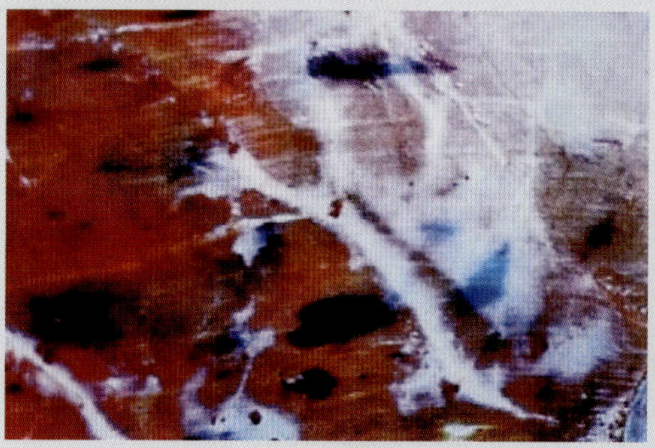

图3-72　牛肌肉出血
（张旭静，2003，动物病理学检验彩色图谱）

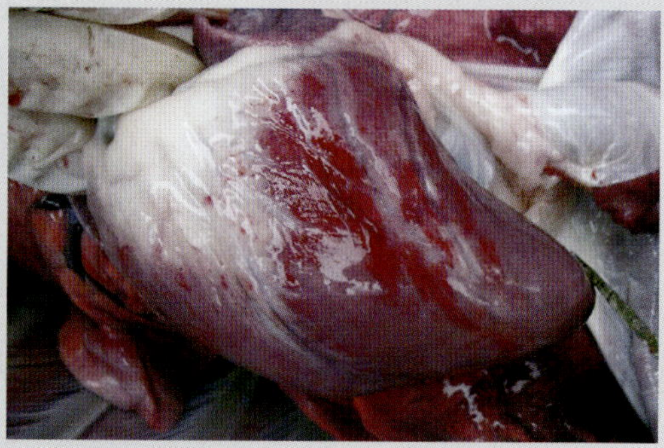

图3-73　羊心肌出血

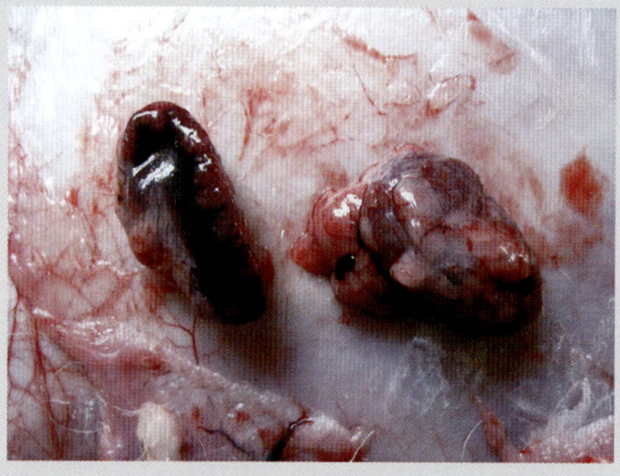

图3-74　羊淋巴结出血

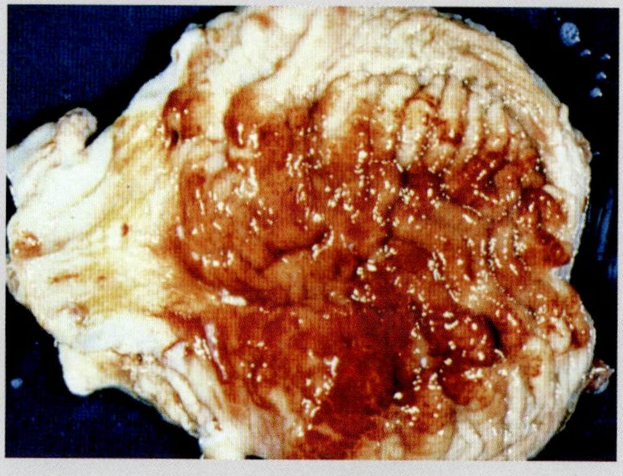

图3-75　牛膀胱出血
（张旭静，2003，动物病理学检验彩色图谱）

（二）机械性出血

牛羊在运输、待宰过程中，因撞伤、跌伤、抵伤、咬伤或被驱打等，引起组织、器官机械性损伤，血管破裂性出血。体表、皮下组织、肌间、内脏器官可见出血斑、出血点，有时见血肿，但通常无炎症反应。严重的外伤可导致大出血，有生命危险，应及时处置。

（三）呛血

牛、羊屠宰时，用刀在动物的咽喉割断三管（血管、气管、食管）放血，动物死亡前，如果流出的血液被吸入肺，可引起肺呛血。也见于手术大出血，血液吸入肺所致。宰后肺脏检查时，见呛血区呈鲜红色，有弹性，切面呈弥漫性鲜红色或暗红色，支气管和细支气管内有凝血块，有时也见被吸入的食物（图3-76），但通常无病理变化；支气管淋巴结周缘可见出血，但无炎症变化。

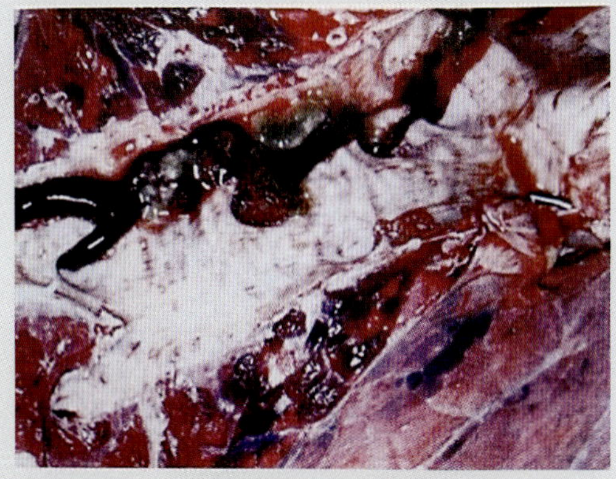

图3-76　牛肺呛血

肺膈叶支气管内充满血凝块和绿褐色食物
（张旭静，2003，动物病理学检验彩色图谱）

三、梗死

梗死是指局部组织、器官因动脉血流中断而发生的坏死现象。根据梗死的性质和特点，分为贫血性梗死（白色梗死）和出血性梗死（红色梗死）。贫血性梗死，病灶呈灰白色、黄白色，多见于肾脏、心脏等器官（图3-77）。出血性梗死，病灶呈暗红色或紫红色，多见于肺脏、脾脏等器官。

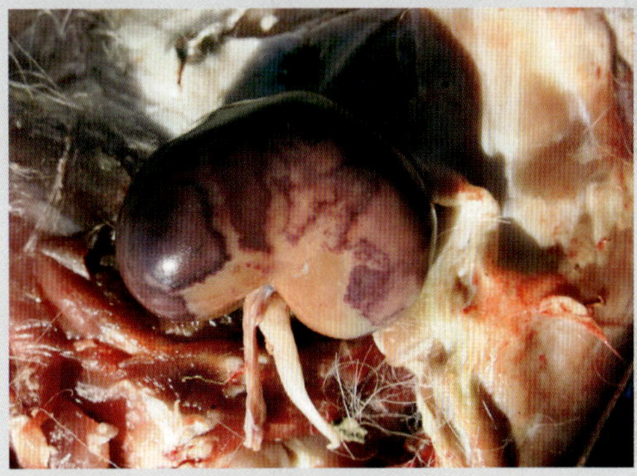

图3-77　羊肾贫血性梗死

梗死灶大小不一，呈锥体状，锥底在肾表面，尖端指向血管堵塞部位

四、水肿

水肿是指过量的液体积聚在组织间隙或体腔的现象。大量液体积聚于体腔、心包、脑室，称积液（图3-78）。根据发生的范围，可分为局部性水肿和全身性水肿。牛羊发生感染

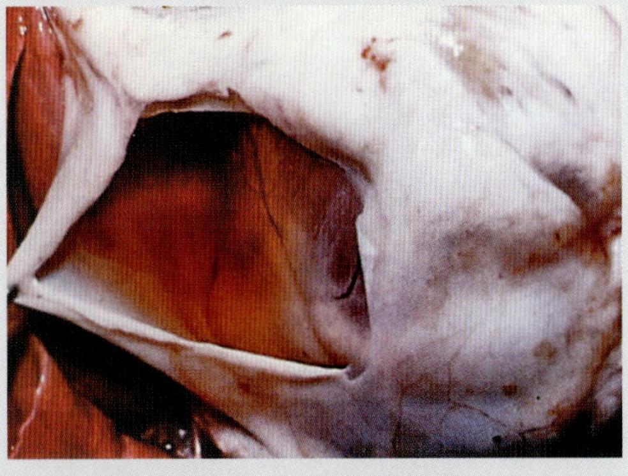

图3-78　牛心包积液

心包腔扩张，心包膜增厚，心包腔内贮积大量黄褐色透明液体
（张旭静，2003，动物病理学检验彩色图谱）

性、中毒性疾病或外伤等，可引发局部水肿（图3-79）；心力衰竭、肝肾疾病、营养不良等疾患，可出现全身性水肿。根据发生部位，有肺水肿、浆膜腔水肿（积液）、皮下水肿等。

1.肺水肿 肺脏水肿时，肺体积增大，质地稍变实，间质增宽，切面暗红（图3-80）。

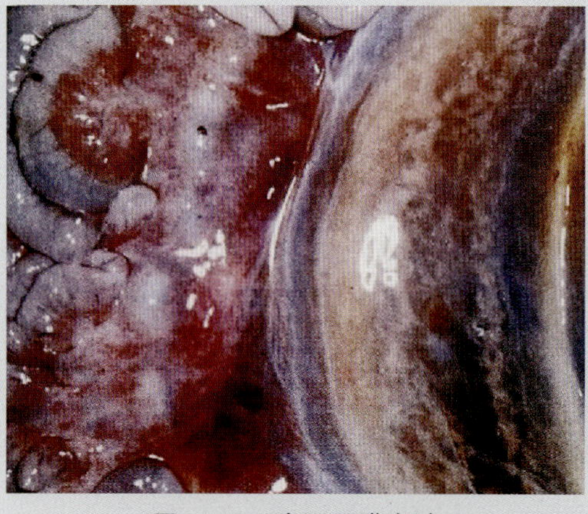

图3-79 牛肠系膜水肿

小肠、结肠及肠系膜显著肿胀

（张旭静，2003，动物病理学检验彩色图谱）

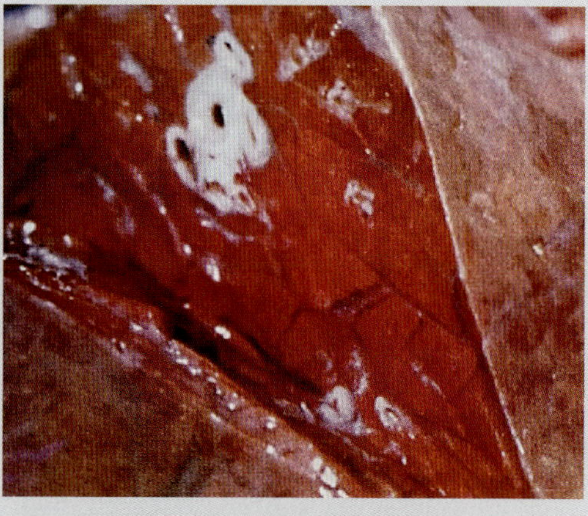

图3-80 牛间质性肺水肿

肺脏小叶间结缔组织因水肿而增宽，肺实质水肿较轻、充血明显

（张旭静，2003，动物病理学检验彩色图谱）

2.浆膜腔积液 胸腔、腹腔、心包腔等浆膜腔积液时，水肿液多为淡黄色透明液。由炎症引起的，水肿液混浊，浆膜肿胀、充血或出血，表面附有纤维素性物质（图3-81），也见粘连。

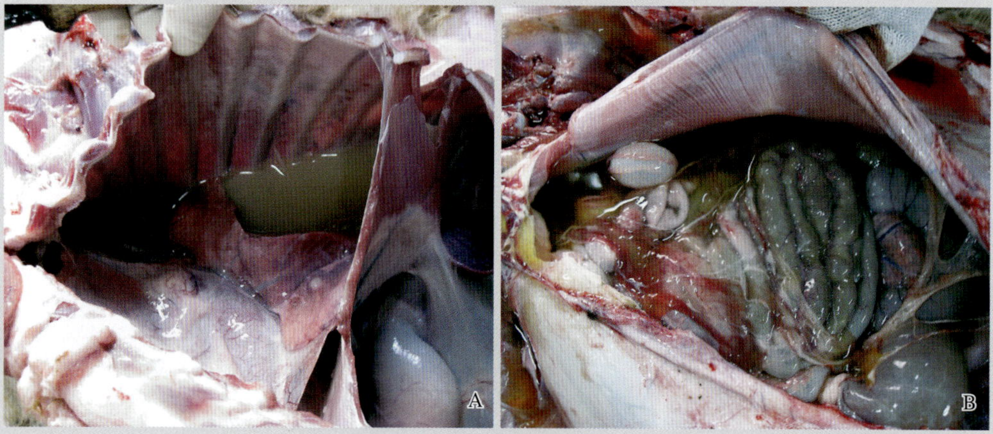

图3-81 羊体腔积液

A. 胸腔积液 B.腹腔积液

五、脓肿

脓肿是指组织内发生的局限性化脓性炎症。由于组织溶解液化，形成含有脓液的囊腔，包膜内有潴留的脓汁。外伤和注射药物感染，可引起颈、臀等部位出现脓肿（图3-82）。有时心脏、肺脏、肝脏、脾脏、肾脏、子宫、乳房、四肢等部位也见大小不等的单个或多个脓肿（图3-83至图3-88）。

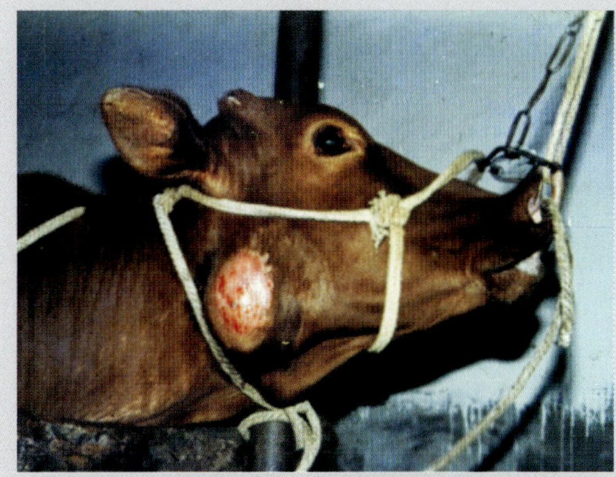

图3-82 牛皮下脓肿

右颈局部肿胀，被毛脱落，表面有出血，触摸有波动感，其内充满脓液

（陈怀涛，2008，兽医病理学原色图谱）

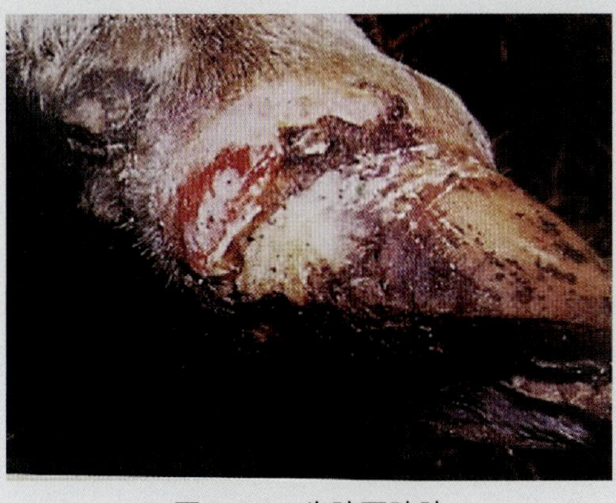

图3-83 牛蹄冠脓肿

（张旭静，2003，动物病理学检验彩色图谱）

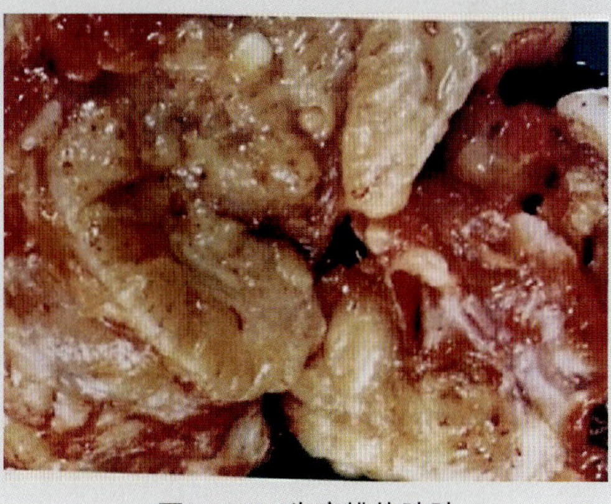

图3-84 牛扁桃体脓肿

（张旭静，2003，动物病理学检验彩色图谱）

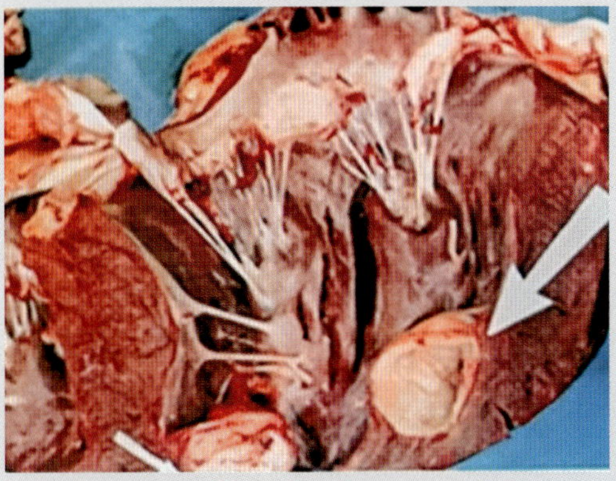

图3-85 牛心肌脓肿

（张旭静，2003，动物病理学检验彩色图谱）

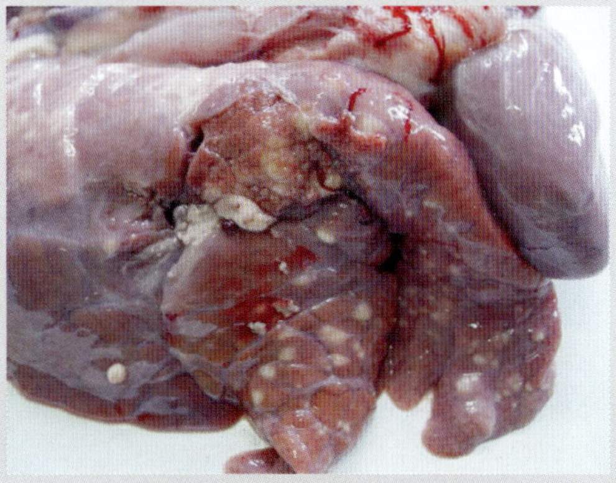

图3-86 多发性肺脓肿

肺表面散在多发性脓肿，色灰白

（陈怀涛，2008，兽医病理学原色图谱）

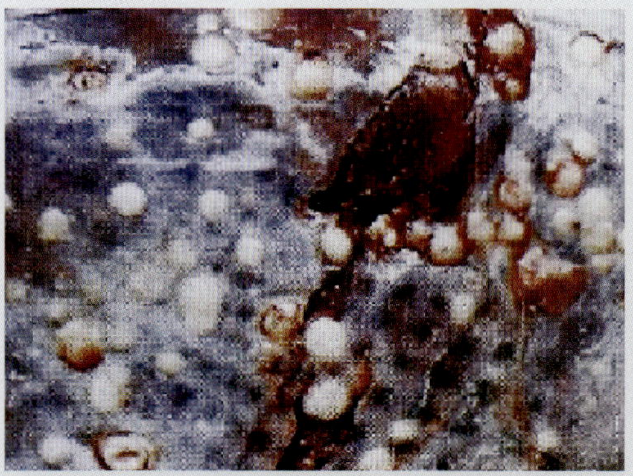

图3-87 牛多发性肝脓肿
肝脏表面见多个有包膜的灰白色球形脓肿
（张旭静，2003，动物病理学检验彩色图谱）

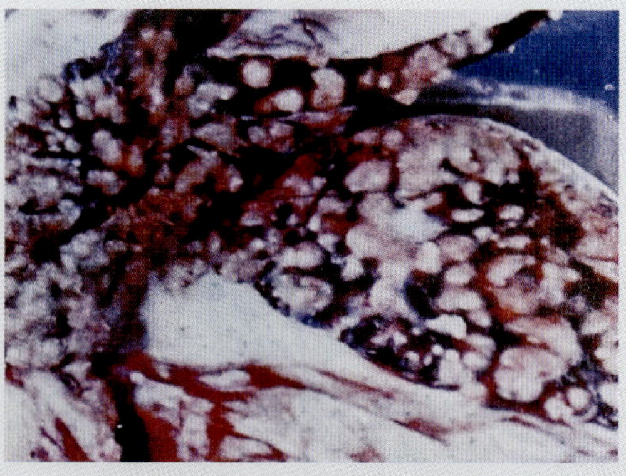

图3-88 牛多发性脾脓肿
（张旭静，2003，动物病理学检验彩色图谱）

六、变性

变性是指在病因作用下，细胞和间质中出现异常物质或原有物质增多的变化。变性主要发生于实质细胞，严重的变性可发展为坏死。变性的种类较多，牛羊宰后检验中，应注意观察有无脂肪变性和淀粉样变性。

（一）脂肪变性

脂肪变性是指实质细胞的胞浆内蓄积脂肪滴，简称脂变。脂肪变性见于急性感染、缺氧、中毒等。肝脏易发生脂肪变性，有时也见于心脏、肾脏。

1.肝脏脂肪变性 轻度变性，无明显变化或轻度黄色。重度变性，肝脏体积增大，边缘较钝，黄色，实质稍隆起（图3-89），触之有油腻感。重度弥漫性肝脂肪变性，称为脂肪肝。肝脏慢性淤血同时发生脂肪变性时，形成“槟榔肝”（图3-69）。

图3-89 牛肝脂肪变性
肝表面和切面见分界明显、形状不整地图样黄色斑
（张旭静，2003，动物病理学检验彩色图谱）

2.心肌脂肪变性 心肌发生脂肪变性时，脂肪变性的土黄色或灰白色心肌纤维和正常的红色心肌纤维相间，形成虎斑样的条纹，故称“虎斑心”，见于牛羊心肌炎型口蹄疫（图3-90）、重度缺氧、中毒等。

（二）淀粉样变性

淀粉样变性是指淀粉样物质在某些器官的网状纤维、血管壁或组织间沉着的一种病理变化，也称淀粉样变，见于脾、肾、肝、淋巴结等器官。

1.脾脏淀粉样变 脾脏体积增大，质地稍硬，切面见高粱米至小豆大小、灰白色半透明颗粒状结构，外观如煮熟的西米，故称“西米脾”。

2.肾脏淀粉样变 肾脏体积增大，色泽变黄，表面光滑，被膜易剥离，质脆、呈蜡状（图3-91）。

3.肝脏淀粉样变 肝脏肿大，色变淡，呈灰黄或棕色，表面平滑，触之较硬，严重时肝脏破裂。

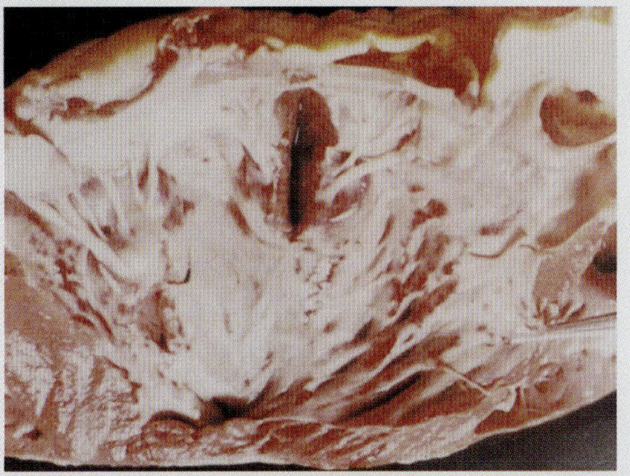

图3-90 虎斑心

犊牛口蹄疫：心内膜出血，心肌变性色淡、呈条纹状
（陈怀涛，2008兽医病理学原色图谱）

七、坏死

坏死是指活体局部组织细胞的死亡，为严重的损伤性变化。组织坏死后，动物正常感觉（如痛觉）及运动功能减弱或丧失，宰后检查见病灶的颜色苍白、弹性降低（图3-92）。根据形态学变化，可分为凝固性坏死、液化性坏死、坏疽。

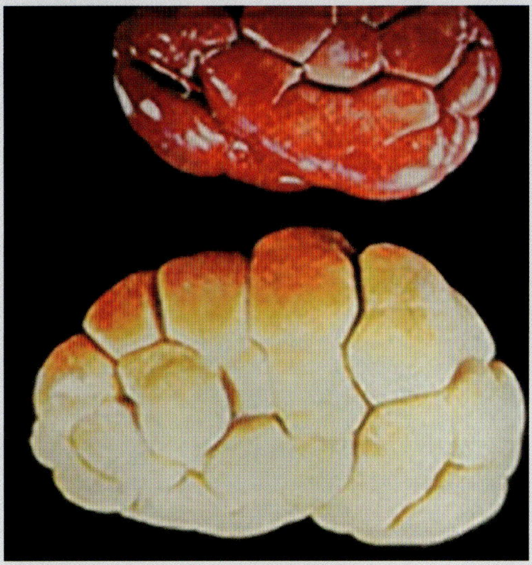

图3-91 牛肾淀粉样变性

肾脏明显肿胀，色泽变黄、变浅
（Roger W. Blowey, A .David Weaver主编，齐长明主译，2004，牛病彩色图谱）

（一）凝固性坏死

凝固性坏死以坏死组织发生凝固为特征。坏死灶无光泽、质地干燥、坚实，呈灰白或灰黄色，界限清楚，包括贫血性坏死、蜡样坏死、干酪样坏死、脂肪坏死。

1.干酪样坏死 病灶略带黄色，质软易碎，状似干酪，故称干酪样坏死（图3-93），见于结核病灶（图3-94）。

2.脂肪坏死 脂肪坏死是脂肪组织分解变质和死亡的一种变化。根据发病原因不同，有胰性脂肪坏死（急性胰腺炎）、外伤性脂肪坏死，偶见营养性脂

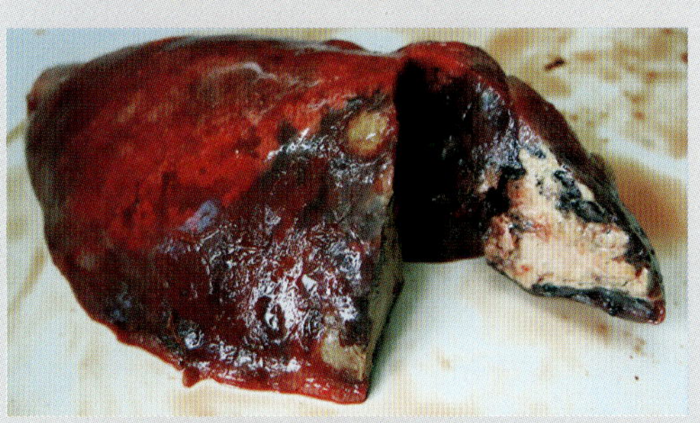

图3-92 羊肺大面积坏死

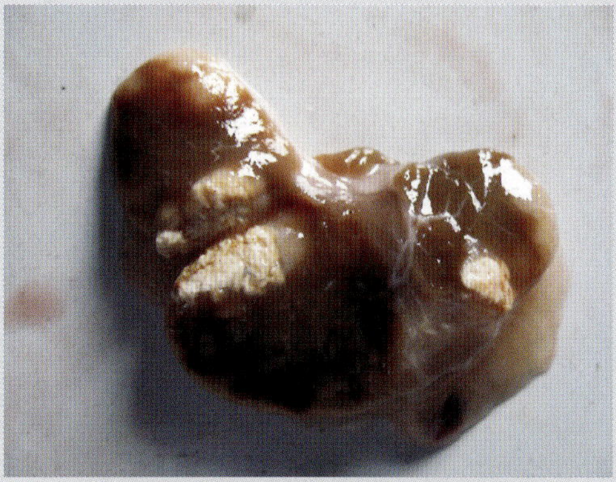

图3-93　羊肠系膜淋巴结干酪样坏死

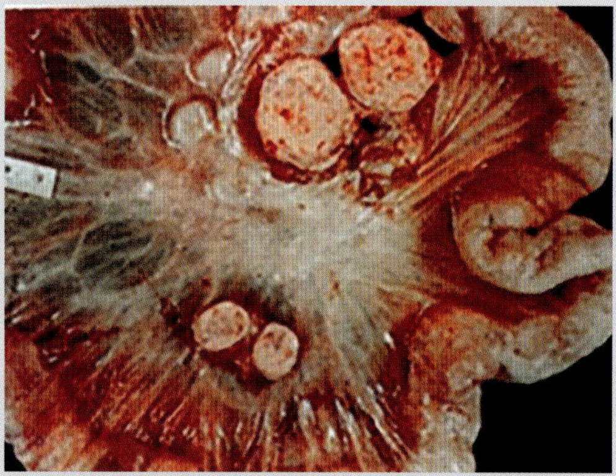

图3-94　牛淋巴结干酪样坏死

牛结核病：肠系膜淋巴结肿大，切面见干酪样坏死
（张旭静，2003，动物病理学检验彩色图谱）

肪坏死。根据发生部位，脂肪坏死多发于肾周围、直肠周围、肠系膜和大网膜等部位的脂肪组织。坏死脂肪呈黄白色、混浊、不透明、质硬，切面有白色或黄褐色结节性颗粒、粗糙（图3-95至图3-97）。

（二）液化性坏死

液化性坏死是组织坏死后发生溶解、液化的一种变化，多见于脑、胰腺等器官。发生于脑组织的液化性坏死，称为脑软化。发生化脓性炎症时，坏死组织液化、溶解，形成脓肿，也属于液化性坏死（图3-98）。

（三）坏疽

坏疽是指组织坏死后，继发腐败菌感染和其他因素影响引起局部组织大面积坏死的变化，可分为干性坏疽、湿性坏疽、气性坏疽。

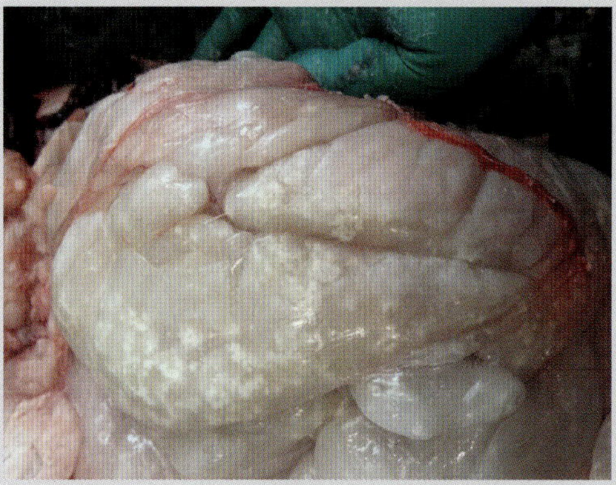

图3-95　牛肾周围脂肪坏死

坏死的脂肪组织呈黄白色，粗糙、不透明

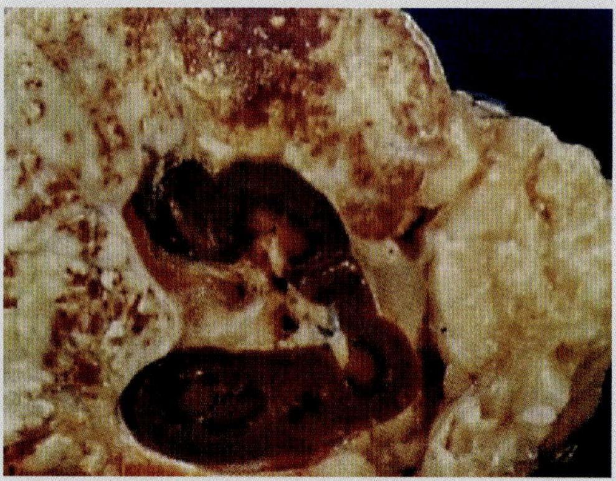

图3-96　牛肾周围脂肪坏死

肾周围组织变性、坏死、变硬
（张旭静，2003，动物病理学检验彩色图谱）

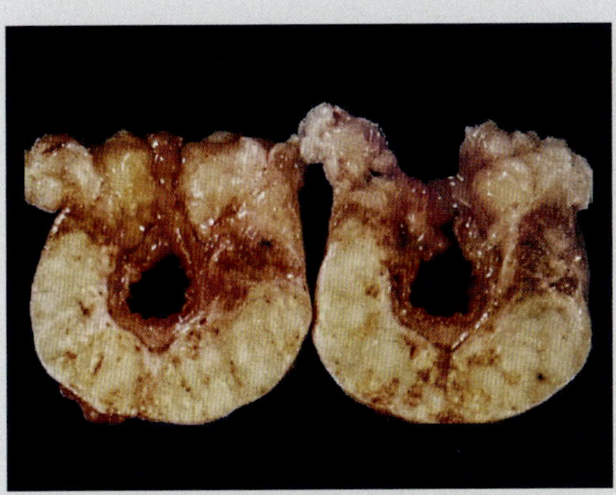

图3-97 牛肠系膜脂肪坏死

结肠横断面：包围肠管浆膜的脂肪组织大部分坏死、硬结
（张旭静，2003，动物病理学检验彩色图谱）

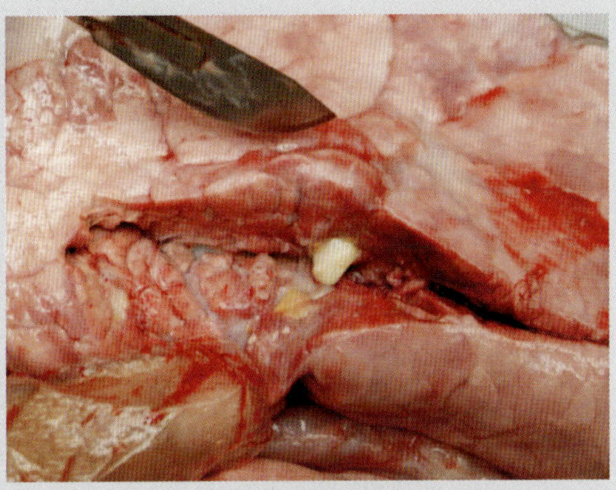

图3-98 肺脏液化性坏死

肺脓肿：切开脓肿，见浓稠的黄白色脓液流出
（陈怀涛，2008．兽医病理学原色图谱）

1.干性坏疽 多见于四肢末端，坏死区呈黑色、干燥、皱缩，与周围组织界限清楚（图3-99）。

2.湿性坏疽 多发生在与外界相通的肺、肠、子宫、乳房等器官，如肠坏疽、乳房坏疽、肺坏疽（图3-100），局部明显肿胀，呈暗绿色、污灰色、黑色，质软脆，恶臭。

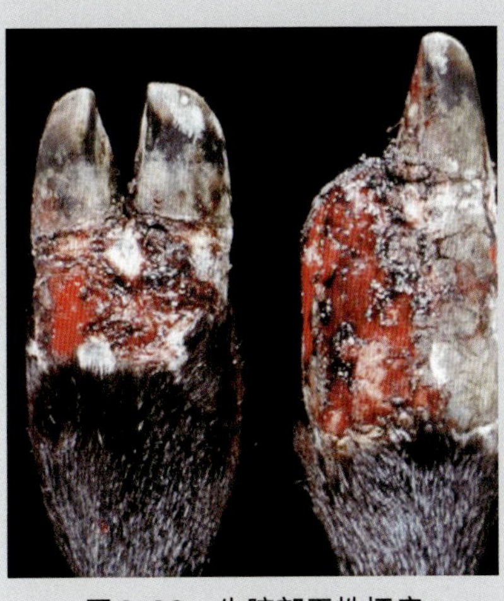

图3-99 牛蹄部干性坏疽

（时建忠，2015，全国畜禽屠宰检疫检验培训教材）

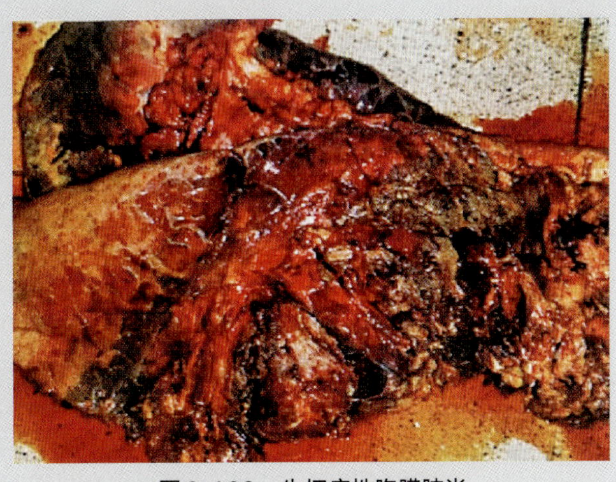

图3-100 牛坏疽性胸膜肺炎

肺胸膜与胸壁和心包粘连，胸腔积液
（张旭静，2003，动物病理学检验彩色图谱）

3.气性坏疽 多见于深部肌肉开放性创伤合并产气荚膜梭菌等厌氧菌感染引起的一种坏死。病灶组织坏死，产生大量气体，触之有“捻发”音，呈污棕黑色、蜂窝状、奇臭。

八、病理性物质沉着

病理性物质沉着是指病理性物质异常沉积于器官、组织、细胞内的现象，主要有病理性钙化、病理性色素沉着、结石（如尿石、胆石、肠石）等。

（一）病理性钙化

病理性钙化是指在病因作用下，钙盐析出呈固态，沉积于除骨和牙齿外的其他组织，也称钙盐沉着。钙盐沉着的部位可见于肺脏、肾脏（图3-101）、胃黏膜和动脉管壁等部位。严重钙化的，病灶呈灰白色石灰样坚硬的颗粒或团块状，触之有砂粒感（图3-102）。寄生虫或其虫卵在动物组织、器官的钙化沉积称为寄生虫性钙化（图3-103），在病理性钙化中比较常见。

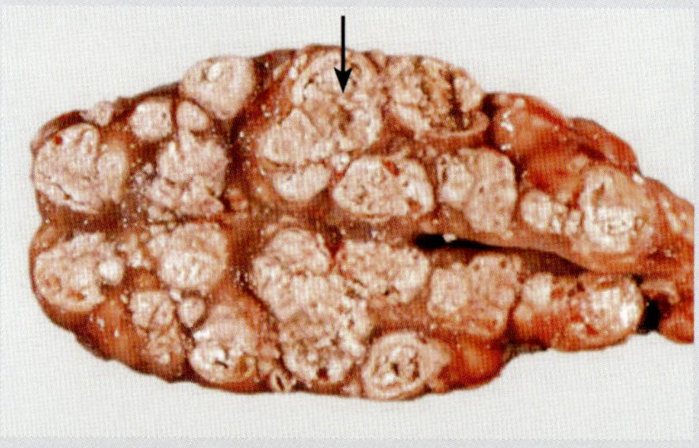

图3-101　牛结核结节中呈白色的钙化灶

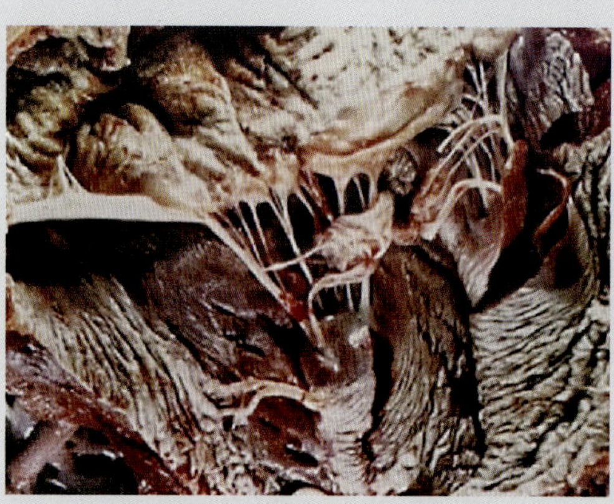

图3-102　牛心内膜钙盐沉着

左心房、左心室的心内膜显著增厚，呈石灰样硬化，形成皱褶

（张旭静，2003，动物病理学检验彩色图谱）

图3-103　羊盲肠浆膜下寄生虫性包囊钙化灶

（二）病理性色素沉着

病理性色素沉着是指组织中的色素异常增多或原来不含色素的组织有色素沉着。内源性色素有黑色素、脂褐素、卟啉色素、血红蛋白、胆红素等，外源性色素有炭末等。

1.黑色素沉着　黑色素沉着是指黑色素异常沉着在组织和器官的现象，又称黑变病，多见于心、肝、肺、肾、淋巴结等部位，沉着区呈棕褐色或黑色（图3-104）。

2.脂褐素沉着　脂褐素沉着多见于老龄动物或患慢性消耗性疾病的动物。脂褐素可沉着于肌肉、心肌纤维、肝细胞和肾上腺细胞等，组织、器官呈暗褐色（图3-105），多伴有萎缩（图3-106）。

3.卟啉色素沉着 卟啉色素沉着于组织器官，又称卟啉症。牛宰后见骨骼、牙齿呈红褐色或棕红色（图3-107），但骨膜、韧带及肌腱不着色。

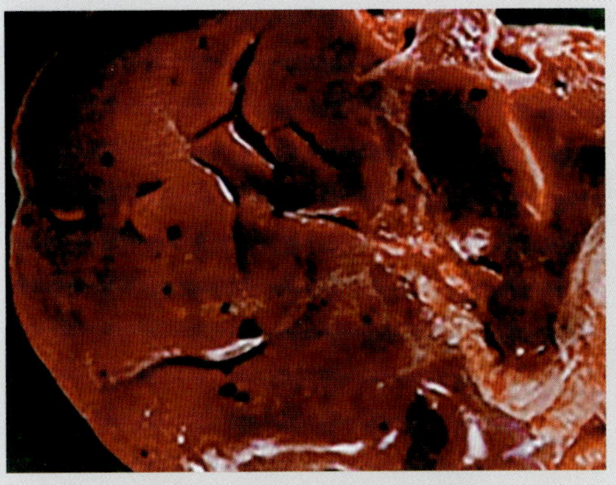

图3-104 肝脏黑色素沉着

犊牛肝的脏面散在大小不一的黑色斑
（张旭静，2003，动物病理学检验彩色图谱）

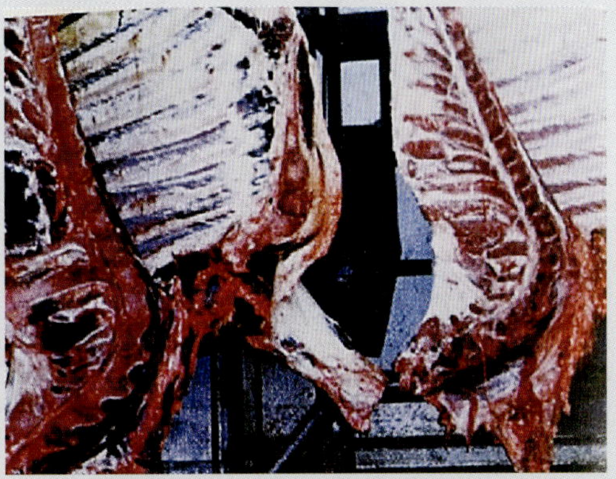

图3-105 牛肌肉脂褐素沉着

左：脂褐素沉着，骨骼肌呈暗褐色；右：正常骨骼肌
（张旭静，2003，动物病理学检验彩色图谱）

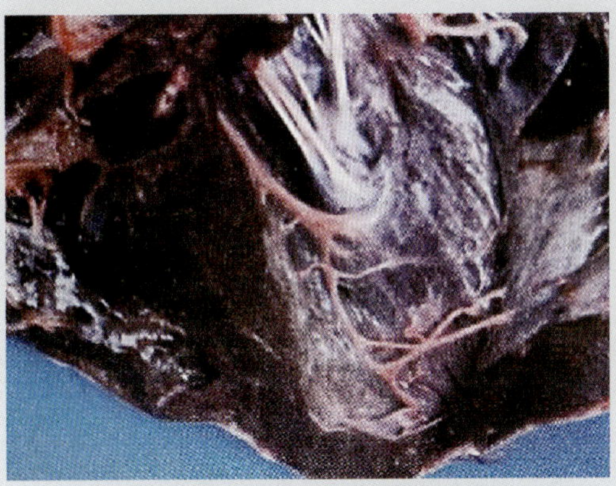

图3-106 牛心脏脂褐素沉着

心肌呈暗褐色，轻度萎缩
（张旭静，2003，动物病理学检验彩色图谱）

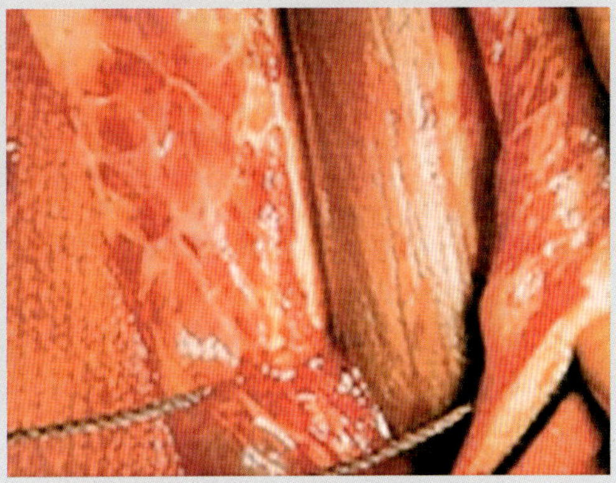

图3-107 牛肋骨呈棕红色

（Roger W. Blowey, A .David Weaver主编，齐长明主译，2004，牛病彩色图谱）

九、增生

增生是指组织、器官的实质细胞数量增多的变化，可分为生理性增生和病理性增生。生理性增生是指因适应生理需要而发生的增生，且其程度未超过正常限度。病理性增生是指在致病因素作用下，超过正常范围的增生。增生通常呈弥漫性，组织、器官的体积增大（图3-108至图3-110）。

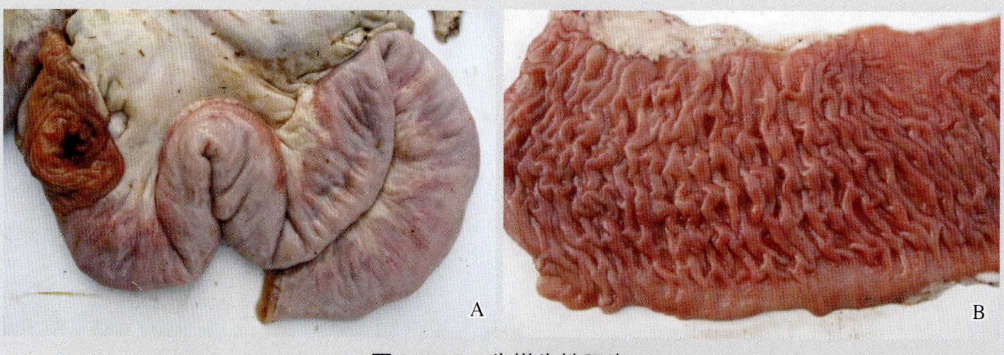

图3-108　牛增生性肠炎

A. 牛副结核病：空肠浆膜增厚，管腔增粗，浆膜面凸凹不平

B. 牛副结核病：空肠黏膜充血、明显增厚，形成大脑沟回样结构

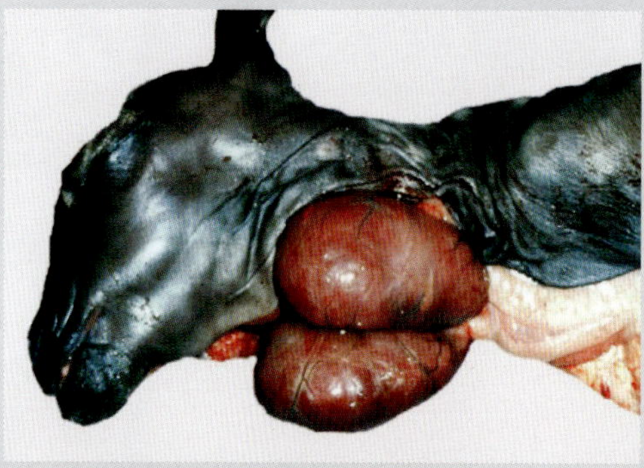

图3-109　羊甲状腺增生

（James F. Zachary，2012，Pathological Basis of Veterinary Disease，Fifth Edition）

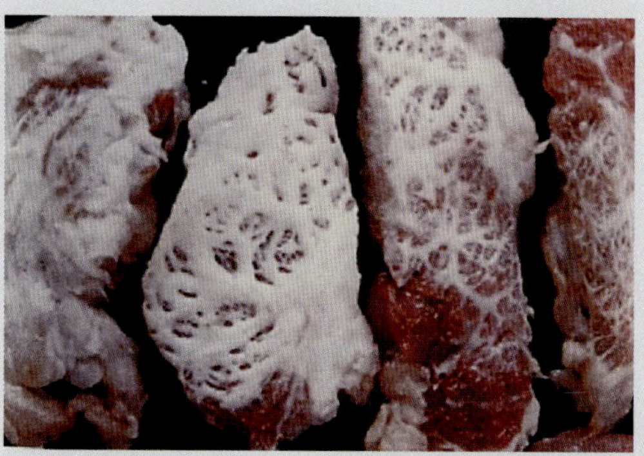

图3-110　牛纤维性肌炎

颈部肌肉显著增生的结缔组织，像蜘蛛网一样包围肌束，突出于切面

（张旭静，2003，动物病理学检验彩色图谱）

十、萎缩

萎缩是指由于物质代谢障碍，发育正常的组织、器官或细胞的体积缩小、功能减退的变化，可分为生理性萎缩和病理性萎缩。生理性萎缩是动物在生命活动过程中，一些组织、器官发生了萎缩，如老龄动物的全身组织、器官的萎缩。病理性萎缩是指在病因作用下引起的萎缩，分为全身性萎缩和局部性萎缩。器官萎缩后，体积变小，内脏色泽变深（图3-111至图3-113）。

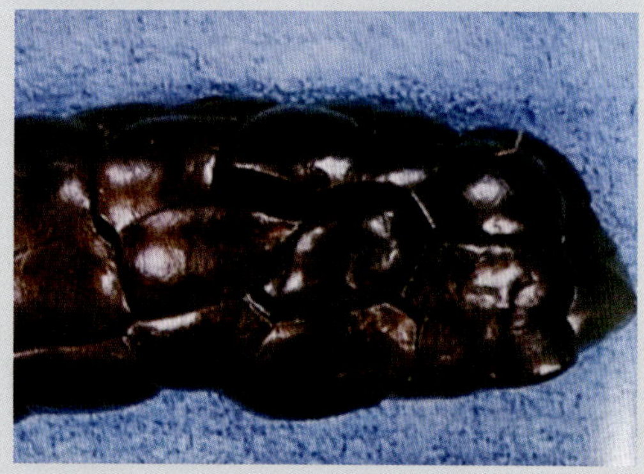

图3-111　牛肾萎缩

肾脏体积缩小，呈暗褐色

（张旭静，2003，动物病理学检验彩色图谱）

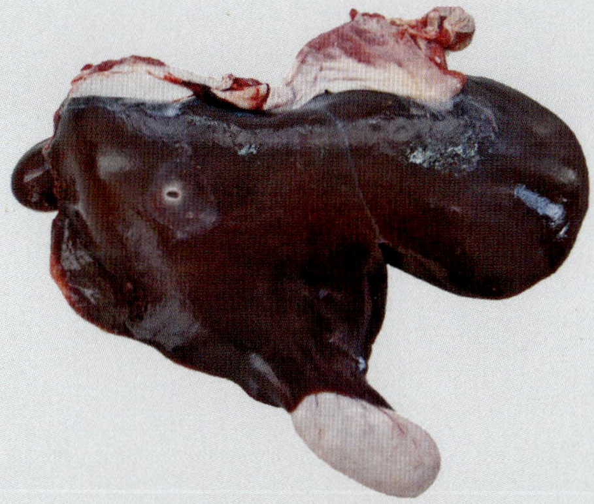

图3-112 羊肝萎缩

肝脏体积缩小，颜色变深，边缘薄锐

图3-113 牛脾萎缩

棘球蚴寄生，压迫周围脾组织萎缩

（张旭静，2003，动物病理学检验彩色图谱）

十一、炎症

炎症是指动物机体对致炎因子刺激所产生的防御反应，基本病理变化为变质、渗出和增生。根据持续时间，分为急性炎症和慢性炎症，急性炎症以局部的变质和渗出变化为主（图3-114），慢性炎症以增生为主（图3-115）。根据炎症的变化不同，可分为变质性炎症、渗出性炎症、增生性炎症，有时见多种炎症变化（图3-116）。

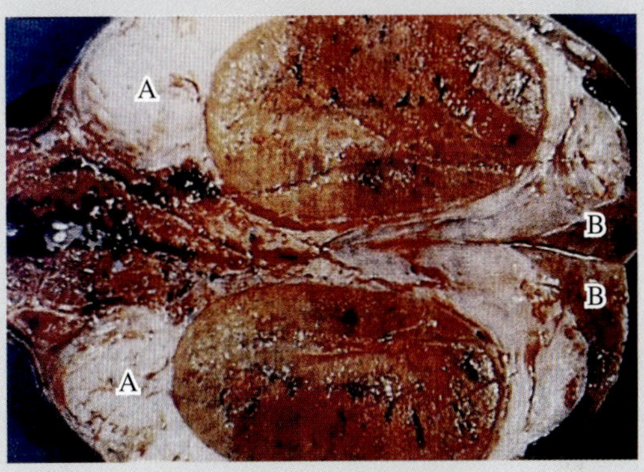

图3-114 牛急性睾丸炎

布鲁氏菌病：睾丸肿大，重度睾丸周围炎（A），精囊下垂部皮下积有水肿液（B）

（张旭静，2003，动物病理学检验彩色图谱）

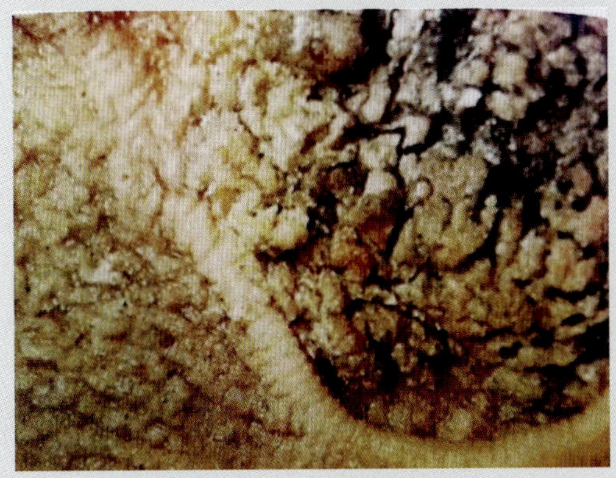

图3-115 牛慢性瘤胃炎

（张旭静，2003，动物病理学检验彩色图谱）

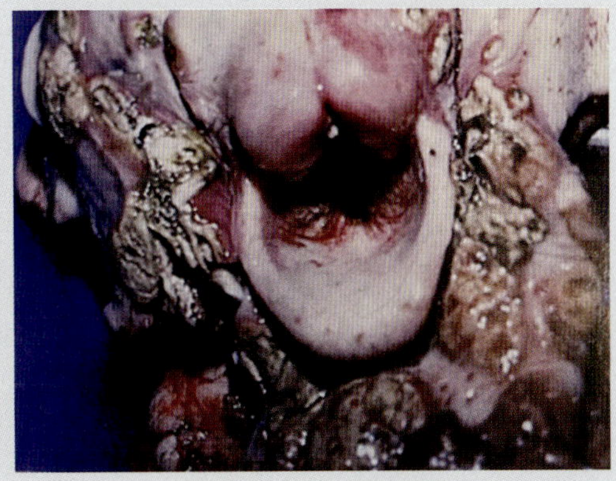

图3-116 牛喉炎

牛病毒性腹泻病（黏膜病）：喉头和声门充血、肿胀、坏死、化脓，黏膜充血

（张旭静，2003，动物病理学检验彩色图谱）

（一）变质性炎症

变质性炎症是组织细胞的变质性变化明显，渗出和增生轻微的一类炎症，又称实质性炎症。常见于病毒性传染病、急性败血症、中毒等，多发于心、肝、肾等实质器官，见组织、器官肿大，质地柔软，有不同程度的变性和坏死（图3-117）。

（二）渗出性炎症

渗出性炎症是指以渗出为主，变质和增生轻微的一类炎症。根据渗出物的主要成分和病变特点，分为以下几种。

1.浆液性炎症 以渗出大量浆液性物质为特征的炎症。皮下、浆膜、黏膜等疏松结缔组织见充血、水肿，变性、坏死（图3-118）。

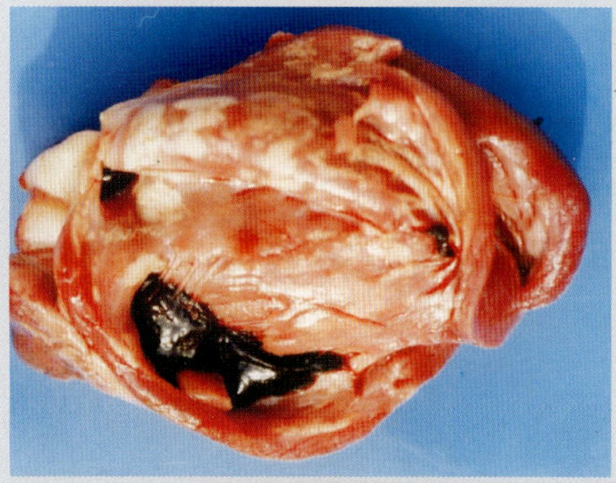

图3-117 羊实质性心内膜炎
心内膜见许多大小不等的斑点和片状灰白色病灶
（陈怀涛，2008，兽医病理学原色图谱）

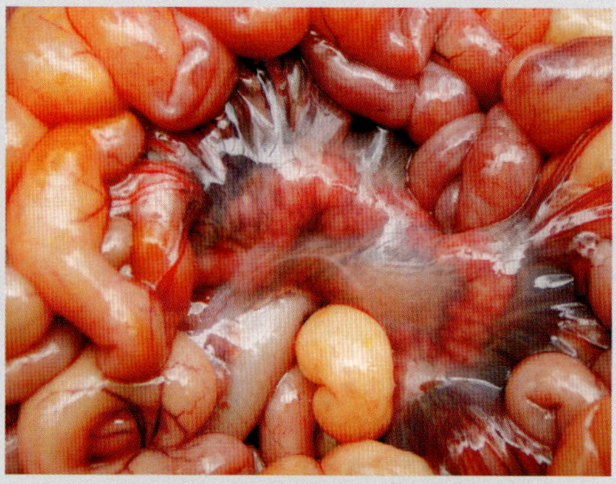

图3-118 浆液性淋巴结炎
肠系膜水肿，肠系膜淋巴结肿大、充血、质地柔软
（陈怀涛，2008，兽医病理学原色图谱）

2.纤维素性炎症 以渗出物中含有大量纤维素（纤维蛋白）为特征的炎症，常见于传染病，多发生于浆膜、黏膜和肺脏（图3-119）。

牛发生创伤性心包炎时，大量纤维素渗出并附着于心外膜，呈灰白色、绒毛状，称为“绒毛心”。有时见心包腔增大，内有大量血样污浊液体，心包内膜和心外膜因渗出物机化而增厚，呈污绿色（图3-120）。

3.化脓性炎症 以大量中性粒细胞渗出，伴有不同程度的组织坏死和脓液

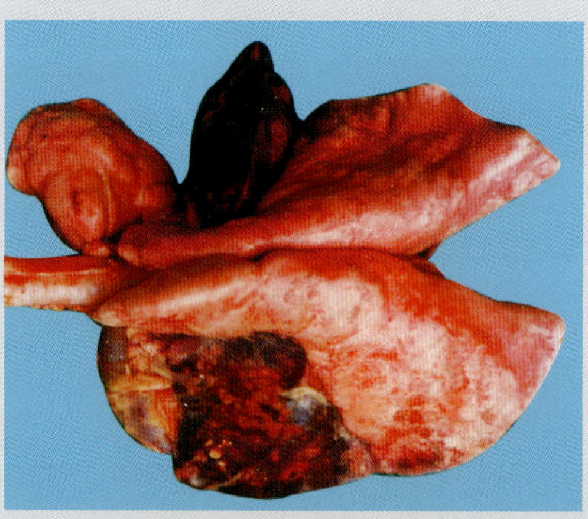

图3-119 纤维素性肺炎
羊巴氏杆菌病：肺心叶色红、质硬，肺胸膜有纤维素附着（红肝变）
（陈怀涛，2008，兽医病理学原色图谱）

形成为特征的炎症（图3-121）。化脓性炎症有脓肿、蜂窝织炎、表面化脓及积脓等变化。

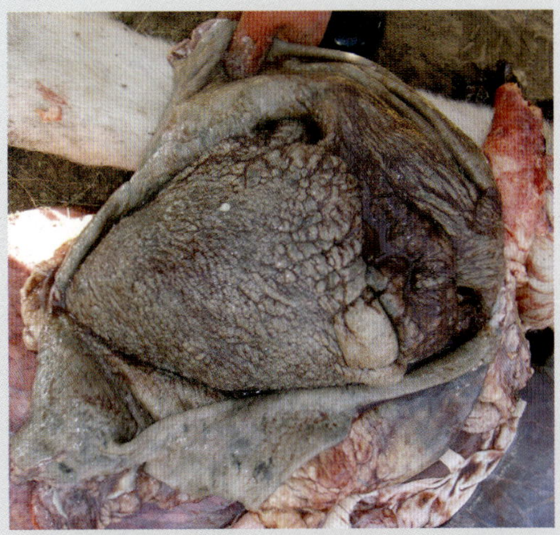

图3-120 牛创伤性心包炎

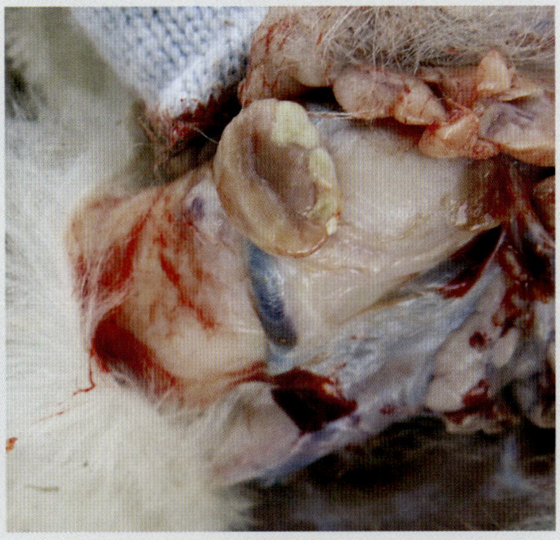

图3-121 羊下颌淋巴结化脓性炎

蜂窝织炎是疏松结缔组织发生的一种弥漫性化脓炎症。牛的蜂窝织炎多发于颈、蹄等部位，见充血、出血、化脓、变性、坏死等病变（图3-122）。

4.出血性炎症 血管壁损伤较重，渗出物中含有大量红细胞的炎症。主要变化为组织、器官肿大、色红（图3-123）。由致病力强的病原菌引起的传染病，则会出现多种炎症变化，如出血性浆液性炎症、出血性纤维性炎症、出血性化脓性炎症、出血性坏死性炎症等。

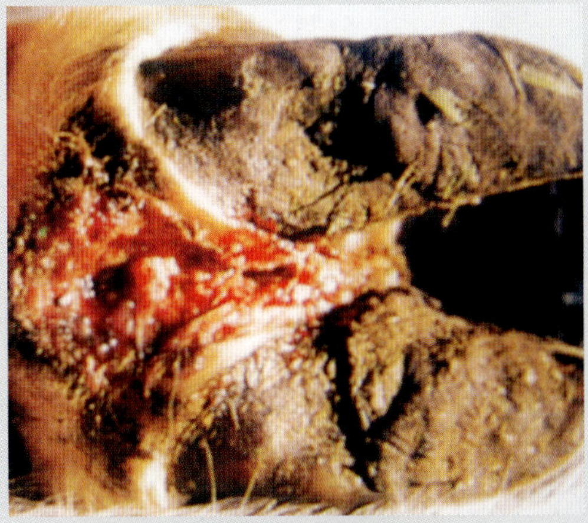

图3-122 牛蹄部蜂窝织炎

指（趾）间蜂窝织炎，皮肤坏死破溃

（陈怀涛，2008，兽医病理学原色图谱）

图3-123 出血性肠炎

小肠充血、出血，肠壁色鲜红、紫红，肠腔内含大量气体

（陈怀涛，2008，兽医病理学原色图谱）

5. 卡他性炎症 发生于黏膜且其表面有大量渗出物溢出的炎症，多发于消化道（图3-124）、呼吸道及泌尿生殖道黏膜。

（三）增生性炎症

增生性炎症是以组织、细胞增生为主，变质和渗出较轻的一类炎症，多为慢性炎症。根据病变特征，可分为特异性增生性炎症和普通增生性炎症。特异性增生性炎症是由特定病原体引起的特异性肉芽组织增生的炎症（图3-125）。普通增生性炎症是由非特定病原体引起的相同组织增生的炎症（图3-126）。

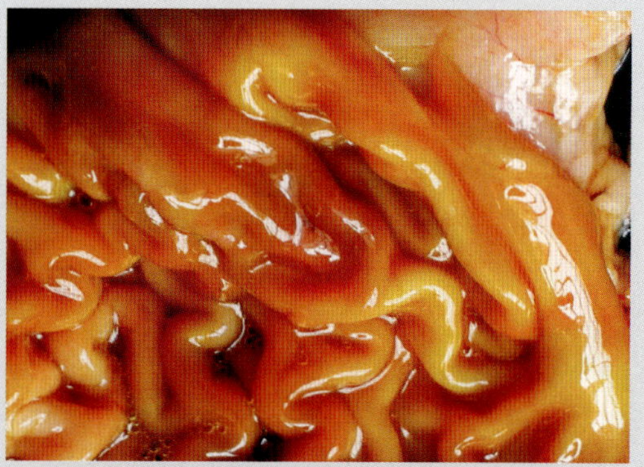

图3-124 急性卡他性胃炎
胃黏膜表面附着较多黏液
（陈怀涛，2008，兽医病理学原色图谱）

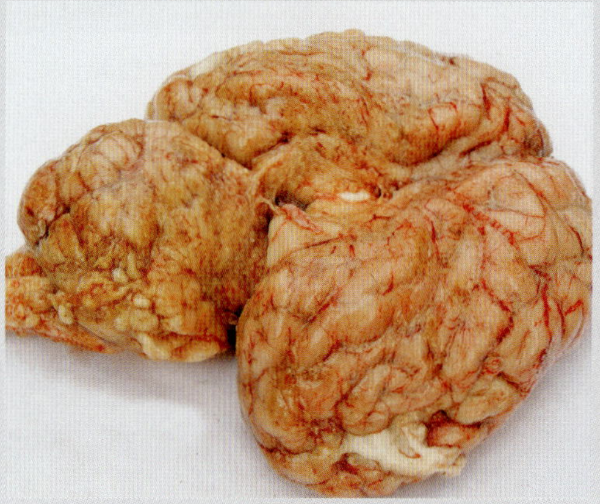

图3-125 牛肉芽肿性炎症
软脑膜的结核结节，呈粟粒状、灰白色
（陈怀涛，2008，兽医病理学原色图谱）

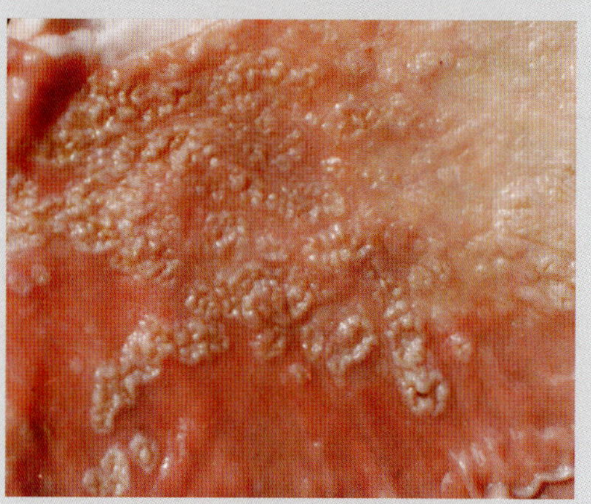

图3-126 牛增生性坏死性胃炎
皱胃黏膜增厚，局部黏膜呈结节状，突出于黏膜表面
（陈怀涛，2008，兽医病理学原色图谱）

十二、败血症

败血症是指病原微生物侵入血液，大量增殖，产生毒素，引起急性全身性感染和病理损伤。败血症通常无特异性病原，主要是由病毒和细菌等病原微生物引起，如小反刍兽疫病毒、炭疽芽孢杆菌、金黄色葡萄球菌等。败血症是病情恶化的危象，不是独立的疾病类型，通常无特异性临床表现，也无特异性病理变化。病原不同，所引起的败血症和病理变化不尽相同，主要表现为急性炎症反应。

牛、羊发生败血症时，全身组织器官出现不同程度病理变化，可见皮肤、黏膜、淋巴结、实质性器官等肿大、充血、出血、淤血、水肿、变性、坏死等。例如，急性败血型炭疽，有时见败血脾，脾脏高度淤血、肿大，呈黑紫色，质地松软，切面外翻（图3-127）。

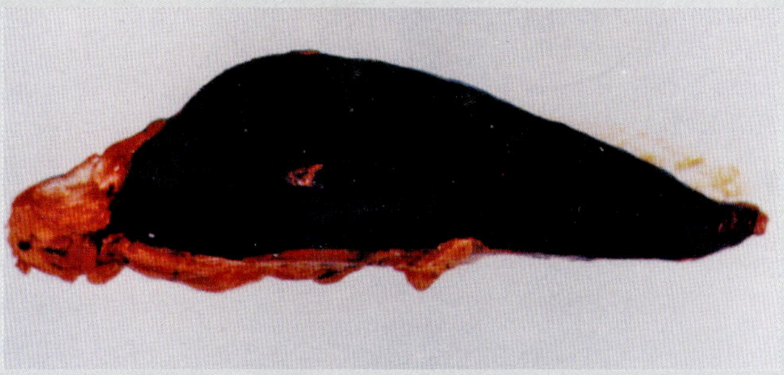

图3-127 败血脾

山羊炭疽：脾脏肿大柔软，切面呈黑紫色，结构模糊

（Mouwen J M V M, et al., 1982, A colour atlas of veterinary pathology. Utrecht: Wolfe Medical Publications Ltd）

十三、肿瘤

肿瘤是指机体正常细胞在致瘤因素作用下，在基因水平上失去对自身生长的正常调控，而异常分裂、增殖和分化所形成的新生物。根据新生物的细胞特性及对机体的危害程度，分为良性肿瘤和恶性肿瘤两类。

（一）良性肿瘤

良性肿瘤分化良好，生长缓慢，不浸润。瘤体表面较平整，边界清晰，常有包膜，质地与色泽接近正常组织，不转移。种类有乳头状瘤（图3-128）、纤维瘤、脂肪瘤（图3-129）、黏液瘤（图3-130）、平滑肌瘤、血管瘤（图3-131）等。

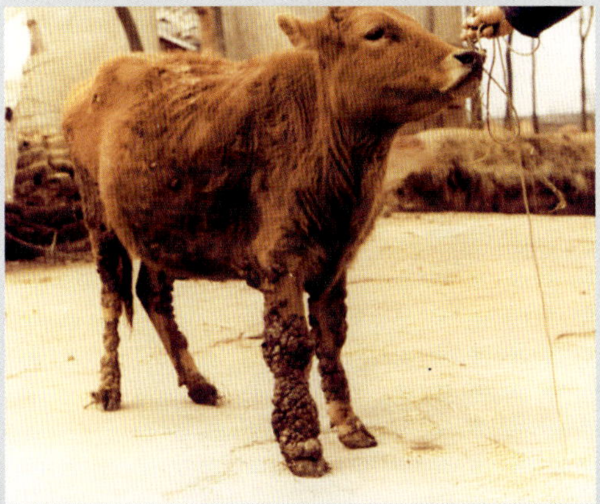

图3-128 牛乳头状瘤

牛传染性乳头状瘤：四肢皮肤几乎长满乳头状瘤，呈花椰菜头状或结节状

（陈怀涛，2008，兽医病理学原色图谱）

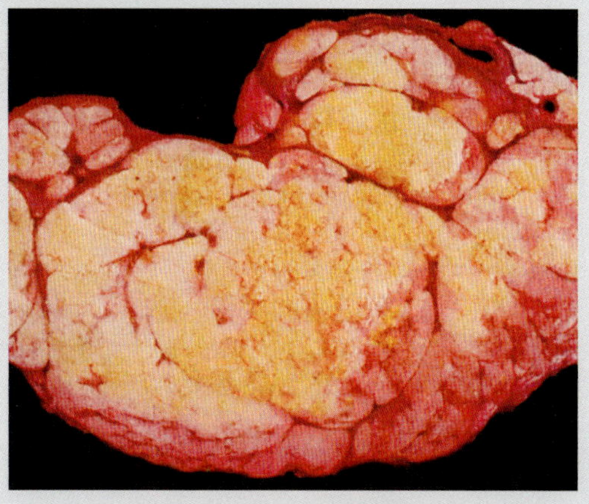

图3-129 牛脂肪瘤

肿瘤切面色淡黄，分叶

（陈怀涛，2008，兽医病理学原色图谱）

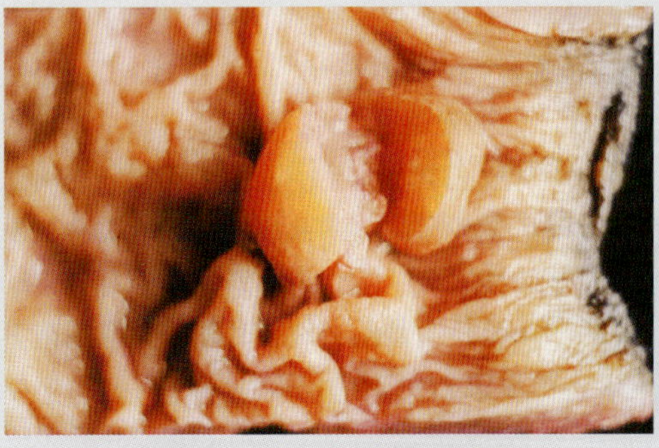

图3-130 牛直肠黏液瘤

肿瘤质软、界限明显，切面湿润、半透亮、色淡黄
（陈怀涛，2008，兽医病理学原色图谱）

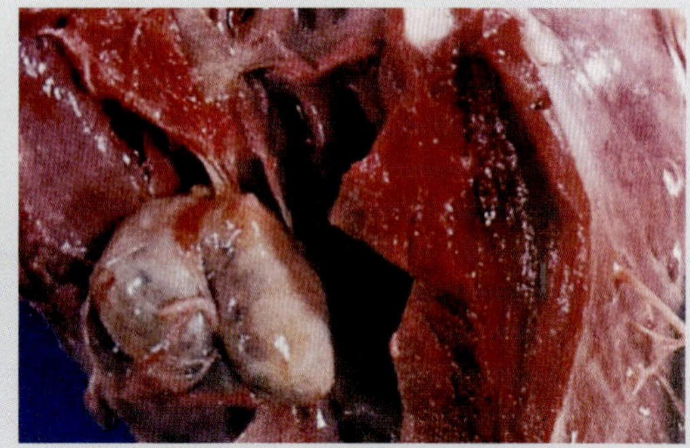

图3-131 牛血管瘤

左心室乳头肌部肿瘤略带暗紫色，表面光滑，被心内膜相连接的包膜覆盖
（张旭静，2003，动物病理学检验彩色图谱）

（二）恶性肿瘤

恶性肿瘤的细胞分化低，增殖异常，有浸润性，对机体影响大。瘤体大多边界不清，常无包膜，与正常组织差别较大，常有转移。种类有血管肉瘤（图3-132）、纤维肉瘤（图3-133）、淋巴肉瘤（图3-134）、鳞状上皮癌（图3-135、图3-136）等。

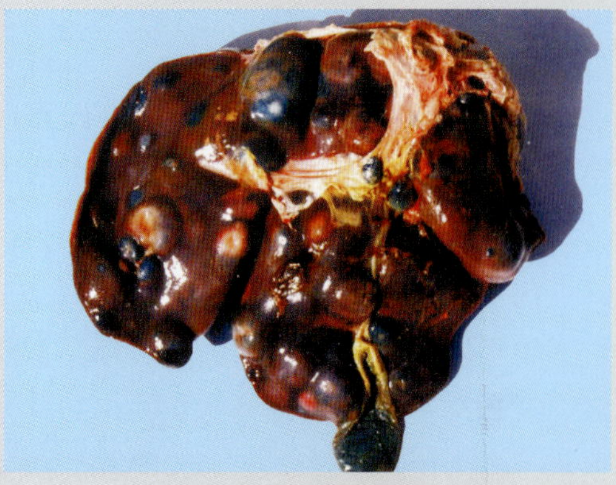

图3-132 羊肝血管肉瘤

肝脏表面有肿瘤结节，灰白或黑红色，较大结节的中心常凹陷
（陈怀涛，2008，兽医病理学原色图谱）

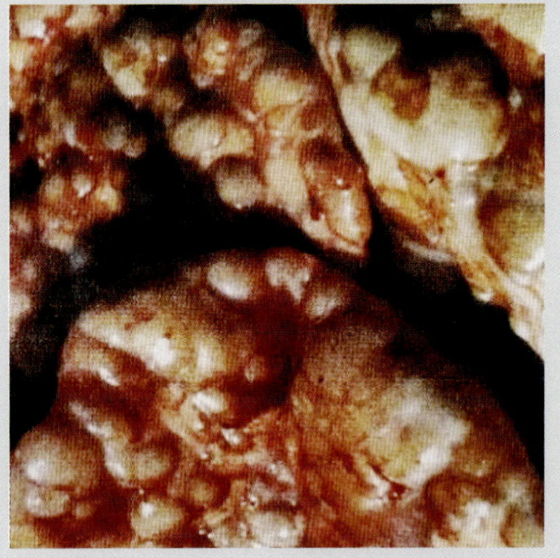

图3-133 奶牛肺纤维肉瘤（转移灶）

肺叶布满肿瘤结节，切面隆起、致密、呈灰白色
（张旭静，2003，动物病理学检验彩色图谱）

图3-134 牛淋巴肉瘤

牛白血病：肉瘤病变使左眼突出
（张旭静，2003，动物病理学检验彩色图谱）

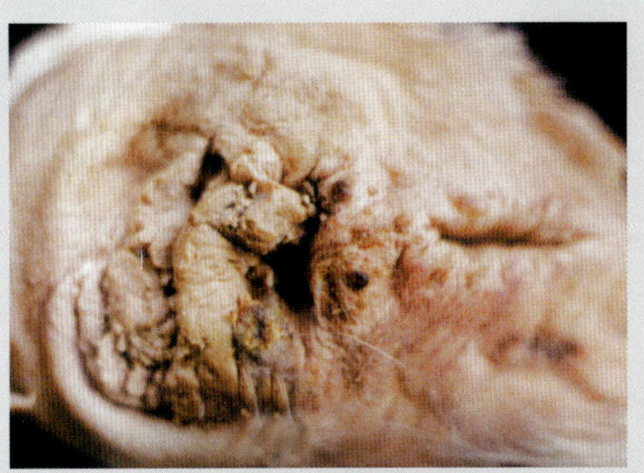

图3-135　山羊鳞状上皮癌

肛门癌：肛门附近皮肤高低不平，局部组织坏死、出血

（陈怀涛，2008，兽医病理学原色图）

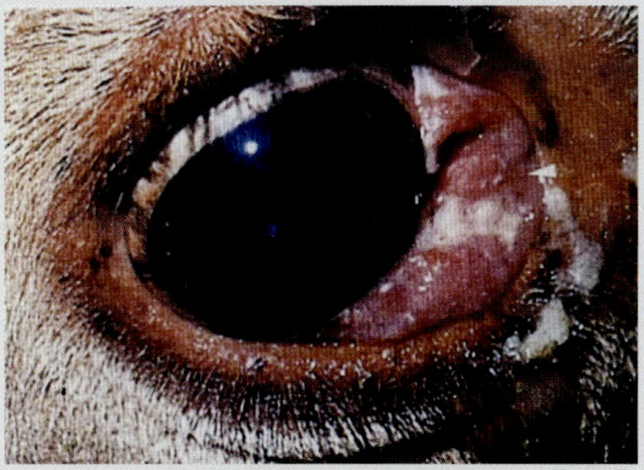

图 3-136　牛鳞状上皮癌

肿瘤组织从内眼角的瞬膜上突出来，伴有化脓

（张旭静，2003，动物病理学检验彩色图谱）

第三节　兽医病原学基础知识

兽医病原学由兽医微生物学和兽医寄生虫学两部分组成。兽医微生物学是研究动物病原微生物的形态结构、生物特性、遗传变异、致病机制、检测鉴定的学科。兽医寄生虫学是研究寄生于动物的寄生虫及其所致疾病的学科。病原是指引起机体发病的致病微生物和寄生虫。本节主要介绍与牛羊屠宰兽医卫生检验有关的病原学基础知识。

一、微生物学基础知识

（一）微生物的特点及分类

微生物是一大群须借助光学显微镜或电子显微镜才能观察到的微小生物的总称。具有体积微小、比表面积大、生长快速、繁殖旺盛、分布广泛、种类繁多、适应性强、结构简单、容易变异等特点。

通常将微生物分为细菌、立克次氏体、支原体、衣原体、螺旋体、放线菌、真菌、病毒8大类群，也有将前6类统称为细菌。根据微生物的结构、化学组成，可分为3型：①原核细胞型微生物，细胞核分化程度低，仅有原始核质，无核膜和核仁，细胞器不完整，包括细菌、立克次氏体、支原体、衣原体、螺旋体、放线菌；②真核细胞型微生物，细胞核分化程度较高，有核膜、核仁和染色体等典型的核结构，胞质内有完整的内质网、核糖体及线粒体等细胞器，包括霉菌和酵母菌；③非细胞形微生物，无典型细胞结构和酶系统，仅能在活细胞内生长繁殖，如病毒。此外，通常也将朊蛋白，即朊粒归于微生物，它们没有遗传物质。

（二）细菌的形态结构及染色

细菌是微生物类群中数量最多的一类，根据细菌对氧气的需求，可分为需氧菌、厌氧菌和兼性菌3类；根据对温度的适应性，可分为嗜冷菌、嗜温菌和嗜热菌3类。细菌的形态、大小、结构与其致病性、免疫原性有关，也是鉴定细菌的依据。

1.细菌的形态 细菌形态简单，有球状、杆状和螺旋状3种基本形态，据此将细菌分为球菌、杆菌和螺形菌3种（图3-137）。

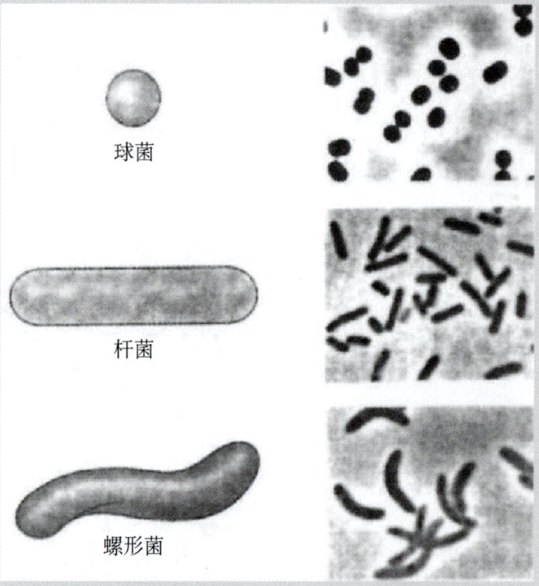

图3-137 细菌的基本形态（左）及电镜照片（右）
（陆承平、刘永杰，2021，兽医微生物学，第6版）

（1）球菌 菌体多数呈球形或近似球形，按其裂殖方向和裂殖后排列形式不同，可分为单球菌、双球菌、链球菌、葡萄球菌、四联球菌、八叠球菌。

（2）杆菌 杆菌的外形为杆状，有长宽接近的短杆状或球杆状菌、长宽相差较大的棒杆状或长杆状菌、分枝状或叉状菌（如牛分枝杆菌）、两端平截状菌（如炭疽芽孢杆菌）。按杆菌细胞的排列方式不同，有成对的双杆菌、呈链状的链杆菌。

（3）螺形菌 菌体呈弯曲或螺旋状圆柱形，两端圆或尖突，分为弧菌和螺菌。

2.细菌的大小 细菌大小以生长适宜条件下培养基中指数期的幼龄培养物为标

准，大多数的直径0.5～5 μm，其中球菌0.5～2.0 μm，杆菌（0.7～8）μm×(0.2～1.25）μm，螺形菌（2～20）μm×（0.4～1.2）μm。细菌的大小相对稳定，可作为初步鉴定依据。

3.细菌的结构

（1）基本结构　细菌的基本结构是指构成细菌骨架的结构，由外向内依次为细胞壁、细胞膜、细胞质、拟核（图3-138）。

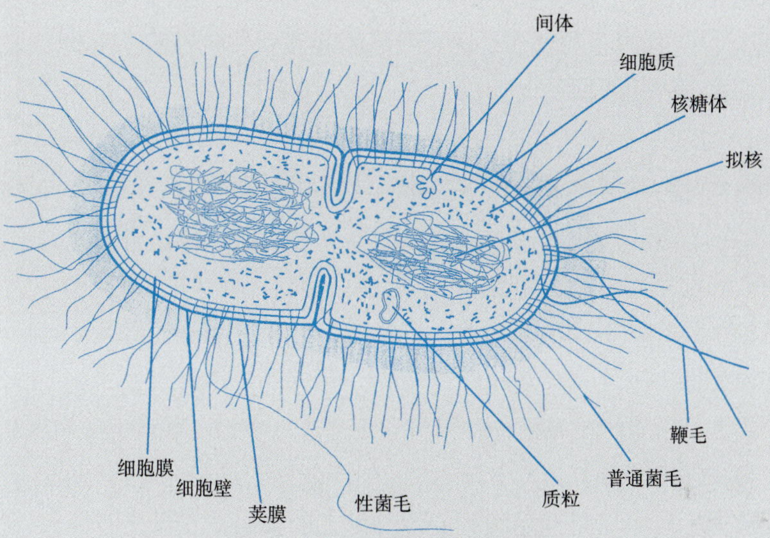

图3-138　细菌细胞结构模式图

（陆承平，2022，兽医微生物学，第6版）

1）细胞壁　细胞壁是细菌最外一层网状结构的膜，坚韧有弹性，具有保护、营养交换、抗原性等作用。细菌染色后，在显微镜下可看到细胞壁。用革兰氏染色法染色后，可将细菌分为革兰氏阳性菌（G^+）和革兰氏阴性菌（G^-）两类。

2）细胞膜　细胞膜是位于细胞壁内侧、包围在细胞质外的膜，为富有弹性的半透膜。具有分泌胞外酶、营养交换、参与细胞呼吸等功能。

3）细胞质　细胞质是细胞膜内除拟核之外的所有物质，为无色透明、均质的黏稠胶体，主要成分为水分、蛋白质、脂类、多糖、核糖核酸、少量无机盐，是细菌进行营养物质代谢、合成核酸和蛋白质的场所，内含间体、核糖体、质粒等。

4）拟核　拟核是细菌基因组DNA无核膜包围、分布于细胞质内的结构，又称核体。拟核呈球状、哑铃状、带状、网状等，含遗传物质，控制细菌的遗传变异。

（2）特殊结构　特殊结构是某些细菌特有的结构，包括荚膜、S层、鞭毛、菌毛、芽孢等（图3-138）。

1）荚膜　荚膜是某些细菌细胞壁外的一层具有保护作用的黏液样物质。如炭疽芽孢杆菌，用荚膜染色法染色后，在光学显微镜下可观察到荚膜。

2）S层　S层是某些细菌具有的一种类似荚膜的生物膜，完整地包裹菌体，具有屏障作用。许多致病菌或致病株有S层，如芽孢菌。

3）鞭毛　鞭毛是某些细菌菌体表面附着的具有运动功能的丝状结构。鞭毛具有特异的抗原性，可用于细菌的鉴定、分型。细菌经鞭毛染色法染色后，在光学显微镜下可观察到鞭毛。

4）菌毛　菌毛是某些菌体上一种比鞭毛数量多、较短细的毛发状细丝，亦称纤毛、伞毛，具有抗原性。

5）芽孢　芽孢是某些革兰氏阳性菌在一定条件下菌体内形成的一种休眠体。未形成芽孢的菌体称为繁殖体或营养体。芽孢呈圆形或椭圆形，位于细菌一端或中部。芽孢结构坚实，有较强的抵抗力，可存活数年，甚至数十年，可独立繁殖为一个新个体，增加致病风险，如炭疽芽孢杆菌。因此，不得剖检炭疽病畜尸体。

4.细菌的染色方法　细菌形态微小，经染色后，用光学显微镜才可观察到。方法有单染法和复染法。

（1）单染法　单染法是采用一种染料对细菌进行染色（如美蓝染色法），操作简单易行，可观察细菌的形态、大小与排列，但不能显示细菌的结构与染色特性。

（2）复染法　复染法是利用两种或两种以上的染料对细菌进行染色，用于观察细菌的形态、大小，鉴别不同染色特性，如革兰氏染色、瑞氏染色、抗酸染色和特殊染色（如芽孢染色、鞭毛染色、荚膜染色）等。革兰氏染色是最常用的染色方法，细菌染色后，G^+在显微镜下观察呈蓝紫色，如金黄色葡萄球菌、单核细胞增生李斯特氏菌等；G^-在显微镜下观察呈红色，如大肠埃希氏菌、沙门氏菌等。

（三）病毒的形态结构及组成

病毒以病毒颗粒形式存在，具有一定的形态、结构及感染性。病毒进入活细胞后，借助宿主细胞的物质和能量才能完成自身复制和生命活动，按照核酸所包含的遗传信息产生与其相同的新一代病毒。病毒离开了宿主细胞，即无生命活动。

1.病毒的形态　病毒形态多样，多为球状，也见杆状、丝状、子弹状、多形性、砖状等。

2.病毒的大小　病毒颗粒极其微小，用电子显微镜方可观察到。最大的病毒为痘病毒，直径160 ~ 260 nm；最小的圆环病毒，直径仅17 nm。

3.病毒的结构　病毒结构简单，主要由芯髓和衣壳构成核衣壳。芯髓位于病毒中心，由一类核酸构成，为病毒基因组。衣壳是包裹在核酸外的一层蛋白质外衣，具有抗原性，保护病毒。有些病毒的核衣壳外面有囊膜，为含脂质的蛋白膜，具有病毒的种型特异性，是病毒鉴定、分型的依据。有的病毒囊膜上有不同形状的纤突（图3-139），为病毒的表面抗原。

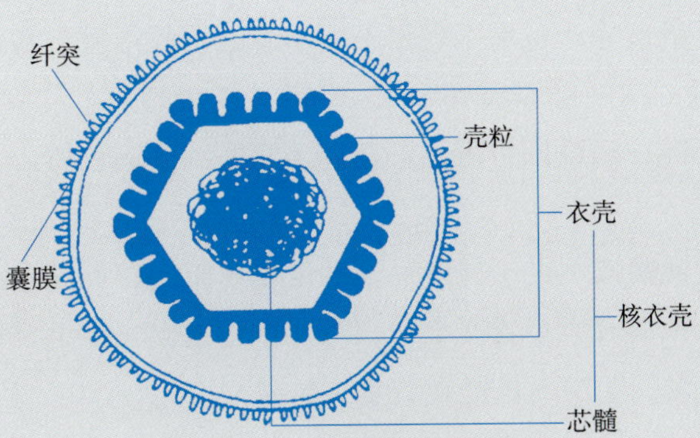

图3-139 病毒颗粒结构模式图

（陆承平，2022，兽医微生物学，第6版）

4.病毒的化学组成 病毒的主要成分为核酸、蛋白质，也含脂质和糖类。

（1）核酸 病毒只含一种核酸，DNA或RNA。核酸又可分单股或双股、正链或负链、线状或环状、分节段或不分节段，大多DNA病毒为双股线状，大多RNA病毒为单股线状不分节段。核酸携带病毒全部的遗传信息，为病毒的感染、复制、遗传和变异提供遗传信息，可用于鉴定、分类病毒。

（2）蛋白质 蛋白质为病毒的主要成分，具有特异性，包括结构蛋白（组成病毒的蛋白质）和非结构蛋白（病毒组分之外的蛋白质）。

（3）脂质和糖类 病毒的脂质和糖类来自宿主细胞。脂质主要存在于病毒的囊膜。利用脂溶剂可去除囊膜中的脂质，使病毒失活，用这种方法处理和检测病毒，可确定该病毒有无囊膜。糖类以糖蛋白的形式存在，是病毒纤突的成分，与病毒吸附宿主细胞受体有关。

（四）支原体

支原体是一类无细胞壁、高度多形性、能通过滤菌器、可用人工培养基培养繁殖的一类最小原核微生物。支原体在分类中属于柔膜纲，大小0.1 ~ 0.3 μm，具有可塑性、滤过性和多形性，常呈球形、两极状、环状、杆状，偶见分枝丝状，由于能呈丝状与分枝状，故称支原体。支原体无细胞壁、无鞭毛，细胞柔软。支原体生长缓慢，利用琼脂培养基培养，在低倍显微镜才能观察到典型的“荷包蛋状”菌落。

（五）微生物形态结构的观察方法

微生物的鉴定方法包括染色镜检、分离培养、动物试验、血清学试验、分子生物学鉴定等，其中显微镜镜检可直接观察微生物的形态结构。从事病原微生物实验活动，应遵守国家病原微生物实验室生物安全有关法律法规的规定。

1.普通光学显微镜观察法 光学显微镜有明视野显微镜（普通光学显微镜）、相差显微镜、荧光显微镜等，可用于观察不同形态结构的细菌。普通光学显微镜以自然光或灯光为光源，细菌经放大100倍的物镜和放大10倍的目镜联合放大1 000倍后，达到0.2 ~ 2 mm，肉眼即可看见细菌。通常将细菌染色后，再用普通光学显微镜观察。

2.电子显微镜观察法 电子显微镜是利用电子流代替可见光波，电磁圈代替光学显微镜的放大透镜的放大装置。电子流可将微生物放大数十万倍，因此，利用电子显微镜可观察到大小仅1 nm的微粒，包括病毒。

（六）微生物的危害

微生物在自然界分布广泛，入侵动物机体或污染肉品后，影响肉食安全、人体健康和公共卫生安全。致病微生物入侵动物和人等宿主并在其体内增殖，对动物或人体健康造成损害，引发临床症状，导致传染病发生，如布鲁氏菌、炭疽杆菌可引起人畜共患传染病。有的细菌会引起食物中毒，如沙门氏菌、金黄色葡萄球菌等。非致病菌中的腐败菌，主要是引起肉品腐败变质。病毒多数致病，感染机体，引起疫病流行。支原体广泛存在于人和动物体内，可侵入牛羊呼吸道，引起肺炎。

二、寄生虫学基础知识

（一）寄生虫的概念与类型

寄生虫是指暂时或永久地寄生在宿主体内或体表，并从宿主机体获取其所需营养物质的动物。按照寄生部位，可分为内寄生虫（如片形吸虫，图3-140）和外寄生虫（如羊狂蝇蛆，图3-141）。按寄生虫形态，分为原虫（如弓形虫）、绦虫（如棘球蚴）、线虫（如盘尾线虫）、吸虫（如日本血吸虫）等，后三类统称为蠕虫。此外，还有一些昆虫致病（如羊狂蝇）。

（二）宿主的概念与类型

宿主是指为寄生虫提供生存环境和营养的动物。寄生虫发育过程较为复杂，有些寄生虫在不同发育阶段寄生于不同宿主，主要有终末宿主和中间宿主（表3-2）。此外，还有贮存宿主、保虫宿主、带虫宿主、传播媒介（如蚊、蜱）等。

图3-140 牛片形吸虫（肝脏）
（张旭静，2003，动物病理学检验彩色图谱）

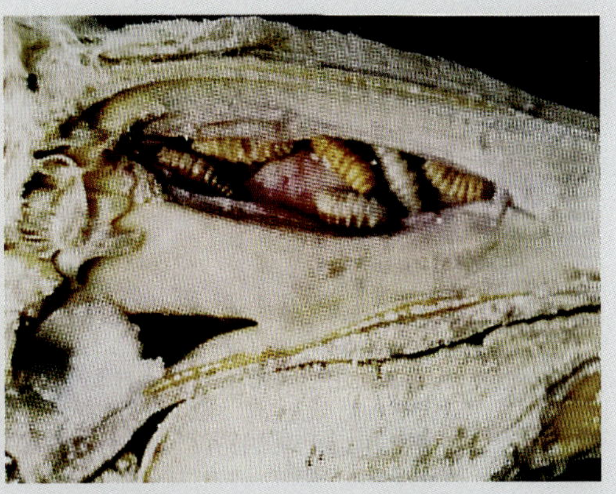

图3-141 羊狂蝇蛆（羊鼻部横断面）
（张旭静，2003，动物病理学检验彩色图谱）

表3-2 牛羊3种主要寄生虫的终末宿主和中间宿主

寄生虫名称	终末宿主	中间宿主
日本血吸虫	牛、人等	钉螺
棘球蚴（成虫为棘球绦虫）	犬、狐狸等	羊、牛、人等
片形吸虫	羊、牛、人等	淡水螺

1.终末宿主 终末宿主是指寄生虫的成虫或有性生殖阶段所寄生的动物。终末宿主通常为寄生虫提供长期稳定的寄生环境。例如，牛、人是日本血吸虫的终末宿主。

2.中间宿主 中间宿主是指寄生虫的幼虫或无性生殖阶段所寄生的动物。中间宿主为寄生虫提供营养和保护，但寄生虫不能在中间宿主体内发育为成虫。例如，钉螺是日本血吸虫的中间宿主。

（三）寄生虫的生活史

寄生虫的生活史是指寄生虫生长、发育和繁殖的一个完整循环过程，也称发育史。生活史有直接发育和间接发育两种类型，直接发育型不需要中间宿主，间接发育型则需要中间宿主。寄生虫的生活史可分为若干个阶段，每个阶段的虫体有不同的形态特征和生物学特征（如寄生部位、致病作用不同）。寄生虫发育过程较为复杂，因种类不同，生活史不同。

引起人畜棘球蚴病（包虫病）病原的生活史：棘球绦虫（成虫）寄生于犬科动物的小肠，犬排出虫卵污染皮毛、食品、饮水、牧场或饲料，被牛羊（或人等）摄入，六钩蚴随血液循环移行至肝、肺、脑及其他器官，发育为棘球蚴（幼虫）。囊尾蚴的生活史与棘球蚴的生活史相似（图3-142）。

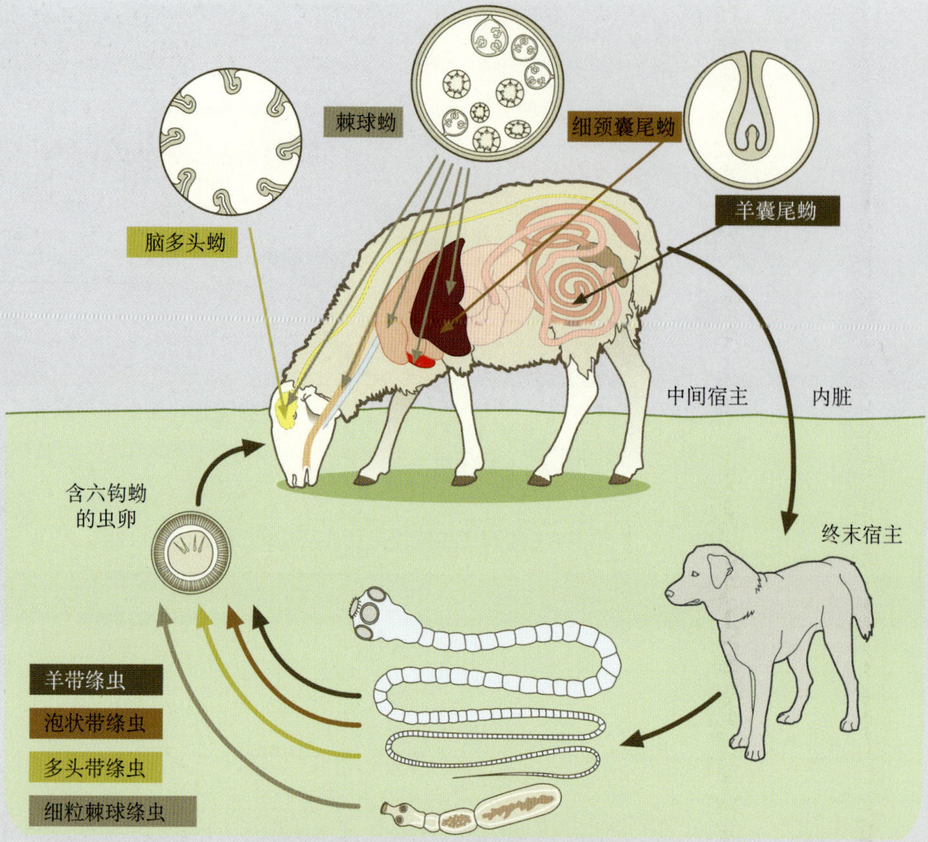

图3-142 棘球绦虫、囊尾蚴的生活史

（殷宏等，2022，绵羊寄生虫图谱）

（四）寄生虫的感染来源及途径

寄生虫的感染来源及途径与寄生虫的种类、宿主排出病原有关。宿主排出寄生虫的途径取决于侵入门户、寄生虫特异性定位和可能的传播条件。多数蠕虫寄生于宿主的消化系统（如日本血吸虫、片形吸虫），常以虫卵或幼虫随宿主的排泄物排出，进入自然界，进而造成新的感染。

（五）寄生虫对宿主的危害

寄生虫以寄生方式生活，通过寄居在宿主的体内或体表，获取营养，损害宿主的组织器官（图3-143），降低其抵抗力、生产性能，影响产品质量安全，有的寄生虫感染人，传播人畜共患病，威胁公共卫生安全与人类健康。

寄生虫对宿主的损害如下：①掠夺宿主营养，如寄生于牛、羊消化道的寄生虫。②吸取宿主血液，如体外寄生的吸血昆虫。③机械性损害，如棘球蚴压迫周围组织使其萎缩和功能障碍（图3-144、图3-145）。④化学毒性损害，寄生虫产生毒性物

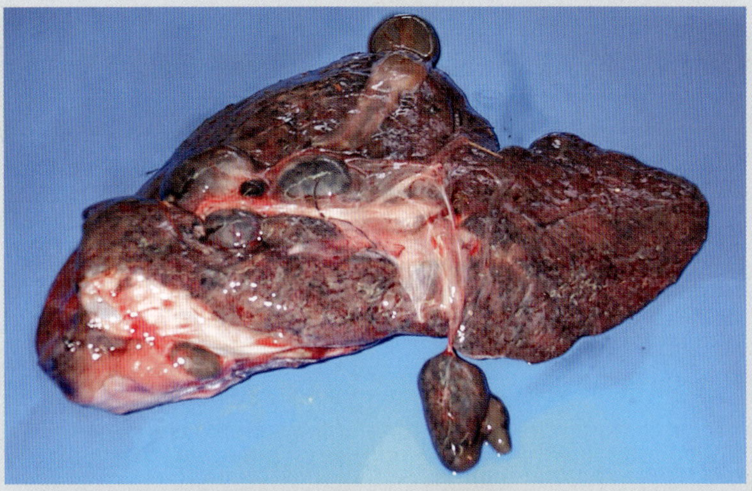

图3-143 感染片形吸虫的绵羊肝脏
（殷宏等，2022，绵羊寄生虫图谱）

质，损害组织器官。⑤变应原作用，引起局部反应，如日本血吸虫的成虫及虫卵可引起机体免疫病理反应，造成组织损伤；棘球蚴包囊破裂引起机体过敏反应。⑥传播疾病，如蜱可传播牛的巴贝斯虫病、泰勒虫病。

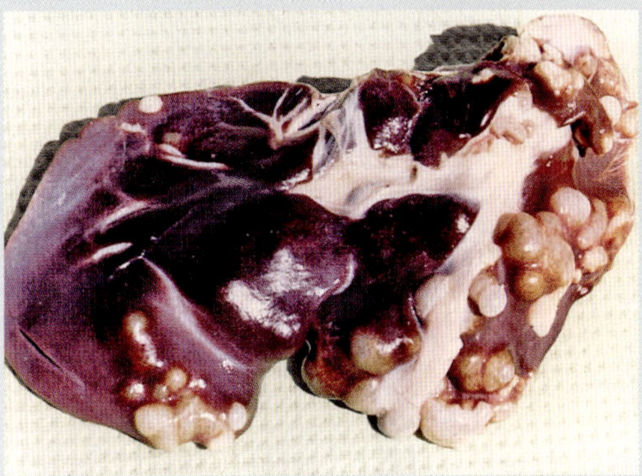

图3-144 羊肝脏中的棘球蚴包囊
（殷宏等，2022，绵羊寄生虫图谱）

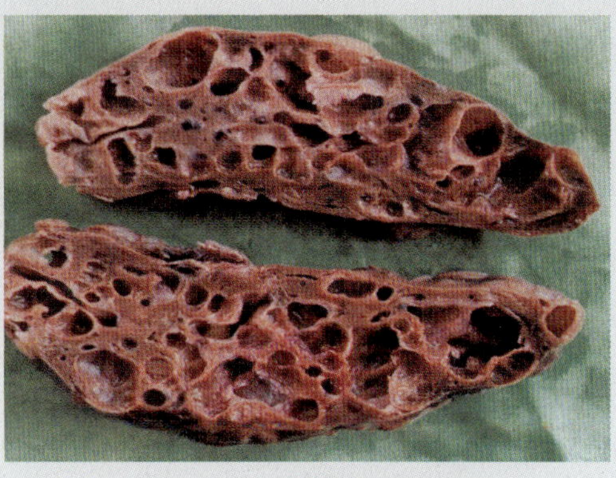

图3-145 棘球蚴性肝硬化
肝切面见许多大小不等、充满液体的囊泡，肝变硬，肝实质受压萎缩
（陈怀涛，2008，兽医病理学原色图谱）

三、牛羊屠宰检疫对象的相关病原

《牛屠宰检疫规程》《羊屠宰检疫规程》规定的牛羊检疫对象分别有7种、9种，其中3种由寄生虫引起，其余由细菌、病毒引起。牛羊屠宰检疫对象对应的病原及其主要形态特点见表3-3。

表3-3 牛羊屠宰检疫对象对应的病原及其形态特点

动物	检疫对象	病原名称	病原形态特点
牛、羊	口蹄疫	口蹄疫病毒	正链单股RNA，无囊膜，核衣壳二十面体对称
牛、羊	布鲁氏菌病	布鲁氏菌	革兰氏阴性需氧菌，球形或短杆形，无鞭毛、芽孢，多数无荚膜
牛、羊	炭疽	炭疽芽孢杆菌	革兰氏阳性需氧菌，两端平直、排列似竹节状大杆菌，无鞭毛，可形成荚膜，荚膜下有S层，芽孢位于菌体中央、椭圆形
牛	牛结核病	牛分枝杆菌	革兰氏阳性需氧菌，抗酸染色阳性（呈红色），细长而稍弯曲，无芽孢、无鞭毛，有菌毛
牛	牛传染性鼻气管炎（传染性脓疱外阴阴道炎）	牛传染性鼻气管炎病毒	双股DNA，有囊膜，核衣壳二十面体
牛	牛结节性皮肤病	结节性皮肤病病毒	线性双股DNA，有囊膜，呈砖形或椭圆形
羊	小反刍兽疫	小反刍兽疫病毒（小反刍兽麻疹病毒）	负链单股RNA病毒，有囊膜及纤突，多形性，可呈丝状
羊	蓝舌病	蓝舌病病毒	双股RNA，无囊膜，近似球形，二十面体对称
羊	绵羊痘和山羊痘	绵羊痘和山羊痘病毒	双股DNA，有囊膜，呈砖形，核衣壳为复合对称
羊	山羊传染性胸膜肺炎	山羊支原体山羊肺炎亚种	革兰氏染色阴性，大小不等，形态多样，以环形为主，也见球状、丝状等。吉姆萨或瑞氏染色呈淡紫色
牛	日本血吸虫病	日本血吸虫（日本分体吸虫）	雌雄异体，寄生时雌虫处于雄虫的抱雌沟内，呈合抱状态，圆柱形。雄虫乳白色，扁平、较短粗，从腹吸盘后方开始虫体扁平，向腹面卷折成抱雌沟。雌虫暗褐色，椭圆形，较细长，前细后粗，口、腹吸盘均较雄虫的吸盘小
羊	棘球蚴病	棘球蚴（棘球绦虫中绦期幼虫）	棘球蚴囊泡近球形，大小不等，直径5～10 cm，与周围组织有明显界限，触摸有波动感，有一定弹性，内含液体
羊	片形吸虫病	肝片吸虫	大型吸虫，背腹扁平，形似树叶，活时棕红色，自胆管取出后呈灰白或褐绿色。口吸盘较小，位于虫体顶端；腹吸盘略大，位于头锥基部

四、肉品质量安全风险监测的致病菌

食源性致病菌很多，其中沙门氏菌、致泻性大肠埃希氏菌、金黄色葡萄球菌和单核细胞增生李斯特氏菌广泛存在于自然界、屠宰环境、加工设备中，人畜带菌普遍，屠宰环节中污染肉品机会多，可通过食物链、粪口途径感染人，引起食源性传染病和食物中毒，成为肉品微生物学检验、屠宰质量安全风险监测中的重要食源性致病菌。这4种细菌的分类、染色特性和形态特征见表3-4。

表3-4　4种食源性致病菌的分类、染色特性和形态特征

细菌名称	分类、染色特性和形态特征
沙门氏菌	沙门氏菌属。革兰氏阴性，直杆菌，无芽孢和荚膜，大多有鞭毛和菌毛
致泻性大肠埃希氏菌	埃希氏菌属。革兰氏阴性，直杆菌，有鞭毛和菌毛，有荚膜，无芽孢
金黄色葡萄球菌	葡萄球菌属。革兰氏阳性，圆形或卵圆形，无芽孢、无鞭毛，有的形成荚膜
单核细胞增生李斯特氏菌	李斯特菌属。革兰氏阳性，短杆菌，无荚膜、无芽孢，多单在，也有排列呈短链或Y形排列

近年来，农业农村部发布的每年度畜禽屠宰质量安全风险监测计划中规定了重点监测的3种致病菌，包括冷却肉和热鲜肉中的沙门氏菌，肉表面和屠宰环境中的沙门氏菌、金黄色葡萄球菌和单核细胞增生李斯特氏菌。

鉴于致病菌对食品质量安全的影响，我国颁布了食品中致病菌限量标准，其中GB 29921《食品安全国家标准　预包装食品中致病菌限量》规定了肉制品（熟肉制品、即食生肉制品）中致病菌指标及其限量要求、检验方法（表3-5）。

表 3-5　肉制品中致病菌限量标准

致病菌	采样方案及限量（以/25 g表示）[1]				检验方法
	n	*c*	*m*[2]	*M*	
沙门氏菌	5	0	0	—	GB 4789.4
单核细胞增生李斯特氏菌	5	0	0	—	GB 4789.30
金黄色葡萄球菌	5	1	100 CFU/g	1 000 CFU/g	GB 4789.10
致泻性大肠埃希氏菌[3]	5	0	5	—	GB 4789.6

1.*n*为同一批次产品应采集的样品件数，*c*为最大可允许超出*m*值的样品数，*m*为致病菌可接受水平限量或最高安全限量值，*M*为致病菌指示的最高安全限量值。

2.表中"*m*=0 g/25 g"，代表"每25 g不得检出"。

3.仅适用于牛肉制品，即生食肉制品、发酵肉制品类。

第四节　屠宰牛羊主要疫病的检疫

牛羊屠宰检疫分为宰前检查和宰后检查（同步检疫）两个环节。宰前检查按照《反刍动物产地检疫规程》规定的临床检查方法和检查内容，观察牛羊有无该规程规定疫病的可疑临床症状。宰后检查按照《牛屠宰检疫规程》和《羊屠宰检疫规程》的规定，对头蹄部、内脏、胴体等进行检查，观察胴体和器官有无规程规定疫病的病理变化、寄生虫等。按照农业农村部规定需要进行实验室疫病检测或快速检测的，应按照有关规定执行。

农业农村部关于印发《生猪产地检疫规程》等22个动物检疫规程的通知（农牧发〔2023〕16号）规定，牛屠宰检疫对象有7种：口蹄疫、布鲁氏菌病、炭疽、牛结核病、牛传染性鼻气管炎（传染性脓疱外阴阴道炎）、牛结节性皮肤病、日本血吸虫病；羊屠宰检疫对象有9种：口蹄疫、小反刍兽疫、炭疽、布鲁氏菌病、蓝舌病、绵羊痘和山羊痘、山羊传染性胸膜肺炎、棘球蚴病、片形吸虫病。其中口蹄疫、布鲁氏菌病、炭疽为牛羊共同的检疫对象。牛羊屠宰检疫的13种疫病中口蹄疫、小反刍兽疫为农业农村部规定的一类动物疫病，片形吸虫病为三类动物疫病，其他的均为二类动物疫病；除日本血吸虫病和片形吸虫病外，其余疫病均被世界动物卫生组织（WOAH）列为法定报告动物传染病。布鲁氏菌病、炭疽、牛结核病、日本血吸虫病、棘球蚴病、片形吸虫病是我国法定的人畜共患传染病，其中炭疽和布鲁氏菌病亦是我国法定的职业病，在兽医公共卫生学上有重要意义。

一、口蹄疫

口蹄疫是由口蹄疫病毒引起的偶蹄动物的一种急性、热性、高度接触性传染病。感染对象是猪、牛、羊等主要畜种及其他家养和野生偶蹄动物，易感动物多达70余种。特征是精神沉郁、流涎，口腔黏膜、蹄部和乳房皮肤发生水疱和溃疡。该病传染性强，传播迅速，对养殖业危害严重。

（一）宰前检查

1.牛　临床表现较为明显，患牛口腔黏膜、蹄部、乳头的皮肤形成水疱和溃疡。体温高达40 ~ 41.5℃，精神委顿、食欲减退，闭口流涎，跛行，甚至蹄匣脱落，卧地不起（图3-146至图3-152），反刍减少，个别犊牛可因急性心肌炎死亡。

2.羊　临床症状与牛口蹄疫基本相似，但症状较轻微。病羊口流泡沫状分泌物（图3-153），体温升高达40 ~ 41℃，精神沉郁，食欲减退或拒食，脉搏和呼吸加快。口腔、蹄和乳房部位皮肤出现水疱、溃疡和烂斑（图3-154至图3-159）。绵羊蹄部症状明显，口腔黏膜变化较轻。山羊症状多见于口腔，水疱以硬腭和舌面多发，蹄部病变较轻，易出现跛行。

图3-146　患病水牛口腔大量流涎
（孙锡斌、程国富、徐有生、肖运才，2018，动物检疫检验彩色图谱）

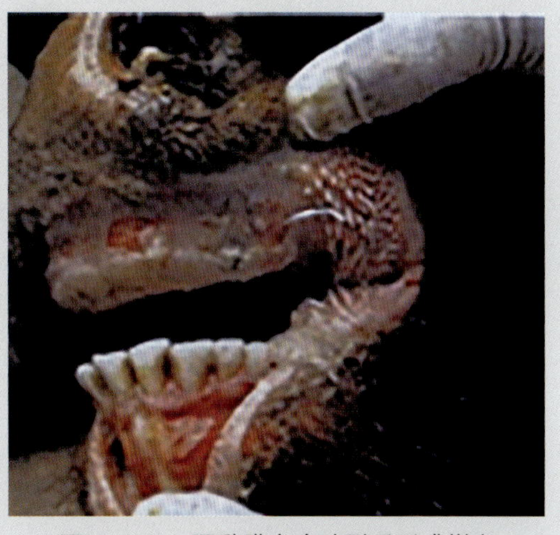

图3-147　唇黏膜水疱破裂后形成烂斑
（陈怀涛，2008，兽医病理学原色图谱）

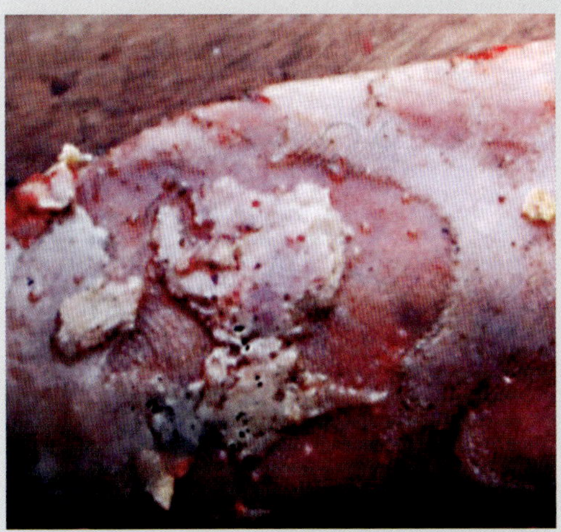

图3-148　患病黄牛舌背面上有水疱破溃，水疱皮脱落，形成周边整齐的红色糜烂面
（孙锡斌、程国富、徐有生、肖运才，2018，动物检疫检验彩色图谱）

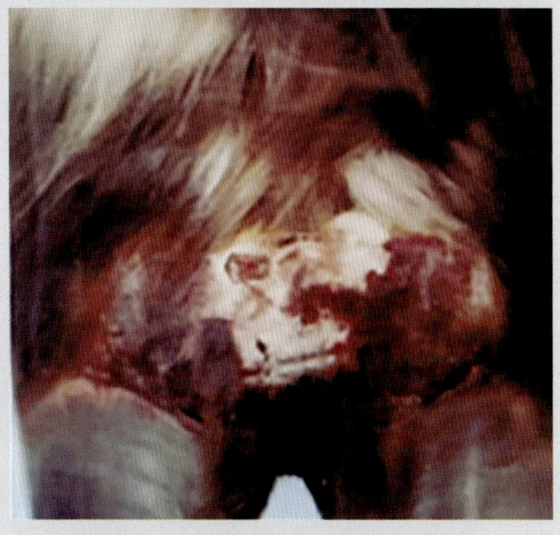

图3-149　蹄冠部皮肤破溃、坏死
（陈怀涛，2008，兽医病理学原色图谱）

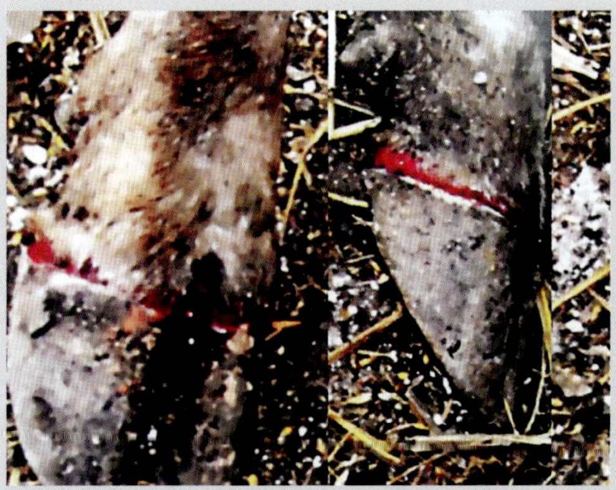

图3-150 病牛蹄冠上水疱破溃，形成红色环状溃疡
（孙锡斌、程国富、徐有生、肖运才，2018，动物检疫检验彩色图谱）

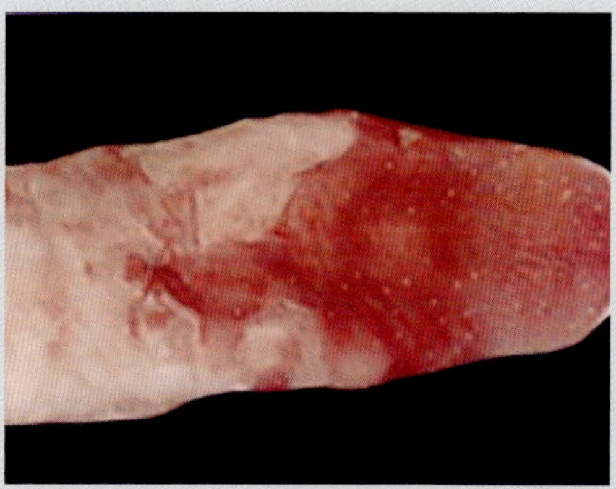

图3-151 舌背黏膜形成灰白色的烂斑
（陈怀涛，2008，兽医病理学原色图谱）

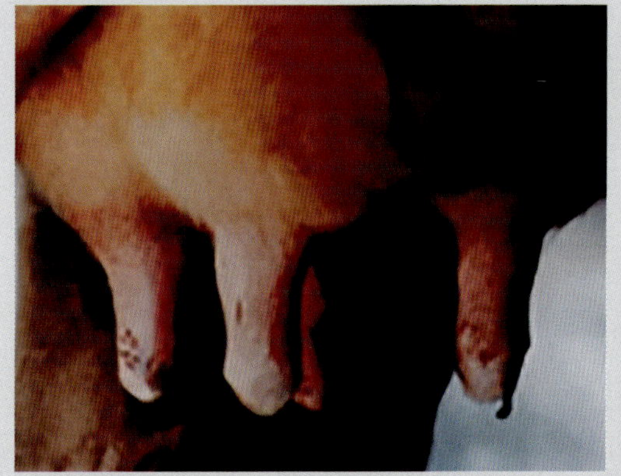

图3-152 乳头皮肤的水疱和出血
（陈怀涛，2008，兽医病理学原色图谱）

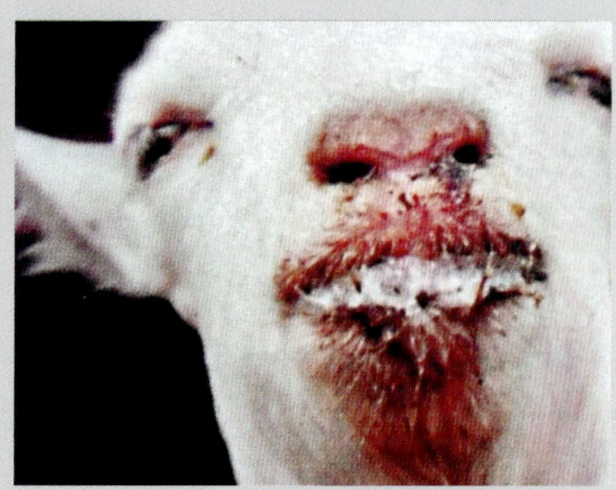

图3-153 病羊口腔黏膜发生水疱和溃疡，口流泡沫状分泌物
（孙锡斌、程国富、徐有生、肖运才，2018，动物检疫检验彩色图谱）

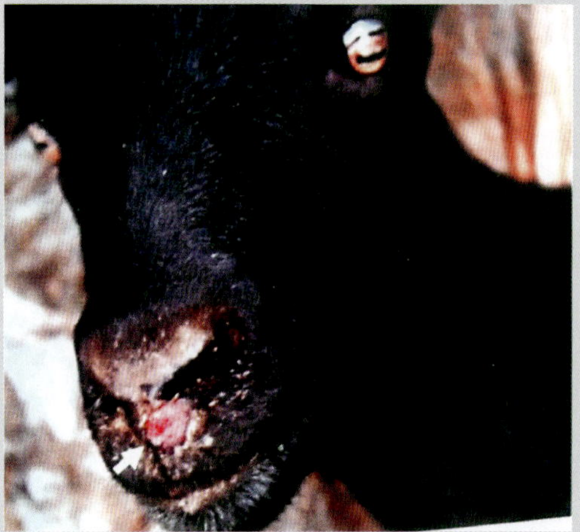

图3-154 病羊上唇水疱破溃，露出红色溃疡面
（孙锡斌、程国富、徐有生、肖运才，2018，动物检疫检验彩色图谱）

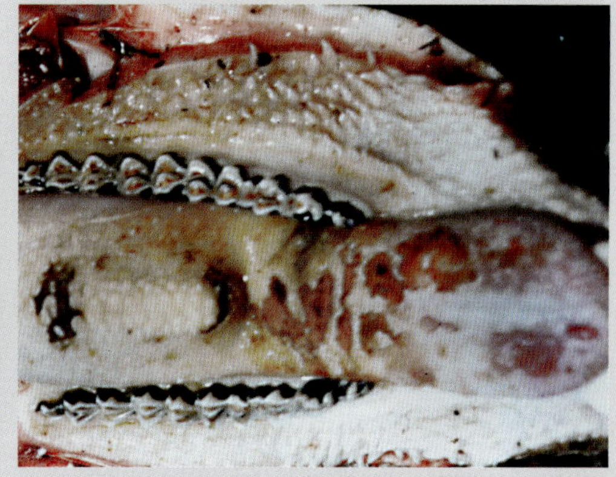

图3-155 病羊舌前段烂斑
（孙锡斌、程国富、徐有生、肖运才，2018，动物检疫检验彩色图谱）

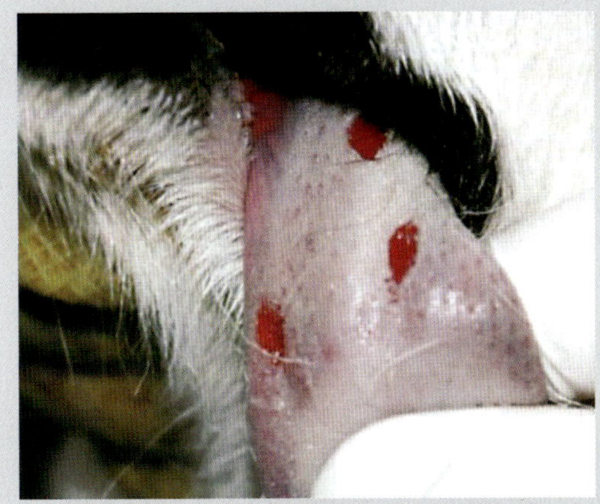

图3-156 病羊舌黏膜发生水疱和溃烂

（崔治中、金宁一，2013，动物疫病诊断与防控彩色图谱）

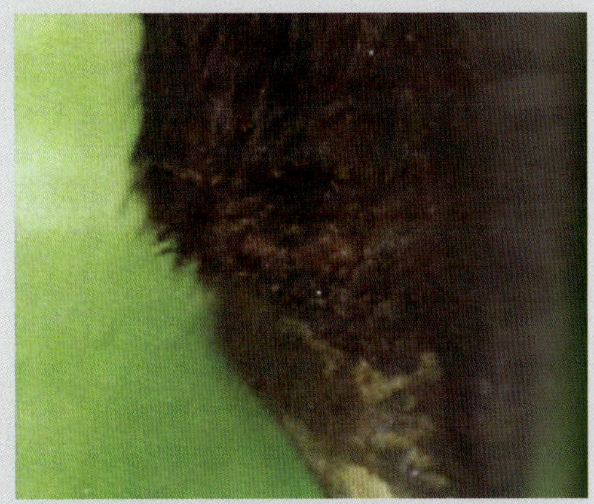

图3-157 病羊蹄冠部皮肤溃烂、坏死

（崔治中、金宁一，2013，动物疫病诊断与防控彩色图谱）

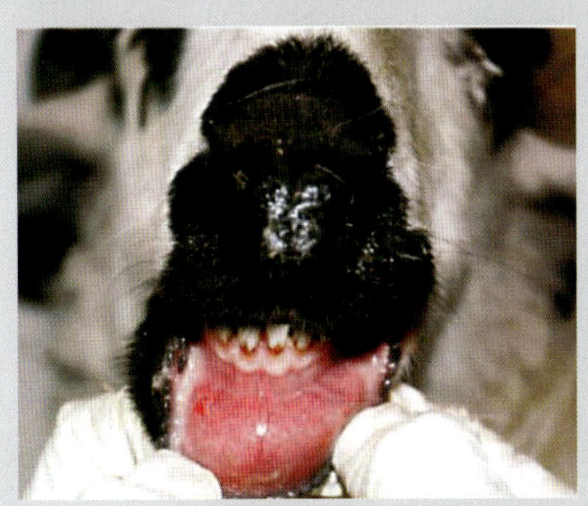

图3-158 病羊鼻孔流出白色泡沫状鼻液，口腔黏膜发生水疱和溃烂

（崔治中、金宁一，2013，动物疫病诊断与防控彩色图谱）

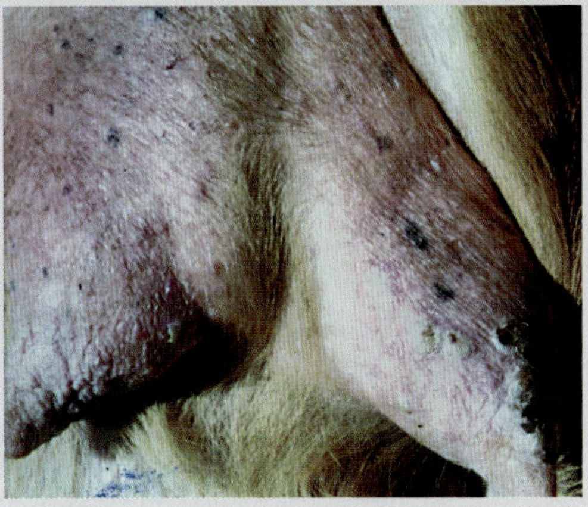

图3-159 乳山羊乳房水疱，有的结痂

（孙锡斌、程国富、徐有生、肖运才，2018，动物检疫检验彩色图谱）

（二）宰后检查

1.牛 有的病例宰后见瘤胃黏膜，特别是肉柱部分出现浅平褐色糜烂（图3-160），胃、肠有时见出血性胃肠炎。心肌色泽较淡，质地松软，心内、外膜有出血斑点，心肌炎型口蹄疫往往见左心室壁和室中隔发生明显的脂肪变性和坏死，切面可见不整齐的斑点和灰白色或红黄色的条纹，形似虎皮斑纹，

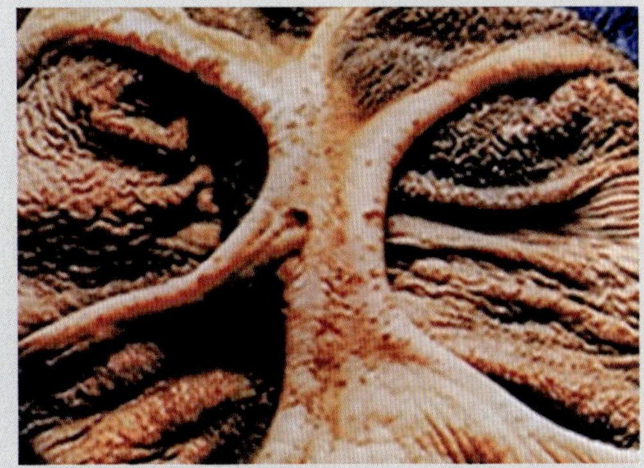

图3-160 瘤胃肉柱部分浅平褐色糜烂

（陈怀涛，2008，兽医病理学原色图谱）

故称“虎斑心”（图3-161）。有的出现肺气肿和肺水肿，腹部、胸部、肩胛部肌肉中有淡黄色麦粒大小的坏死灶。

2.羊　羊患病严重时，咽喉、气管、前胃等黏膜可见烂斑和溃疡，上被覆黑棕色痂块。心肌炎型口蹄疫，可见“虎斑心”（图3-162）。

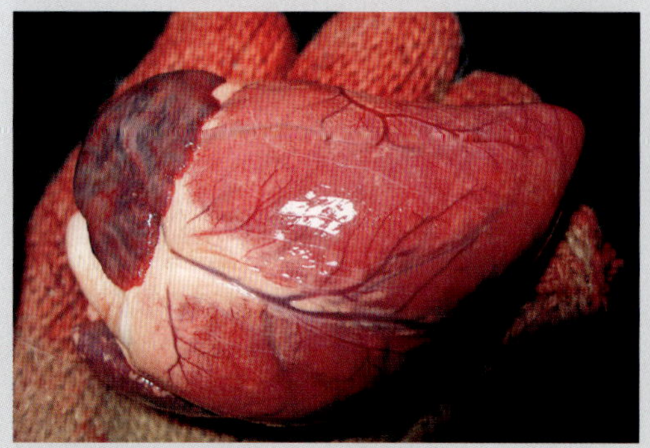

图3-161　虎斑心

心脏表面可见小的灰白色斑点状或条纹状坏死灶

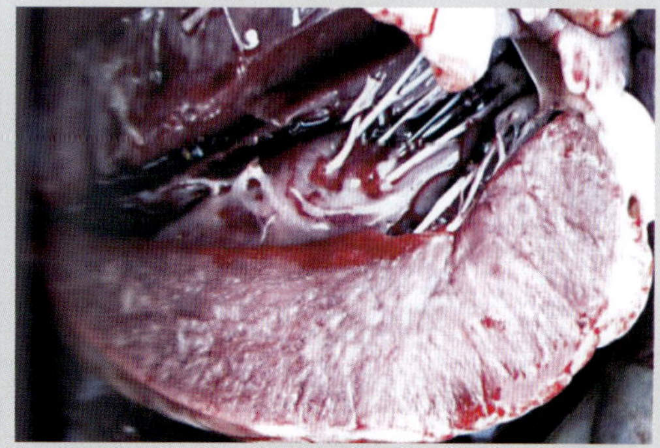

图3-162　虎斑心

心肌纤维变性、坏死，心肌切面可见红白相间条纹状虎皮斑纹

（崔治中、金宁一，2013，动物疫病诊断与防控彩色图谱）

（三）实验室检测

口蹄疫确诊应按照《口蹄疫防治技术规范》和GB/T 18935《口蹄疫诊断技术》进行实验室检测。

二、布鲁氏菌病

布鲁氏菌病又称布氏杆菌病，简称布病，是由布鲁氏菌属细菌引起的一种人畜共患传染病。特征是生殖器官和胎膜发炎，引起流产、不育和各种组织的局部病灶。与人类布鲁氏菌病有关的传染源主要是患病的牛、羊等动物，特别是母畜流产时排出大量病原菌，成为最危险的传染源。

（一）宰前检查

牛羊多呈隐性感染，临床症状不明显，宰前不易发现。

1.牛　妊娠母牛表现为流产、阴道和阴唇黏膜红肿，乳房肿胀，流产可发生在妊娠的任何阶段，最常发生在第6～8个月。公牛表现为睾丸炎（图3-163）或附睾炎，或关节炎（图3-164）、黏液囊炎等。

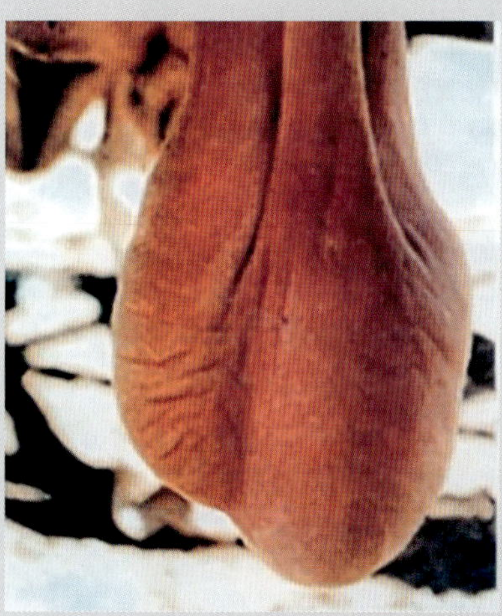

图3-163　牛睾丸炎

右侧睾丸下垂，睾丸疼痛，触摸敏感

（Roger W. Blowey，A. David Weaver主编，齐长明主译，2004，牛病彩色图谱）

2.羊　少数病羊出现关节炎、滑液囊炎和腱鞘炎，

常侵害膝关节和腕关节，关节肿胀、疼痛，出现跛行。怀孕母羊流产，通常发生在妊娠后3～4个月，胎衣滞留，胎儿死亡，从阴道流出污秽、恶臭的分泌物。公羊发生睾丸炎（图3-165）、附睾炎等。

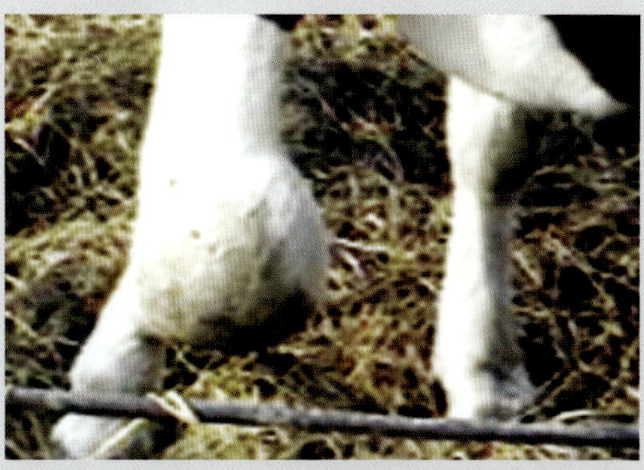

图3-164 关节滑膜炎

（孙锡斌、程国富、徐有生、肖运才，2018，动物检疫检验彩色图谱）

图3-165 睾丸炎

公绵羊阴囊水肿，睾丸下垂

（崔治中、金宁一，2013，动物疫病诊断与防控彩色图谱）

（二）宰后检查

1.牛 牛宰后检查，病变不明显。多见母牛子宫与胎盘膜出血、水肿、坏死（图3-166），间质性或兼有实质性乳腺炎及乳腺萎缩和硬化；公牛睾丸、附睾与精索淤血、水肿、炎症（图3-114）。有时可见关节炎病灶。

2.羊 病羊主要病变为阴道、子宫、睾丸、附睾、精索等生殖器官的炎性坏死（图3-167至图3-169）。淋巴结、脾脏、肝脏、肾脏等器官形成特征性肉芽肿（布鲁

图3-166 胎盘炎症

牛胎盘上有灰白色坏死灶，胎盘膜肥厚，有明显的炎症反应

（潘耀谦、吴庭才等，2007，奶牛疾病诊治彩色图谱）

图3-167 精索炎

羊精索呈结节或团块状（离体放的精索和睾丸）

（陈怀涛，2008，兽医病理学原色图谱）

氏菌病结节，图3-170）。有的可见关节炎病变。

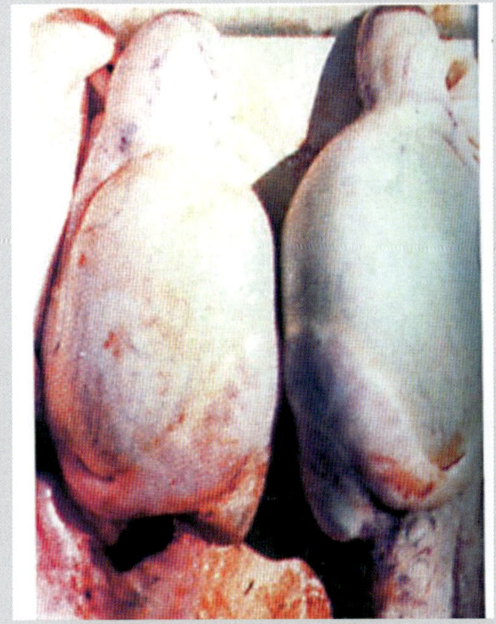

图3-168 精索炎

羊精索肿胀，阴囊鞘膜腔积液（腔内积液已排出），睾丸上移

（崔治中、金宁一，2013，动物疫病诊断与防控彩色图谱）

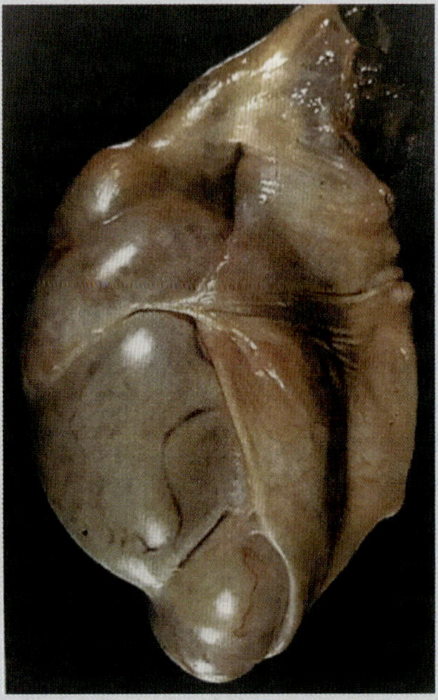

图3-169 公羊附睾炎、鞘膜粘连

附睾（左半边）急剧肿大，受影响附睾周围的鞘膜壁层至脏层粘连

（James F. Zachary，M. Donald McGavin，2015，兽医病理学，赵德明、杨利峰、周向梅译）

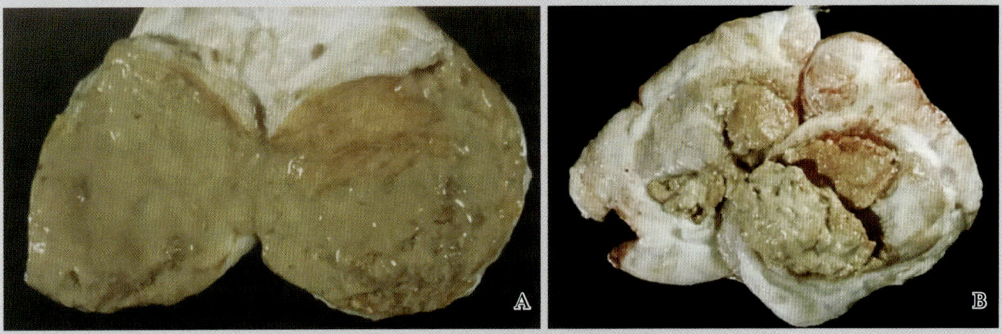

图3-170 公羊附睾尾精囊肉芽肿

A. 附睾尾大部分被黄褐色半流体状精囊肉芽肿取代 B. 含有白色干酪样中心的多包膜精囊肉芽肿（慢性）

（James F. Zachary，M. Donald McGavin，2015，兽医病理学，赵德明、杨利峰、周向梅译）

（三）实验室检测

布鲁氏菌病确诊应按照《布鲁氏菌病防治技术规范》和GB/T 18646《动物布鲁氏菌病诊断技术》进行实验室检测。

三、炭疽

炭疽是由炭疽芽孢杆菌引起人畜共患的一种急性、热性、败血性传染病，牛羊最易感。特征为多呈急性经过，突然死亡，天然孔出血，尸僵不全，脾脏显著肿大等。

（一）宰前检查

1.牛　牛出现高热、呼吸增速、心搏加快，食欲废绝；偶见瘤胃膨胀，可视黏膜紫绀，突然倒毙；天然孔出血（图3-171），血凝不良呈煤焦油样（图3-172），尸僵不全。体表、直肠、口腔黏膜等处发生炭疽痈等症状的，怀疑为感染炭疽，应禁止屠宰或加工，立即采取末梢血液涂片，瑞氏、吉姆萨或碱性美蓝染色，检查有无炭疽芽孢杆菌。

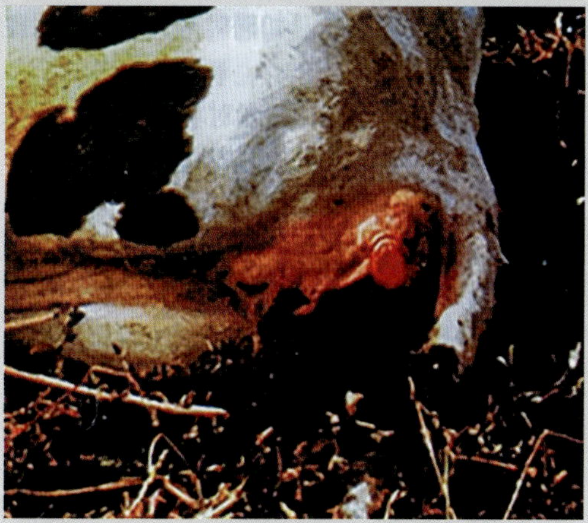

图3-171　牛败血型病例的天然孔出血
（潘耀谦、吴庭才等，2007，奶牛疾病诊治彩色图谱）

图3-172　急性炭疽死亡病牛的两侧鼻孔流出的血液凝固不良，呈酱油色
（孙锡斌、程国富、徐有生、肖运才，2018，动物检疫检验彩色图谱）

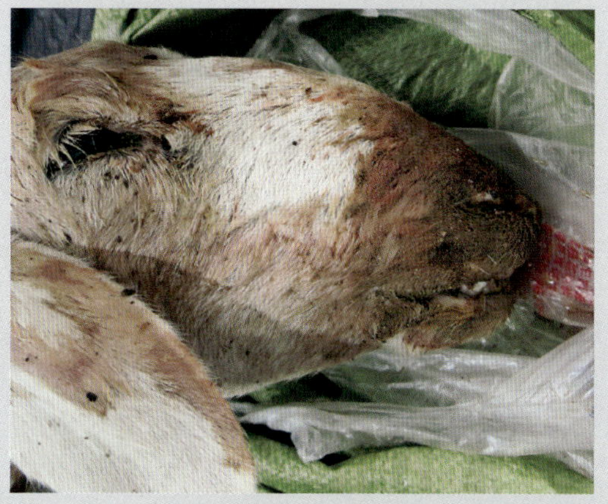

图3-173　羊鼻孔流血，鼻唇部羊毛被血液污染

2.羊　羊炭疽多表现为突然站立不稳，全身痉挛，随即倒地，摇摆，磨牙，反刍停止，呼吸困难，黏膜发绀，眼、鼻、口腔及肛门等天然孔流出带泡沫的暗红色或黑红色血液（图3-173），血凝不良呈煤焦油状，迅速死亡，尸僵不全。

（二）宰后检查

1.牛　牛炭疽多以败血性变化

为主。皮下胶样浸润，全身淋巴结肿胀、出血、水肿；脾脏肿大，呈“败血脾”（图3-174、图3-175）；心肌松软，心内、外膜出血。有些在痈肿部位的皮下有明显的出血性胶样浸润（图3-176），附近淋巴结肿大，周围水肿（图3-177），淋巴结切面呈暗红色或砖红色。

图3-174 败血脾

脾脏肿大、质软、呈紫黑色

（Roger W.Blowey，A.David Weaver主编，齐长明主译，2004，牛病彩色图谱）

图3-175 败血脾

脾切面紫黑色，脾髓软化呈糊状，似煤焦油

（张旭静，2003，动物病理学检验彩色图谱）

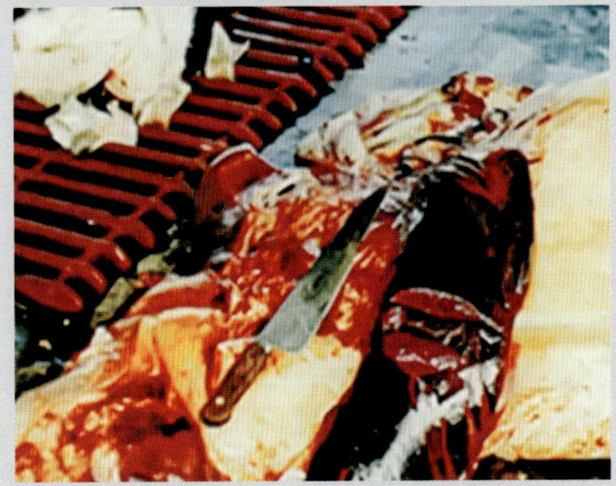

图3-176 皮下呈淡黄色胶样浸润及出血，内脏明显出血、呈暗红色

（潘耀谦、吴庭才等，2007，奶牛疾病诊治彩色图谱）

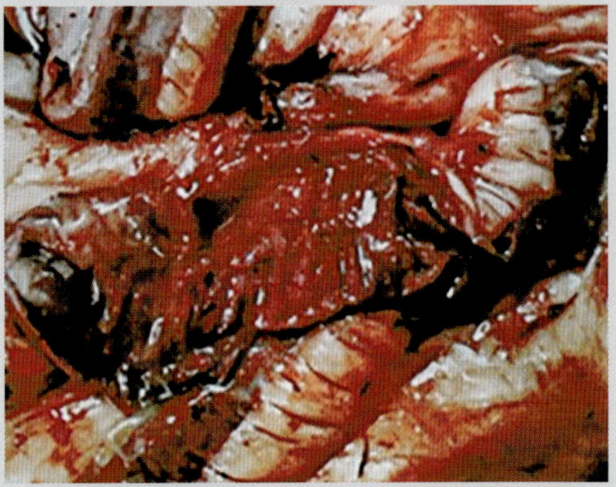

图3-177 牛肠炭疽

空肠黏膜面呈严重的充血、出血、水肿性肥厚；空肠淋巴结肿大、周围水肿

（张旭静，2003，动物病理学检验彩色图谱）

2.羊 患羊皮下、咽喉、肌间和浆膜下组织有出血和胶样浸润（图3-178、图3-179）。淋巴结肿大、出血，切面潮红（图3-180）。脾脏高度肿胀，超出正常脾脏3～4倍（图3-181），脾髓呈黑紫色。

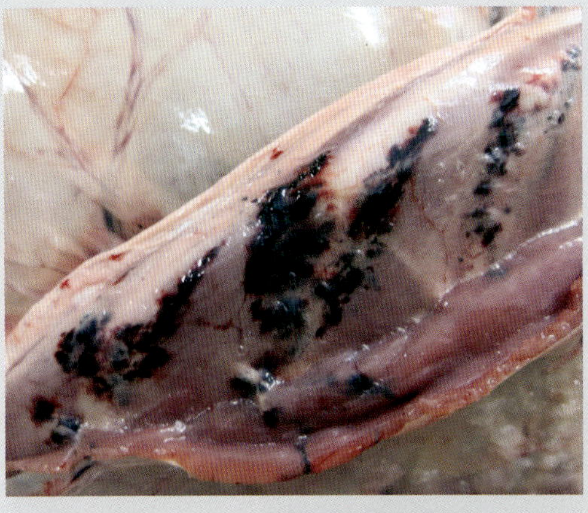

图3-178 胸部肌肉出血斑点

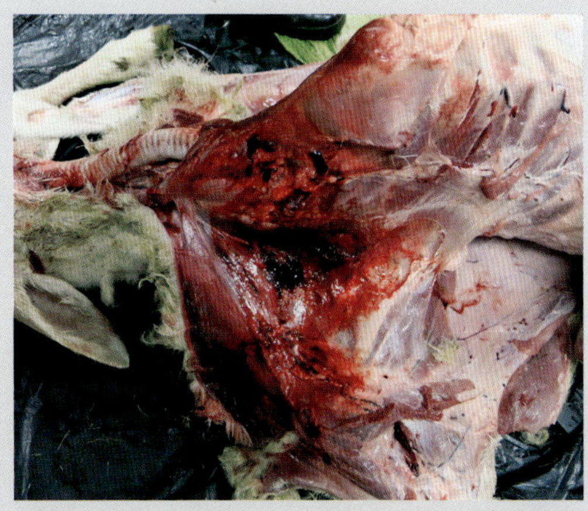

图3-179 颈胸部皮下严重的出血性胶状浸润

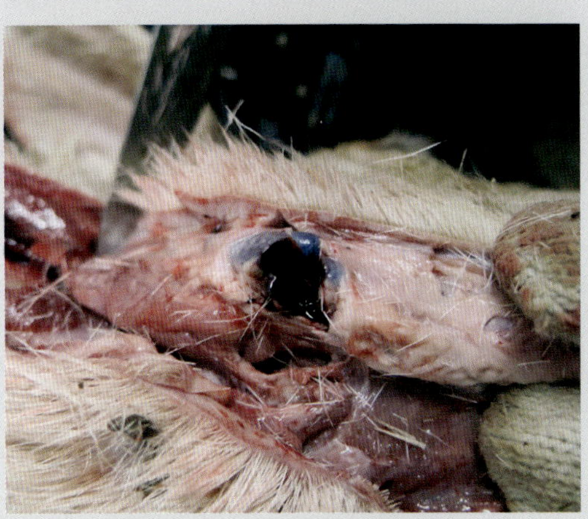

图3-180 出血性淋巴结炎

淋巴结出血、呈黑红色

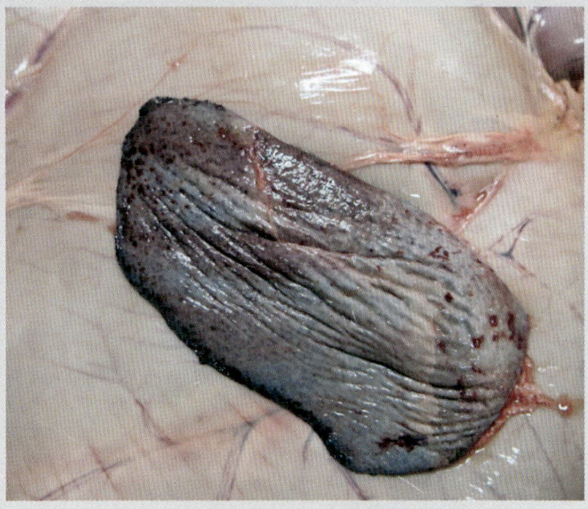

图3-181 败血脾

脾肿大，质软，表面可见出血斑点

（三）实验室检测

炭疽确诊应按照《炭疽防治技术规范》和GB/T 45101《动物炭疽诊断技术》进行实验室检测。

四、牛结核病

牛结核病是由牛分枝杆菌引起的一种慢性传染病。主要特征为组织器官形成结核结节性肉芽肿和干酪样坏死或钙化病灶。

（一）宰前检查

患牛全身渐进性消瘦和贫血，随患病器官不同而症状表现各异。

肺结核：病初干咳、后湿咳，精神、食欲差，逐渐消瘦，体表淋巴结肿大，有的如鸡蛋大（图3-182）。

乳房结核：无热无痛，单纯的乳房肿胀；或表面有凹凸不平的坚硬大肿块，或乳腺有多数不痛不热的坚硬结节（图3-183）。

肠结核：便秘、下痢交替出现，或持续性下痢。

脑结核：癫痫样发作、运动障碍等神经症状。

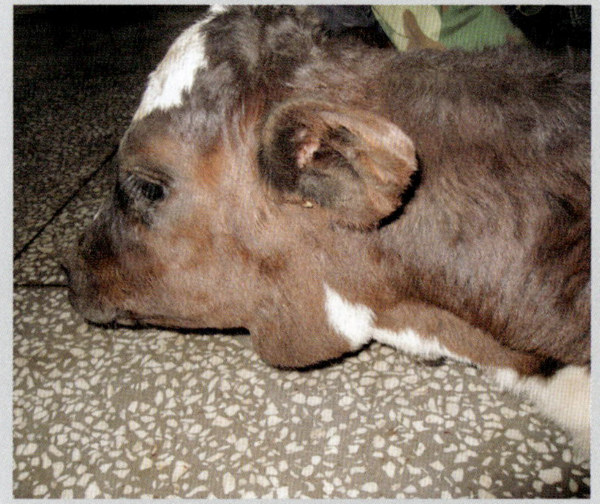

图3-182 下颌淋巴结异常肿大

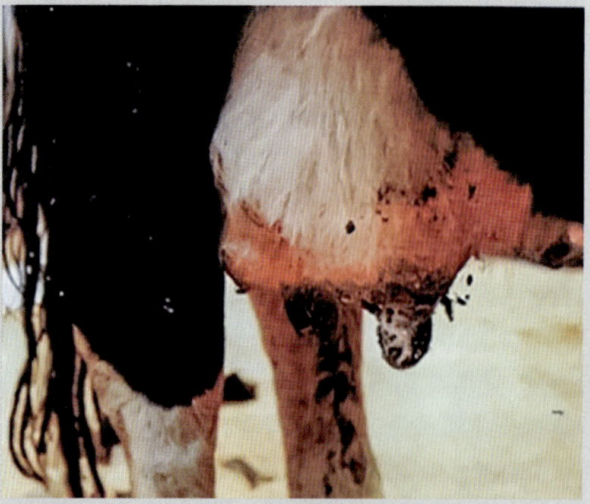

图3-183 乳房结核

右侧前后乳房有大小不等的结核结节，乳头肿大，伴有痂皮形成

（潘耀谦、吴庭才等，2007，奶牛疾病诊治彩色图谱）

（二）宰后检查

病牛胴体消瘦，器官或组织见结核结节（图3-184、图3-185）或干酪样坏死（图3-4-186、图3-187），或淋巴结肿大（图3-188）。有时胸、肺膜见密集的形如珍珠状结核结节（图3-189至图3-191），称之为“珍珠病”。

图3-184 肾表面密布细小的白色结核结节

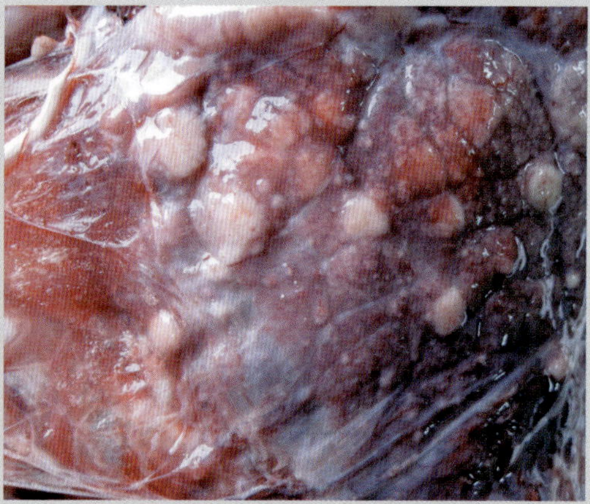

图3-185 肺脏表面密布大小不等的结核性结节

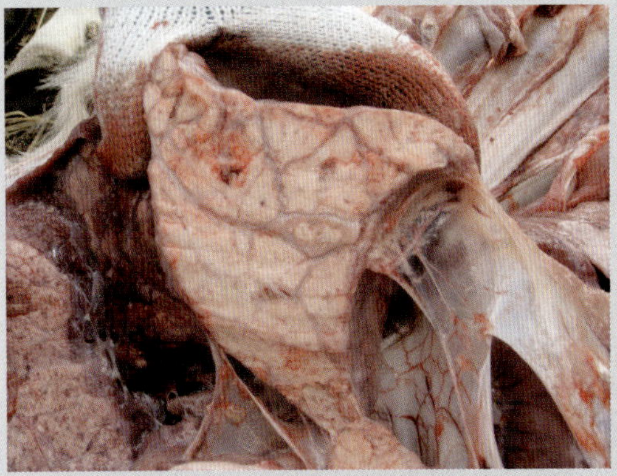

图3-186　肺干酪样坏死

坏死灶内可见白色钙化灶，刀切时有“沙沙”的砂粒磨刀声

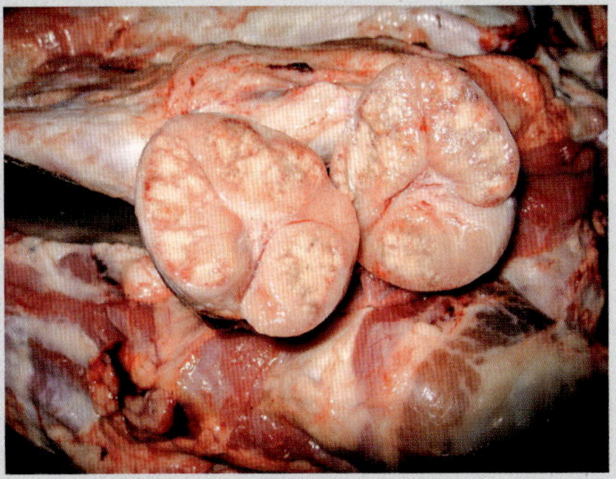

图3-187　下颌淋巴结结核

大的下颌淋巴结切面，大面积的黄白色干酪样坏死灶

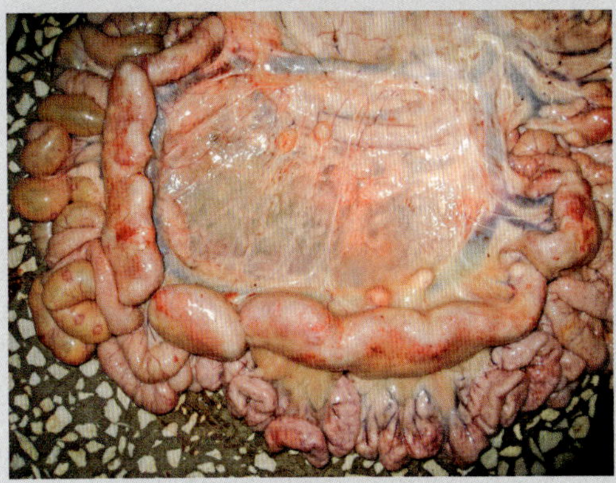

图3-188　肠系膜淋巴结结核

肠系膜淋巴结异常肿大，质地硬实

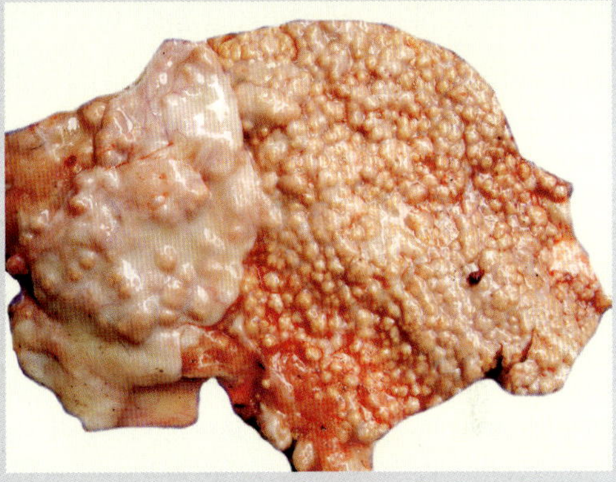

图3-189　病牛膈肌胸膜腹面上密集珍珠样结核结节

（孙锡斌、程国富、徐有生、肖运才，2018，动物检疫检验彩色图谱）

图3-190　病牛胸膜上珍珠样结核结节

（陈怀涛，2008，兽医病理学原色图谱）

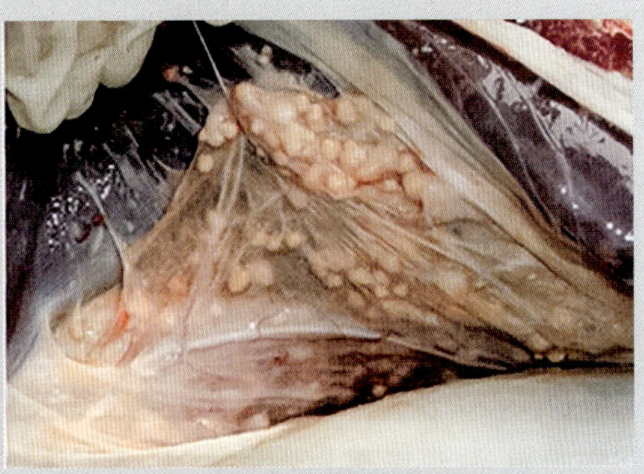

图3-191　腹膜上珍珠状结核结节

（郭爱珍，2015，牛结核病）

（三）实验室检测

牛结核病确诊应按照GB/T 18645《动物结核病诊断技术》和《牛结核病防治技术规范》进行实验室检测。

五、牛传染性鼻气管炎

牛传染性鼻气管炎又称传染性脓疱外阴阴道炎，是由牛疱疹病毒1型（BoHV-1）引起牛的一种急性、热性、接触性传染病。主要特征是鼻道、气管黏膜发炎，出现发热、咳嗽、流鼻液和呼吸困难等症状，有时伴发结膜炎、阴道炎、龟头炎、脑膜炎或肠炎，也可发生流产。

（一）宰前检查

病牛体温升高，精神委顿，流黏脓性鼻液、鼻黏膜充血（图3-192），呼吸困难，呼出气体恶臭；外阴和阴道黏膜充血潮红，有时黏膜上面散在有灰黄色、粟粒大的脓疱（图3-193），阴道内见有多量的黏脓性分泌物；公牛可发生脓疱性龟头炎。有的牛见眼结膜高度充血，眼周附有灰白色分泌物（图3-194、图3-195）。

（二）宰后检查

呼吸道型病变为呼吸道黏膜炎症明显，有浅溃疡、坏死灶，其上覆有恶臭、脓性附着物（图3-196、图3-197），肺充血、水肿（图3-198）。生殖道型见外阴、阴道、宫颈黏膜、包皮、阴茎黏膜炎症。流产的胎儿有坏死性肝炎和脾脏局部坏死。脑膜脑炎型为脑组织非化脓性炎症变化。

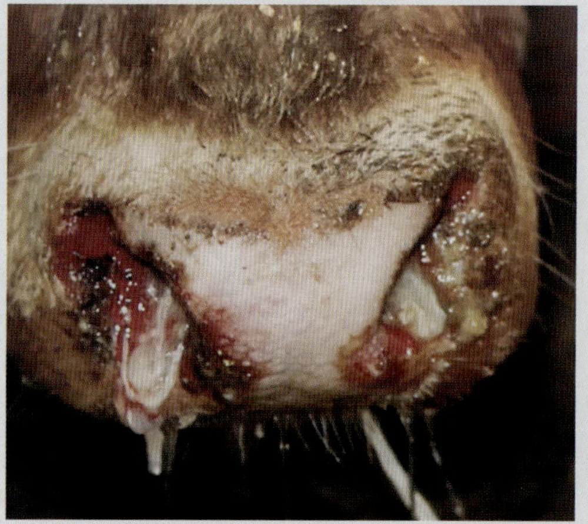

图3-192　鼻　炎

鼻腔流出血和脓汁，鼻镜充血、溃疡
（崔治中、金宁一，2013，动物疫病诊断与防控彩色图谱）

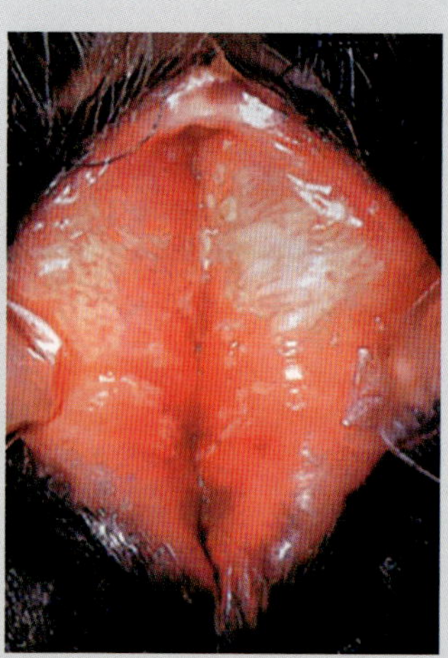

图3-193　阴唇黏膜有大量小脓疱，形成传染性脓疱性阴门炎

（潘耀谦、吴庭才等，2007，奶牛疾病诊治彩色图谱）

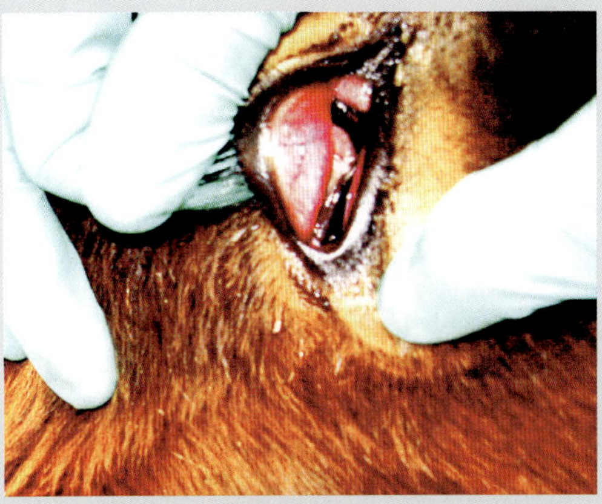

图3-194 病牛眼睑浮肿，眼结膜高度充血，眼周附有灰白色分泌物
（孙锡斌、程国富、徐有生、肖运才，2018，动物检疫检验彩色图谱）

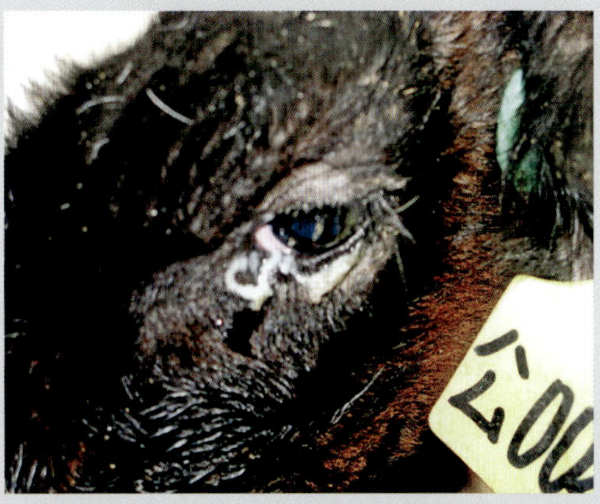

图3-195 病牛眼周有大量脓性分泌物
（孙锡斌、程国富、徐有生、肖运才，2018，动物检疫检验彩色图谱）

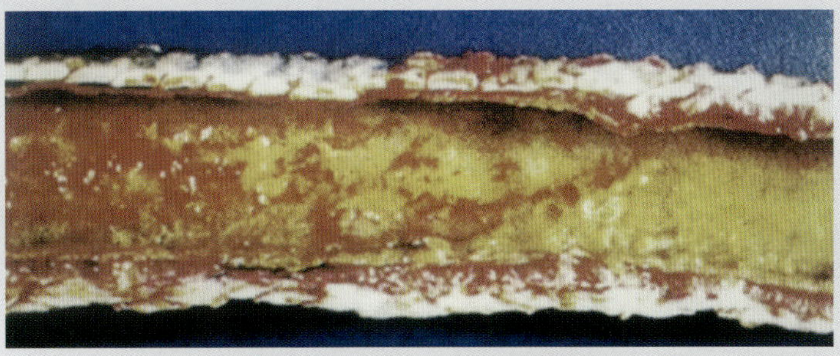

图3-196 坏死性气管炎
气管黏膜潮红、坏死，有纤维素附着
（陈怀涛，2021，兽医病理剖检技术与疾病诊断彩色图谱）

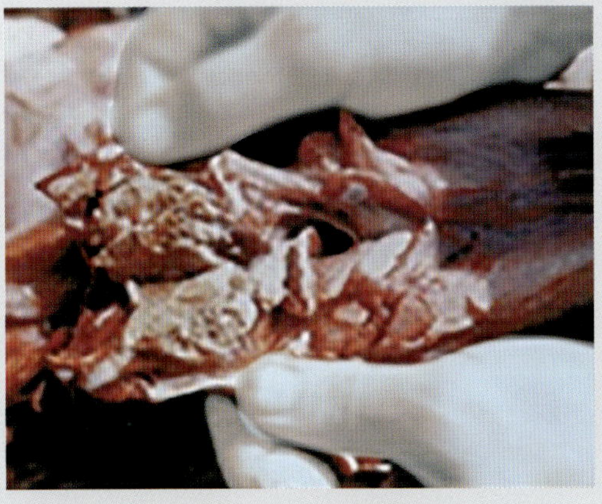

图3-197 被覆于喉部黏膜的化脓性假膜
（潘耀谦、吴庭才等，2007，奶牛疾病诊治彩色图谱）

图3-198 肺充血、水肿和实变
（孙锡斌、程国富、徐有生、肖运才，2018，动物检疫检验彩色谱）

（三）实验室检测

本病确诊应按照NY/T 575《牛传染性鼻气管炎诊断技术》进行实验室检测。

六、牛结节性皮肤病

牛结节性皮肤病是由结节性皮肤病病毒引起牛的一种传染病，其特征是发热，皮肤、黏膜和内脏上出现结节，消瘦，淋巴结肿大，以及皮肤水肿等，有时甚至死亡。WOAH将其列为必须报告的动物传染病。

（一）宰前检查

病牛全身皮肤出现多发性结节（图3-199至图3-202）、溃疡（图3-203）、结痂，并伴随浅表淋巴结肿大，尤其是颈浅淋巴结肿大；眼结膜炎，流鼻涕，流涎；口腔黏膜出现水疱，继而溃破和糜烂；四肢及腹部、会阴等部位水肿；高热等。

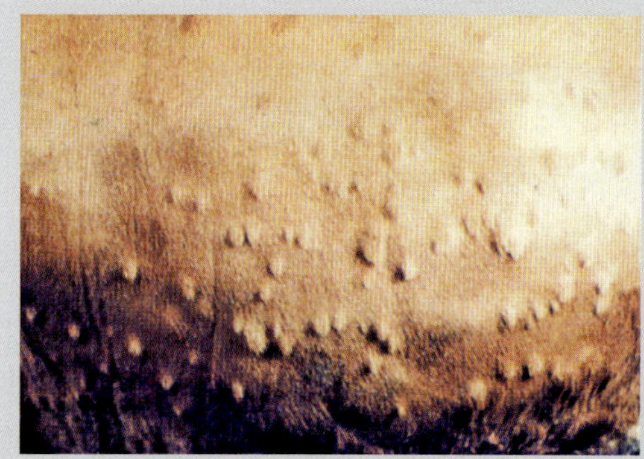

图3-199 病牛的胸腹部有大小不一、明显隆突的结节
（潘耀谦、刘兴友、冯春花，2019，牛传染性疾病诊治彩色图谱）

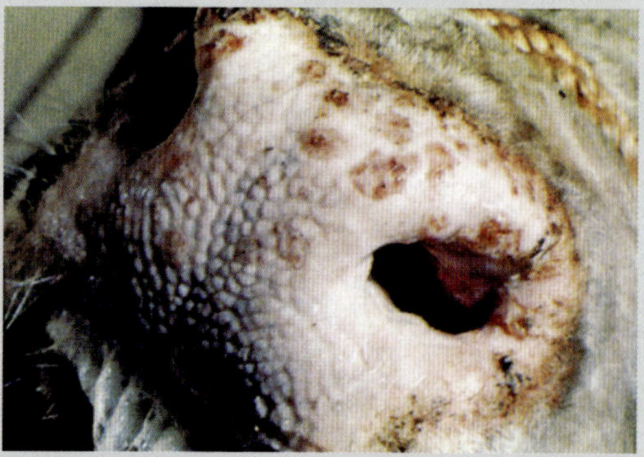

图3-200 病牛鼻孔周围和鼻镜上有大小不等的结节
（潘耀谦、刘兴友、冯春花，2019，牛传染性疾病诊治彩色图谱）

图3-201 病牛体表有散在隆起伴发疼痛的结节
（潘耀谦、刘兴友、冯春花，2019，牛传染性疾病诊治彩色图谱）

图3-202 病牛头部有大量融合性结节
（潘耀谦、刘兴友、冯春花，2019，牛传染性疾病诊治彩色图谱）

（二）宰后检查

病理变化主要见于消化道、呼吸道和泌尿生殖道等处黏膜，尤以口、鼻、咽、气管、支气管、肺部、皱胃、包皮、阴道、子宫壁等部位病变明显（图3-204、图3-205）。通常在结节附近还出现明显的炎症反应，皮下组织、黏膜下组织和结缔组织有浆液性、出血性渗出液，呈红色或黄色。切开病变部位皮肤，切面有灰红色的浆液。切开结节，见结节侵入皮肤各层，内有干酪样灰白色的坏死组织，周围环绕充血的结节。肺脏出现支气管肺炎，间质水肿、明显增宽，在肺间质及实质中均可发现大小不等的灰白色硬性结节（图3-206）。

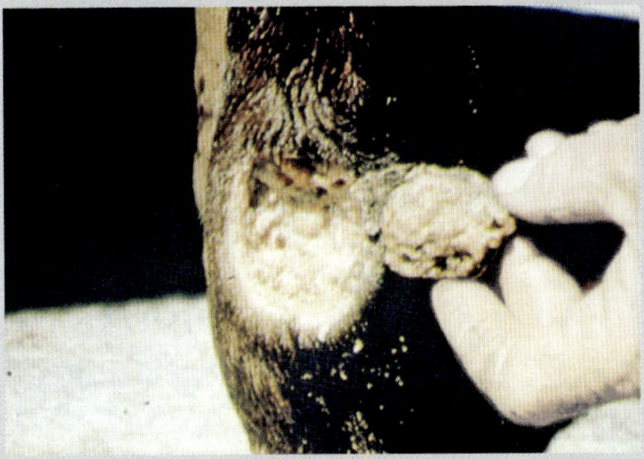

图3-203　结节破溃脱落后形成溃疡
（潘耀谦、刘兴友、冯春花，2019，牛传染性疾病诊治彩色图谱）

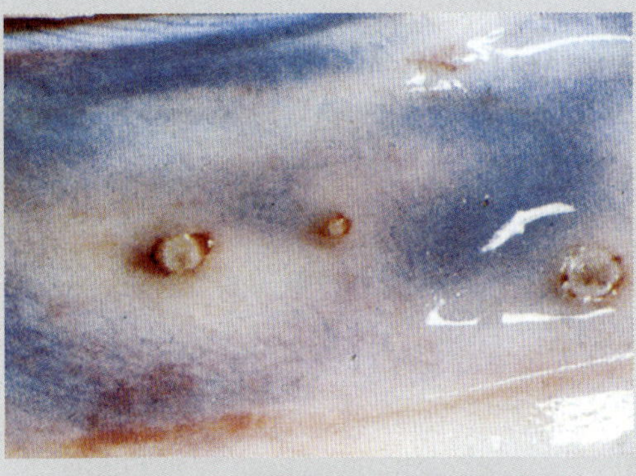

图3-204　鼻甲骨见大小不一的结节
（潘耀谦、刘兴友、冯春花，2019，牛传染性疾病诊治彩色图谱）

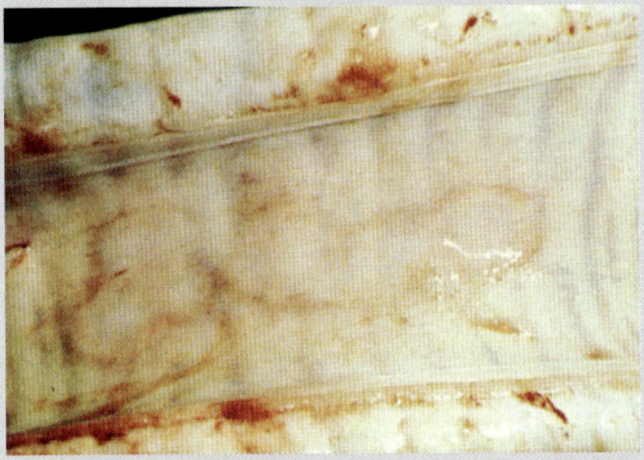

图3-205　气管黏膜见有不定形的结节性病变
（潘耀谦、刘兴友、冯春花，2019，牛传染性疾病诊治彩色图谱）

图3-206　肺间质水肿，肺实质内见有灰白色结节
（潘耀谦、刘兴友、冯春花，2019，牛传染性疾病诊治彩色图谱）

（三）实验室检测

牛结节性皮肤病确诊应按照《牛结节性皮肤病防治技术规范》和GB/T 39602《牛结节性皮肤病诊断技术》进行实验室检测。

七、日本血吸虫病

日本血吸虫病是由日本血吸虫引起的一种危害严重的人畜共患寄生虫病。其特征是发热，食欲减退，腹泻，虫卵结节和肝硬化。

（一）宰前检查

感染牛体温可升到40℃以上，呈不规则间歇热；食欲不振、精神萎靡，行动迟缓，甚至呆立不动；消化不良，腹泻或便血，消瘦，贫血。有些仅表现为消瘦、畏寒、被毛粗乱、腹泻，偶有便血，精神不振。

（二）宰后检查

日本血吸虫多寄生于牛的门静脉和肠系膜静脉内（图3-207、图3-208）。宰后可见胴体消瘦、皮下脂肪萎缩，形成的特征病变是虫卵结节形成和肝硬化，肠（尤其直肠）壁肥厚，有结节、溃疡形成，脾、胰、胃等也可见结节形成。组织学检查，可见血吸虫性门静脉炎、肠系膜静脉炎、静脉周围炎及其血栓形成，肝、肠血管虫卵性栓塞及结节形成。异位寄生者引起肉芽肿病变（图3-209）。

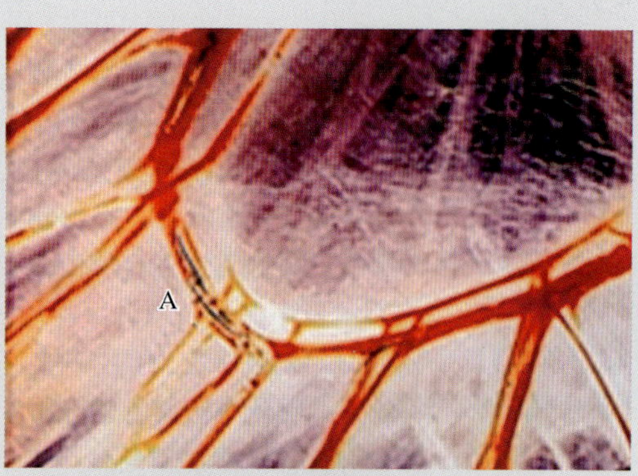

图3-207　扩张的肠系膜血管中有血吸虫（A）寄生
（潘耀谦、吴庭才等，2007，奶牛疾病诊治彩色图谱）

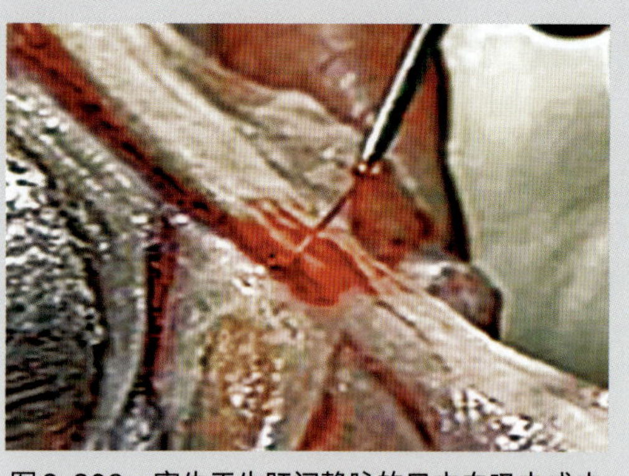

图3-208　寄生于牛肝门静脉的日本血吸虫成虫
（孙锡斌、程国富、徐有生、肖运才，2018，动物检疫检验彩色图谱）

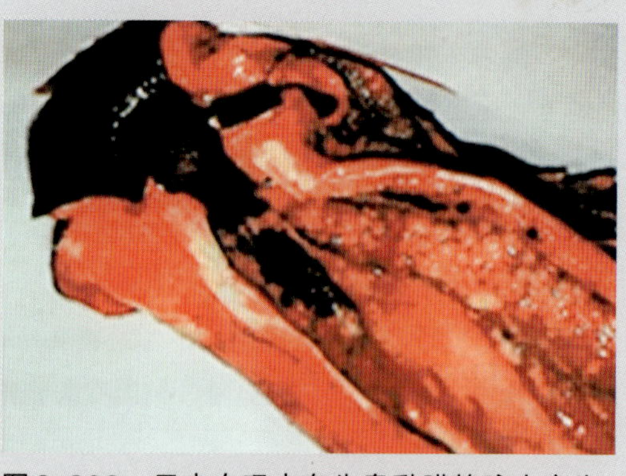

图3-209　日本血吸虫在牛鼻黏膜静脉中寄生，引起肉芽肿形成
（潘耀谦、吴庭才等，2007，奶牛疾病诊治彩色图谱）

（三）实验室检测

日本血吸虫病确诊应按照GB/T 18640《家畜日本血吸虫病诊断技术》进行实验室检测。

八、小反刍兽疫

小反刍兽疫是由小反刍兽疫病毒引起山羊、绵羊、野生小反刍兽的急性、热性、接触性传染病，又称小反刍兽假性牛瘟、肺肠炎、口炎肺肠炎综合征，俗称羊瘟。临床上以高热、坏死性口炎、胃肠炎、腹泻和肺炎为特征。

（一）宰前检查

绵羊临床症状较轻微，山羊症状一般较典型。表现为突然发病，体温升高至40℃以上，稽留3～5 d。精神沉郁，烦躁不安。大量黏脓性鼻液阻塞鼻孔，引起呼吸困难。眼流分泌物，遮住眼睑，出现眼结膜炎（图3-210、图3-211）。口腔黏膜充血，随后出现溃疡、坏死，大量流涎，严重者病灶波及齿垫、上腭、颊部、舌头、乳头等部位（图3-212至图3-214）。呼出气体恶臭。病后期咳嗽，腹式呼吸。多数病羊发生严重腹泻（图3-215），造成迅速脱水和体重下降，消瘦，衰竭。

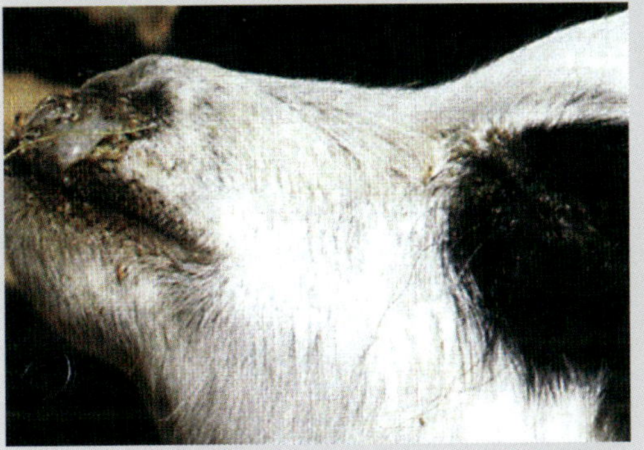

图3-210　鼻和眼分泌脓性物质，鼻孔阻塞，眼睑粘连
（王志亮、吴晓东、包静月，2015，小反刍兽疫）

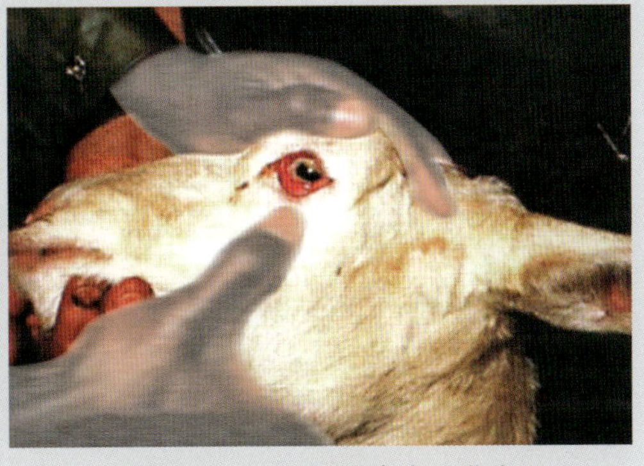

图3-211　眼黏膜充血，发炎
（王志亮、吴晓东、包静月，2015，小反刍兽疫）

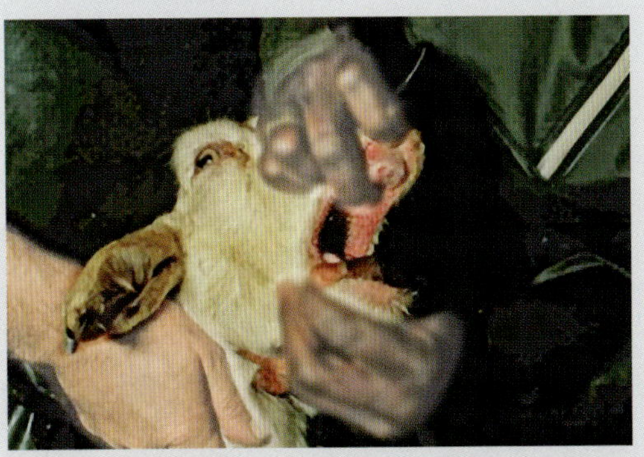

图3-212　口腔硬腭处溃疡
（王志亮、吴晓东、包静月，2015，小反刍兽疫）

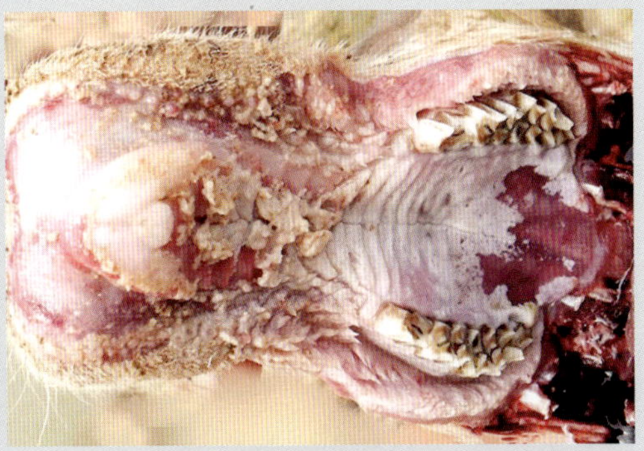

图3-213　口腔黏膜糜烂、坏死脱落
（孙锡斌、程国富、徐有生、肖运才，2018，动物检疫检验彩色图谱）

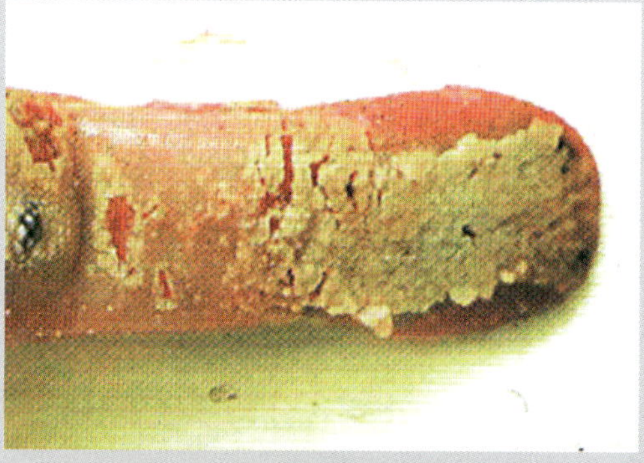

图3-214 舌背面覆黄白色假膜
（王志亮、吴晓东、包静月，2015，小反刍兽疫）

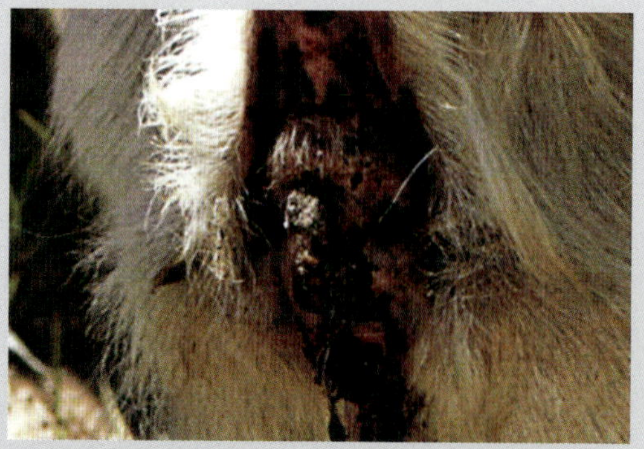

图3-215 病羊腹泻严重
（王志亮、吴晓东、包静月，2015，小反刍兽疫）

（二）宰后检查

病羊表现为明显的结膜炎和坏死性口炎。鼻甲、喉、气管等部位有出血斑，伴有糜烂、溃疡，其表面覆有纤维素性假膜，重者可波及硬腭和咽喉部（图3-216）。肺脏淤血、出血；多数病例见肺泡间质增生，出现间质性肺炎（图3-217），并有浆液性纤维素渗出。皱胃糜烂、出血。肠道出血或糜烂，盲肠和结肠接合处有特征性出血或斑马样条纹（图3-218至图3-220）。脾脏有坏死灶。淋巴结肿大（图3-221）。

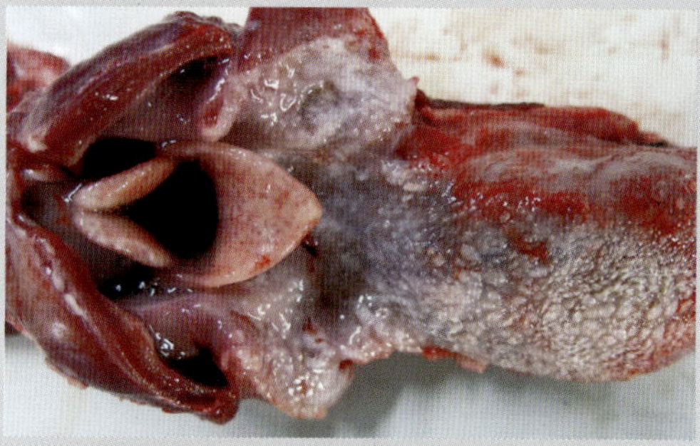

图3-216 舌根部和咽喉部黏膜糜烂

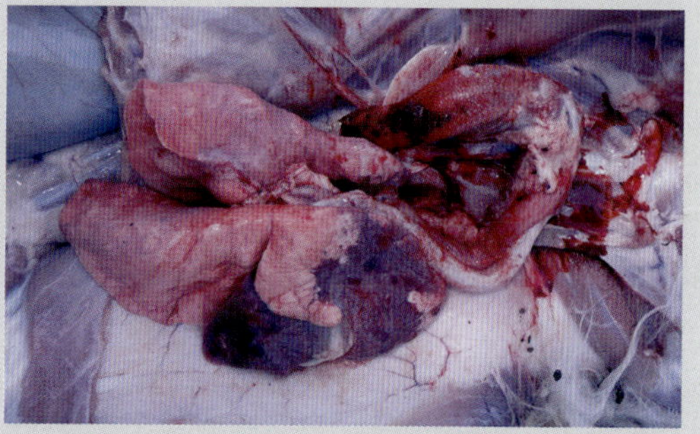

图3-217 间质性肺炎
右肺整个尖叶和副叶实变，呈暗红色肌肉样

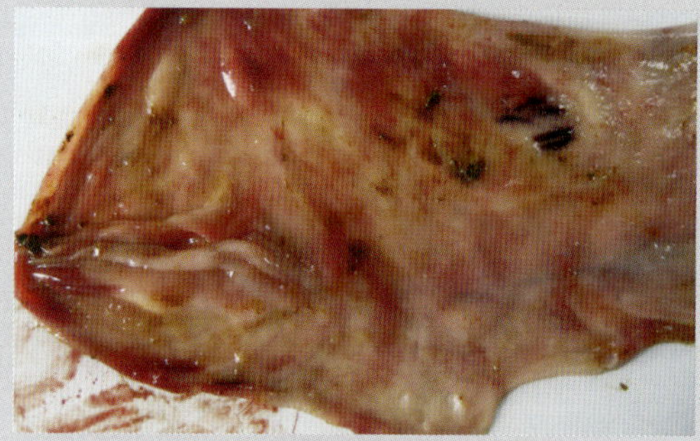

图3-218 盲肠黏膜斑点状出血和坏死

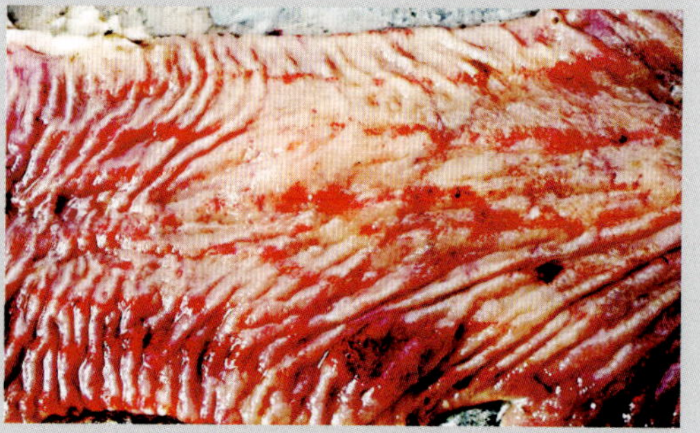

图3-219 病羊结肠壁增厚，黏膜皱襞明显，黏膜上呈条纹状和弥漫性出血
（孙锡斌、程国富、徐有生、肖运才，2018，动物检疫检验彩色图谱）

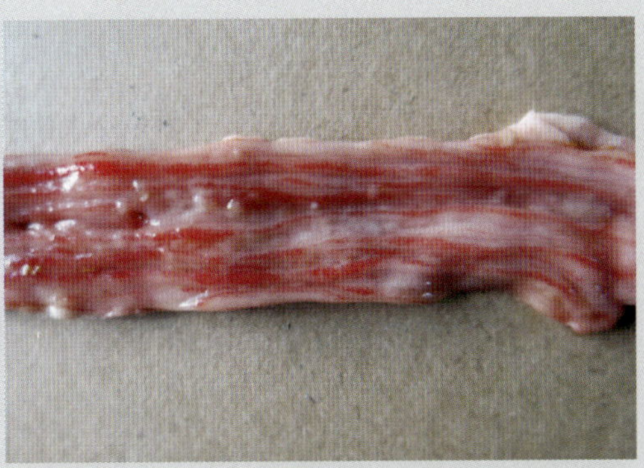

图3-220 直肠黏膜褶皱出血，呈斑马样条纹状

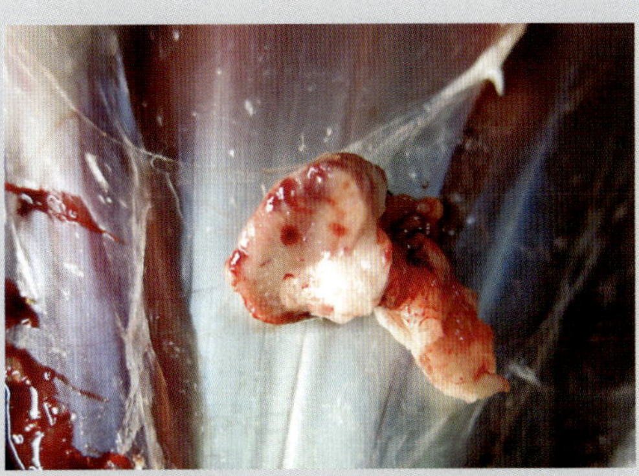

图3-221 出血性淋巴结炎
淋巴结肿大，切面可见出血斑点

（三）实验室检测

小反刍兽疫确诊应按照《小反刍兽疫防治技术规范》和GB/T 27982《小反刍兽疫诊断技术》进行实验室检测。

九、蓝舌病

蓝舌病是由蓝舌病病毒引起反刍动物的一种严重传染病，主要侵害绵羊。本病以口腔、鼻腔、胃肠道黏膜发生溃疡性炎症及蹄部的炎症变化为特征。

（一）宰前检查

病羊出现高热稽留，精神委顿，厌食，流涎，鼻唇水肿并蔓延到面部、眼睑、耳以及颈部和腋下，口腔黏膜、舌头出血、糜烂（图3-222、图3-223），或舌头发绀（图3-224、图3-225）、溃疡、糜烂，以致吞咽困难，有的蹄冠和蹄叶发炎，呈现跛行等症状。

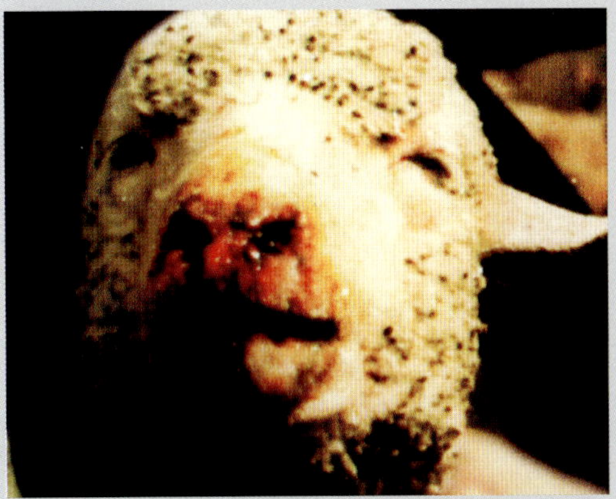

图3-222 鼻唇肿胀、出血、溃疡
（孙锡斌、程国富、徐有生、肖运才，2018，动物检疫检验彩色图谱）

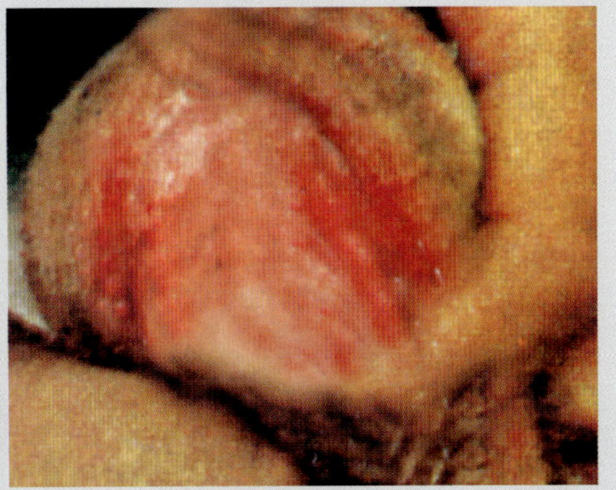

图3-223 口腔黏膜出血
（孙锡斌、程国富、徐有生、肖运才，2018，动物检疫检验彩色图谱）

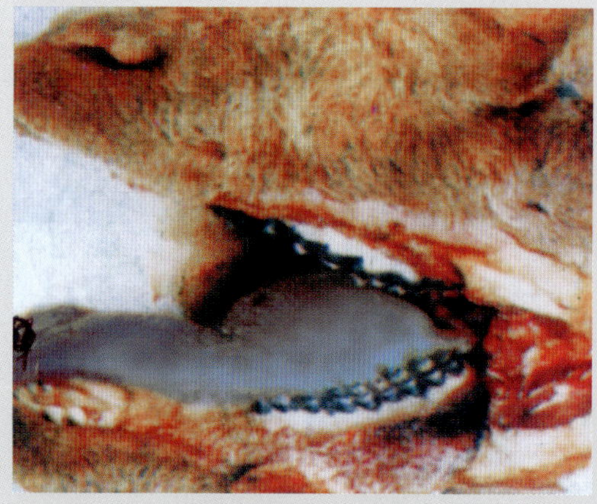

图3-224 舌发绀
舌表面有蓝紫色斑块
（孙锡斌、程国富、徐有生、肖运才，2018，动物检疫检验彩色图谱）

图3-225 舌和口腔黏膜发绀
（孙锡斌、程国富、徐有生、肖运才，2018，动物检疫检验彩色图谱）

（二）宰后检查

病变主要见于口腔、瘤胃、心脏、肌肉、皮肤和蹄部。羊口腔出现出血、糜烂（图3-226至图3-228）和深红色区，舌、齿龈、硬腭、颊黏膜和唇水肿，有的绵羊舌发绀，故有蓝舌病之称。瘤胃有暗红色区，表面有空泡化变性和坏死，黏膜充血、出血（图3-229）和水肿。心肌、心内膜均有小点出血。肌肉出血，肌纤维呈弥散性混浊或呈

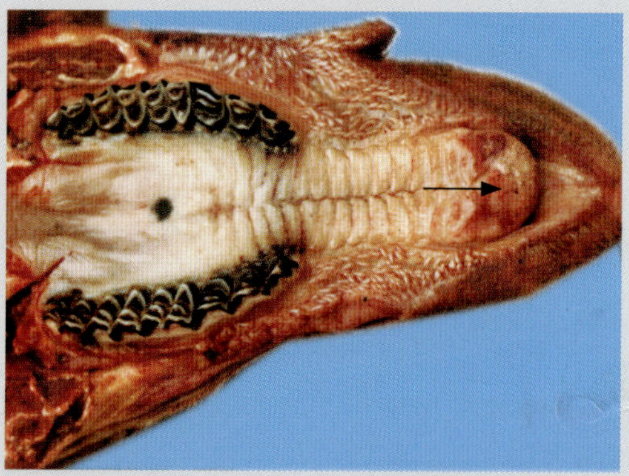

图3-226 舌齿枕（齿板）前段黏膜出血、糜烂
（孙锡斌、程国富、徐有生、肖运才，2018，动物检疫检验彩色图谱）

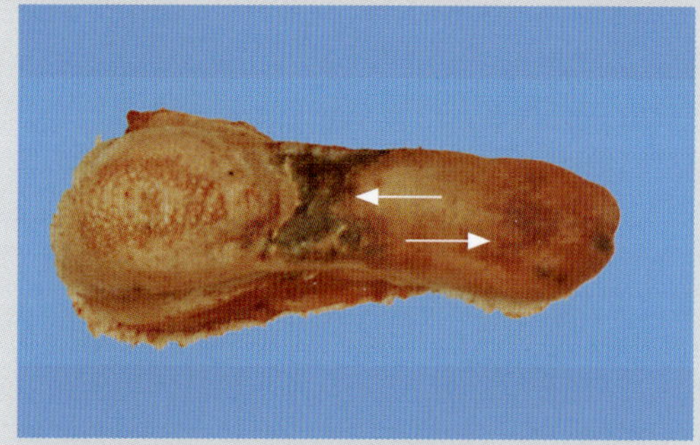

图3-227 舌前端和舌体背侧出血、糜烂
（孙锡斌、程国富、徐有生、肖运才，2018，动物检疫检验彩色图谱）

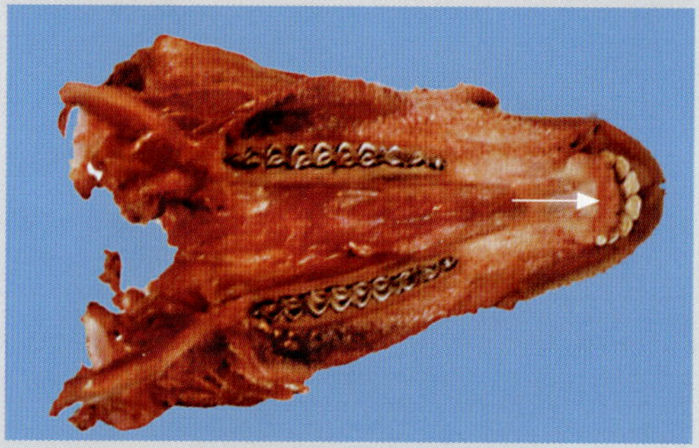

图3-228 舌口腔黏膜和切齿后缘充血、出血、糜烂
（孙锡斌、程国富、徐有生、肖运才，2018，动物检疫检验彩色图谱）

云雾状，严重者呈灰色。严重病例，消化道黏膜有出血、坏死和溃疡（图3-230至图3-232）。蹄部有时有蹄叶炎变化。肺动脉基部有时可见明显的出血，出血斑直径2～15 mm，一般认为有一定证病意义。

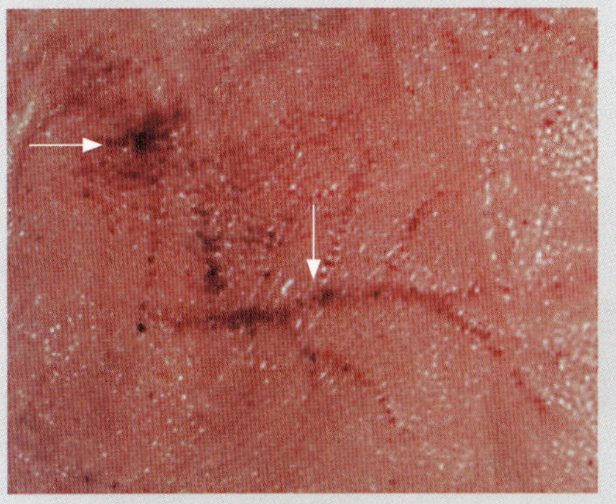

图3-229　瘤胃黏膜出血，呈树枝状

（孙锡斌、程国富、徐有生、肖运才，2018，动物检疫检验彩色图谱）

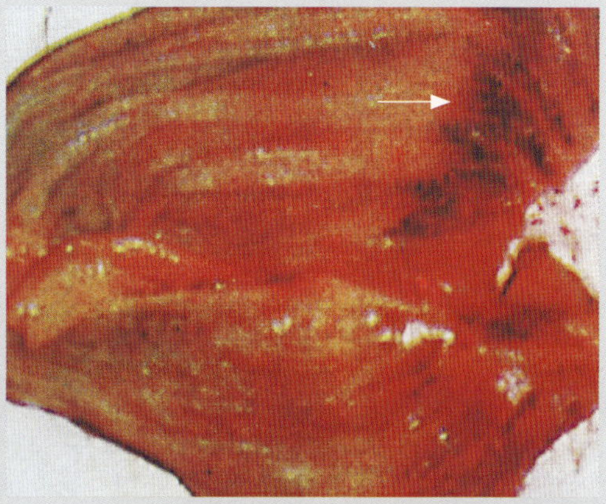

图3-230　瓣胃皱褶黏膜出血

（孙锡斌、程国富、徐有生、肖运才，2018，动物检疫检验彩色图谱）

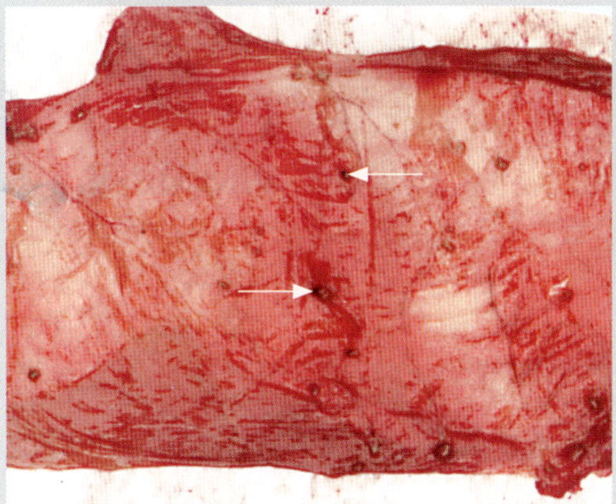

图3-231　肠黏膜脱落，有弥漫性出血点和点状坏死

（孙锡斌、程国富、徐有生、肖运才，2018，动物检疫检验彩色图谱）

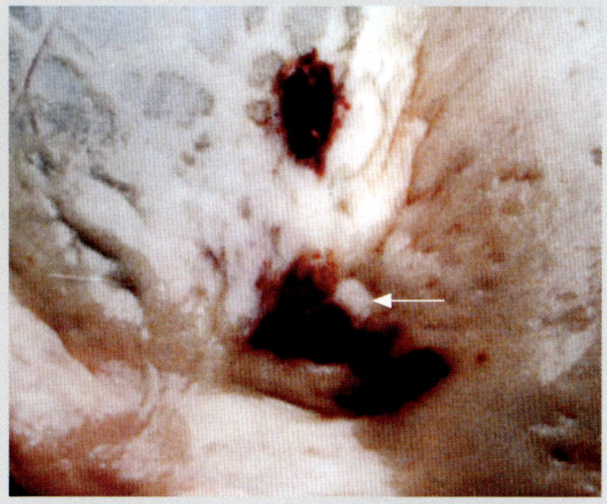

图3-232　大网膜上的出血斑块

（孙锡斌、程国富、徐有生、肖运才，2018，动物检疫检验彩色图谱）

（三）实验室检测

蓝舌病确诊应按照GB/T 18636《蓝舌病诊断技术》进行实验室检测。

十、绵羊痘和山羊痘

绵羊痘是由绵羊痘病毒引起的一种热性接触性传染病。临床特征是皮肤、黏膜和内脏上发生特异的痘疹，可见到典型的斑疹、丘疹、水疱、脓疱和结痂等病变。山羊痘是由山羊痘病毒引起的，症状和病理变化与绵羊痘相似。

（一）宰前检查

病羊体温升至41 ~ 42℃以上，精神萎靡，食欲不振，呼吸加快，结膜潮红，眼睑肿胀，眼、鼻有浆液性或黏液性分泌物（图3-233）。2 ~ 5 d后，皮肤上可见明显的局灶性充血斑点，之后在腹股沟、腋下和会阴等部位，乃至全身，相继出现红斑、丘疹、结节、水疱、脓疱、结痂等典型痘疹变化（图3-234至图3-236）。如无继发感染，脓疱破溃后逐渐干燥，形成痂块，痂块脱落，皮肤上留下痘痕，瘢痕随着时间

图3-233 眼周围和鼻唇部皮肤肿胀，流泪，鼻流分泌物

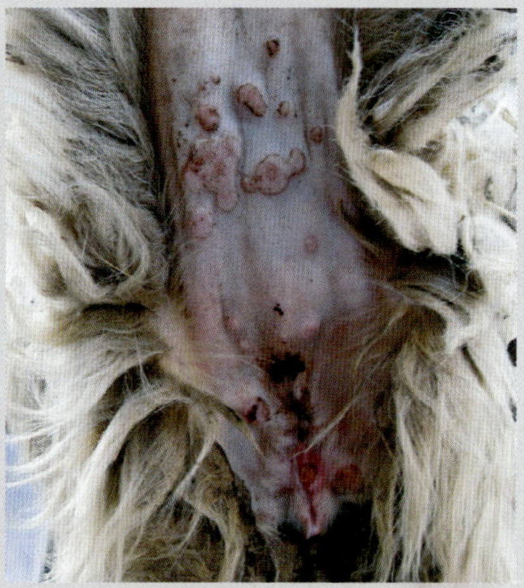

图3-234 尾部皮肤、肛门周围皮肤上的丘疹和结痂

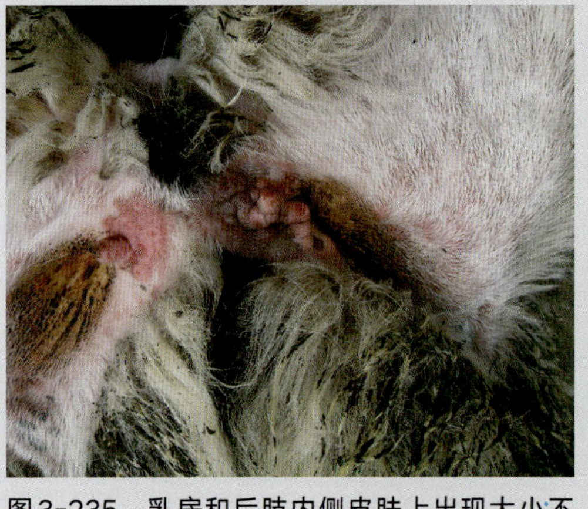

图3-235 乳房和后肢内侧皮肤上出现大小不等的痘疹

主要表现红斑、丘疹和轻度结痂

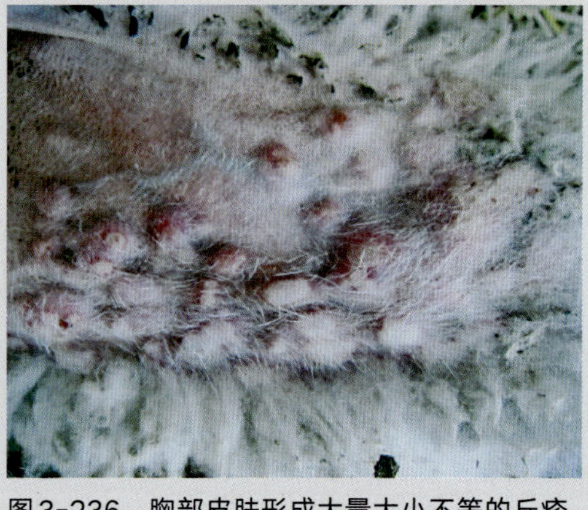

图3-236 胸部皮肤形成大量大小不等的丘疹，多数丘疹顶部形成脓肿

延长逐渐变淡。有些山羊可见大面积出血性痘疹和丘疹。重症病羊常继发肺炎和肠炎，食欲废绝，呼吸困难，卧地不起，导致败血症或脓毒败血症而死亡。非典型羊痘，仅表现轻微症状，不出现或仅有少量痘疹，呈良性经过。

（二）宰后检查

病变主要是在皮肤和黏膜上形成痘疹。除了局部皮肤有痘疹病变外，呼吸道黏膜可见出血性炎症，口腔、胃、肾等部位出现大小不等、扁平的灰白色痘疹，严重的可形成溃疡和出血性炎症。有时咽喉、气管、支气管黏膜也见类似病变。肺脏有干酪样结节和卡他性肺炎；有时肺脏表面有大小不等的灰白色痘疹，表面平滑（图3-237、图3-238）。淋巴结肿大、出血。若继发细菌感染，有败血症变化。肾脏有多发性灰白色痘疹（图3-239）。

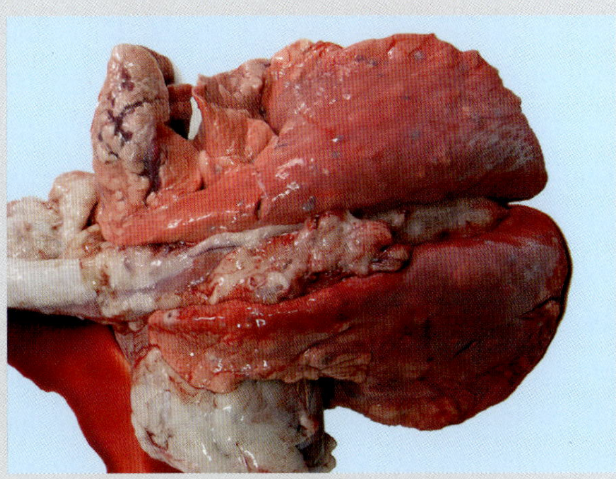

图3-237　肺脏表面可见大小不一的灰白色半透明的痘疹

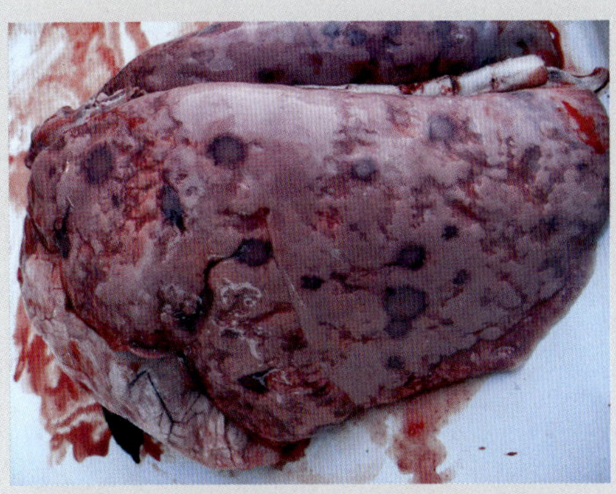

图3-238　肺脏表面大小不等的灰白色痘疹，痘疹边缘可见红色炎性充血区

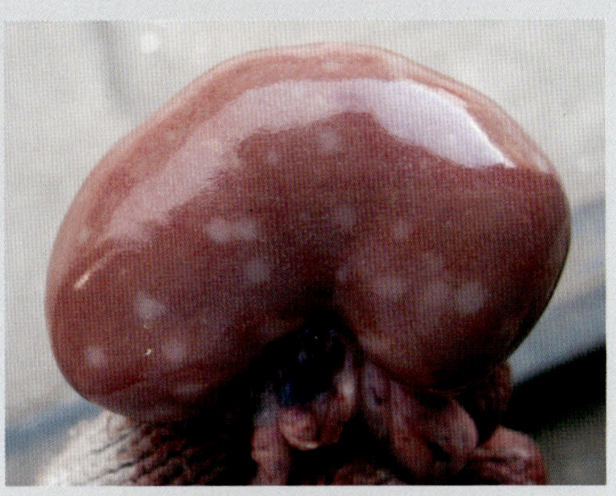

图3-239　肾脏表面灰白色大小不等的痘疹

（三）实验室检测

本病确诊应按照GB/T 45105《绵羊痘和山羊痘诊断技术》进行实验室检测。

十一、山羊传染性胸膜肺炎

山羊传染性胸膜肺炎是由山羊支原体山羊肺炎亚种引起的高度接触性传染病，又称“烂肺病”。其临床特征是高热、咳嗽，典型病理变化是胸膜炎和纤维素性肺炎。

（一）宰前检查

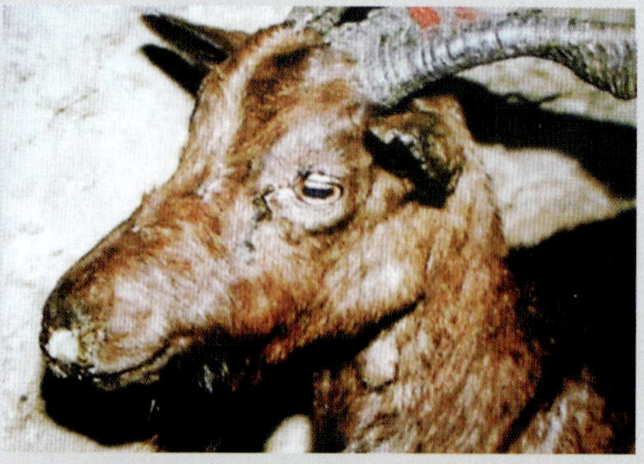

图3-240 病羊鼻腔流脓性分泌物
（孙锡斌、程国富、徐有生、肖运才，2018，动物检疫检验彩色图谱）

本病主要表现胸膜肺炎症状。病羊高热稽留、呼吸困难、鼻翼扩张、咳嗽，鼻流浆液性或黏液性乃至铁锈色脓性鼻液（图3-240）；可视黏膜发绀，胸前和肉垂水肿；腹泻和便秘交替发生，厌食、消瘦、流涕或口流白沫。

（二）宰后检查

病变局限于胸腔等内脏器官，呈纤维素性胸膜肺炎的变化。病羊喉部、气管内有泡沫样分泌物（图3-241），胸腔积大量淡黄色渗出液；一侧或双侧肺叶与胸壁轻微粘连；肺叶的肝变区多见于肺的一侧，常以右侧肺叶肝变明显（图3-242、图3-243），肺脏肝变区切面平整、结构致密，因处于不同肝变期，夜色由红至灰不等，切面呈大理石状。随着病情发展，可见胸腔肥厚、表面粗糙并附有纤维素性分泌物，胸膜和肋膜、心包膜发生粘连（图3-244）。心包积液，心肌变性，心内心外膜、心冠脂肪出血（图3-245）。支气管淋巴结和纵隔淋巴结肿大，并有出血点。肝和脾淤血、肿大（图3-246），胆囊充满胆汁。肾肿大、出血（图3-247）。

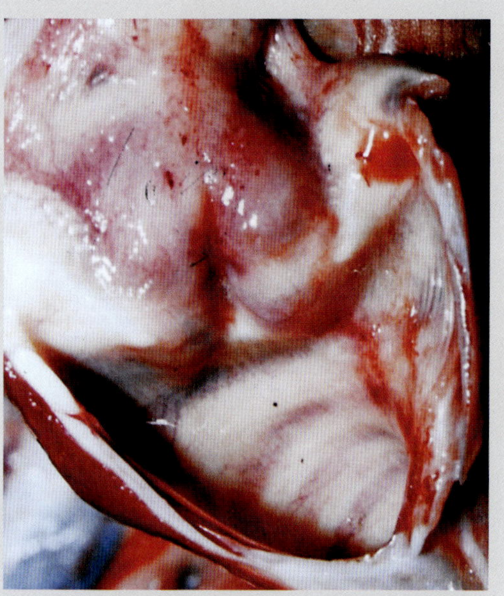

图3-241 喉部、气管出血，有泡沫样分泌物
（孙锡斌、程国富、徐有生、肖运才，2018，动物检疫检验彩色图谱）

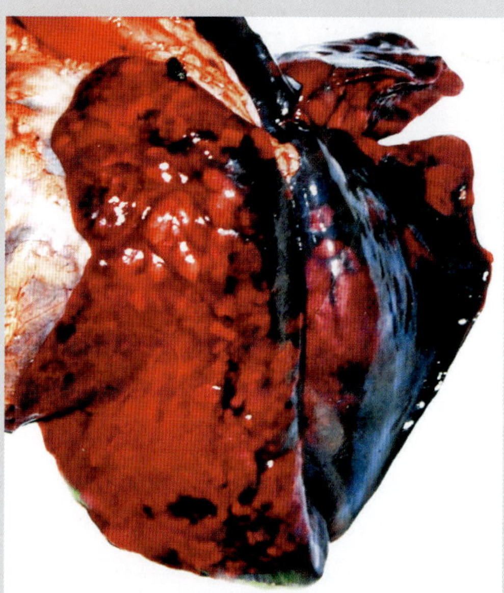

图3-242 肺淤血明显，出现肝变区
（孙锡斌、程国富、徐有生、肖运才，2018，动物检疫检验彩色图谱）

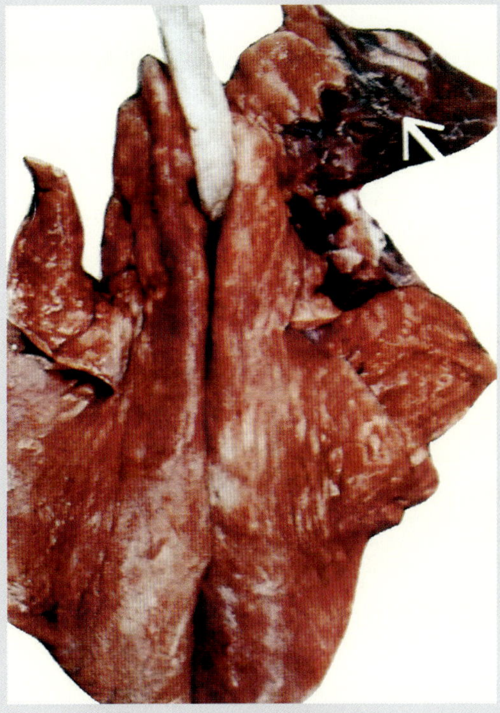

图3-243 肺的右叶肝变

（孙锡斌、程国富、徐有生、肖运才，2018，动物检疫检验彩色图谱）

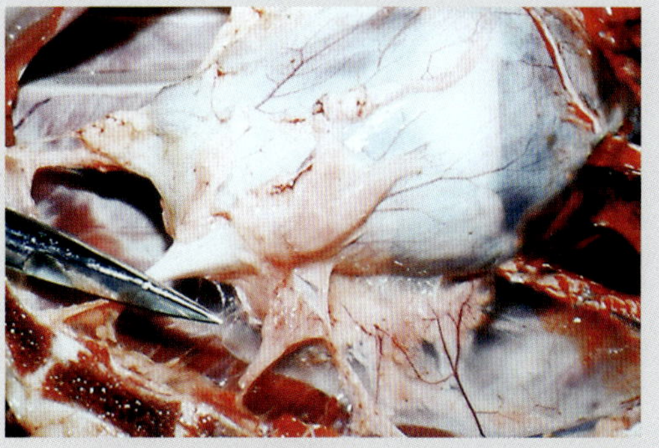

图3-244 心包膜、胸膜和肺粘连

（孙锡斌、程国富、徐有生、肖运才，2018，动物检疫检验彩色图谱）

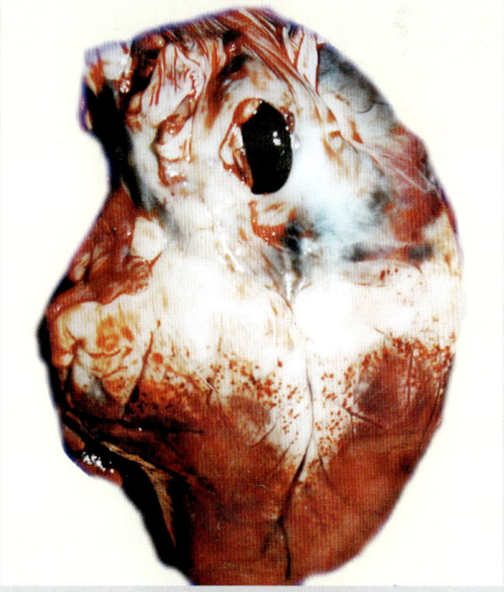

图3-245 心冠脂肪弥漫性小点出血

（孙锡斌、程国富、徐有生、肖运才，2018，动物检疫检验彩色图谱）

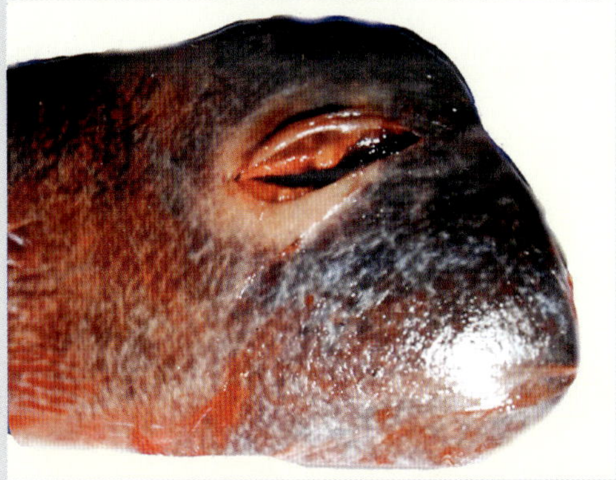

图3-246 脾淤血、肿大

（孙锡斌、程国富、徐有生、肖运才，2018，动物检疫检验彩色图谱）

图3-247 病羊肾脏肿大、出血

（孙锡斌、程国富、徐有生、肖运才，2018，动物检疫检验彩色图谱）

（三）实验室检测

本病确诊应按照SN/T 2710《山羊传染性胸膜肺炎检疫技术规范》进行实验室检测。

十二、棘球蚴病

棘球蚴病又称包虫病，是棘球绦虫的中绦期寄生于人、牛、羊、猪及其他动物的肝、肺及其他器官而引起的一种人畜共患寄生虫病。以棘球蚴性肝炎、肺炎及其硬化，器官实质萎缩为特征。

（一）宰前检查

病羊轻度感染和感染初期通常无明显症状。严重感染的羊被毛逆立，时常脱毛，营养不良，消瘦。肺部感染时有明显的咳嗽，咳后往往卧地，不愿起立。个别羊可因包囊破裂产生过敏性休克而突然死亡。

（二）宰后检查

棘球蚴主要寄生于肝脏和肺脏。可见肝、肺表面凹凸不平，体积增大，有数量不等的棘球蚴囊泡突起，肝、肺实质中存在有数量不等、大小不一的棘球蚴包囊，囊内含有大量液体（图3-248、图3-249），除不育囊外，囊液沉淀后，即可见大量的包囊砂。有时棘球蚴可发生钙化和化脓。此外，在脾、肾、脑、脊椎管、肌肉及皮下偶可见棘球蚴寄生（图3-250）。

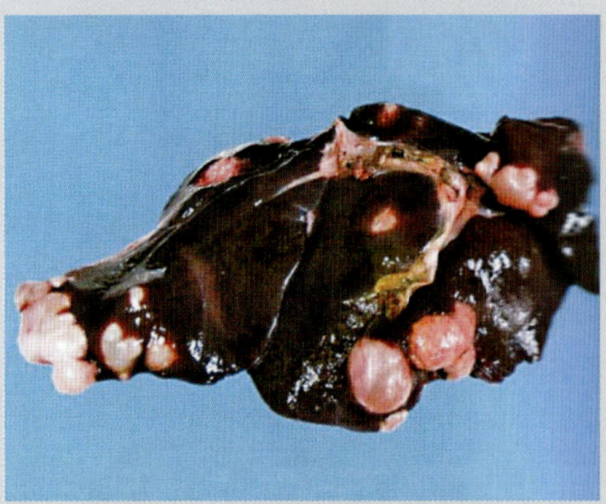

图3-248 棘球蚴寄生于羊肝脏

肝脏表面凹凸不平，体积增大，有数量不等的棘球蚴囊泡突起

（崔治中、金宁一，2013，动物疫病诊断与防控彩色图谱）

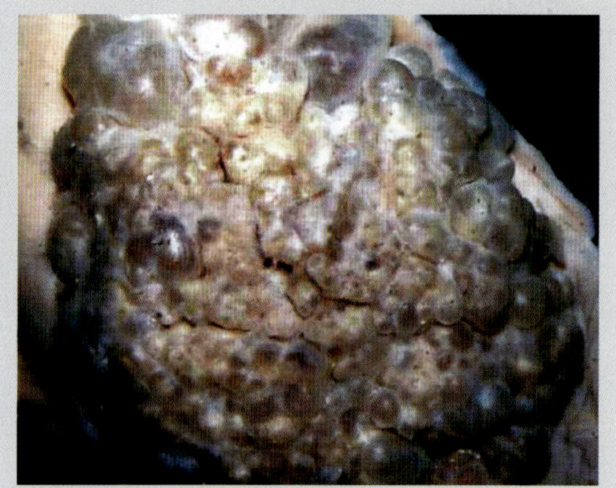

图3-249 羊肝上寄生多房棘球蚴

囊体由无数微小囊泡聚集而成，外观似葡萄状

（孙锡斌、程国富、徐有生、肖运才，2018，动物检疫检验彩色图谱）

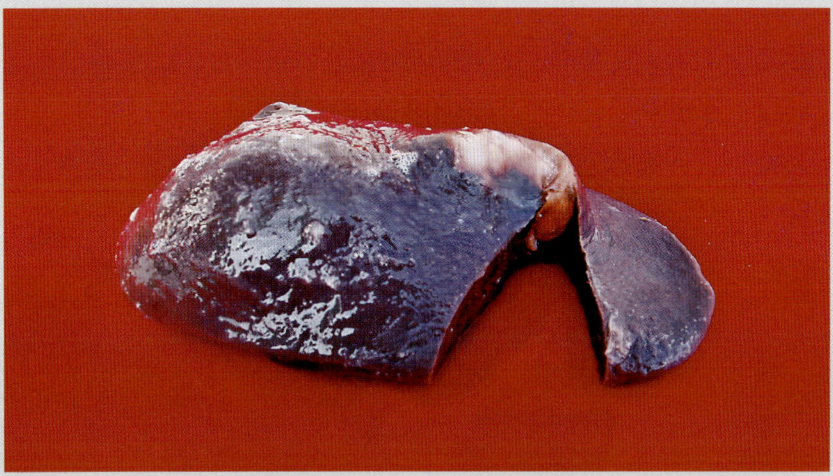

图3-250 棘球蚴寄生于羊脾脏

（崔治中、金宁一，2013，动物疫病诊断与防控彩色图谱）

（三）实验室检测

本病确诊可参照GB/T 19526《羊寄生虫病防治技术规范》和《动物包虫病防治技术规程》进行实验室检测。

十三、片形吸虫病

片形吸虫病是由片形吸虫寄生于人和羊、牛等哺乳动物的胆管内所致的人兽共患寄生虫病。特征为消瘦，眼睑、下颌、胸前和腹下水肿。

（一）宰前检查

病羊严重消瘦（图3-251），黏膜苍白、贫血（图3-252），被毛粗乱无光且易脱落，眼睑、颌下及胸腹下水肿，便秘和腹泻交替发生，最终可因极度衰竭而死亡。

图3-251 病羊严重消瘦，精神沉郁

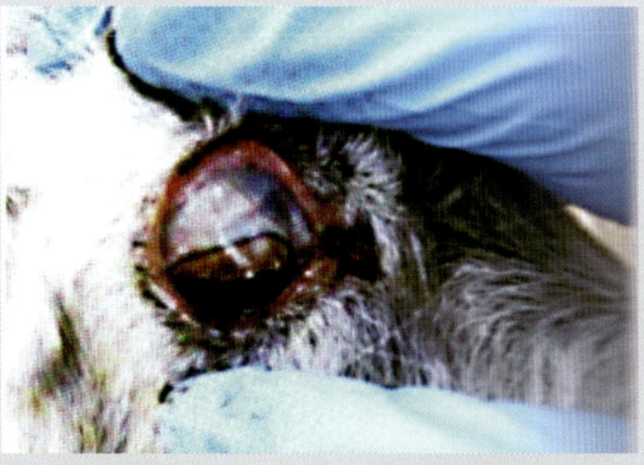

图3-252 贫血、眼结膜苍白

（崔治中、金宁一，2013，动物疫病诊断与防控彩色图谱）

（二）宰后检查

急性病例可见肝脏肿大，包膜有纤维沉积，有长2 ~ 5 mm的暗红色虫道，虫道内有凝固的血液和少量幼虫。慢性病例主要表现为慢性增生性肝炎，早期肝肿大，以后萎缩变硬，胆管增厚变粗，像条索样突出于表面，切开胆管，见有虫体和污浊浓稠的液体（图3-253至图3-258）。

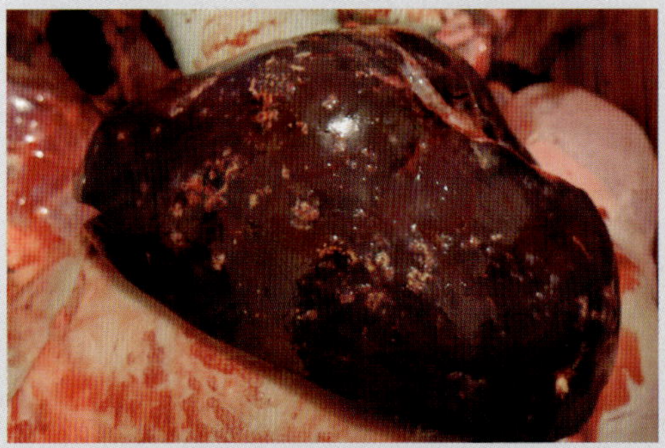

图3-253　肝脏肿大，表面可见大量幼虫移行虫道

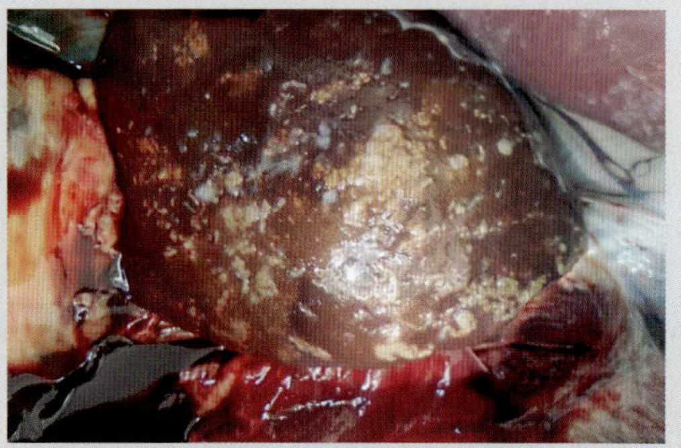

图3-254　肝脏表面密布条索状和斑块状的灰白色病灶

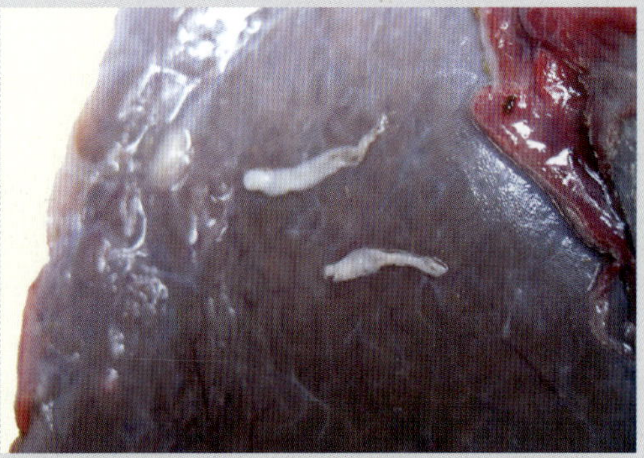

图3-255　在肝小胆管内的片形吸虫

图3-256　肝脏胆管内寄生的片形吸虫成虫

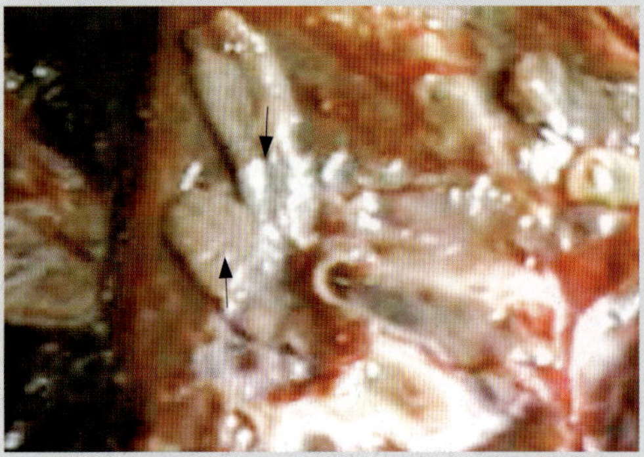

图3-257　牛胆管中寄生的片形吸虫
（孙锡斌、程国富、徐有生、肖运才，2018，动物检疫检验彩色图谱）

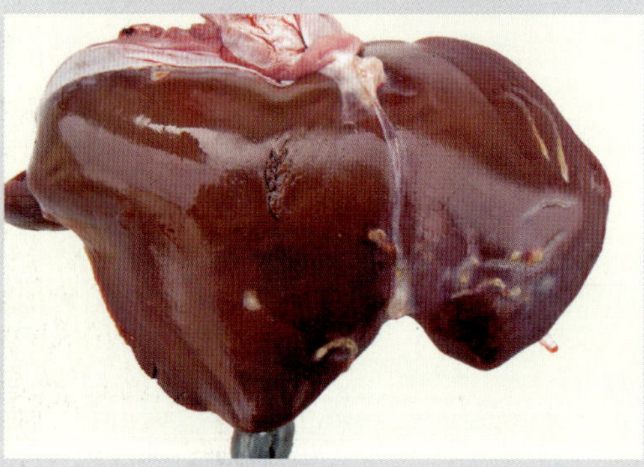

图3-258　片形吸虫幼虫在肝脏中移行形成的条索状病灶

（三）实验室检测

本病确诊应按照NY/T 1950《片形吸虫病诊断技术规范》进行实验室检测。

第五节 牛羊肉品品质检验

牛羊肉品品质检验内容主要包括以下几个方面：①牛羊健康状况的检查及处理②甲状腺、肾上腺和病变淋巴结、病变组织的摘除、修割及处理；③注水或注入其他物质的检验及处理；④食品动物中禁止使用的药品及其他化合物等有毒有害非食品原料的检验及处理；⑤肉品卫生状况的检查及处理；⑥国家规定的其他检验内容。此外，还要进行黄脂、DFD肉等色泽异常肉检验，以及种公羊检验及处理。有关肉品卫生状况检查等详见第四章。

一、放血不全

放血不全主要是由于牛羊患病、濒死时生理机能降低等所致，或者宰杀放血技术不良所致，其不仅影响肉的色泽，而且容易滋生细菌。宰后胴体检查时，应注意观察肌肉和脂肪的色泽，大小血管内血液滞留情况，以及肌肉新鲜切面的状态。放血不全时，肌肉黑红色；脂肪、结缔组织、胸腹膜下血管显露；肌肉切面见血液浸润区，挤压时有血液外滴；内脏淤血、肿大。

二、淋巴结异常

（一）原因

淋巴结是牛羊的免疫器官，可产生免疫细胞，具有吞噬、消灭和抑制病原体的作用。机体发生炎症时，淋巴结首先出现异常变化。

（二）检验

1.充血 淋巴结肿胀、发硬，表面潮红，切面暗红色。

2.水肿 淋巴结肿大，切口外翻，切面苍白、凸起、多汁，质地松软（图3-259、图3-260）。见于炎症初期和慢性消耗性疾病后期、外伤、长途运输等。

3.出血 淋巴结肿大，暗红色，切面景象模糊或被膜下及小梁沿线发红，或有暗红色斑点散在其中（图3-261）。

4. 出血性坏死 淋巴结肿大，质地变硬，切面干燥，呈淡红色，散在灰白、黑或紫色坏死灶（图3-262）。见于慢性局限性炭疽的典型病变。

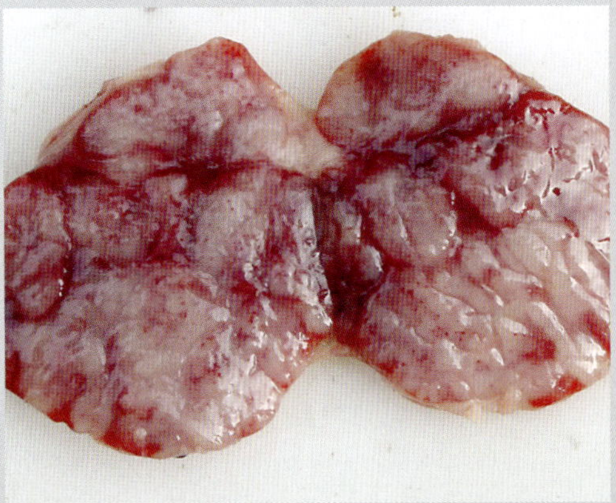

图3-259 淋巴结水肿，切面外翻，湿润有光泽
（孙锡斌、程国富、徐有生、肖运才，2018，动物检疫检验彩色图谱）

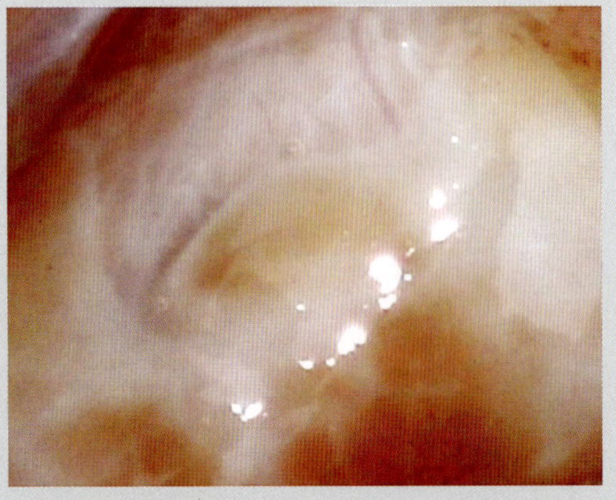

图3-260 淋巴结肿大，色苍白，外观有湿润感
（孙锡斌、程国富、徐有生、肖运才，2018，动物检疫检验彩色图谱）

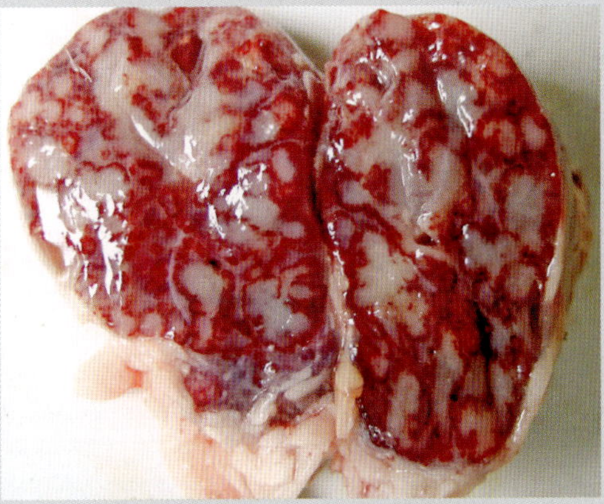

图3-261 出血性淋巴结炎
淋巴结肿大，切面湿润，呈暗红色与灰白色相间的大理石纹样
（孙锡斌、程国富、徐有生、肖运才，2018，动物检疫检验彩色图谱）

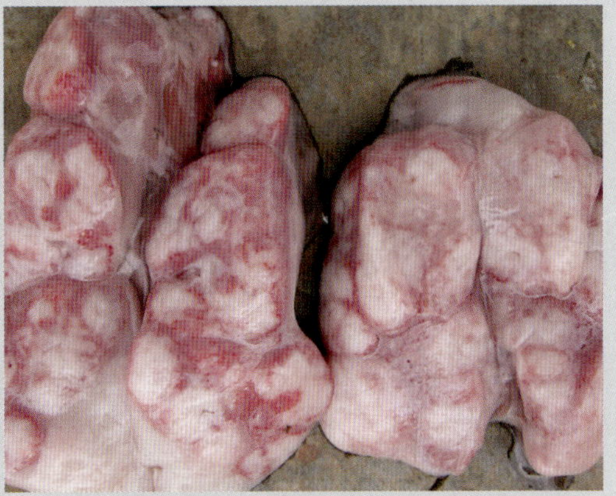

图3-262 坏死性淋巴结炎
淋巴结肿大，切面干燥，淡红色，有灰白色坏死灶
（孙锡斌、程国富、徐有生、肖运才，2018，动物检疫检验彩色图谱）

5. 慢性增生性淋巴结炎 淋巴结因结缔组织增生而肿大，质地坚实，切面呈灰白色、湿润而有光泽，当病变扩展到淋巴结周围时，淋巴结往往与周围组织发生粘连（图3-263、图3-264）。在发生结核病和布鲁氏菌病时，增生性淋巴结炎又有特殊的表现形式，即呈特殊的肉芽组织增生。

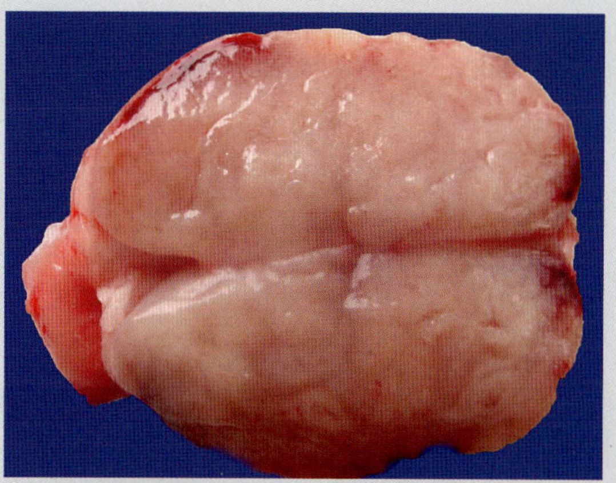

图3-263 增生性淋巴结

淋巴结肿大，切面干燥，呈灰白色脑髓样

（孙锡斌、程国富、徐有生、肖运才，2018，动物检疫检验彩色图谱）

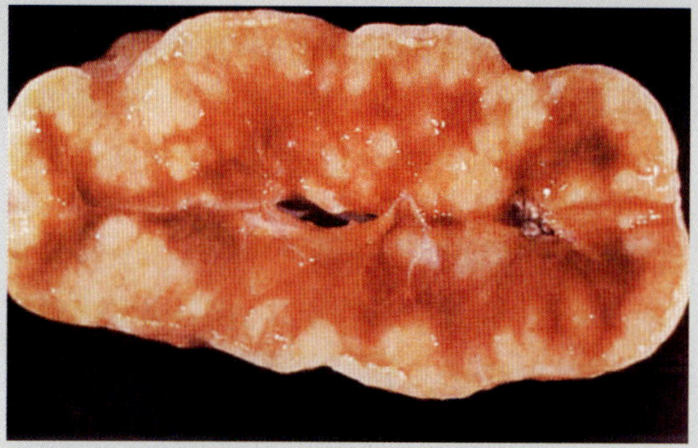

图3-264 增生性淋巴结炎

山羊肠系膜淋巴结的切面皮质部呈灰白色髓样变，被膜下有薄层干酪样坏死）

（陈怀涛，2008，兽医病理学原色图谱）

三、皮肤异常

牛羊感染传染病和寄生虫病可导致皮肤出血、水疱、疹块、结节等变化，具体可见第四节。此外，受化学性、机械性、物理性及过敏性等因素影响，牛羊皮肤或体表也可出现异常变化。由于我国屠宰牛时多为剥皮操作，而带皮羊肉在一些地区较为流行，在这种屠宰方式下，对羊宰后皮肤的检查非常必要，主要检查皮肤有无被羊毛遮挡的出血、结节、溃烂、痘疹、脓疱、肿瘤等。

四、内脏异常

（一）心脏

心脏的变化除了特定的传染病（心肌炎型口蹄疫）病变外，还有心脏肥大、心脏扩张（图3-265）、心包炎（图3-266、图3-267）、心内膜炎、心肌炎（图3-268）等。宰后检查时，应注意观察心包和心脏是否有出血、淤血、粘连、坏死、肿瘤等变化（图3-269、图3-270）。

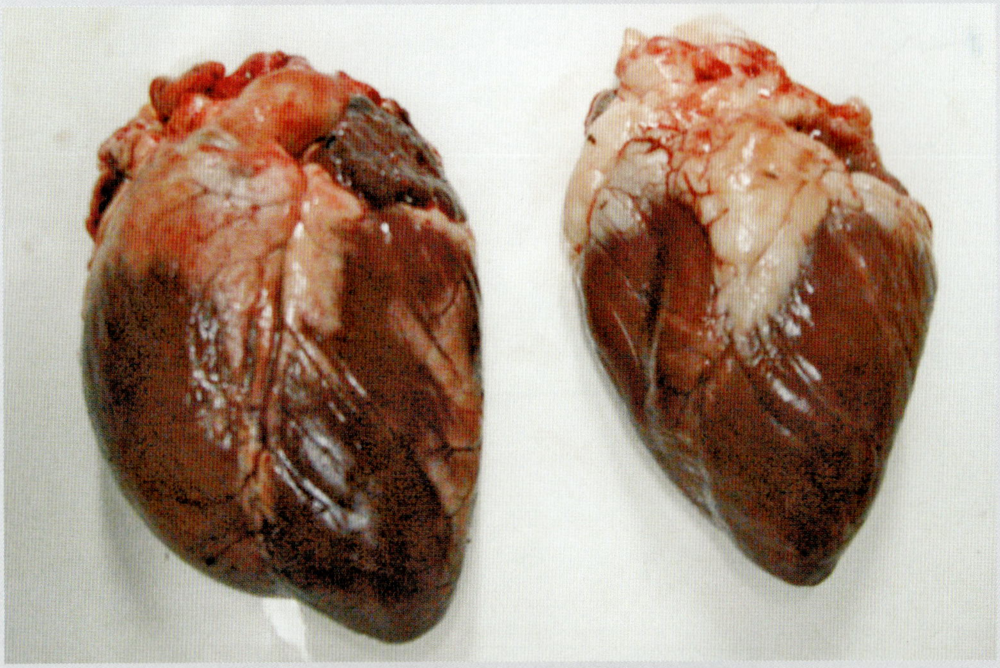

图3-265　心脏扩张

左侧为右心室扩张的羊心脏，右心室积有血凝块，右侧为正常心脏
（陈怀涛，2008，兽医病理学原色图谱）

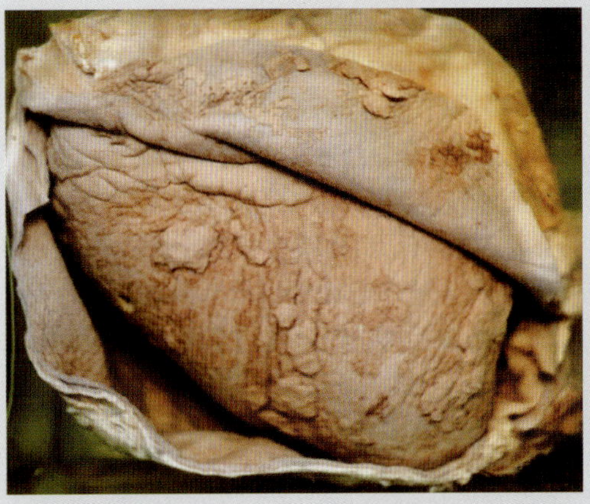

图3-266　纤维素性心包炎

异物刺入牛心包，引起心包积液，心包浆膜的壁层与脏层（心外膜）表面有大量纤维素沉着
（陈怀涛，2008，兽医病理学原色图谱）

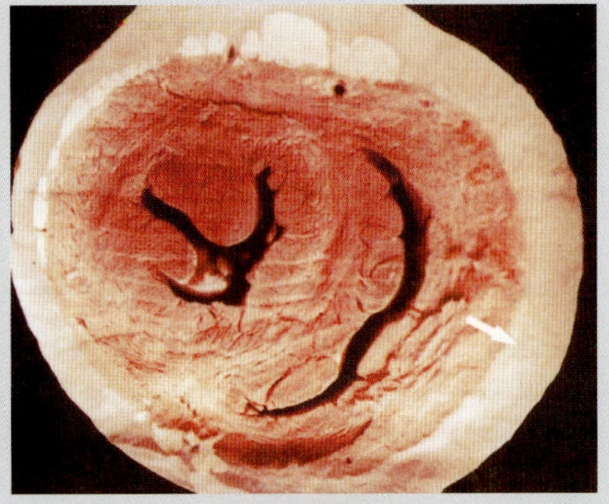

图3-267　牛创伤性心包炎的机化（心脏横切面）

心包炎时心外膜渗出的纤维素被肉芽组织取代，形成灰白色、质地致密的机化层
（陈怀涛，2008，兽医病理学原色图谱）

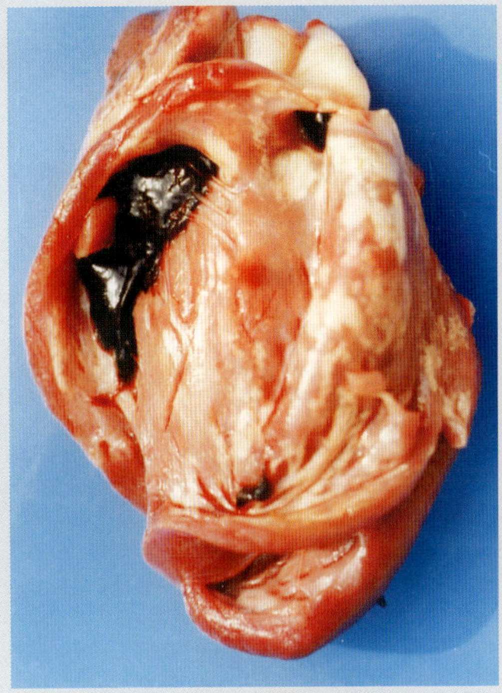

图3-268　实质性心肌炎

在羊心脏心内膜上可见许多大小不等的斑点和片状灰白色病灶

（陈怀涛，2008，兽医病理学原色图谱）

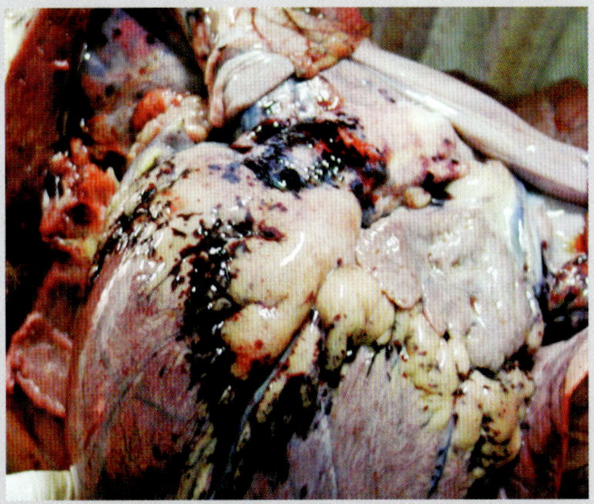

图3-269　巴氏杆菌病

心冠脂肪和心外膜有大量出血点

（陈怀涛，2008，兽医病理学原色图谱）

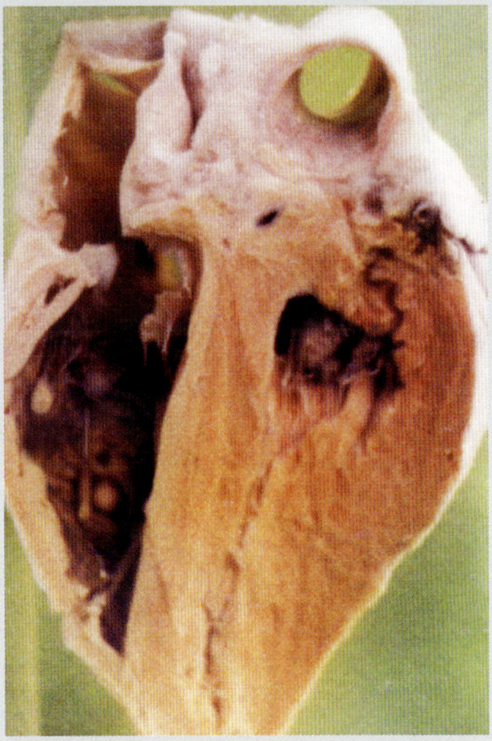

图3-270　淋巴肉瘤

羊心脏右心内膜上有几个圆形肿瘤结节，呈灰白色

（陈怀涛，2008，兽医病理学原色图谱）

（二）肺脏

病原微生物和其他致病因子可随牛羊吸入空气经支气管到达肺泡，引起肺脏出现异常变化，应注意普通病与传染病时肺部变化的鉴别。肺脏的变化有肺炎（图3-271至图3-273）、胸膜肺炎、支气管肺炎（图3-274）、支气管扩张、肺膨胀

不全、肺气肿（图3-275）、肺水肿、肺呛血（图3-276）、肺脓肿（图3-277）、肺纤维化（图3-278）、肺萎缩（图3-279），以及肺脏的淤血、坏疽、钙化、肿瘤等变化（图3-280、图3-281）。

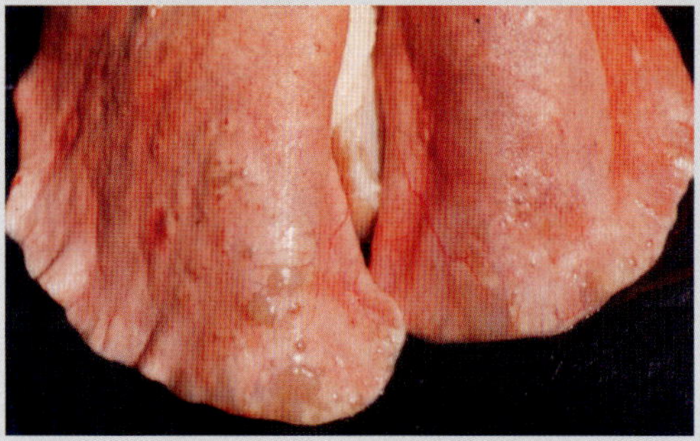

图3-271　间质性肺炎

绵羊肺线虫性肺炎。膈叶背部后缘有许多灰黄色肺线虫结节和片状实变区，同时可见出血斑点及其周围的肺泡性气肿

（陈怀涛，2008，兽医病理学原色图谱）

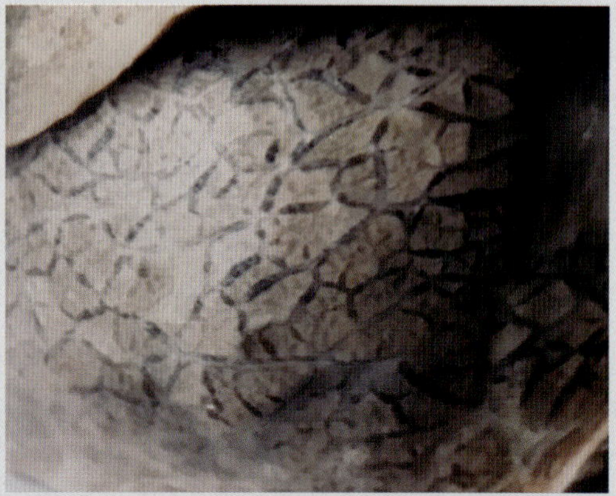

图3-272　霉烂甘薯中毒引起的牛间质性肺炎

肺膨大，间质气肿、增宽，肺表面呈明显的网状花纹

（陈怀涛，2008，兽医病理学原色图谱）

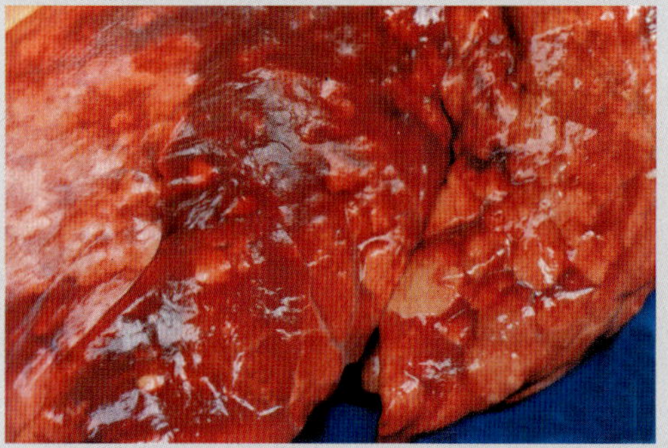

图3-273　浆液出血性肺炎

巴氏杆菌感染羊肺脏充血、出血、水肿，颜色深红，间质增宽

（陈怀涛，2008，兽医病理学原色图谱）

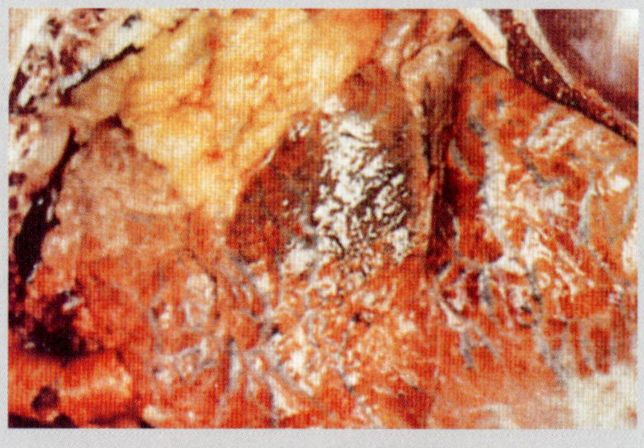

图3-274　支气管肺炎

牛异物性肺炎。药物不慎灌入支气管，继发细菌感染引起肺炎。被阻塞的支气管所属肺组织充血、出血、水肿、坏死、坏疽，支气管切开时见被吸入的异物

（陈怀涛，2008，兽医病理学原色图谱）

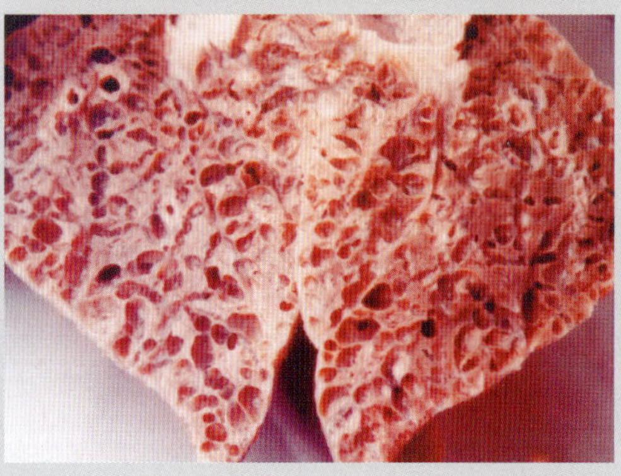

图3-275　肺气肿

牛霉烂甘蔗中毒。肺切面呈蜂窝状，小叶间充满大小不等的串状气泡

（陈怀涛，2008，兽医病理学原色图谱）

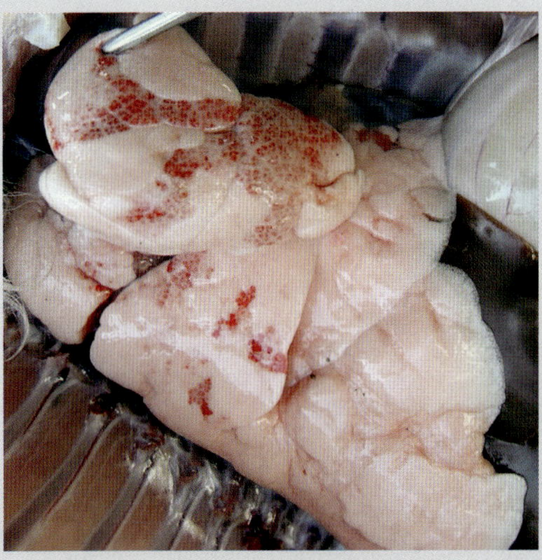

图3-276 肺呛血

羊肺脏表面见鲜红色、形状不规则的呛血区
（孙锡斌、程国富、徐有生、肖运才，2018，动物检疫检验彩色图谱）

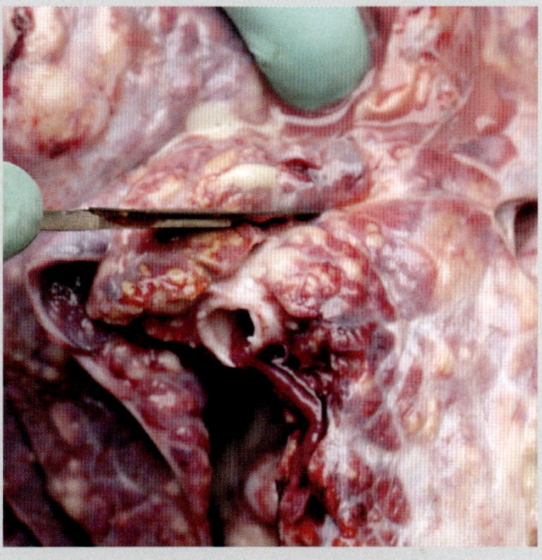

图3-277 牛支原体病

病牛肺脏切面见散在、大小不一的黄白色化脓灶
（孙锡斌、程国富、徐有生、肖运才，2018，动物检疫检验彩色图谱）

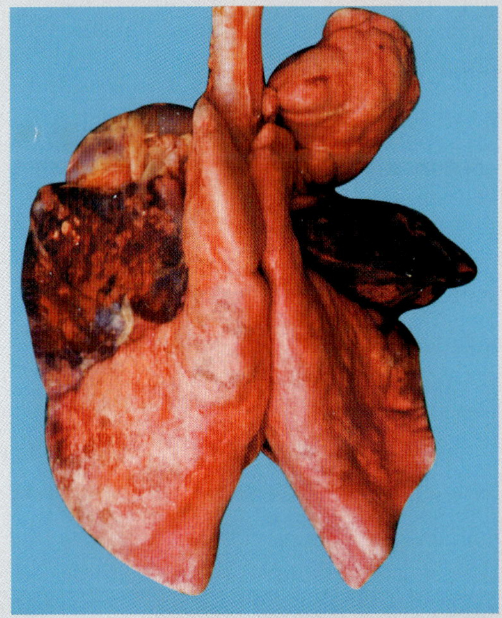

图3-278 纤维素性肺炎

羊巴氏杆菌病。二肺心叶色红质硬，肺胸膜有纤维素附着
（陈怀涛，2008，兽医病理学原色图谱）

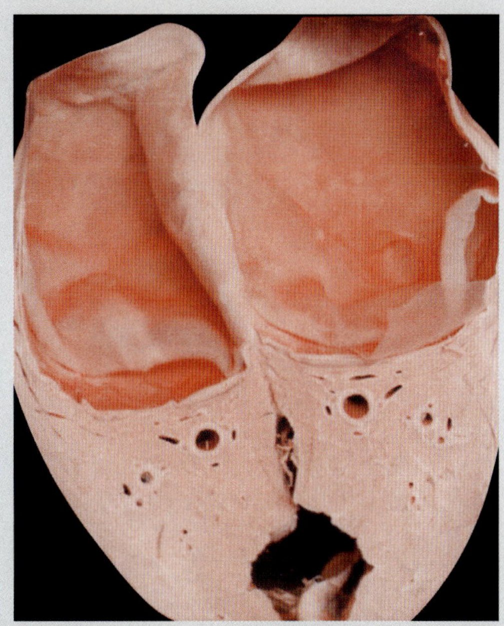

图3-279 肺萎缩

牛肺脏切面见一个巨大的棘球蚴囊泡，周围肺组织受压萎缩
（陈怀涛，2008，兽医病理学原色图谱）

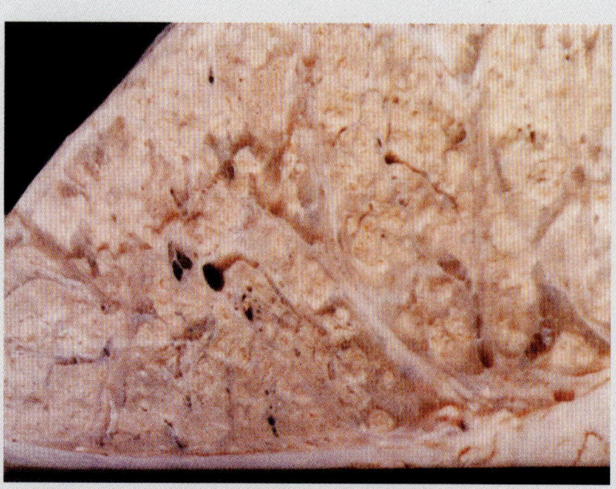

图3-280　牛结核

肺脏切面结核结节发生干酪样坏死和钙化
（陈怀涛，2008，兽医病理学原色图谱）

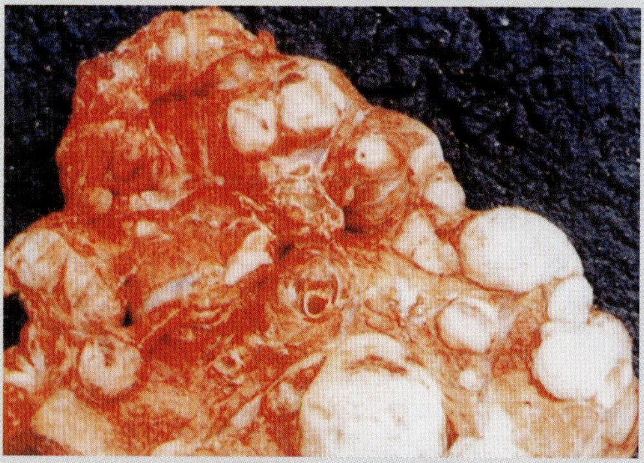

图3-281　肺肿瘤

牛肺脏切面有大小不等的肿瘤结节，结节为类圆形，界限明显，色灰白，均匀一致，伴有出血
（陈怀涛，2008，兽医病理学原色图谱）

（三）肝脏

引起肝脏异常变化的主要原因有传染病和寄生虫病、中毒等，注意观察肝脏是否有肝淤血（图3-282）、肝出血、肝萎缩（图3-283）、脂肪肝、肝硬化（图3-284至图3-286）、肝坏死（图3-287）、肝脓肿、肿瘤（图3-288、图3-289）、肝毛细血管扩张（图3-290）等异常变化。

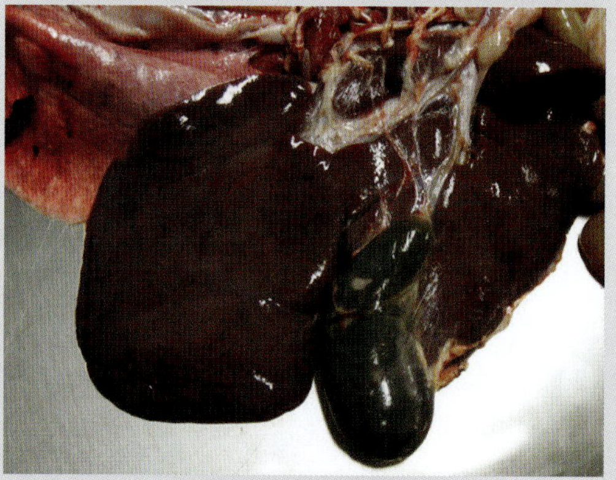

图3-282　山羊肝脏淤血，肿大，暗黑红色，伴有胆囊肿大
（陈怀涛，2008，兽医病理学原色图谱）

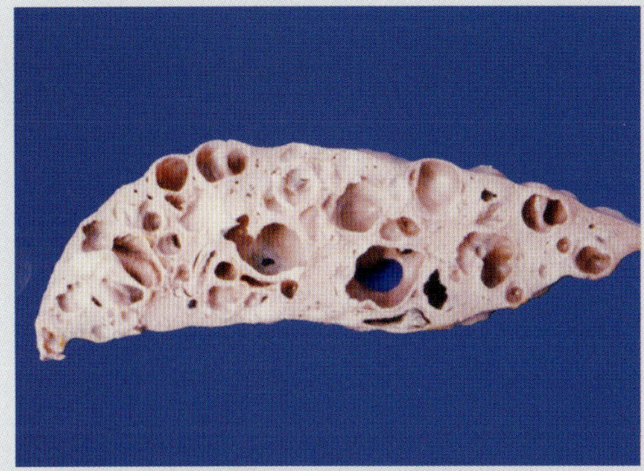

图3-283 肝萎缩

羊肝切面见大量棘球蚴囊泡寄生，肝实质萎缩，质地变硬

（陈怀涛，2008，兽医病理学原色图谱）

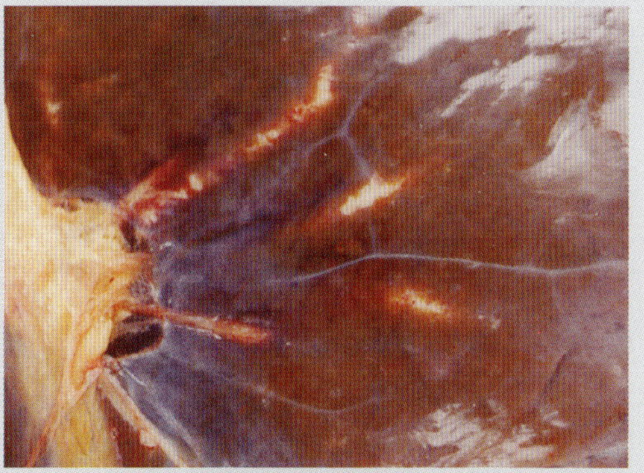

图3-284 肝片吸虫性硬变

吸虫在牛胆管寄生，引起胆管增生，故肝表面呈索状突出，肝质地变硬

（陈怀涛，2008，兽医病理学原色图谱）

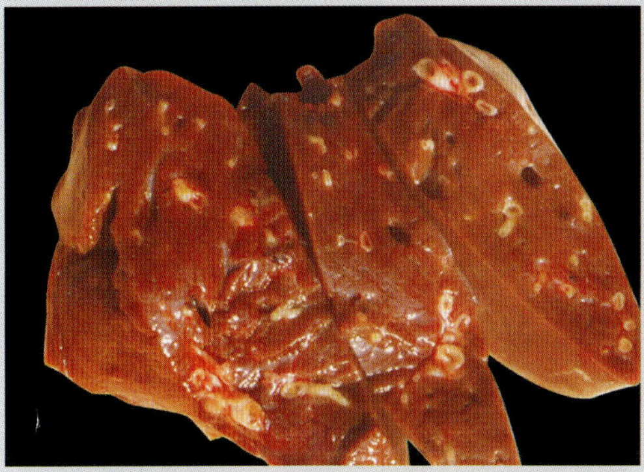

图3-285 歧腔吸虫性肝硬化

歧腔吸虫在绵羊小胆囊管寄生，引起胆管壁增厚，故肝切面见小胆管壁明显增厚，呈环状

（陈怀涛，2008，兽医病理学原色图谱）

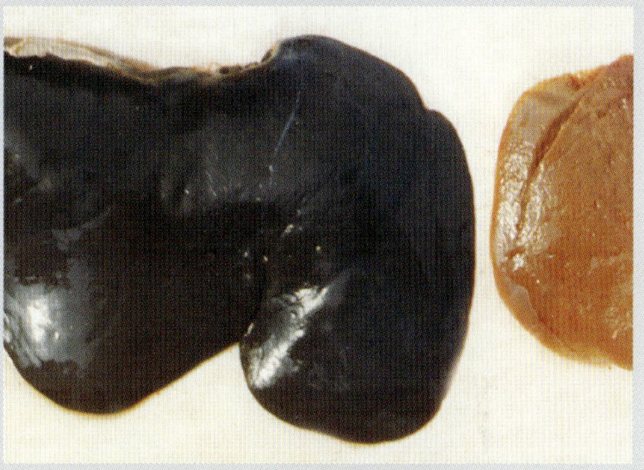

图3-286 胆汁性肝硬化

羊肝胆管阻塞后胆汁淤积于胆管和肝小叶，致使肝呈暗绿色，质地变硬，右为正常羊肝的一部分作为对照

（陈怀涛，2008，兽医病理学原色图谱）

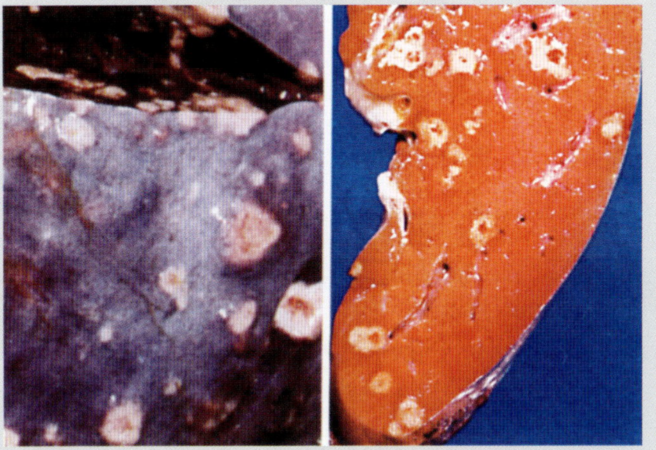

图3-287 坏死杆菌引起的坏死性肝炎

肝脏的凝固性坏死灶：大小不等，灰黄色，微突出于肝表面，中央稍凹陷，周围红色（左），右图为有坏死灶的肝切面

（陈怀涛，2008，兽医病理学原色图谱）

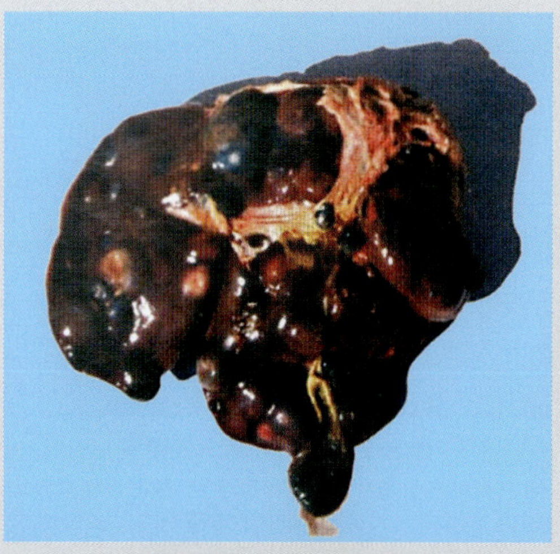

图3-288 羊肝血管瘤

肝脏表面见大小不等的肿瘤结节，呈灰白色或黑红色，较大结节的中心常凹陷

（陈怀涛，2008，兽医病理学原色图谱）

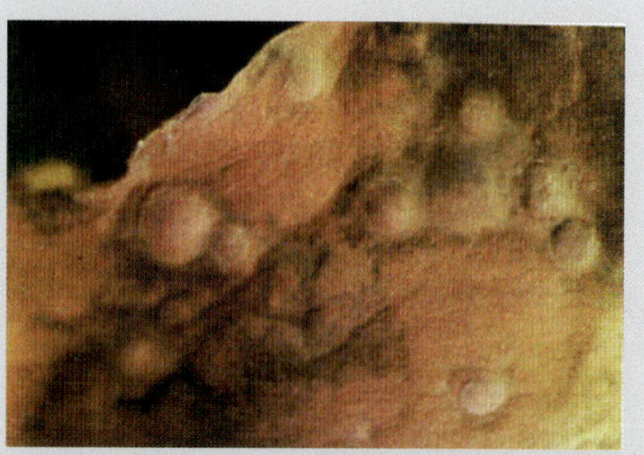

图3-289 羊肝脏淋巴肉瘤

肝表面有大小不等的圆形微隆起的肿瘤结节，微白色，界限明显

（陈怀涛，2008，兽医病理学原色图谱）

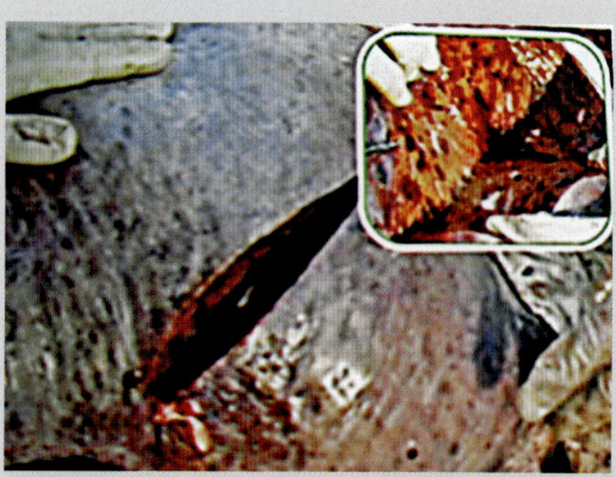

图3-290 肝毛细血管扩张

肝表面分布大小不一的暗红色“富脉斑”，右上图示切面呈多孔的海绵样，血液从网孔流出

（孙锡斌、程国富、徐有生、肖运才，2018，动物检疫检验彩色图谱）

（四）胃肠

胃肠的变化除了前述特定的传染病和寄生虫病病变外，还可见胃肠炎（图3-291至图3-297）、出血（图3-598）、充血、水肿、糜烂、溃疡、化脓、坏死等。

图3-291 创伤性网胃炎

网胃黏膜皱襞被一铁钉穿透

（陈怀涛，2008，兽医病理学原色图谱）

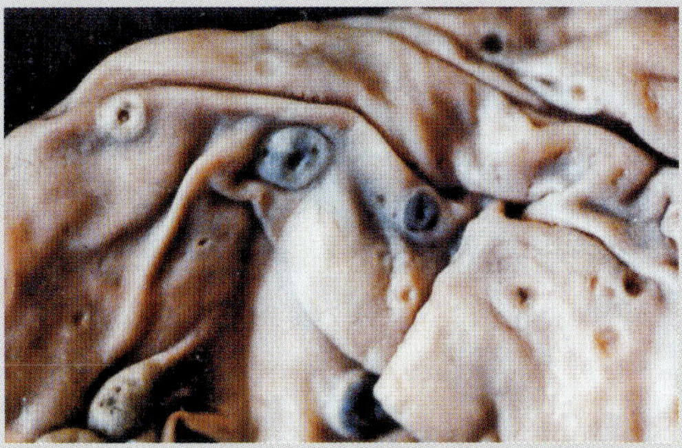

图3-292　牛泰勒虫病引起的坏死性胃炎

皱胃黏膜见许多大小不等的圆形溃疡，其中心凹陷，外周隆起
（陈怀涛，2008，兽医病理学原色图谱）

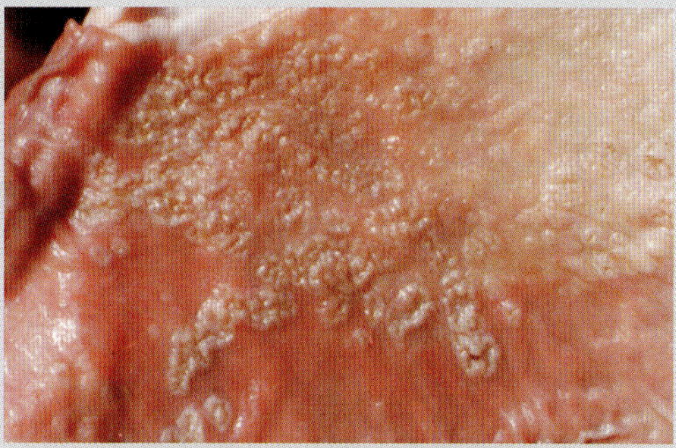

图3-293　增生性胃肠炎

牛皱胃黏膜增厚 局部黏膜呈结节状，突出于黏膜表面
（陈怀涛，2008，兽医病理学原色图谱）

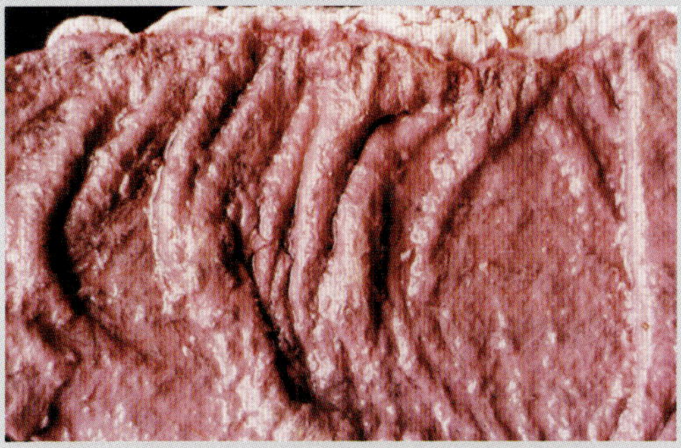

图3-294　弥漫性纤维素样坏死性肠炎

牛副伤寒。大肠黏膜弥漫性增厚，纤维素渗出，形成厚层坏死物，表面不平
（陈怀涛，2008，兽医病理学原色图谱）

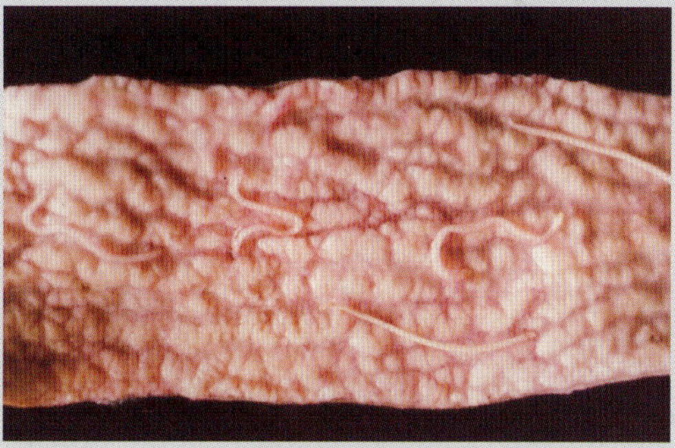

图3-295　慢性卡他性肠炎

羊夏伯特线虫病。结肠黏膜增厚，表面高低不平，呈小结节状，黏膜面可见线虫寄生
（陈怀涛，2008，兽医病理学原色图谱）

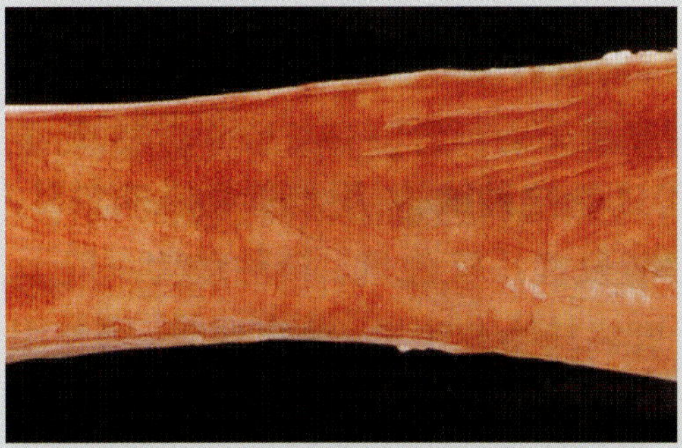

图3-296　大肠埃希氏菌病引起的出血性肠炎

病牛小肠黏膜充血、出血，附有淡红色黏液
（陈怀涛，2008，兽医病理学原色图谱）

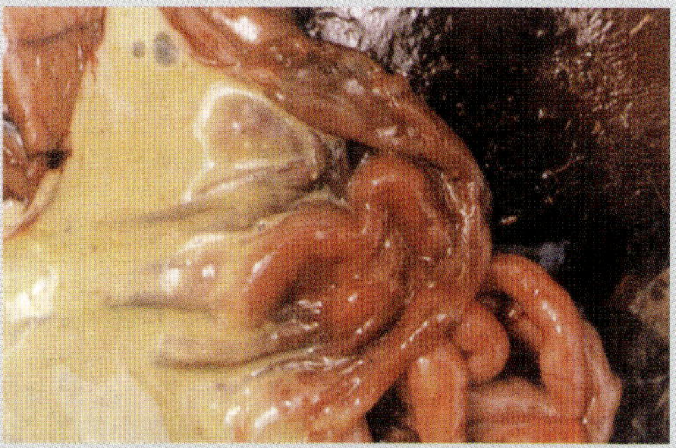

图3-297　大肠埃希氏菌病引起的盲肠炎

病羊盲肠剖开后，流出大量灰黄色肠内容物，内含气泡
（陈怀涛，2008，兽医病理学原色图谱）

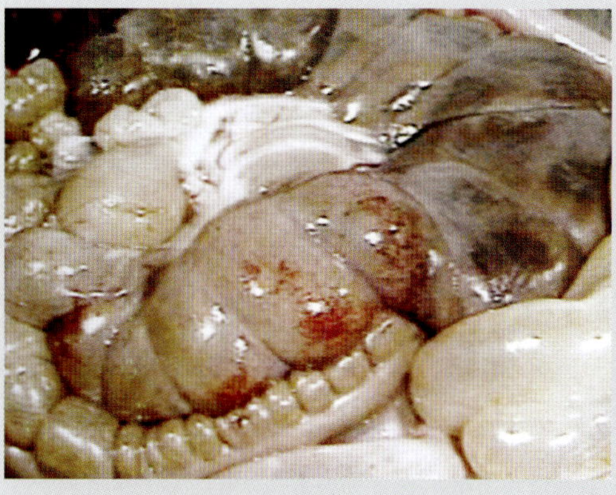

图3-298　肠出血

牛大肠黏膜见弥漫性出血

（孙锡斌、程国富、徐有生、肖运才，2018，动物检疫检验彩色图谱）

（五）脾脏

脾脏的变化有肿大（图3-299）、出血、淤血、血肿、出血性梗死、西米脾（淀粉样变）、慢性脾炎（图3-300）等变化。

图3-299　牛炭疽，脾脏明显肿大

（潘耀谦、刘兴友、冯春花，2019，牛传染性疾病诊治彩色图谱）

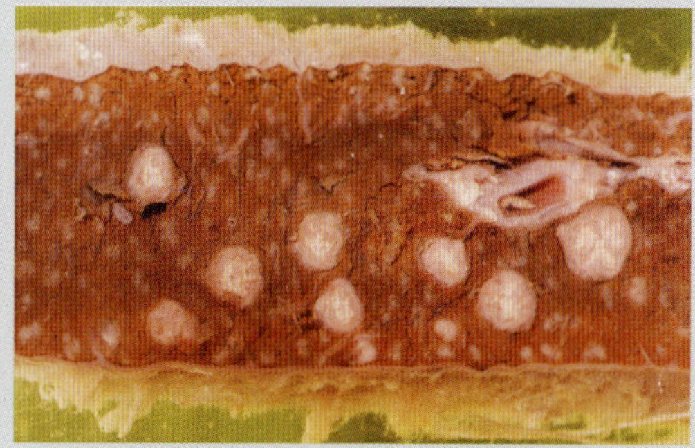

图3-300　牛结核病，慢性脾炎

脾稍肿大，质地坚实，切面呈淡红褐色，有较明显的灰白色颗粒，并有较大的内含干酪样坏死物的增生性环形结核结节

（陈怀涛，2008，兽医病理学原色图谱）

（六）肾脏

肾脏除了特定的传染病和寄生虫病的病变外，还可见淤血、出血（图3-301）、脓肿、结石、囊肿、萎缩、梗死、肿瘤等变化。

图3-301　牛肾肿大，肾表面有多量暗红色出血斑点

（孙锡斌、程国富、徐有生、肖运才，2018，动物检疫检验彩色图谱）

五、中毒肉

中毒肉是指屠宰或急宰中毒动物后的胴体或肉。

（一）原因

引起牛羊中毒的原因较多，如农药、亚硝酸盐、氰化物、砷、黄曲霉毒素、有毒植物等。

（二）检验

1.宰前检查 毒物不同，牛羊中毒后的症状不尽相同。应仔细检查牛羊的精神状态、皮肤和黏膜，注意观察有无神经症状和消化系统症状等。

2.宰后检查 病变常见于毒物侵入的部位及有关组织。有时见口腔、食道和胃肠黏膜有充血、出血、变性、坏死、糜烂，肝、肾、肺、心等器官和淋巴结有出血、变性、坏死，胴体放血不良。中毒物质种类不同，病变各异。例如，氰化物中毒，血液和肌肉呈鲜红色；亚硝酸盐中毒，肌肉和血液呈暗红色（酱油色）；砷中毒，肉有大蒜味；黄曲霉毒素中毒，肝脏肿大、硬变，呈黄色，后期为橘黄色，有坏死灶，或有大小不一的结节。

3.实验室检测 取肉、内脏、血液或淋巴结等样品，送往实验室进行毒物检测。

六、气味异常肉

牛羊肉气味异常主要由饲料或饲草气味、性气味、病理性气味、药物气味以及肉贮藏于有异味的环境或发生腐败变质等引起。

对于气味异常肉的检验，目前主要是通过嗅闻的方法。可以直接闻味，也可取牛羊肉样品煮沸后，检查肉汤的气味。对于性气味检查，可通过烧烙局部进行检查。

七、色泽异常肉

肉的色泽因牛羊的性别、年龄、肥度、饲料配方、宰前状态等不同而有所差异。色泽异常肉主要是由病理性因素、腐败变质、冻结、色素代谢障碍等因素造成的。

（一）白肌肉（PSE肉）

由于牛羊宰前受到惊吓、拥挤、饥饿、高温等应激刺激，或者麻电不当，引起机体发生强烈应激反应，肌糖原无氧分解加快，产生大量乳酸和磷酸，表现为肌肉显著变白、质地变软、切面湿润、有汁液渗出的PSE肉综合特征。多见于半腱肌、半膜肌和背最长肌。

（二）黑干肉（DFD肉）

DFD肉（dark，firm and dry）是由于牛宰前受应激原长时间轻微刺激，如饲喂规律紊乱、宰前禁食时间过久、环境温度剧变、长途运输等，引起肌糖原大量消耗，导致宰后成熟肉中乳酸含量减少，pH接近中性，系水力增强，表现为肌肉颜色深暗、质地粗硬、切面干燥。多见于臀部和股部肌肉。

（三）黄疸

黄疸是因机体胆色素代谢障碍、胆汁分泌和排泄障碍或红细胞破坏过多，导致大量胆红素进入血液，将全身组织染成黄色。可由某些传染病（钩端螺旋体病、无浆体病等）、寄生虫病（日本血吸虫病、片形吸虫病等）、中毒性疾病（黄曲霉毒素中毒、蕨中毒等）引起。

牛羊宰前可见皮肤、巩膜等组织黄染（图3-302）。宰后可见全身组织黄染（图3-303、图3-304），尤以脂肪组织、结膜、关节滑液囊液、组织液、血管内膜、皮肤和肌腱的黄染最为明显，甚至实质器官也有不同程度的黄染（图3-305）。其中关节滑液囊液、组织液、血管内膜、皮肤和肌腱的黄染较为常见。黄疸胴体一般随放置时间的延长，黄色会加深。

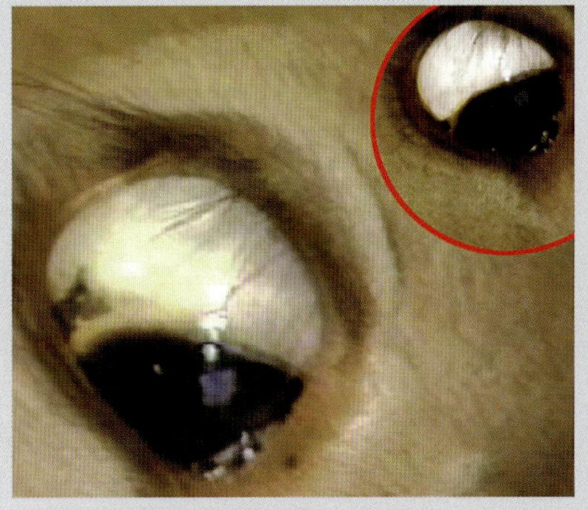

图3-302　病牛眼巩膜黄染

右上图示正常巩膜为乳白色

（孙锡斌、程国富、徐有生、肖运才，2018，动物检疫检验彩色图谱）

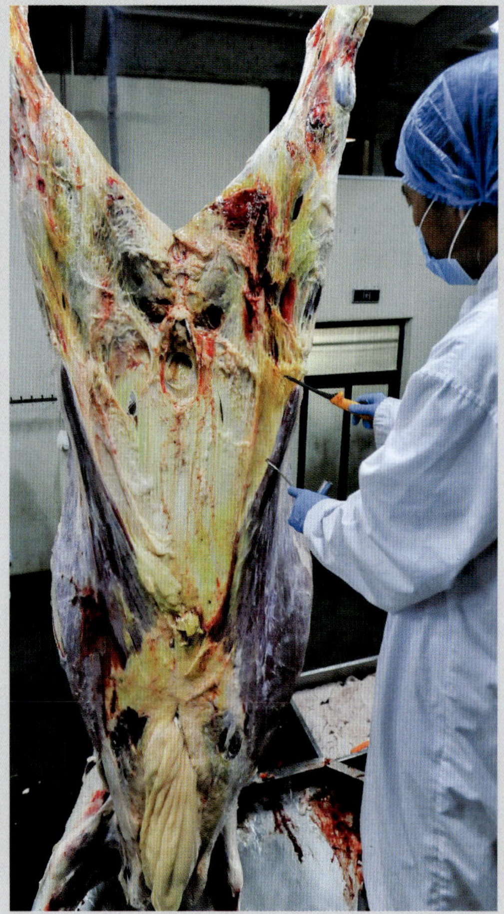

图3-303　牛黄疸

牛全身组织黄染，腹壁、大网膜均呈黄色

图3-305 牛黄疸

病牛肾脏柔软、黄染

（朴范泽，2008，牛病类症鉴别诊断彩色图谱）

图3-304 羊黄疸肉（皮下脂肪黄染）

（四）黄脂

黄脂又称为黄膘，是指脂肪组织的一种非正常的黄染现象。其发生与长期饲喂胡萝卜等饲料以及机体色素代谢功能失调或与羊的品种、遗传、年龄、性别有关。饲料中维生素E缺乏，长期服用或注射土霉素，也会导致黄色素在脂肪组织中沉积使脂肪发黄。

宰后检验可见胴体的脂肪组织呈黄色，肠系膜脂肪和肾脏周围脂肪也呈黄色，混浊，质地坚硬，或带鱼腥味。严重时，全身脂肪黄染，皮下脂肪呈鲜艳的黄色，肾脏周围脂肪、心包周围脂肪、大网膜脂肪、肝脏上的脂肪均呈淡黄红色（图3-306、图3-307）。一般随着放置时间的延长，黄色逐渐减退，烹饪时无异味。

黄疸和黄脂鉴别：检查发现胴体仅皮下和体腔脂肪呈黄色，胴体放置24 h后黄色消退的，为黄脂。检查发现脂肪、皮肤、关节液等处出现全身黄染，胴体放置24 h后黄色不消退的，为黄疸。

八、瘠瘦

1.消瘦 见于疾病引起的肌肉退行性变化，如慢性消耗性疾病（结核病、副结核病等）可引起机体消瘦（图3-308）。宰后检验见肌肉萎缩，脂肪减少，常伴有局部或者全身组织器官的病理变化，不同疾病有不同的病理变化。

2.羸瘦 见于饲料不足、饲喂不合理而引起的机体严重消耗，多见于老龄牛。宰后检验见肌肉萎缩，脂肪减少，皮下、体腔和肌间脂肪锐减或消失（图3-309），但组织器官通常无肉眼可见的病理变化。

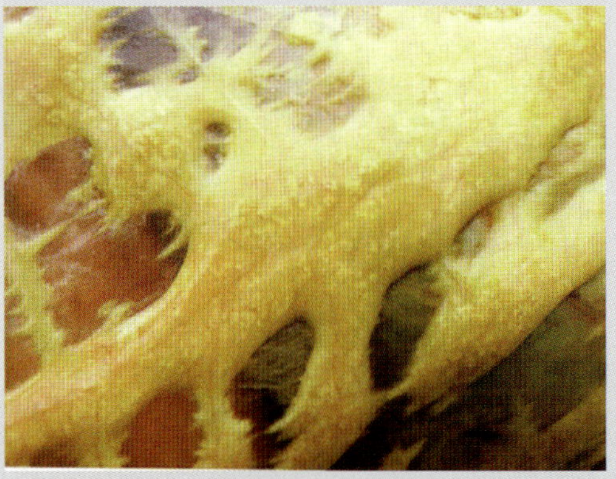

图3-306 羊黄脂
羊大网膜脂肪黄染
（马利青，2016，肉羊常见病防制技术图册）

图3-307 羊黄脂
羊心包膜脂肪黄染
（马利青，2016，肉羊常见病防制技术图册）

图3-308 羊副结核病引起的消瘦
羊矮小，严重消瘦

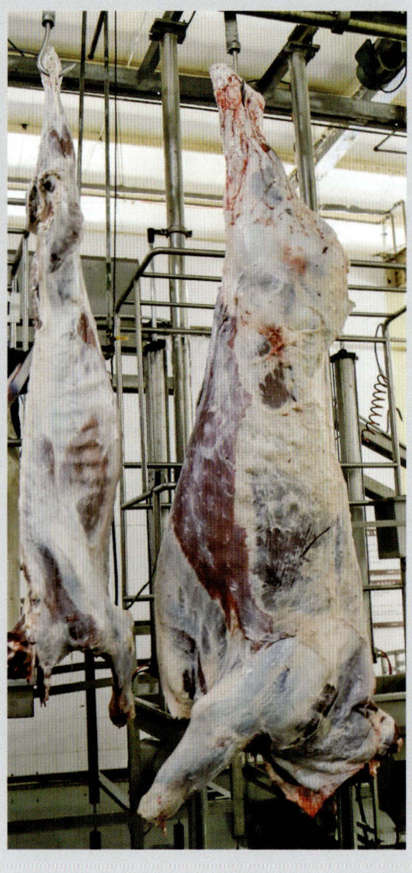

图3-309 羸瘦（左）与正常二分胴体（右）

九、注水肉

注水肉品质低劣，易造成微生物污染，影响食用安全。在注水的同时，有的也注入了其他物质，如胶和水的混合液，以增加重量，谋取利益，注入的胶有卡拉胶、琼脂、黄原胶等，对人体健康构成潜在危害。

感官检验特征：牛羊肉颜色较浅泛白（图3-310），指压后不容易复原，放置后有浅红色血水流出，胃、肠等内脏器官肿胀。

疑似注水牛羊肉，送实验室检测水分进行确定。

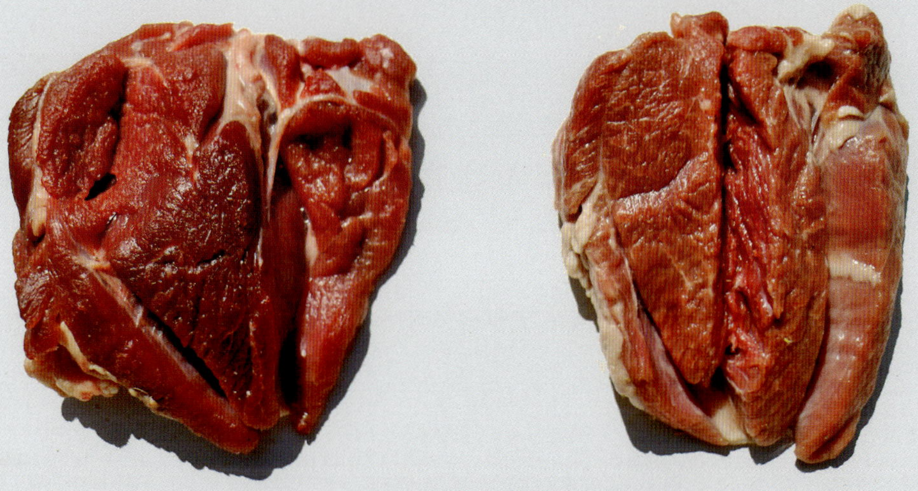

图3-310　正常鲜羊肉与注水鲜羊肉比较

左：正常鲜羊肉　右：注水羊肉

十、“瘦肉精”肉

“瘦肉精”被非法添加到牛羊饲料或饮水中以提高动物瘦肉率和加速动物生长，导致其残留。人摄取一定量的“瘦肉精”会中毒甚至危及生命。农业农村部第250号公告《食品动物中禁止使用的药品及其他化合物清单》规定β-兴奋剂类及其盐、酯（β-受体激动剂）为禁止使用的药品及其他化合物。因此，在牛羊屠宰中应加强“瘦肉精”检测。实验室检验方法见第五章。

十一、种公羊肉

未经阉割，阴囊内带有睾丸，已作种用的公羊，视为种公羊。检验结果为“种公羊”，出厂前应标明“种公羊”。

第六节　肉品污染与控制

牛羊在养殖及屠宰加工过程中，可能受到微生物和有毒有害物质污染，导致肉品品质及食用安全性降低，影响肉品工业及养殖业的发展以及消费者健康。

一、概念

（一）肉品污染

肉品污染是指在养殖、屠宰加工及运输贮存等环节中有毒有害物质介入肉品的现象或过程。有毒有害因素主要包括微生物及寄生虫、农药、兽药、非法添加物、重金属等。此外，屠宰加工中骨屑、毛、血污、粪污等也可造成肉品污染。

（二）肉品卫生

肉品卫生是指为确保肉品安全性和食用性，在食品链的所有阶段必须采取的一切条件和措施。

（三）肉品安全

肉品安全是指肉品必须无毒、无害，符合应当有的营养要求，对人体健康不造成任何急性、亚急性或者慢性危害。

二、肉品污染的分类

（一）按污染物性质分类

按照污染物性质，可分为生物性污染、化学性污染和物理性污染（表3-6）。

1.生物性污染　生物性污染是指微生物、寄生虫和食品害虫及鼠类对肉品的污染。微生物包括细菌、真菌、病毒等，寄生虫包括原虫、线虫、吸虫和绦虫等。

2.化学性污染　化学性污染是指各种有毒有害化学物质对肉品的污染。如农药、兽药、重金属、食品添加剂、有毒有害非食品原料等污染。

3.物理性污染　物理性污染是指异物及放射性核素对肉品的污染。屠宰加工中的物理性污染物主要是未清除干净的浮毛、血污、粪污等，也有金属异物等异物污染。

表3-6 肉品污染分类及污染物

污染分类	污染物	
	类型	种类
生物性污染	微生物	致病菌：布鲁氏菌，结核分枝杆菌，沙门氏菌，链球菌，炭疽芽孢杆菌，单核细胞增生李斯特氏菌等
		腐败菌：假单胞菌，不动杆菌，葡萄球菌等
		真菌及其毒素：黄曲霉毒素等
		病毒：口蹄疫病毒，朊病毒等
	寄生虫	日本血吸虫，棘球蚴，片形吸虫等
	食品害虫及鼠类	苍蝇，蟑螂，鼠等
化学性污染	兽药	四环素类，磺胺类，硝基呋喃类，喹诺酮类，地塞米松等药物
	农药	有机氯农药，有机磷农药等
	重金属	镉，汞，铅，砷等
	清洁剂，消毒剂，杀虫剂	洗涤灵，次氯酸钠，除虫菊酯等
	食品包装材料	塑料制品，塑化剂等
	非法添加物	克伦特罗，沙丁胺醇，莱克多巴胺等
物理性污染	异物	牛/羊毛，骨屑，粪污，金属异物等
	放射性核素	天然放射性核素，人工放射性核素（意外污染）

（二）按污染来源分类

按污染来源不同，肉品污染可分为内源性污染和外源性污染。

1.内源性污染 内源性污染是指牛羊在生长过程中受到的污染，又称一次污染。如农药残留、兽药残留、动物染疫所带病原体等污染。

2.外源性污染 外源性污染是指牛羊屠宰加工、产品贮存和流通过程中的污染，又称二次污染。如屠宰加工引起的消毒剂污染、冷库中浸氨污染、微生物污染等。

三、肉品污染的危害

（一）肉的腐败

肉的腐败是指肉中蛋白质、糖类（碳水化合物）、脂肪等，在腐败微生物作用下被分解，引起组织的破坏和色泽变化，产生腐败气味、产物和肉表面发黏的不良变化，并失去食用价值的变化。肉腐败后颜色变暗，表面、切面发黏，出现臭味，蛋白质等含氮物质分解产生胺类化合物，使挥发性盐基氮含量升高，氨反应呈阳性。

（二）食源性疾病

食源性疾病是指病原物质通过食物进入人体引起的中毒性、感染性等疾病，包括食物中毒和食源性感染。

1. 食物中毒 食物中毒是指摄入了有毒有害物质污染的食品或者把有毒有害物质当作食物摄入后引起的非传染性急性、亚急性疾病。致病因子有生物性和化学性因素。

（1）细菌性食物中毒 主要由细菌及其毒素引起的食物中毒。这类病原菌有10余种，其中沙门氏菌、致泻性大肠埃希氏菌、金黄色葡萄球菌、单核细胞增生李斯特氏菌、空肠弯曲杆菌等可污染牛羊肉产品。

（2）腺体中毒 人误食含甲状腺、肾上腺的组织可引起中毒。

（3）化学性食物中毒 化学性食物中毒是指摄入被化学性有毒有害物质污染的食品而引起的中毒。多为误食所致，后果较为严重。中毒物质有重金属、农药、“瘦肉精”等。

2. 食源性感染 食源性感染是指摄食含有病原体污染的食品而引起的具有感染性的疾病。根据病原体不同，又可分为食源性传染病（病原微生物通过食品传播引起的疾病）和食源性寄生虫病（寄生虫通过食品传播引起的疾病）。牛羊屠宰检疫对象中的炭疽、布鲁氏菌病、牛结核病等，均可通过肉品传播给人。

（三）兽药残留和非法添加物对人体健康的影响

1. 过敏与变态反应 有些兽药如青霉素类、磺胺类药物、四环素、某些氨基糖苷类抗生素及伊维菌素能使部分人群发生过敏反应。另外，部分喹诺酮类药物和磺胺类药物具有光敏作用等。

2. 毒性作用 有些兽药和非法添加物质具有毒性作用，但一般发生急性中毒的可能性很小，而长期摄入可产生慢性毒性或蓄积毒性。如氯霉素可导致婴幼儿再生障碍性贫血，可能出现致命的“灰婴综合征”。氨基糖苷类药物（如链霉素、庆大霉素和卡那霉素）主要损害前庭和耳蜗神经，导致晕眩和听力下降。克伦特罗可损害胃、肝、气管等组织，引起心血管系统、神经系统损害，出现肌肉震颤、心悸等中毒症状。长期摄入泼尼松、泼尼松龙、地塞米松、倍他米松、倍氯米松和氢化可的松等糖皮质激素，可导致代谢紊乱、抑制机体免疫功能、诱发心血管系统并发症以及影响体内钙稳态等。

3. 菌群失调和细菌耐药性 长期低水平摄入抗微生物药物，可导致肠道菌群平衡紊乱，有益菌死亡，致病菌大量繁殖，引起动物和人群感染性疾病或维生素缺乏症。长期摄入抗菌药物残留的动物组织可导致人体内耐药菌的增加。

4.“三致”作用 如过量的四环素类药物可能具有致畸作用；磺胺二甲嘧啶等具有致肿瘤的倾向；喹乙醇、卡巴氧、硝基呋喃、洛硝哒唑等在动物试验中已显示“三致”作用。己烯雌酚可影响人的生殖生理功能，导致肥胖症，甚至诱发癌症。

四、肉品安全指标

（一）微生物及寄生虫指标

1.菌落总数 菌落总数是指食品检样经过处理，在一定条件下（如培养基、培养温度和培养时间等）培养后，所得1 g（mL）检样中形成的微生物菌落总数。测定牛羊肉产品菌落总数具有两方面的食品卫生学意义：其一，判定牛羊肉被细菌污染程度；其二，预测肉品的储存程度和储存时间。检验方法见GB 4789.2（见第五章）。

2.大肠菌群 大肠菌群是指在一定培养条件下能发酵乳糖、产酸产气的需氧和兼性厌氧的革兰氏阴性无芽孢杆菌。大肠菌群常以大肠菌群数表示，即1 g（mL）检样中所含大肠菌群最可能数［MPN/g（mL）］。测定该指标的食品卫生学意义：一是可用于评定牛羊肉的安全质量；二是判断食品是否被肠道致病菌污染。检验方法见GB 4789.3（见第五章）。

3.致病菌 根据需要，可对牛羊肉产品进行沙门氏菌、单核细胞增生李斯特氏菌、金黄色葡萄球菌、致泻性大肠埃希氏菌等致病菌检验。致病菌检验方法见GB 4789系列标准。

4.寄生虫 《牛屠宰检疫规程》《羊屠宰检疫规程》规定了牛羊屠宰检疫对象，涉及的寄生虫包括日本血吸虫、片形吸虫和棘球蚴。

（二）理化指标

1.污染物限量 限量是指污染物在食品原料和（或）食品成品可食用部分中允许的最大含量水平。GB 2762《食品安全国家标准　食品中污染物限量》规定了肉品中铅、镉、汞、砷等污染物的限量标准。

2.最大残留限量 兽药最大残留限量是指对食品动物用药后，允许存在于食物表面或内部的该兽药残留的最高量/浓度（以鲜重计，表示为μg/kg）。动物性食品中兽药的最大残留限量见GB 31650《食品安全国家标准　食品中兽药最大残留限量》和GB 31650.1《食品安全国家标准　食品中41种兽药最大残留限量》。

农药最大残留限量是指在食品或农产品内部或表面法定允许的农药最大浓度，以每千克食品或农产品中农药残留的毫克数表示（mg/kg）。GB 2763《食品安全

国家标准 食品中农药最大残留限量》和GB 2763.1《食品安全国家标准 食品中2,4-滴丁酸钠盐等112种农药最大残留限量》规定了食品中676种农药的最大残留限量。

五、肉品污染的控制

（一）生物性污染的控制

为有效预防牛羊肉品生物性污染的发生，必须严格执行国家有关法律、法规、食品安全（卫生）标准，采取下列综合性预防措施。

（1）抓好牛羊养殖过程中的饲养管理，做好牛羊的疫病预防、净化。

（2）加强牛羊屠宰监督管理工作，鼓励实施定点屠宰、集中检疫。

（3）屠宰企业应严格遵守安全卫生制度，禁止屠宰病死牛羊。按照牛羊屠宰操作规范进行屠宰加工，从原料到产品实行全过程质量安全监控，严格执行消毒制度。

（4）摘除“三腺”，修割血污、粪污、病变组织；屠宰中产品不落地。

（5）设施设备和加工用水应符合要求。

（6）屠宰加工、兽医卫生检验等从业人员应身体健康，保持个人卫生。

（二）化学性污染的控制

（1）牛羊饲养过程中应注意疾病防治用药的规范使用，严禁使用违禁物质。

（2）加强环境监测工作，养殖场或放牧地以及屠宰企业选址应远离污染源。

（3）屠宰企业要严格执行“瘦肉精”等违禁药物的检测规定，开展兽药残留检测；禁止给牛羊肉注水和注入其他物质。

（4）防止牛羊屠宰加工中的污染，肉品包装材料应符合相关食品安全国家标准的要求。

思考题:

1.牛羊的消化系统、呼吸系统、循环系统、生殖系统主要包括哪些器官?

2.牛羊屠宰检疫涉及的淋巴结、内分泌腺有哪些?

3.出血、淤血、水肿、脓肿、变性、坏死等常见病理变化有何感官特征?

4.微生物分为哪几大类?细菌的基本结构和特殊结构包括哪些?

5.牛羊屠宰检疫对象对应的病原有哪些?日本血吸虫、片形吸虫、棘球蚴主要寄生于牛、羊哪些部位?

6.《牛屠宰检疫规程》中规定的屠宰检疫对象主要有哪些?

7.《羊屠宰检疫规程》中规定的屠宰检疫对象主要有哪些?

8.牛羊屠宰检疫对象中哪些可通过肉品传给人类?
9.口蹄疫病牛主要有哪些临床症状?
10.牛羊患炭疽后有什么临床表现?如何实现快速确诊?
11.如何鉴别注水牛羊肉?
12. DFD肉有哪些主要特征?

第四章

牛羊屠宰检查

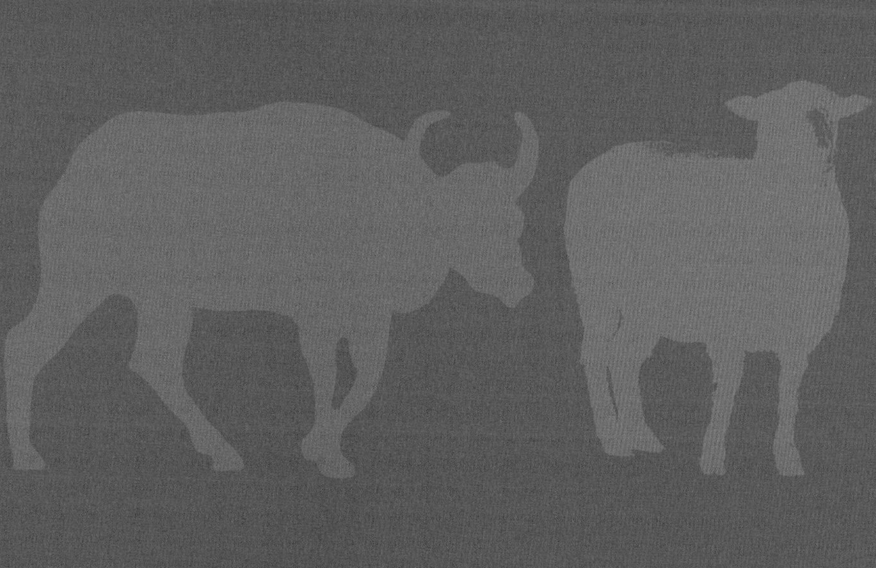

屠宰检疫检验是我国动物检疫和肉品品质检验的一个重要组成部分。牛羊的屠宰检疫检验是指对屠宰的牛羊所进行的宰前检查和在屠宰过程中所实施的全流程同步检疫检验以及必要的实验室疫病检测与结果处理。官方兽医按照《牛屠宰检疫规程》《羊屠宰检疫规程》和《反刍动物产地检疫规程》的规定实施宰前检查、宰后同步检疫、检疫结果处理；兽医卫生检验人员按照肉品品质检验规程的规定进行肉品品质检验，并协助官方兽医开展屠宰检疫工作。牛羊的屠宰检疫检验统称为屠宰检查，包括宰前检查和宰后检查两个密切相关的环节。

第一节　牛羊宰前检查

宰前检查是指在屠宰前综合判定牛是否健康和适合人类食用，进行群体和个体的检查。应按照《牛屠宰检疫规程》《羊屠宰检疫规程》《反刍动物产地检疫规程》和肉品品质检验规程等规定，遵循检查内容、程序和方法实施，确保屠宰牛羊健康和食用安全。

一、概述

牛羊宰前检查主要包括健康状况的检查、检疫对象及动物疫病以外的疾病的检验与处理、食品动物中禁止使用的药品及其他化合物等有毒有害非食品原料的检验与处理、实验室检查与检查后结果的处理等。

（一）目的意义

待宰牛羊的健康状况不仅关乎肉品安全和质量，而且对从业人员健康和公共安全也有重要影响，特别是患人兽共患病的牛羊可以通过多种途径将病原传染给人，对从业人员和消费者健康会造成直接和潜在的危害，严重时甚至会引起公共卫生安全问题。屠宰检查是保障肉品质量和卫生安全的一项重要措施，宰前检查是屠宰检查的第一个环节。通过对待宰牛羊进行临床检查、必要的实验室检查、相关证明文件的核验及询问了解等，对待宰牛、羊健康状况进行全面检查，只有符合屠宰要求的牛羊才能进入屠宰环节，对病牛羊按有关规定进行处理，从而保证肉品卫生安全、人员安全和公共卫生安全、防止动物疫病传播，促进养殖业和屠宰行业高质量发展。

（二）检查方法

宰前检查主要采用群体检查和个体检查相结合的临床检查方法，必要时进行实验室检查。临床检查是诊断动物疾病的最基本方法，是利用检查人员的感官或借助一些简单的器械（如体温计、听诊器等）直接对动物外貌、动态、排泄物、体温、脉搏、呼吸等进行检查。在临床检查中，一般遵循先群体检查、后个体检查的原则。需要进行实验室疫病检测的，抽检比例不低于10%，原则上不少于10头，数量不足10头的需全部检测。

1.群体检查 群体检查是宰前检查的重要组成部分，指对待检动物群体进行现场临诊观察，其目的是通过观察动物的群体状态，对整群动物的健康状况做出初步评价。将来自同一地区、同一饲养场、同一运输工具、同一批次或同一圈舍的牛或羊作为一群，分群、分批、分圈通过观察“三态”进行健康检查，主要检查群体精神状况、呼吸状态、运动状态、饮水饮食、反刍及排泄物状态等。在群体检查中如果发现病牛、羊或怀疑有病的牛、羊，要做好记号，以便进行个体检查。

群体检查可以通过观察同一牛群或羊群中众多个体同时出现的同一特征性临床症状（群症状）而发现疫病和检出疫病牛或病羊。要求检验人员应掌握各种疫病的特征性临床症状。例如：同群牛中出现数量较多的跛行、蹄壳脱落，甚至卧地不起，或者精神不振、食欲减退、流涎时，应怀疑口蹄疫的发生。检验人员应进一步检查个体的蹄部、口腔黏膜、乳房有无水疱和糜烂等特征性临床症状。如果同群牛中出现全身皮肤多发性结节、溃疡、结痂，并伴随浅表淋巴结尤其是颈浅淋巴结肿大，应怀疑感染牛结节性皮肤病。检验人员应进一步检查个体的口腔黏膜有无水泡、溃破、糜烂，四肢及腹部、会阴等部位有无水肿等特征性临床症状。

（1）**静态检查** 静态检查包括卸车前登临车厢静态观察和圈舍静态观察（图4-1、图4-2）。在保持自然安静的状态下，检查牛群或羊群的健康状况。注意有无精神不振、严重消瘦、站立不稳、独立一隅、咳嗽、气喘、呼吸困难、流涎、昏睡等异常情况。

图4-1 待宰圈群体静态观察

图4-2 静态检查

（2）动态检查 动态检查包括卸车时动态检查、在圈舍时人为轰起牛群或羊群后的动态检查（图4-3、图4-4）和送宰时动态检查，重点观察起立姿势、行动姿势、精神状态等，注意有无跛行、屈背拱腰、行走困难、共济失调、离群掉队、瘫痪等异常行为。

图4-3 待宰圈牛群体动态观察

图4-4 动态检查

（3）饮态检查　包括饮水状态、反刍状态及排泄物状态的检查。供给饮水，检查饮水情况（图4-5），观察反刍状态以及排泄物（图4-6、图4-7）的色泽、质地、气味等有无异常。注意有无不饮或少饮等异常现象。

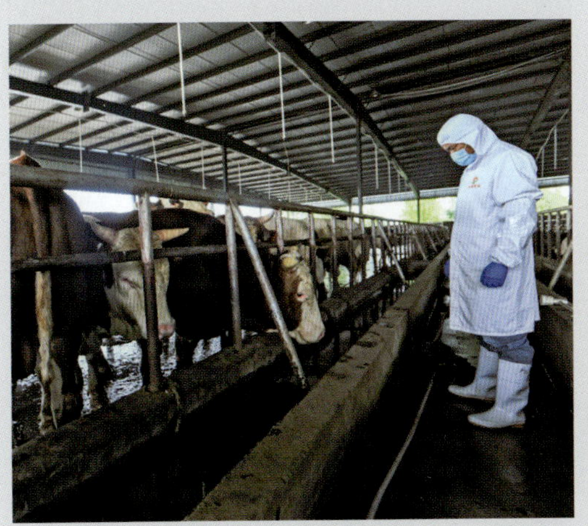

图4-5　牛饮水状态观察

图4-6　牛粪便性状观察

2.个体检查　个体检查是对群体检查时发现的异常个体，或者从正常群体中随机抽取的个体，逐个进行详细的健康检查。个体检查方法有视诊、触诊和听诊等，检查牛羊的个体精神状况、体温、呼吸、脉搏、皮肤、被毛、可视黏膜、胸廓、腹部及体表淋巴结，排泄动作及排泄物性状等。

图4-7　牛尿液性状观察

（1）视诊　观察精神外貌（图4-8）、被毛和皮肤（图4-9、图4-10）、可视黏

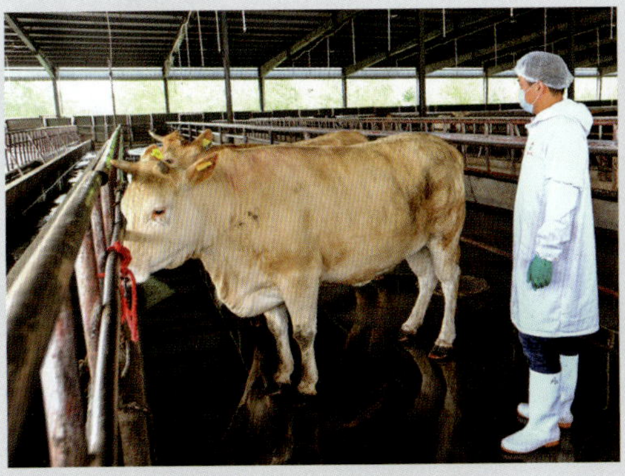

图4-8　观察牛的精神外貌

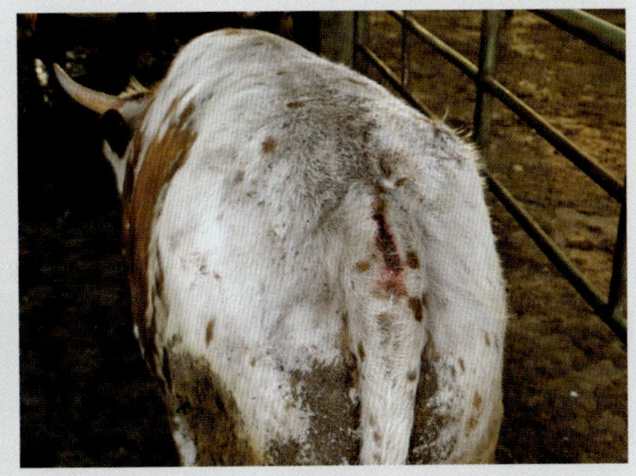

图4-9　牛尾部皮肤损伤

膜（图4-11）、眼结膜（图4-12、图4-13）、呼吸、天然孔、鼻唇镜（图4-14）、齿龈（图4-15）、起卧和运动姿势（图4-16）、排泄物等有无异常。

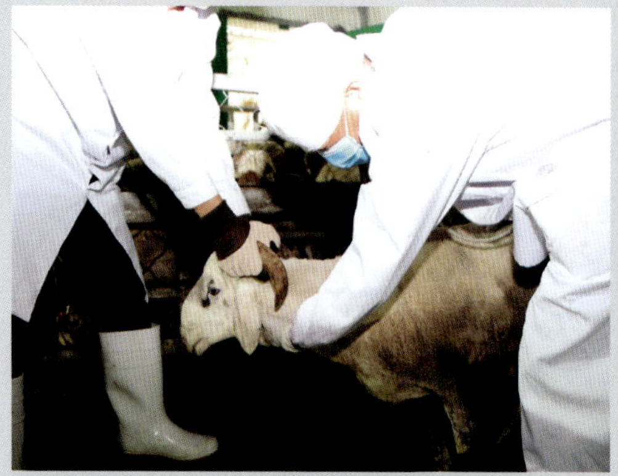

图4-10　羊皮肤检查

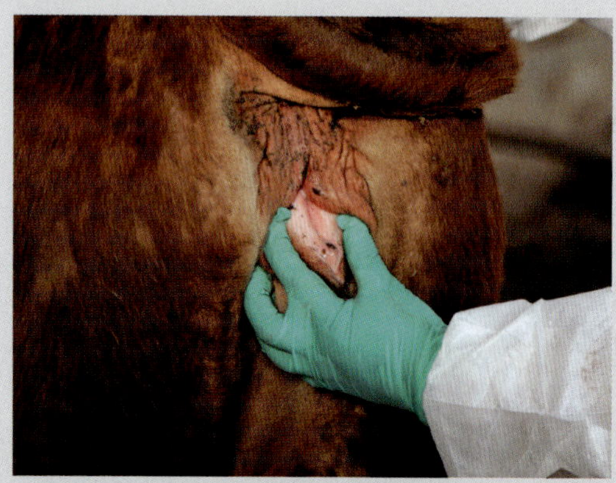

图4-11　牛阴道黏膜检查

图4-12　牛眼结膜检查

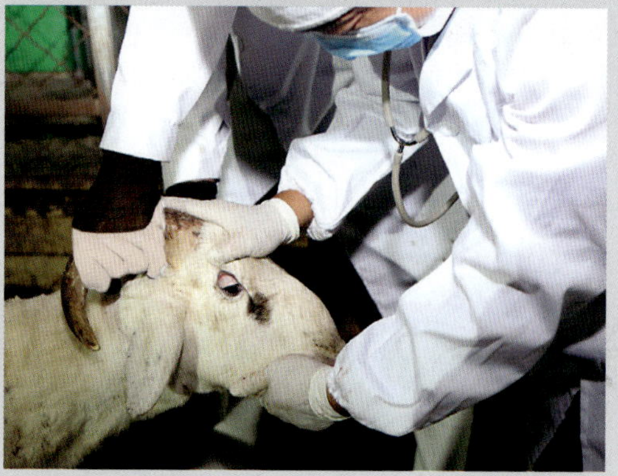

图4-13　羊眼结膜检查

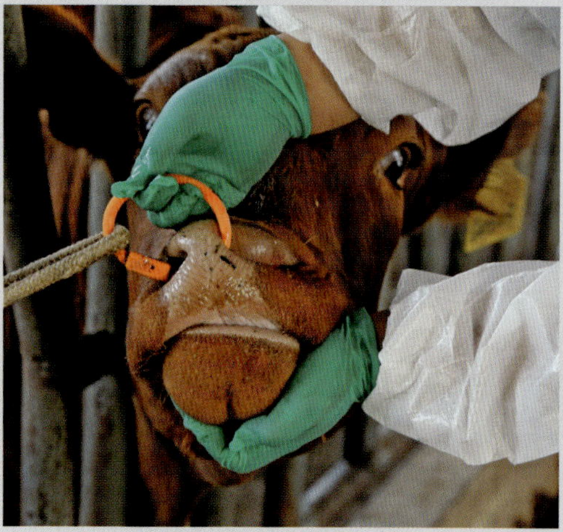

图4-14　牛鼻唇镜观察

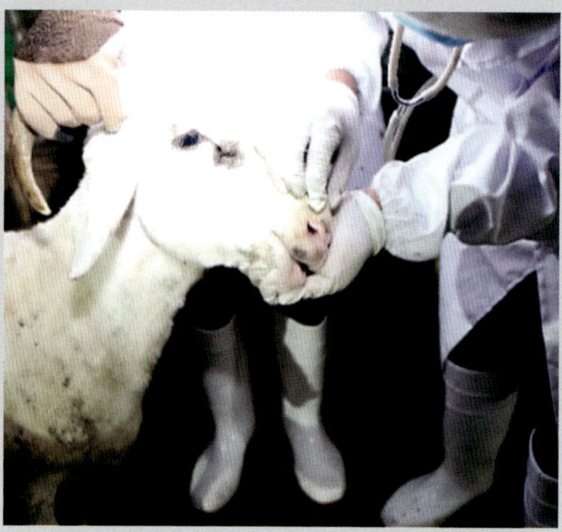

图4-15　羊鼻部、齿龈、口腔黏膜检查

①精神状态的观察 健康羊的兴奋与抑制保持着动态平衡，静态时安详，行动时灵活，对外界反应敏锐。当平衡失调时，羊会出现兴奋或抑制。精神兴奋是中枢神经机能亢进的结果，如脑膜炎等；精神抑制为中枢神经机能障碍的另一种表现形式，如各种热性病、侵害中枢神经的传染病、中毒病、代谢病等。

图4-16 牛运动姿势观察

②被毛和皮肤检查 健康羊的被毛光泽柔润，不易脱落。在患慢性消耗性疾病或内寄生虫病时，往往被毛粗乱无光泽，易断和易脱落；患疥螨病和湿疹的羊，患部脱毛，伴有皮肤增厚、变硬、擦伤，自己啃咬患部。皮肤检查主要包括气味、温度、湿度、弹性、颜色、肿胀和皮疹等。

③可视黏膜的检查 可视黏膜包括眼结膜和口腔、鼻腔、阴道的黏膜。黏膜具有丰富的微血管，根据其颜色的变化，可推断血液循环状态和血液成分的变化。重点检查羊的眼结膜。眼结膜苍白是贫血的表现，如大出血、肝脾等内脏破裂、慢性消耗性疾病；结膜潮红是充血的表现，如眼病及各种急性传染病、脑炎及心脏病；结膜黄染是血液中胆红素增多的表现，如肝脏疾病、胆道阻塞、溶血性疾病等；结膜蓝紫（发绀）见于伴有心、肺机能障碍的重症病程中。结膜有出血点或出血斑，见于败血症等。健康羊的可视黏膜湿润，有光泽，粉红色。黏膜异常有苍白、潮红、黄染、发绀和出血等。

(2) 触诊 用手触摸牛羊的耳、角根、下颌、胸前、腹下、四肢、阴囊及会阴等部位的皮肤有无肿胀、疹块、结节等（图4-17），体表淋巴结的大小、形状、硬度、温度、压痛及活动性有无异常（图4-18、图4-19）。

图4-17 牛体表检查

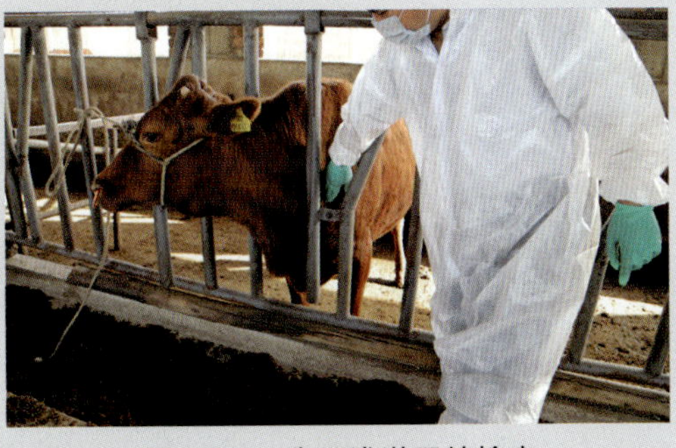
图4-18 牛颈浅淋巴结检查

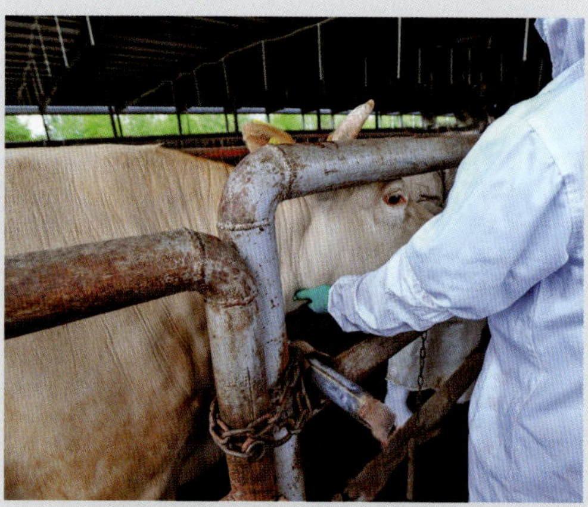

图4-19 牛下颌淋巴结检查

（3）听诊 用耳朵直接听取或借助听诊器，注意牛羊有无咳嗽、呻吟、磨牙、心律不齐（图4-20）、肺脏啰音（图4-21）等异常声音。湿咳表明气管和支气管有稀薄痰液存在，干咳表明无痰或痰黏稠。肺部听诊时，肺泡呼吸音增强见于发热性疾病和支气管肺炎，肺泡呼吸音减弱或消失见于慢性肺泡气肿或支气管阻塞等；当支气管黏膜上有黏稠的分泌物、支气管黏膜发炎肿胀或支气管痉挛时，可听到干啰音，这是支气管肺炎的典型听诊特征；当支气管中有大量稀薄的液状分泌物时，可听到湿啰音，见于各种类型肺炎、肺结核等侵及小支气管等情况。

图4-20 牛心脏听诊

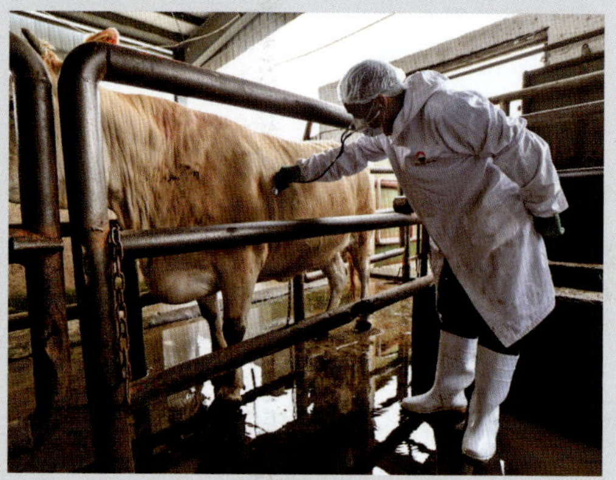

图4-21 牛肺脏听诊

（4）体温、呼吸、脉搏测定 必要时，在牛羊经过充分休息后，用体温计（曾用水银体温计、电子体温计）测量直肠温度（图4-22），牛的体温参考值为37.5 ~ 39.5℃，羊的为38.0 ~ 39.5℃。也可测定呼吸、脉搏数（图4-23），牛的呼吸、脉搏数参考值分别为10 ~ 30次/min、50 ~ 80次/min，羊的分别为12 ~ 30次/min、70 ~ 80次/min。

体温的变化对牛羊的精神、食欲、心血管、呼吸器官等都有明显的影响。体温显著升高的，一般都视为可疑患病牛羊。如果怀疑是由于运动、曝晒、运输、拥挤等应激因素导致的体温升高，应让牛羊充分休息后（一般休息4 h）再测体温。当牛羊的体温低于正常体温以下时，称为体温过低，见于大失血、内脏破裂、休克、虚

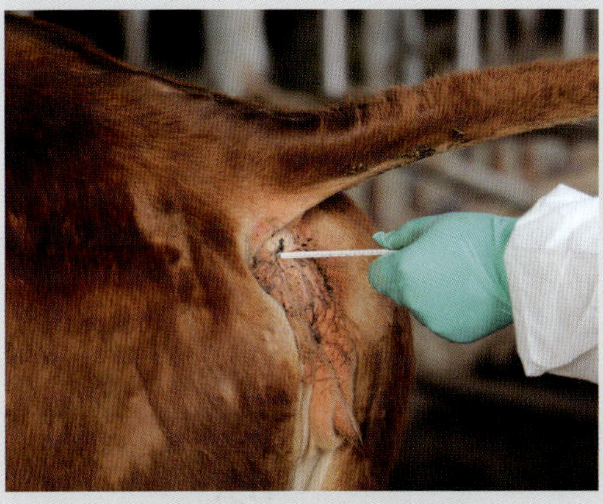

图4-22 测定牛直肠温度

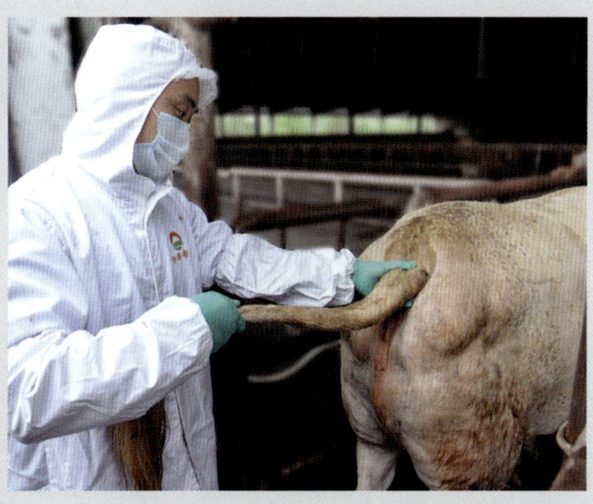

图4-23 牛尾动脉测定脉搏数

脱、极度衰弱和传染病的濒死期等。

通常以心脏听诊来代替脉搏检查。脉搏数增多，见于热性病（体温每升高1℃，脉搏增加8 ~ 10次）、疼痛性疾病、贫血、心力衰竭及某些中毒病；脉搏数减少，可见于引起颅内压增高的疾病、房室传导阻滞及濒死期等。

呼吸频率增加在临床上最常见，如发热性疾病；呼吸频率减少，见于脑积水、气管狭窄等。呼吸困难多见于呼吸器官本身疾病、心力衰竭、循环障碍、中毒等。如果呼吸系统有炎症，可流出较多的鼻液，鼻液呈粉红色或鲜红色而混有许多小气泡，可能是肺气肿、肺充血、肺出血。

（三）检查程序和要求

牛羊的宰前检查包括接收检查、待宰检查、送宰检查和急宰检查、实验室检验和宰前检查后的处理等。

从事宰前检查的兽医卫生检验人员应掌握动物检验检疫相关法律法规和规章及标准，现场核查申报材料的程序及方法，羊临床检查方法和技术，羊宰前检疫对象的检查内容、诊断要点及结果处理，清洗消毒技术及无害化处理方法等，能满足岗位对技能的要求。

（四）注意事项

1.病、死牛羊严格处理 宰前发现死牛羊的，严禁死宰，应按国家有关规定进行无害化处理。发现牛羊染疫或疑似染疫的，应立即向驻场官方兽医报告，并迅速由货主采取隔离等控制措施。同时应立即向所在地农业农村主管部门或者动物疫病预防控制机构报告。发生动物疫情时，应按照国家规定开展动物疫病检测。

2.异主异批不得混群 不同产地、不同货主、不同批次的牛或羊不得混群同圈。

3.无证无标不得进厂 无产地签发的动物检疫证明，无运输车辆、承运单位

（个人）及车辆驾驶员备案证明或失效过期的，未佩戴耳标或不符合要求的，与动物检疫证明不符的，不得进厂卸车。

4.人员要求 兽医卫生检验人员应经考核合格并具有健康证明，数量与屠宰规模相适应，协助官方兽医开展屠宰检疫工作。未取得健康证明的，不得从事兽医卫生检验工作。

二、接收检查

（一）查证验物，询问情况

在牛羊进入屠宰厂（场）前，要在收购验收区进行接收检查。检验人员应向运送人员索取和查验产地签发的动物检疫证明（图4-24）、运输车辆、承运单位（个人）及车辆驾驶员备案证明。无动物检疫证明或失效过期的，或运输车辆、承运单位（个人）及车辆驾驶员备案不符合要求的，不得卸车，报告所在地农业农村主管部门。同时向货主或承运人询问牛羊在运输途中的有关情况（图4-25），重点是牛羊的健康状况，如有无病、死及其他异常情况等，为临车检查提供参考。

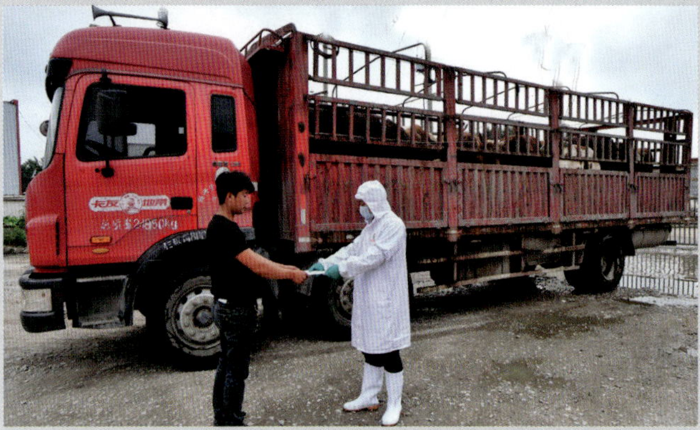

图4-24 检验人员查验检疫证明

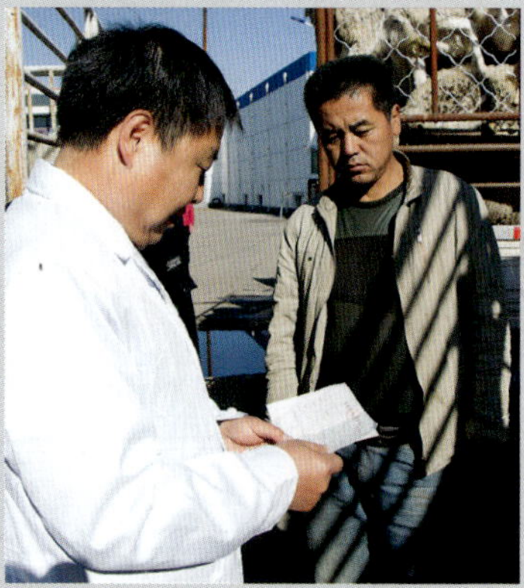

图4-25 了解运输情况

（二）临车观察

检验人员登临车厢进行检查（图4-26、图4-27）。

（1）检查车内牛羊的种类、数量与动物检疫证明登记的是否相符（图4-28）。

（2）检查牛羊群是否佩戴耳标及佩戴是否符合要求（图4-29）。

（3）对车厢内的牛羊进行群体静态检查，观察牛羊群的精神状况、外貌、呼吸状态及排泄物状态等情况。注意有无精神不振、严重消瘦、站立不稳、咳嗽、气喘、呻吟、流涎、昏睡、腹泻等异常情况。重点排查牛羊屠宰检疫对象患病牛羊及疑似患病牛羊，发现可疑病牛羊时，应向农业农村部门或动物疫病预防控制机构报告，

图4-26　临车观察牛群

图4-27　临车检查羊群

图4-28　核对羊的种类和数量

图4-29　检查羊的耳标

并由货主采取隔离等措施；对其他异常的牛羊，转入隔离圈内进行隔离观察，确诊后按有关规定处理。

（三）“瘦肉精”筛查

根据实际情况，对在运输工具中卸载时或进入宰前预检分类圈的牛羊，检验人员用采样杯或其他容器收集尿液（图4-30、图4-31），进行“瘦肉精”（β-受体激动剂等化合物）抽样检查。目前，牛羊屠宰厂（场）主要应用胶体金免疫层析法进行盐酸克伦特罗、莱克多巴胺及沙丁胺醇等的快速检测（图4-32）。此外，有的企业通过牛尾部采血（图4-33），离心后取血清，用胶体金试纸条初筛（图4-34）。检测结果为阴

图4-30　采集牛尿液

图4-31　羊尿液的采集

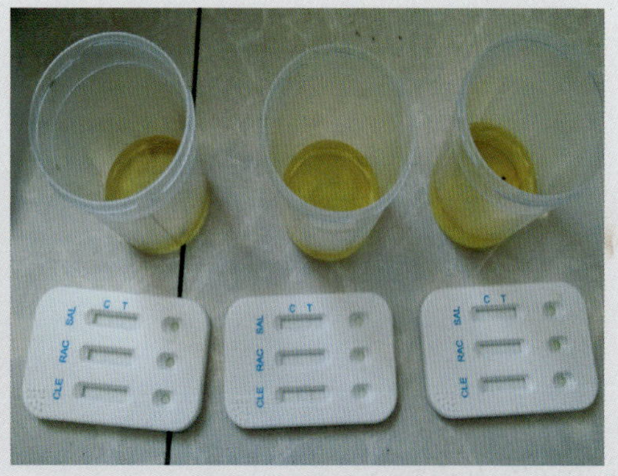

图4-32　尿液中“瘦肉精”的检测（示例）

性的，方可放行入厂（场）。对于筛查疑似阳性样品，应及时按国家标准检测方法进行确证，确证检测结果不合格的牛羊，按规定进行无害化处理。同时对同批次牛或羊逐个进行该阳性项目检测，对合格的牛羊准予屠宰，不合格的按规定进行无害化处理。

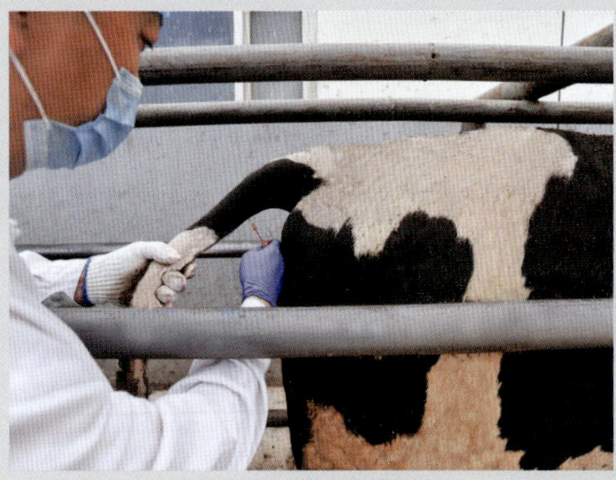

图4-33　牛尾部采血

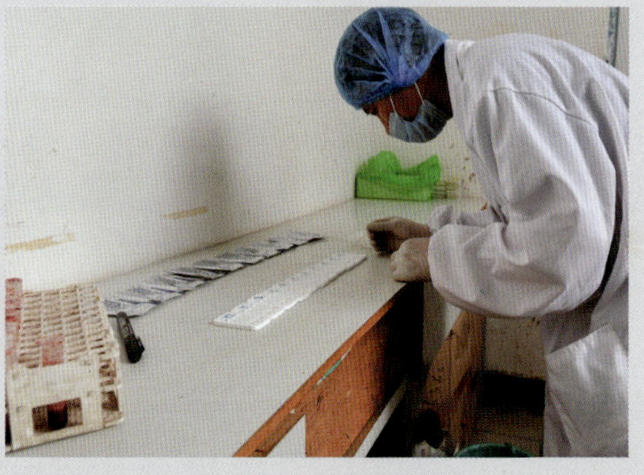

图4-34　试纸条检测

（四）回收证明、分圈管理

1.回收证明　经入场查验合格的，检验人员要收回货主的动物检疫证明，并放行入场。记录每批进厂牛或羊的来源、数量、检疫证明号和供货者名称、地址、联系方式等内容。

2.卸车检查　卸车时逐个观察牛或羊的健康状况，检验人员站在卸载通道旁便于观察的位置，对牛羊进行群体动态检查（图4-35、图4-36），主要检查精神状况、外貌、呼吸和运动状态等，注意有无跛行、共济失调、离群掉队、瘫痪等异常行为。发现异常时要进行个体检查。

3.分圈管理　在将牛羊卸车后，按照病健分圈的原则，根据检查结果进行分圈

图4-35 卸载时牛动态观察

图4-36 视检卸载羊健康状况

管理（图4-37、图4-38）。将检查合格的牛羊送入待宰圈休息待宰；如发现可疑和疑似病牛羊时，向农业农村部门或动物疫病预防控制机构报告，赶入隔离圈进行隔离观察，经过隔离观察，将确认健康的牛羊转入待宰圈继续休息待宰，对确诊的病牛羊按有关规定进行处理。此外，可将严重伤残、濒死且无碍食品安全的牛羊送急宰间急宰。死牛羊应做无害化处理。

图4-37 卸载后牛进入待宰圈进行分圈管理

图4-38 羊的分圈管理

分圈原则：不同产地、不同货主、不同批次的牛羊不得混群。

（五）车辆清洗消毒

卸车后，运输车辆、工具及相关物品要进行清洗和消毒（图4-39）。屠宰企业应提供清洗消毒设备和场所等，检验人员应监督货主清洗消毒情况。

三、待宰检查

对进入待宰圈的羊还应实施健康检查和宰前管理，最大限度发现病羊和异常牛羊，并及时采取处理措施。

图4-39　牛卸载后清洗、消毒运输车辆

（一）停食静养、充分饮水

为了消除牛羊运输途中的疲劳，恢复正常的生理状态，以提高肉品质量，牛羊在待宰期间，应按照GB/T 19477《畜禽屠宰操作规程　牛》、GB/T 43562《畜禽屠宰操作规程　羊》的规定，停食静养12 ~ 24 h（图4-40），充分饮水至宰前3 h。如待宰时间超过24 h，宜适量喂食。饮水槽要有排水装置，定期进行清洗；饮水装置要经常维护和清洗。

图4-40　待宰圈停食静养

（二）定时观察

待宰期间检验人员应定时观察，每天至少巡检3次以上，以群体检查为主，检查牛羊的健康状况（图4-1、图4-41），观察静态、动态、饮水以及排便、排尿情况。

图4-41 停食静养期间的巡圈检查

必要时测量体温、进行听诊等个体检查，方法同前。发现疑似病牛羊，应送入隔离圈，进行隔离观察（图4-42）。发现濒死且无碍食品安全的牛羊，可送急宰间急宰。死牛羊无害化处理。

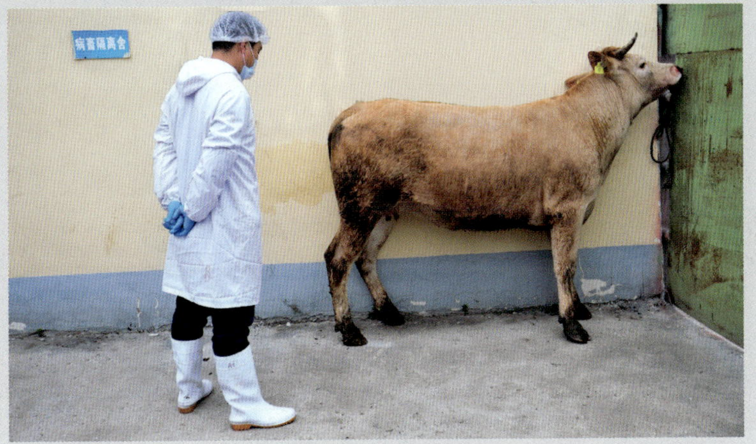

图4-42 隔离观察

（三）病牛羊隔离

隔离圈内的可疑病牛羊和病牛羊经过饮水和适当休息后，经测量体温和临床检查，恢复正常的可以并入待宰圈；症状如仍不见缓解、卧地不起，濒临死亡或已死亡的，按照有关规定及时处理。

（四）检疫申报

货主应在屠宰前6 h向所在地动物卫生监督机构申报检疫。确认为无碍食品安全且濒临死亡的，可以急宰，急宰的可以随时申报。申报检疫应当提供检疫申报单、牛羊入场时附有的动物检疫证明、牛羊入场查验登记和待宰巡查等记录。动物卫生监督机构接到检疫申报后，应当及时对申报材料进行审查。材料齐全的，予以受理，由派驻（出）的官方兽医实施检疫；不予受理的，应当说明理由。官方兽医应当回收牛羊入场时附有的动物检疫证明，并将有关信息上传至动物检疫管理信息化系统。

四、送宰检查

（一）全面检查

牛羊送宰前要进行一次全面的群体检查，发现异常应进行详细的个体检查。检查后超过4 h未屠宰的，在送宰前应进行再次的全面检查。现场核查申报材料与待宰牛或羊信息是否相符。

（二）体表清洁检查

屠宰前宜使用温水清洗牛体（图4-43、图4-44），其体表应无污物。

图4-43 待宰圈牛淋浴

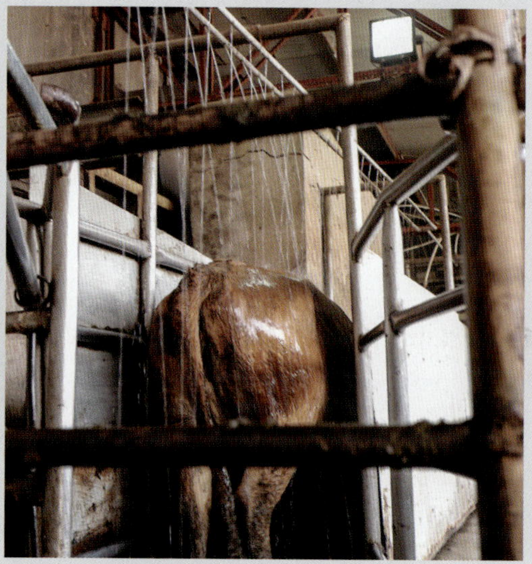

图4-44 赶牛通道待宰牛淋浴

（三）结果处理

经检查确认合格的牛羊准予屠宰，登记检查结果和准宰头数。应按“先入栏先屠宰”的原则分栏送宰，送宰牛羊通过屠宰通道时，应进行编号，按顺序赶送，不应采用硬器击打（图4-45）。

经检查确认不合格的，按照相关规定进行处理。

（四）圈舍消毒

牛羊送宰之后，待宰圈、隔离圈要及时进行空圈清洗和消毒，相关设备设施也要同时进行清洗消毒。对病牛或羊排泄物、分泌物要进行消毒和无害化处理。

五、急宰检查

对在接收检查、待宰检查和送宰检查中发现的严重伤残、濒死牛羊，经临床检查和实验室检查后，确认无碍食品安全的，进行急宰。急宰发现染疫病牛羊时，进行无害化处理。急宰检查应按牛宰后检查及处理的规定执行。

图4-45　牛只通过赶牛道

六、宰前检查后的处理

（一）宰前检查合格牛羊的处理

经宰前检查合格的牛羊，准予屠宰。符合以下条件的，为“合格牛/羊”。

（1）进入屠宰加工场所时，具备有效的动物检疫证明，畜禽标识符合国家规定。

（2）申报材料符合牛/羊屠宰检疫规程规定。

（3）待宰牛羊临床检查健康。

（4）需要进行实验室疫病检测的，检测结果合格。

（5）动物疫病以外的疾病的检验结果合格。

（6）食品动物中禁止使用的药品及其他化合物等有毒有害非食品原料的检验结果合格。

（7）国家规定的其他检验内容的检验结果合格。

（二）宰前检查不合格牛羊的处理

宰前检查不合格的，按照下列规定处理。

（1）发现染疫或者疑似染疫的，向农业农村部门或者动物疫病预防控制机构报告，并由货主采取隔离等控制措施。

（2）发现病死牛羊的，按照《病死畜禽和病害畜禽产品无害化处理管理办法》等规定处理。

（3）现场核查发现待宰牛羊信息与申报材料或入场时附有的动物检疫证明不符，涉嫌违反有关法律法规的，向农业农村部门报告。

（4）确认为无碍食品安全且濒临死亡的牛羊，可以急宰。

（5）确证“瘦肉精”等有毒有害非食品原料的检测结果不合格的牛羊和同批次牛羊该阳性项目检测结果阳性的，按规定进行无害化处理。

第二节 牛宰后检查

宰后检查是牛屠宰检查最关键的环节，是肉品安全全程监控的重要环节，也是宰前检查的继续和补充。牛宰后检查要求官方兽医和兽医卫生检验人员按照《牛屠宰检疫规程》和肉品品质检验规程等规定，遵循检查内容、程序和方法实施，对牛屠体或胴体进行病理学检查、肉品品质检验和实验室检验以及检查后结果的处理。

一、概述

牛宰后检查主要内容包括牛健康状况的检查，7种动物疫病及动物疫病以外的疾病检验与处理，甲状腺、肾上腺和病变淋巴结、病变组织器官的摘除、修割与处理，注水或注入其他物质的检验与处理，食品动物中禁止使用的药品及其他化合物等有毒有害非食品原料的检验与处理，肉品卫生状况的检查与处理，以及国家规定的其他检验内容等。

（一）同步检验检疫*

宰后检验检疫，即宰后检查，由官方兽医进行宰后同步检疫，兽医卫生检验人员进行宰后同步检验，后者也可协助前者进行宰后同步检疫，是在牛屠宰加工流水线上，对屠宰牛的头蹄、内脏、胴体等进行全面检查。主要是运用兽医病理学、传染病学、寄生虫学和实验室诊断技术等，在高速流水作业条件下，迅速、准确对屠体的状况做出正确判断，这需要掌握各种疫病典型的“特征性病理变化”。例如：牛结核病的特征性病变为胴体消瘦，器官或组织形成结核结节或干酪样坏死，胸膜和肺膜的形如珍珠状密集的结核结节（图3-191）。

同步检验是与屠宰操作相对应，将牛的头、蹄、内脏与胴体生产线同步运行或统一编号，由兽医卫生检验人员对照检验和综合判断的一种检验方法。内脏同步检验线有悬挂和盘式输送两种形式，均符合卫生检验要求。

同步检验必须边屠宰边检验，决不允许屠宰结束或屠宰进行一段时间后再进行检验。同步检验包括四个“同步”：①屠宰与检验同步；②胴体与内脏同步运行；③胴体与内脏同步检验；④胴体与内脏同步处理。

* 由于打星号部分内容同时适用于牛羊宰后检查，因此在第三节羊宰后检查“概述”部分不再赘述。

（二）目的意义*

宰前检查对缺乏明显临床症状的患病牛难以检出，使其随同健康牛进入屠宰加工过程。在宰后同步检疫检验中，直接观察胴体、脏器及组织呈现的病理变化和异常现象，必要时进行实验室检验，通过综合分析判断才能检出。宰后检查可以发现宰前检查中难以发现的、处于潜伏期或者症状不明显的一些疫病及普通病，以及色泽和气味异常肉、肿瘤等，并依照有关规定严格执行宰后检查的病害牛及其产品的无害化处理。因此，宰后检查对于保证肉品卫生质量，保障消费者的食肉安全和健康，防止人兽共患病和其他传染病的传播，具有重要意义。

（三）常用工具**

宰后检查常用的工具主要有检验刀、检验钩和挡刀棒（图4-46）。每位兽医卫生检验人员应配备两套以上工具，一套使用，另一套放在82℃热水中消毒，轮换消毒使用。为防止疫病传播，严格做到“一牛一刀一消毒”。

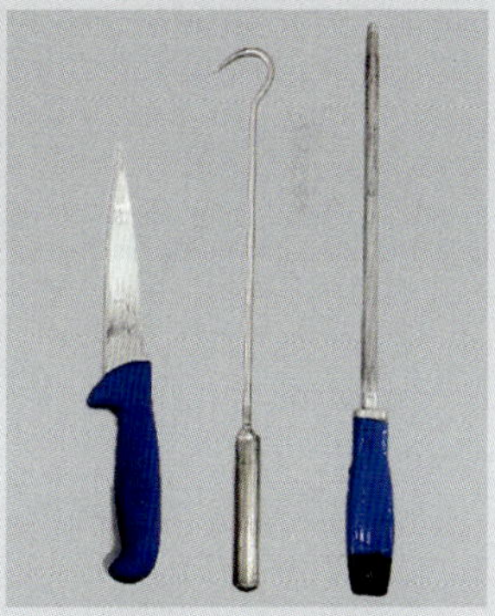

图4-46 宰后检疫工具
挡刀棒、检验钩、检验刀

1.检验钩 通常左手持检验钩，将钩尖插入软组织内，向左或向右或向下用力拉紧检验钩固定被检软组织。但不能由下向上固定软组织，避免误伤。

2.检验刀 检验刀由刀柄、护手和刀身构成，刀身又包括刀刃、刀背、刀尖和刀面（图4-47）。检验刀的刀柄前端下方要有“护手”装置（图4-47），避免自伤；刀刃前端有一定的弧度，便于剖检；靠近刀柄的刀背上方要有加厚或加宽装置，防止伤拇指（图4-48A）。

检查时的握刀方法：四指位于刀“护手”的后方环握刀柄，拇指平伸放在刀柄上方（图4-48B），便于灵活掌握刀的力度和运刀轨迹。用力切割时的握刀方法：四

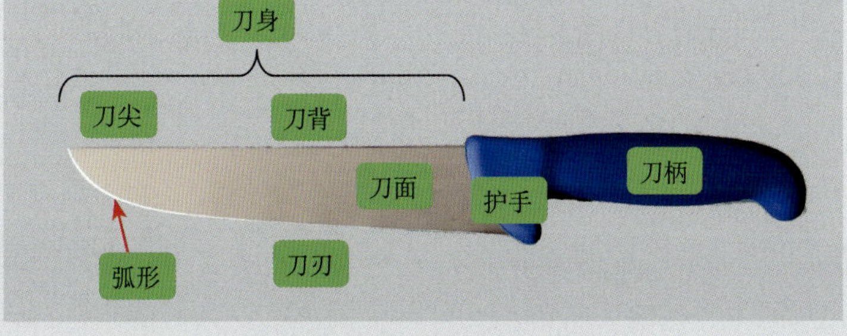

图4-47 检验刀的结构与各部名称

* 由于打星号部分内容同时适用于牛羊宰后检查，因此在第三节羊宰后检查“概述”部分不再赘述。

指位于刀“护手”的后方环握刀柄，拇指下垂于食指前方，手的虎口位于刀柄的正上方，五指紧握刀柄（图4-48C），便于用力切割，但灵活度较差。

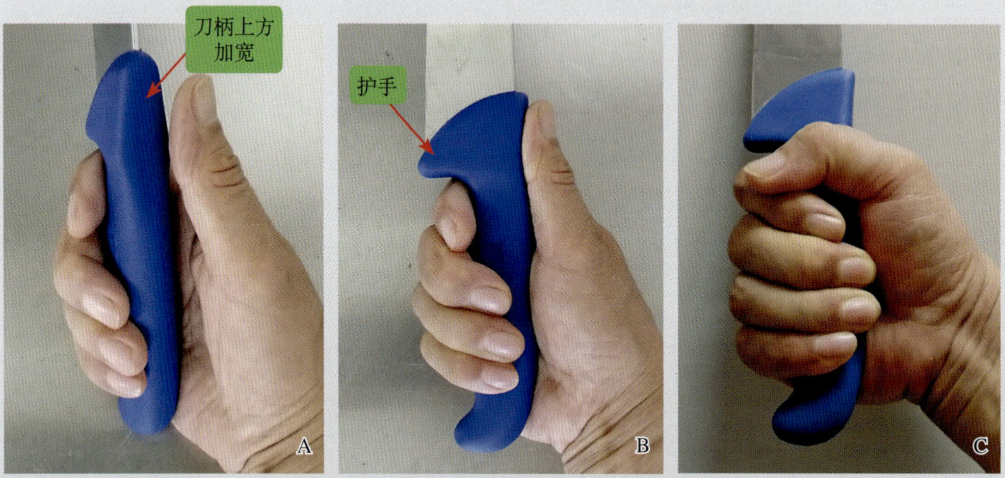

图4-48　检验刀的刀柄结构与握刀方法

A.刀柄结构　B.检验时握刀方法　C.用力切割时的握刀方法

3.挡刀棒（圆挫钢） 用于检验刀的刀刃的打磨，以使其保持锋利状态，切割被检组织器官时保持顺畅。使用时，一手拿着挡刀棒，另一只手拿着刀；把刀放在挡刀棒上面，倾斜刀片，使刀片与挡刀棒之间保持15° ～ 20° 的角度；将刀片拉到挡刀棒的钢片上，从刀片的底部慢慢滑到刀尖部分，再将刀放在挡刀棒的下面，重复以上动作拉过刀片。一般重复以上操作6 ～ 8次即可使刀刃锋利。

（四）检查方法

宰后检查以感官检查为主，包括视检、触检、嗅检和剖检，判断胴体及内脏等是否有病变，并做出诊断及处理。必要时辅以病理组织学、病原学、免疫学、理化学等方法进行实验室检查（见第五章）。

1.视检 肉眼观察胴体的体表、肌肉、胸腹膜、脂肪、骨骼、关节、天然孔、淋巴结及各种脏器的色泽、形状、大小、组织状态等是否正常，有无充血、出血、水肿、脓肿、增生、结节、肿瘤等病变以及寄生虫和其他异常，为进一步剖检提供依据。如牛上下颌骨肿大，应注意检查是否为放线菌病；如喉颈部肿胀，应注意检查是否为炭疽。

2.触检 采用手触摸或刀具触压受检部位的方法，判定组织、器官的弹性和软硬度是否正常，这对发现位于被检组织或器官深部的硬结性病灶具有重要意义。如在肺叶内的病灶只有通过触摸或剖开才能发现。一般用刀背触压被检器官，将刀背放在软组织的表面，由上向下或由左向右滑动，刮掉器官表面的血污，同时按压被检器官，检查其弹性、质地、光滑度等有无异常。必要时，可以用手（佩戴医用手套）进行触摸检查，如检查胃肠时。

3.嗅检 检疫人员利用嗅觉嗅闻牛的组织和脏器有无异常气味，以判定肉品的卫生质量。有时动物患某些疾病时，其组织和器官无明显可见或特征性的病理学变化，必须依靠嗅其气味来判定卫生质量。如牛发生创伤性化脓性心包炎和腹膜炎时，肉有粪臭味和氨臭味；患肾炎、膀胱炎和尿毒症时，肉有尿味；还可能有药物的气味或者性气味等。

4.剖检 借助于检验刀具剖开被检组织器官和淋巴结等，检查其内部或深层组织的结构和状态，对于发现组织器官和淋巴结内部的病变或寄生虫是非常重要的。剖检分为正架检验和反架检验，以右手握刀为例：

（1）正架检验 是检查时经常使用的动作。左手持钩向左侧或向左下方固定被检器官或组织；右手握刀，并用大拇指按住刀背以保持刀的稳定，向下或向右侧剖检被检器官或组织。

（2）反架检验 多用于胴体或二分胴体右侧部分的检查。左手持钩越过胸前部，掌心朝上，向右外侧拉紧被检组织；右手握刀，位于左手下方，向下或向左（右）下方运刀剖检。为避免自伤左手，严禁右手握刀在左手上方进行剖检。

（五）剖检技术要求

检查人员必须具备相关的专业技术、资格条件，并经考核合格。熟悉羊解剖学、兽医病理学、兽医传染病学和寄生虫学及兽医法律法规等方面的知识，并要熟练掌握宰后检查的技能，具有识别和判定屠宰牛或羊组织和器官病理变化的能力。必须按照规定选择最能反映机体病理状态的器官和组织进行剖检，并严格遵循一定的检验检疫程序和操作术式，养成良好的工作习惯，以免漏检。剖检时提倡“一刀剖开”，用刀刃借平稳的滑动动作切开组织器官。注意：必须在规定的检查部位剖开，严禁任意切割或拉锯式切割，既要保证商品的完整性，又可避免造成切口模糊，影响观察。发现可疑病变时，可适当增加剖检部位和扩大切口，以便准确判断。

1.剖检原则与顺序 先疫病检疫后品质检验，先重点后一般。例如，进行头蹄检查时，先检查下颌淋巴结有无炭疽等的特征性病变，再摘除甲状腺。

胴体剖检顺序：先左后右，先上后下。例如，先进行左侧二分胴体的检查，再进行右侧二分胴体的检查；每侧胴体都是由上向下依次进行髂下淋巴结、颈浅淋巴结的检查。

2.肌肉剖检要求 应顺肌纤维方向纵向切开（图4-49），应杜绝横断肌肉，以免切断血管，血液涌出影响判断。同时肌纤维横断后向两端收缩，形成敞开性切口，不但影响商品外观，还易引起微生物污染。

3.淋巴结剖检要求 检查淋巴结时，应沿长轴纵切，切开上2/3～3/4（图4-50），用刀面扒开切口使其外翻，形成V形刀口，切面朝向检验员，便于视检。杜绝将淋巴结横断或切成两半，并减少伤及周围组织。

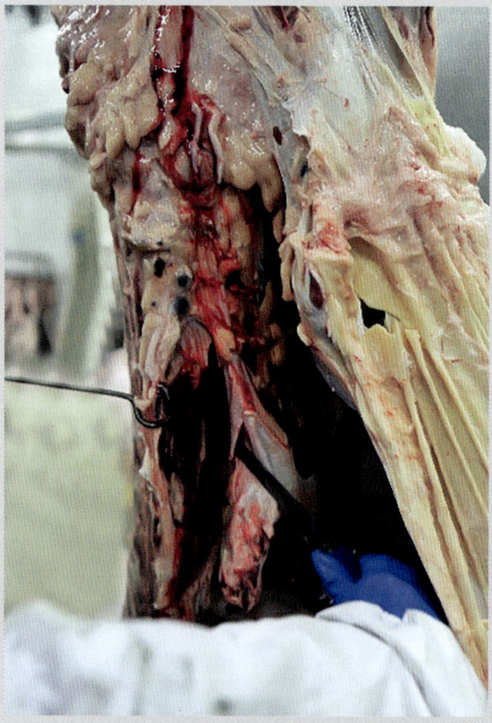
图4-49 检查肌肉时沿肌纤维方向切开

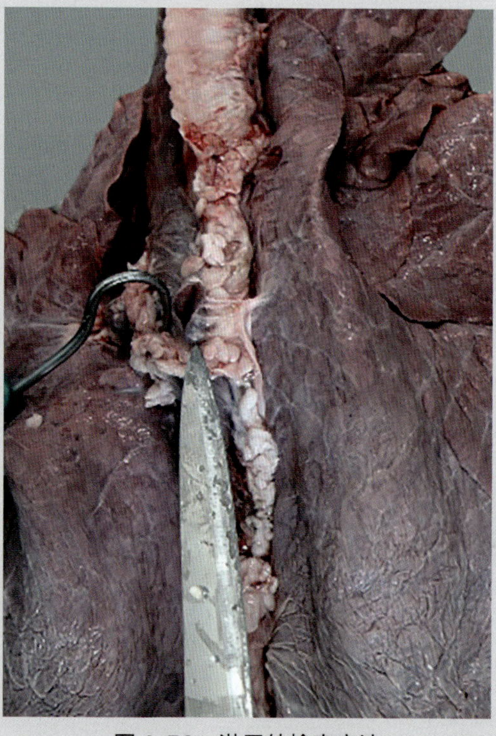
图4-50 淋巴结检查方法

4.实质性器官剖检要求 剖检肺脏、肝脏、肾脏等器官时，检验钩应钩住这些器官“门部”附近的结缔组织，如肝门（图4-51），不能钩住器官的实质部分，否则会钩破内脏器官，破坏商品的完整性。

5.防止病变组织污染及处理 当切开脏器和胴体的病变部位时，应防止病变组织污染产品、地面、设备、器具、检查人员的手和工作服。如果在进行内脏和内脏淋巴结检验时割破了胃肠道，其内容物流出后污染了胴体和脏器，此时应将污染部分洗净或修切后弃去。脓肿、血疱或水疱切破后也应如此处理。污染的刀具应立即消毒，严禁用已经污染的刀具再去剖检健康胴体。同时检查人员还应注意个人防护，穿戴清洁的工作服、鞋帽、围裙和手套上岗，工作期间不得到处走动。

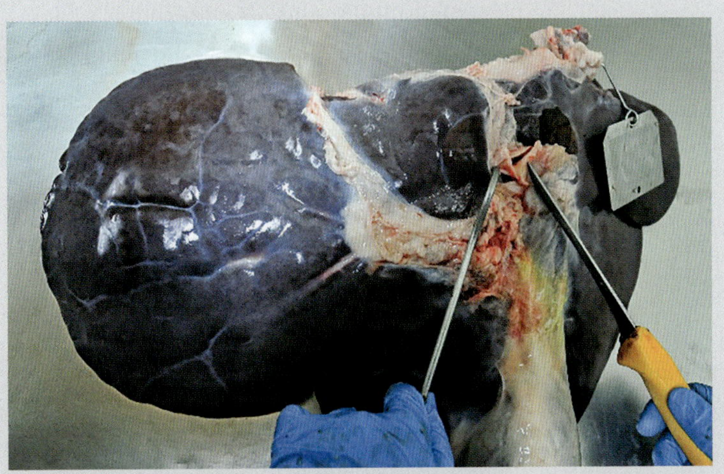

图4-51　肝脏检验固定方法

(六) 宰后检查环节

牛宰后检查包括头蹄检查、内脏检查、胴体检查、复验、实验室检验（见第五章）和宰后检查的处理。

二、头蹄检查

(一) 头部检查

1.检查岗位设置　设在去牛头工序之后。目前，根据不同企业的屠宰流程设有2个去牛头位置，一是放血以后立即去牛头的去前蹄、去头的工序；二是设在机械扯皮之后开胸之前的去牛头工序。应在去牛头位置附近设置头部检查岗位，并配置检查台及清洗装置。

2.检查流程及内容　头部全面检查 → 淋巴结检查 → 摘除甲状腺。

3.检查操作技术

（1）头部全面检查　检查鼻唇镜、齿龈及舌面有无水疱、溃疡、烂斑，头部肿胀等；检查咽喉黏膜和扁桃体有无病变。

1）鼻唇镜、齿龈及舌面检查　主要包括鼻唇镜检查（图4-52）、齿龈及黏膜检查（图4-53）、口腔及舌面检查（图4-54），观察有无异常变化。

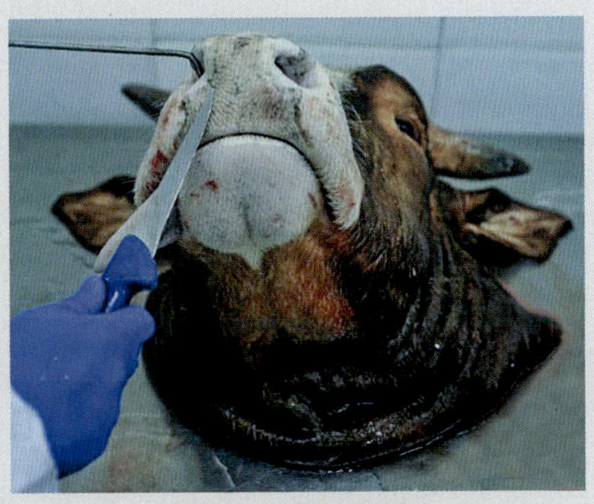

图4-52　鼻唇镜检查

2）咽喉黏膜、扁桃体等检查　未

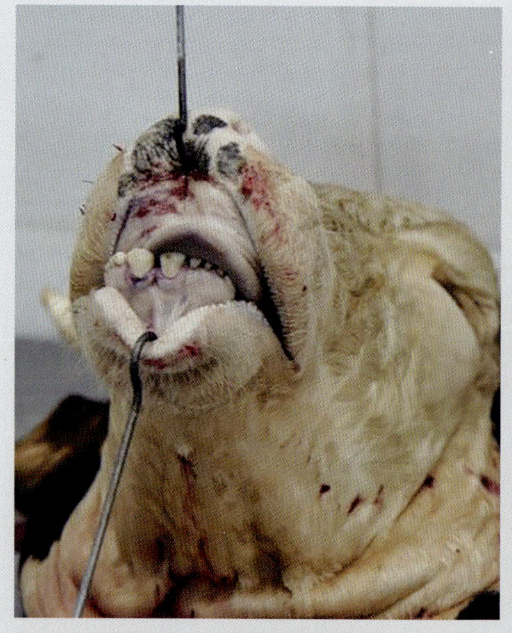
图4-53　齿龈及黏膜检查

图4-54　口腔及舌面检查

剥头皮的，先从下颌间隙中间进刀将头皮剥开（图4-55），然后用检验刀将下颌骨间软组织与下颌骨分离（图4-56），在舌的两侧和软腭上各切一刀，从下颌间隙拉出舌尖，并沿下颌骨将舌根两侧切开，用检验钩钩住舌根拉紧，完全暴露咽喉部

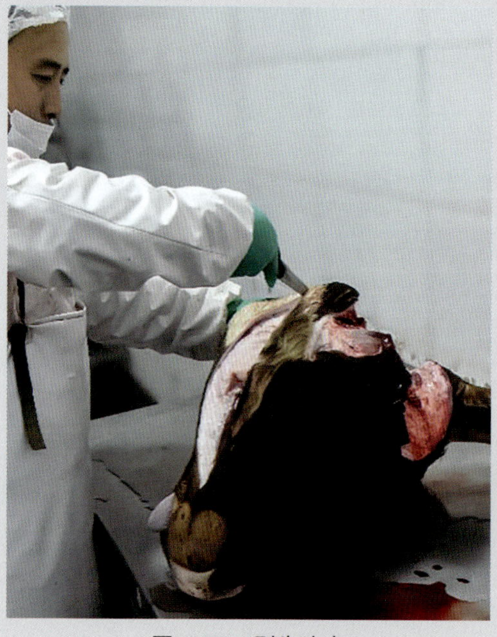
图4-55　剥牛头皮

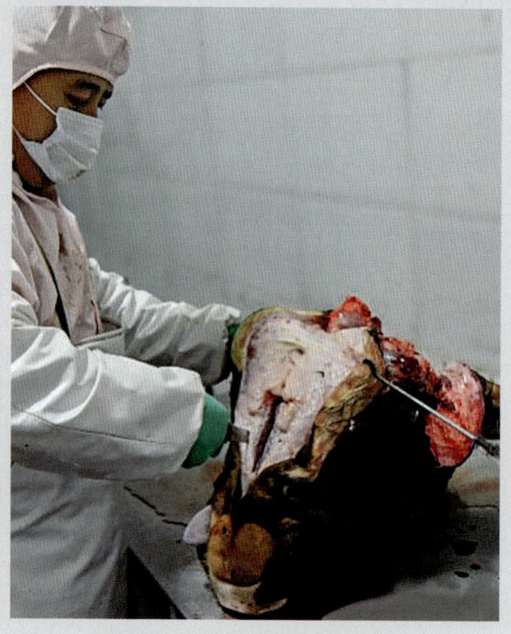
图4-56　下颌骨与软组织分离

（图4-57），仔细观察咽喉黏膜和扁桃体有无出血、溃疡和色泽变化。

3）下颌骨检查　发现头部有异常肿胀时，可检查上、下颌骨的状态，检查有无开放性骨瘤且有脓性分泌物，或在舌体上是否生有类似肿块等（图4-58）。

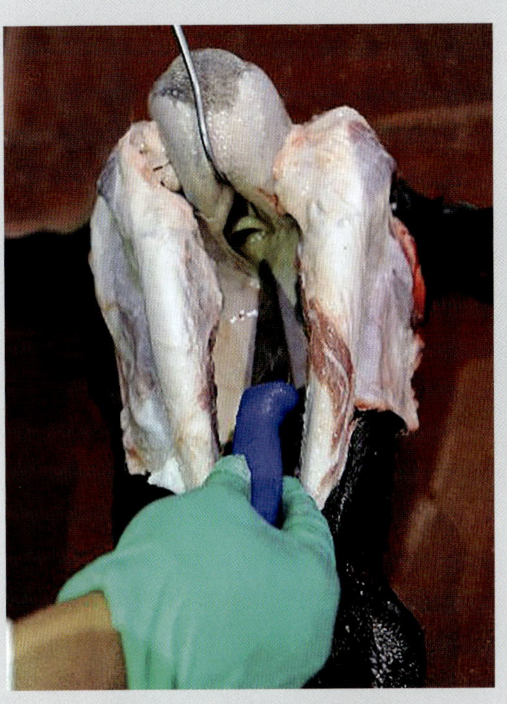

图4-57　舌根和咽喉部检查

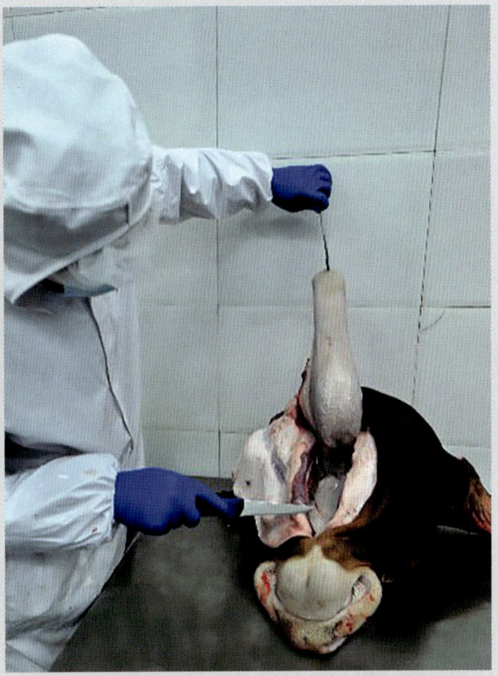

图4-58　口腔、上腭及下颌骨检查（必要时）

（2）淋巴结检查　剖检一侧咽后内侧淋巴结和两侧下颌淋巴结，观察有无肿胀、淤血、出血、坏死灶、化脓等异常变化。

1）检查岗位设置　设在头部全面检查之后进行。

2）检查操作技术

A.咽后内侧淋巴结检查　咽后内侧淋巴结是牛屠宰后必检淋巴结（图4-59）。

左侧咽后内侧淋巴结检查方法：左手用检验钩牵引喉部，右手持刀顺舌骨支隆起部纵向从中部剖开咽后内侧淋巴结（图4-60A、B），剖面充分暴露（图4-60C）。右侧咽后内侧淋巴结检查方法相同（图4-61A、B、C）。选择剖检一侧咽后内侧淋巴结。

B.下颌淋巴结检查　下颌淋巴结是牛屠宰后必检淋巴结。由左右下颌角分别向后找到下颌腺后缘外侧，即可摸到被下颌腺覆盖的下颌淋巴结。从两侧下颌骨角内侧切开下颌淋巴结（图4-62A、图4-63A），进行观察（图4-62B、图4-63B）。

（3）摘除甲状腺　甲状腺（图3-59、图4-64）属于不可食用的腺体，牛宰后要摘除甲状腺并进行无害化处理。

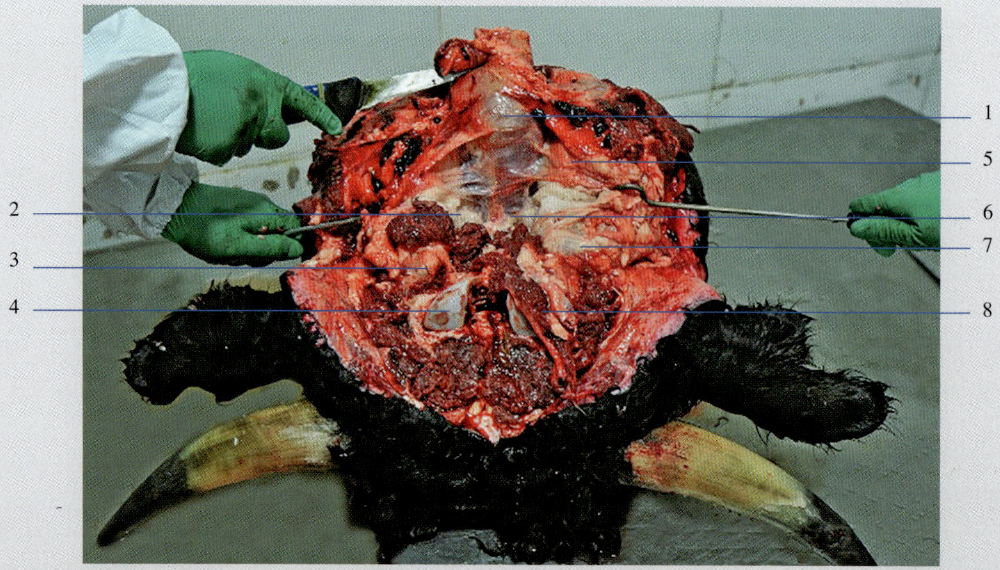

图4-59 咽后内侧淋巴结定位图

1.喉 2.左咽后内侧淋巴结 3.颞骨 4.枕骨 5.腮腺 6.右咽后内侧淋巴结 7.颞骨 8.枕骨

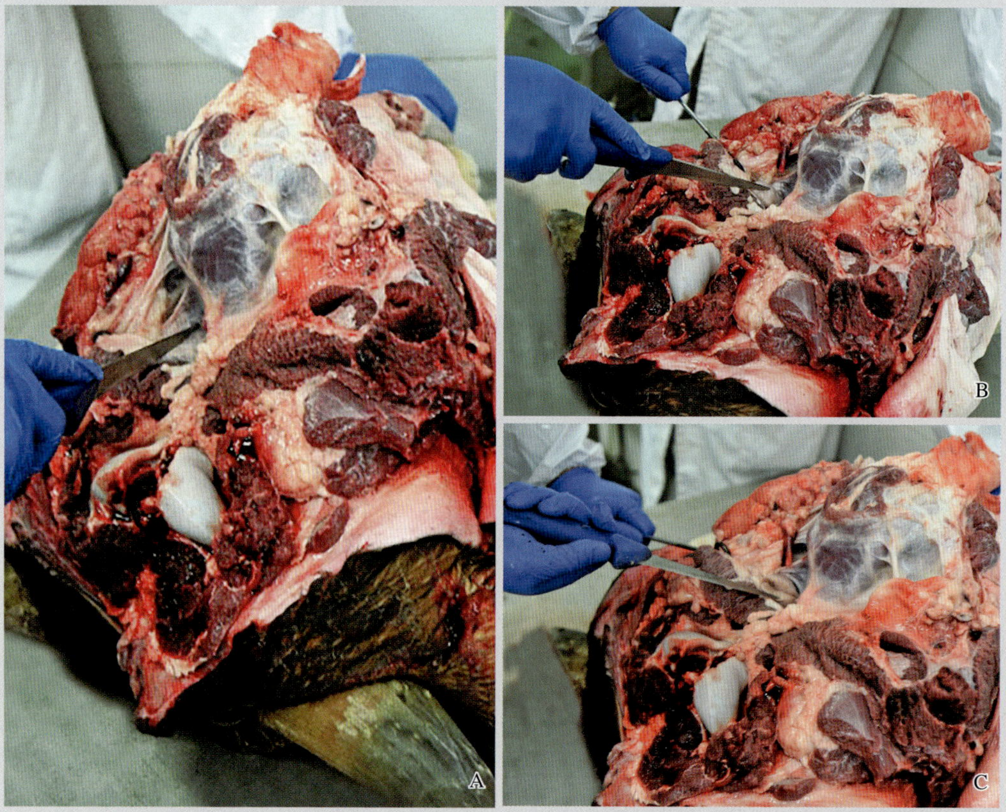

图4-60 左咽后内侧淋巴结检查

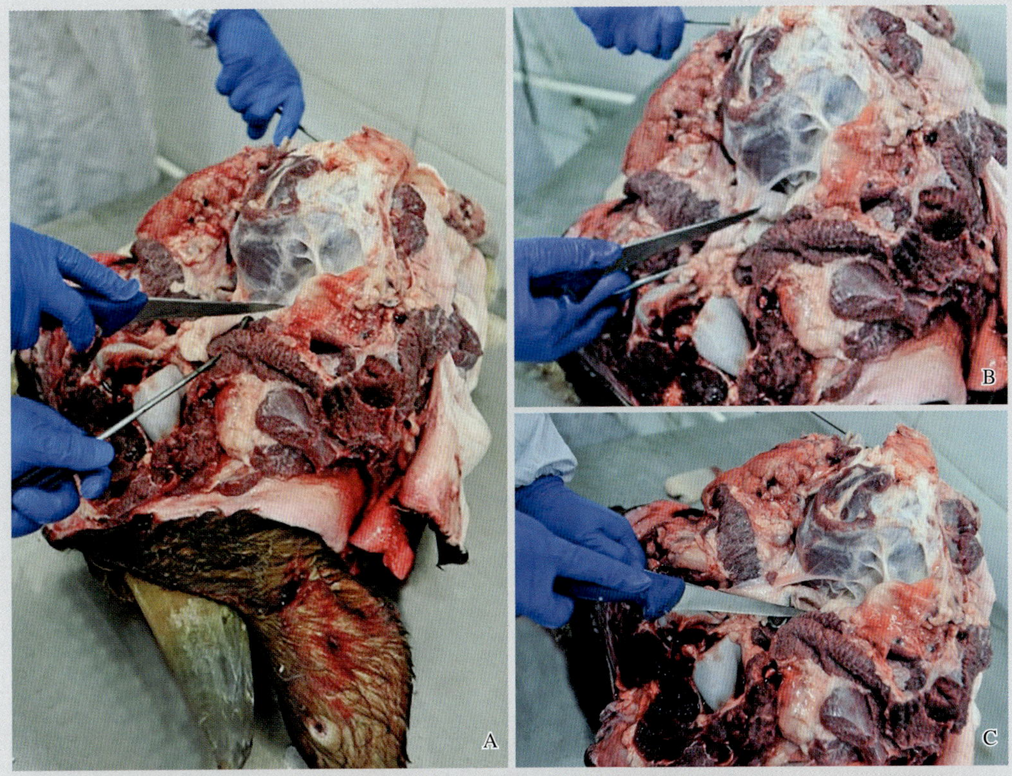

图4-61　右咽后内侧淋巴结检查

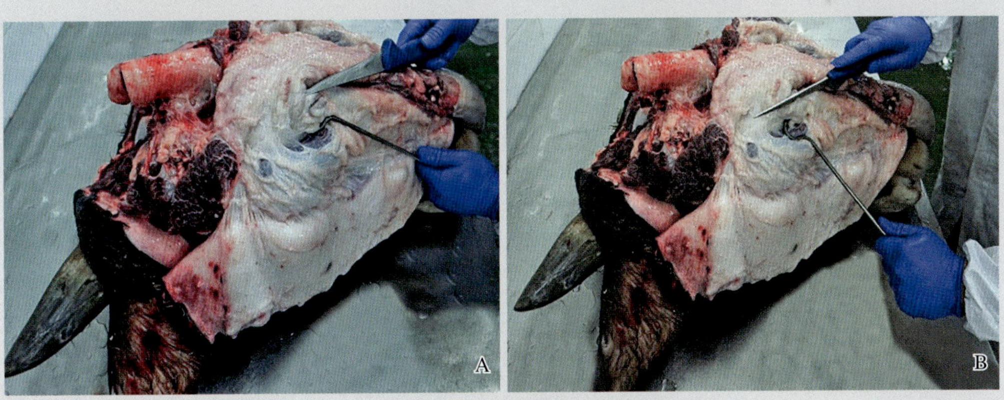

图4-62　左下颌淋巴结检查

1）检查岗位设置　放在下颌淋巴结检查之后。

2）检查操作技术　摘除甲状腺的工作由检验人员操作，或屠宰人员完成。检验人员左手持钩钩住气管环，右手持刀切开与气管附着连接处的结缔组织（图4-65A），然后左手抓住已剥离开的甲状腺，用检验刀小心剥离左右两侧的甲状腺（图4-65B、C），然后再剥离连接二者之间的腺峡，完整剥离甲状腺。

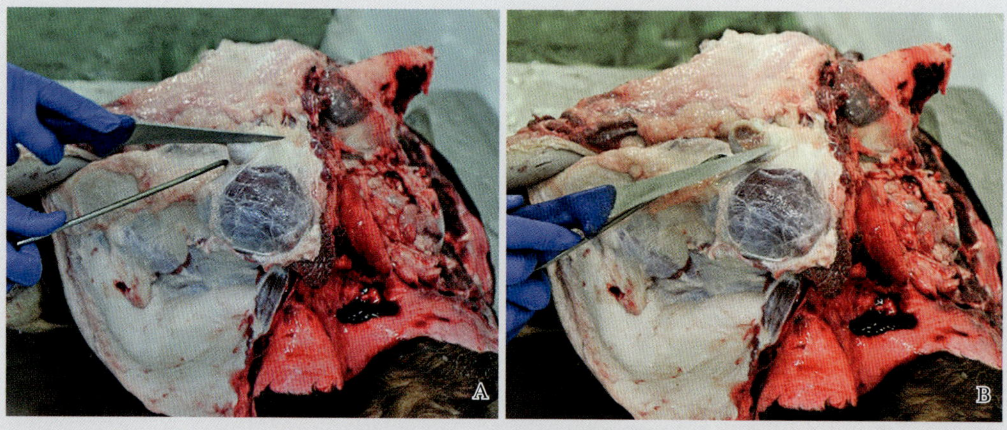

图4-63　右下颌淋巴结检查

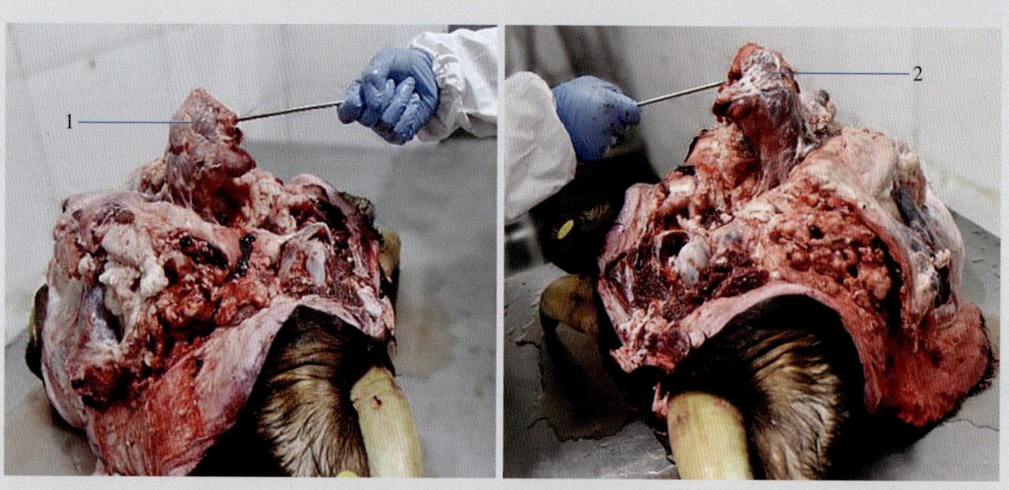

图4-64　甲状腺的位置

1.甲状腺左叶　2.甲状腺右叶

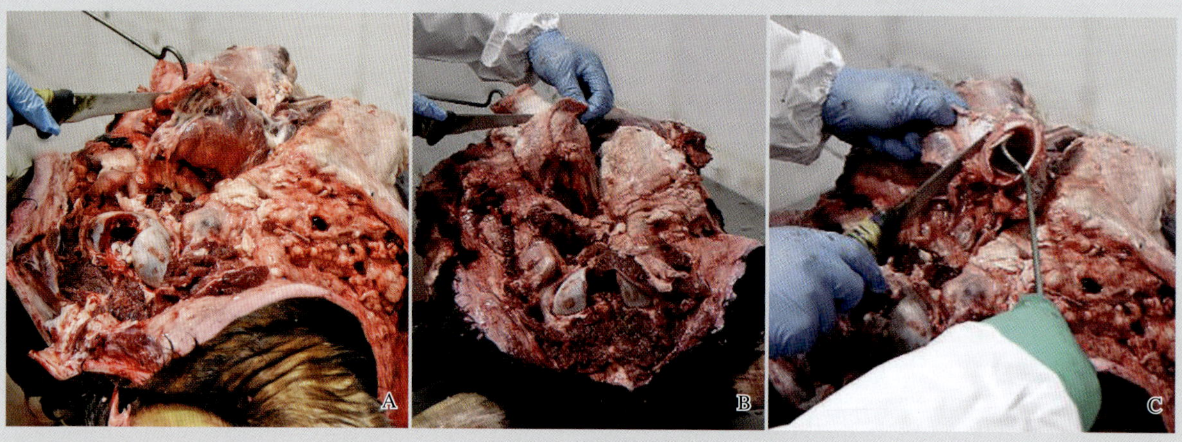

图4-65　摘除甲状腺

甲状腺必须在头部检查结束后完整摘除，存放在专用容器并集中无害化处理。此外，去头位置过浅，可能造成部分腺体留在胴体的气管上，头部检查摘除甲状腺时应注意观察甲状腺完整与否，若不完整，应在肺脏检查时将相应胴体的气管环上的甲状腺找到并摘除。

（二）蹄部检查

1.检查岗位设置 去前蹄、后蹄之后。

2.检查内容 检查蹄冠、蹄叉部的皮肤有无水疱、溃疡、烂斑、结痂等，重点排查牛口蹄疫。发现蹄部有肿胀、腐烂、脱壳、脓肿等异常变化的，应进行修割。

3.检查操作技术 先用左手抓住左侧主蹄，左右翻动检查蹄冠部皮肤有无异常（图4-66）；然后用右手抓住右侧主蹄用力分开，或右手持检验刀将刀背伸进蹄叉内，向右侧旋转刀背使左右主蹄分开，暴露蹄叉部皮肤，视检有无异常（图4-67）。

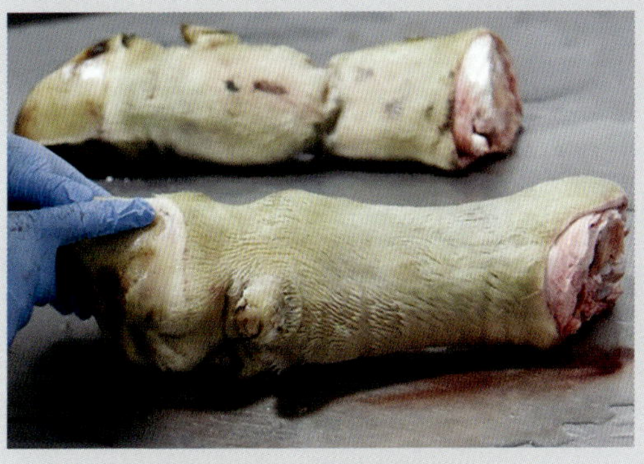

图4-66 牛蹄冠部检查

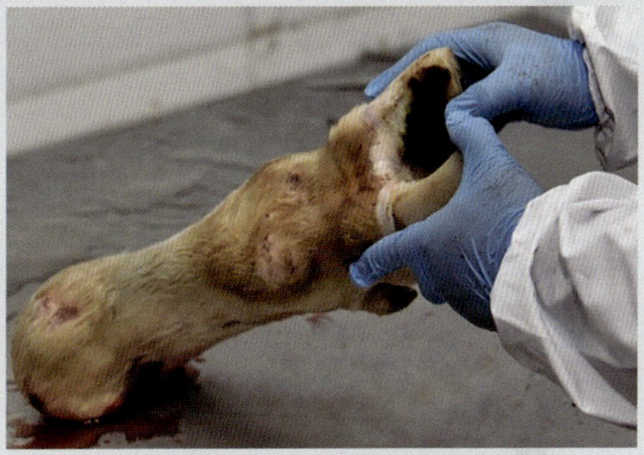

图4-67 牛蹄叉部检查

【相关疾病宰后病变】

（1）**口蹄疫** 鼻唇镜、齿龈、口腔黏膜、颊部黏膜和蹄冠、蹄踵、蹄叉皮肤有水疱、溃疡、烂斑、结痂，甚至蹄匣脱落。

（2）**炭疽** 下颌淋巴结肿大、出血、水肿，切面呈暗红色或砖红色，周围有水肿或胶样浸润。咽、颈部局限性炎性水肿，皮下出血性胶样浸润。

（3）**牛结核病** 下颌淋巴结肿大，有白色结节，切面有黄白色干酪样坏死灶或有钙化结节。

（4）**牛传染性鼻气管炎** 鼻黏膜高度充血，鼻孔周围皮肤结痂，痂下充血，呈“红鼻病”。

（5）**放线菌病** 上、下颌骨肿大或呈开放性骨瘤且有脓性分泌物，舌面或舌体上生有局灶性、硬结性肿胀，呈“木舌病”，下颌、眼眶有时可见鸡蛋大的硬节。

三、内脏检查

牛宰后内脏检查在屠体开胸剖腹之后进行，按照GB/T 19477《畜禽屠宰操作规程 牛》屠宰操作程序和肉品品质检验规程中内脏检查顺序进行：①胸腹腔检查；②心、肺、肝检查；③脾脏检查；④胃肠检查；⑤肾脏检查；⑥生殖泌尿器官摘除和检查。

开胸剖腹前后应检查乳房、生殖器官和膀胱有无异常，随后对相继摘出的胃肠和心、肝、肺进行全面对照检查。心、肝、肺检查在红脏摘出之后进行，挂在同步轨道挂钩上或放到检验台上进行。牛的胃肠体积很大，一般单个摘出检查。

（一）胸腹腔检查

1.检查岗位设置 设置于开胸剖腹后及摘取白内脏之前。

2.检查内容及操作技术 打开胸腔后，观察胸腔有无积液、粘连、纤维素性渗出物。视检心、肝、肺有无异常。如果胸腔内有积液，开胸后积液会流失，检验人员检查时很难看到胸腔内的“积液”，因此，开胸工人要协助观察。

打开腹腔后，通过切口观察腹腔有无积液、粘连、纤维素性渗出物。视检胃肠的外形，肠系膜浆膜有无异常，有无创伤性胃炎（图4-68A）。必要时用手触检，检验人员左手经剖腹开口伸入左侧腹腔，用手背触检腹腔浆膜，用手心触检胃肠浆膜有无异常（图4-68B）。兽医卫生检验人员用左手抓住空肠并向外展开，观察肠系膜淋巴结有无肿大、出血、质脆等异常；同时找到位于瘤胃和瓣胃之间的脾脏，观察有无肿大、质软呈紫黑色的“败血脾”等异常。

【相关疾病宰后病变】

（1）**口蹄疫** 心脏呈“虎斑心”，心内、外膜有出血斑点，肺气肿和水肿。

（2）**炭疽** 血凝不良，心肌松软，心内、外膜出血。肠系膜淋巴结肿大、出血、水肿。肠黏膜充血、出血、水肿性增厚。肝、脾、肾充血肿胀，质软而脆弱，脾脏肿大至2～5倍，呈暗红色或紫黑色。

（3）**牛结核病** 肺脏见大小不等的结核性结节或干酪样坏死，或胸、腹膜上密集珍珠状结节。肠系膜淋巴结肿大，质地硬实。

（4）**牛传染性鼻气管炎** 呼吸道黏膜高度炎症，有浅溃疡，其上覆有灰色、恶臭、脓性渗出物。

（5）**日本血吸虫病** 肝脏多见虫卵结节。

（6）**牛创伤性网胃心包炎** 心包增厚扩张，心外膜混浊粗糙，充血和出血，心包腔和心外膜蓄积污浊恶臭的纤维素性化脓性渗出物；或渗出物凝结成干酪样，心包和横膈及网胃与腹壁粘连，恶臭味，局灶性腹膜炎。

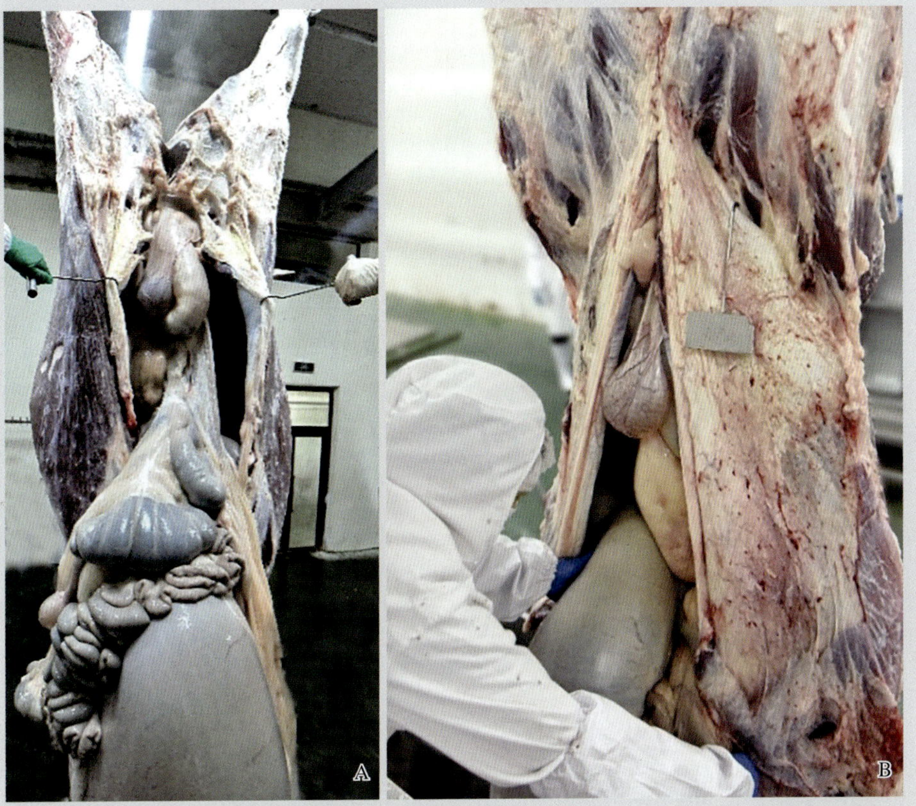

图4-68 胃肠及腹腔检查

A.视检 B.触检

（二）心、肺、肝检查

1.心脏检查

（1）检查内容 检查心脏的形状、大小、色泽及心包积液、淤血、出血、肿胀、粘连、纤维素渗出、坏死灶、肿瘤等；必要时剖开心包，检查心包膜、心包液和心肌有无异常。

（2）检查流程 视检心包→ 纵切心包→视检心脏 →剖检心脏。

（3）检查操作技术

1）视检、纵切心包

A.吊挂检查

a.逆时针旋转心肝肺 心脏位于肺脏的腹面且被肺脏遮挡。检验人员应用刀背由左向右拨动肺脏，同时用检验钩辅助，逆时针向右旋转180°，使肺脏腹面及心脏前缘正对检验人员。

b.观察心包及剖开心包 检验人员持检验钩钩住心包膜表面脂肪组织，持检验刀拨过肺脏心叶和尖叶（图4-69A），视检心包膜有无淤血、粘连、坏死病灶等异常（图4-69B），检查有无心包积液、创伤性心包炎。然后，由上向下纵行切开心包（图4-69C），检查心包腔内有无积液、粘连、异味等异常。

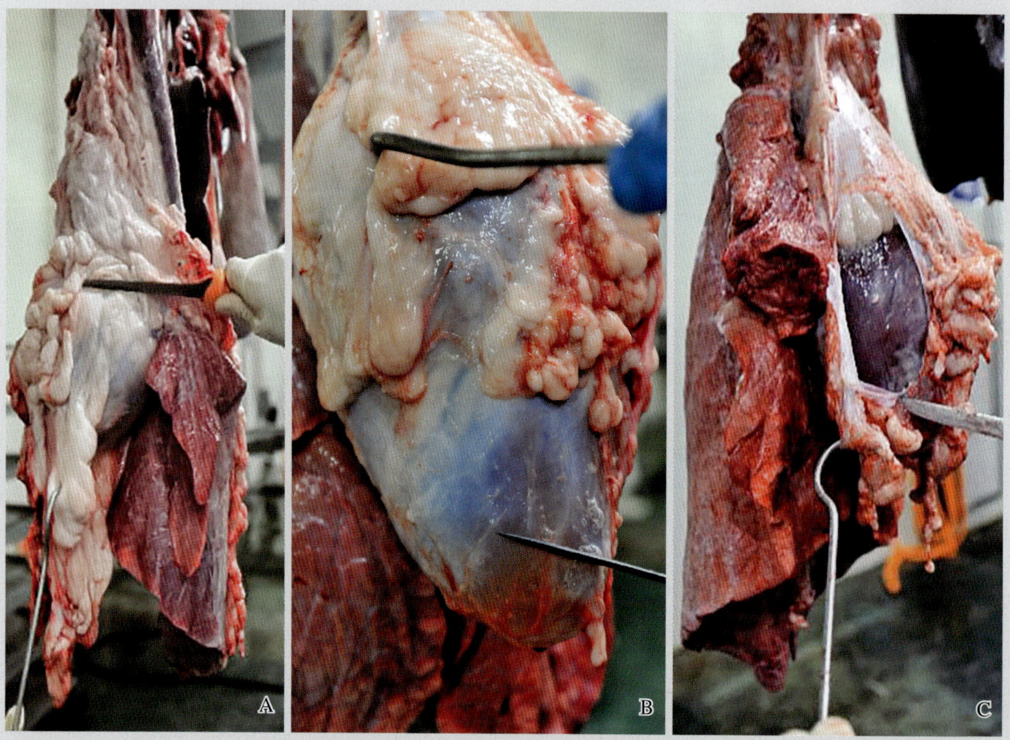

图4-69 吊挂心脏心包检查

A.拨过肺脏心叶和尖叶 B.视检心包膜 C.剖检心包

B.检验台检查 检验人员从左向右翻动心脏（图4-70A），视检心包膜有无异常。然后持检验钩钩住心包膜表面脂肪组织，握检验刀由上向下纵行切开心包（图4-70B），检查心包腔有无异常（图4-70C）。

2）视检心脏 检验员用检验刀左右拨开心包切口，完全暴露心脏，观察心脏的形状、大小、色泽及有无淤血、出血、肿胀等（图4-71A、B），注意有无虎斑心、心外膜出血、粘连等。

3）剖检左心室（必要时） 持检验钩钩住心脏的左纵沟上方脂肪组织以固定心脏，持检验刀于左纵沟平行的心脏后缘房室分界处右侧进刀，纵向剖开与左纵沟平行的心脏后缘房室分界处（图4-72A，图4-73A），然后，用检验刀的刀面按住切口右侧边缘，左右手分别同时向左侧和右侧外展，打开切口，暴露心腔后（图4-72B，图4-73B），观察心内膜有无出血、坏死灶、虎斑心等。

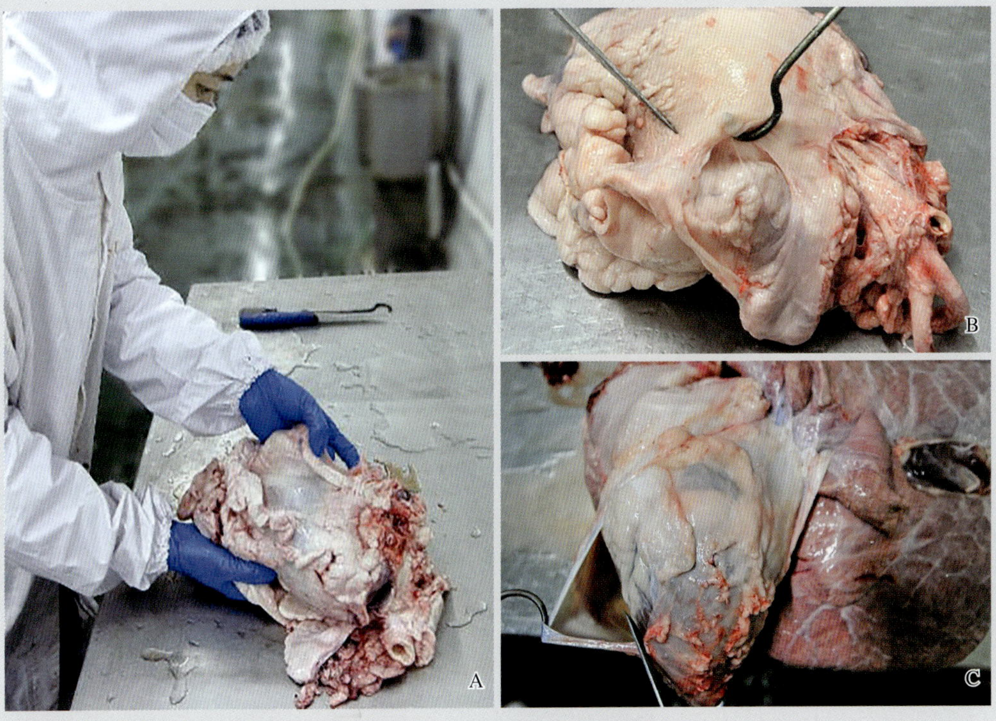

图4-70　检验台心脏心包视检

A.视检心包膜　B.剖检心包　C.视检心包腔

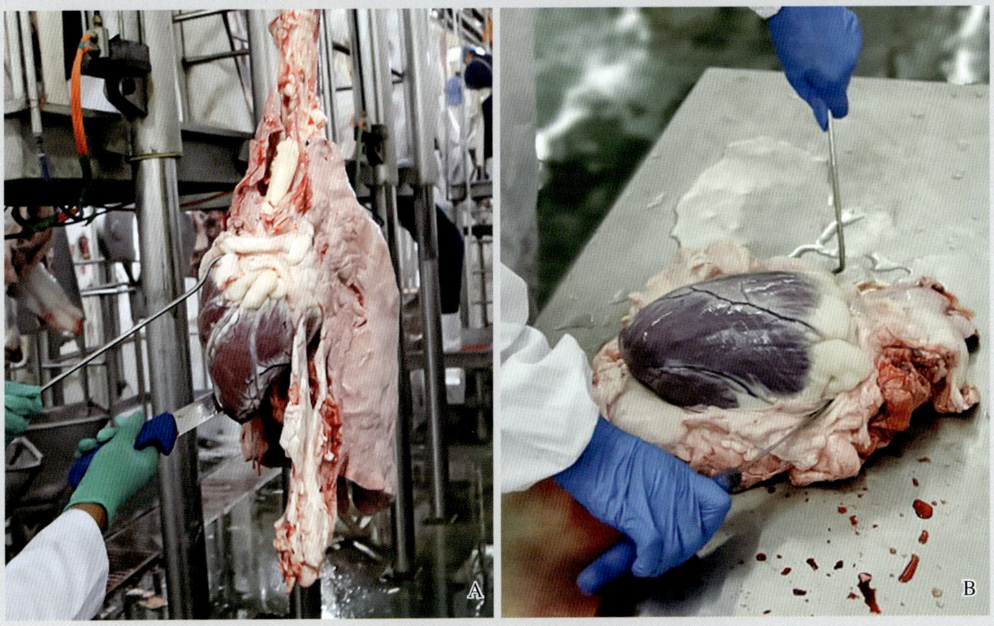

图4-71　心脏视检

A.吊挂检查　B.检验台检查

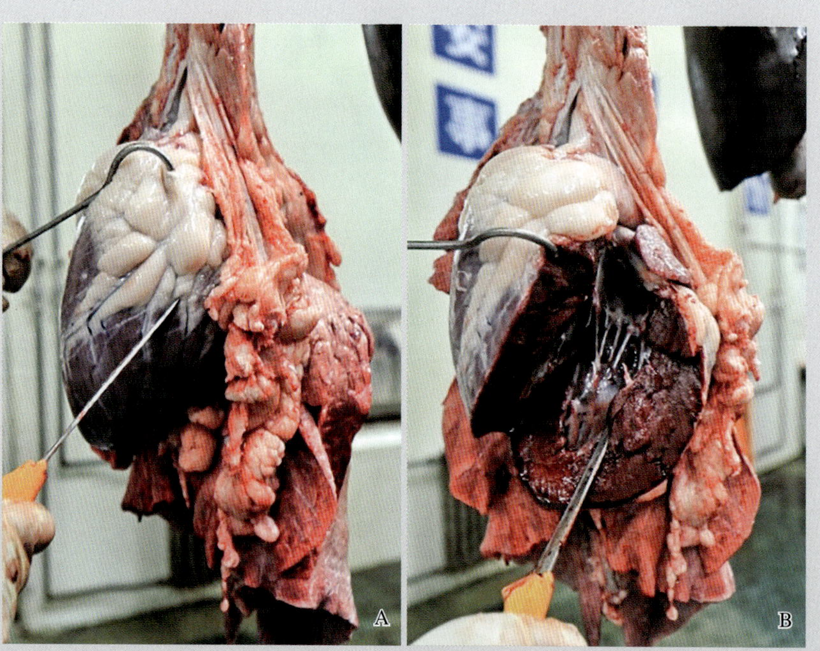

图4-72　吊挂心脏检查

A.纵剖心脏　B.打开心腔观察

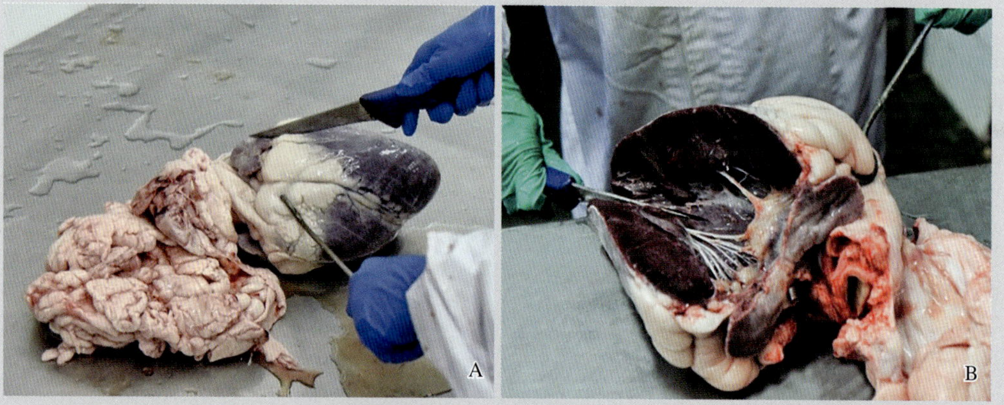

图4-73　检验台心脏检查

A.纵剖心脏　B.暴露剖面进行观察

【相关疾病宰后病变】

(1) **口蹄疫**　心包膜上有弥散性及点状出血点，心内、外膜有出血斑点。心肌松软，心肌脂肪变性和坏死，切面有灰白色或淡黄色斑点和条纹，呈“虎斑心”。

(2) **炭疽**　心肌松软，心内、外膜出血。血凝不良，呈黑红色。

2.肺脏检查

（1）检查内容

1）外观检查　检查两侧肺叶实质、色泽、形状、大小，观察有无呛血、淤血、出血、水肿、气肿、脓肿、实变、纤维化、结节、粘连、肿瘤、寄生虫等。

2）支气管淋巴结检查　视检有无肿大，暗红色或砖红色；剖检有无淤血、出血、水肿、干酪变性和钙化结节病灶等。

3）气管、结节部位检查（必要时）。

（2）检查流程　视检肺脏→触检肺脏→剖检支气管淋巴结→剖检气管、结节部位（必要时）。

（3）检查操作技术

1）外观检查

A.吊挂检查　检验员持钩钩住肺脏膈叶下缘固定肺脏，用刀背向上顶住尖叶，先检查壁面（图4-74A），然后旋转180°再检查脏面（图4-74B），仔细观察两侧肺

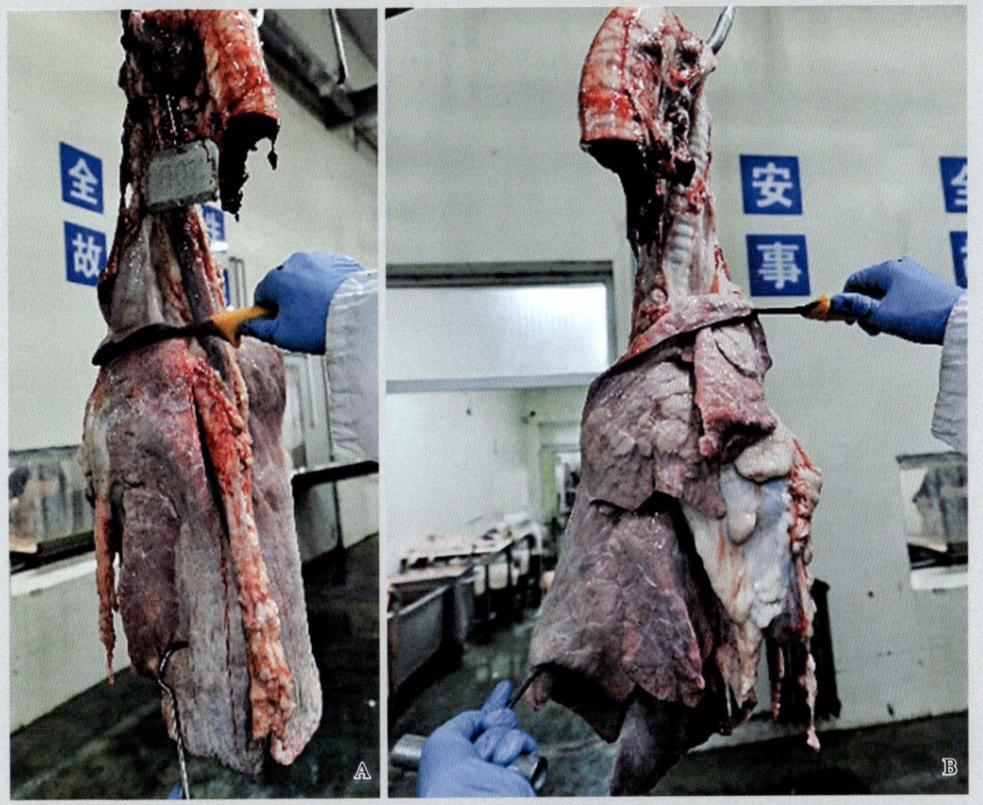

图4-74　吊挂肺脏检查

A.壁面　B.脏面

脏色泽、形状、大小及有无异常。用刀背由上向下轻刮并按压肺的壁面，刮去表面血污，触检肺的弹性、质地、光滑度等有无异常。检查有无呛血、淤血、出血、水肿、气肿、脓肿、实变、纤维化、结节、粘连、肿瘤、寄生虫等。

B.检验台检查　先观察壁面（图4-75A），再观察脏面（图4-75B）。可用手（佩戴医用手套）进行触检。

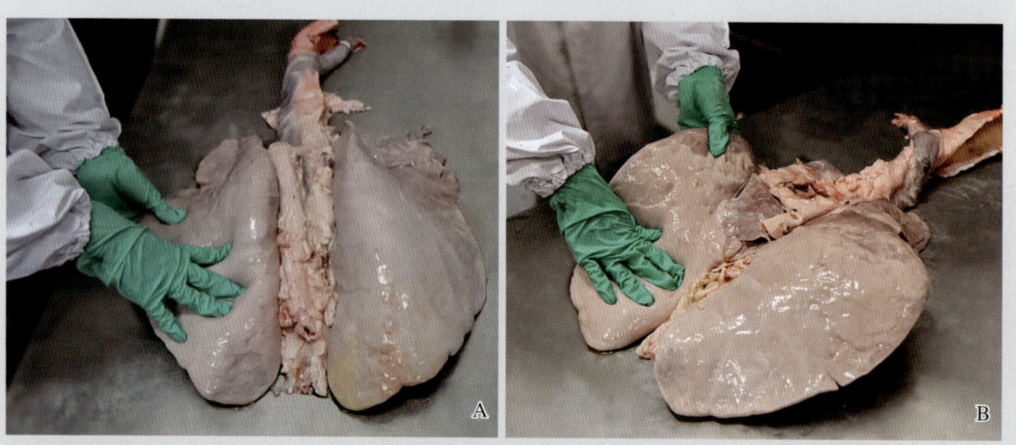

图4-75　检验台肺脏检查

A.壁面　B.脏面

2）支气管淋巴结检查　《牛屠宰检疫规程》规定剖检一侧支气管淋巴结。在宰后检查中常选择剖检左支气管淋巴结。

A.吊挂检查　左支气管淋巴结检查：检验员持钩钩住左肺尖叶与支气管之间的结缔组织向下拉开，暴露支气管，持刀紧贴支气管向下运动（图4-76A），纵剖位于肺支气管分叉左方的左支气管淋巴结（图4-76B），剖面充分暴露后观察（图4-76C）。也可剖检右支气管淋巴结（图4-77A、B）。

B.检验台检查　钩住左支气管淋巴结附近的结缔组织，纵剖左支气管淋巴结（图4-78A），剖面充分暴露后进行观察（图4-78B）。右支气管淋巴结检查方法相同（图4-79A、图4-79B）。

3）气管、结节检查（必要时）

A.气管剖检　检验员持检验钩钩住气管环，运刀纵剖切开气管（图4-80A），然后用钩和刀向左右打开切口（图4-80B），观察其黏膜有无异常。有无炎症、溃疡，灰色、恶臭、脓性渗出物等。

B.结节部位剖检　如有疑似结核、肿瘤、寄生虫等结节，将结节部位切开，充分暴露切面，观察有无黄白色干酪样坏死灶、虫体等。

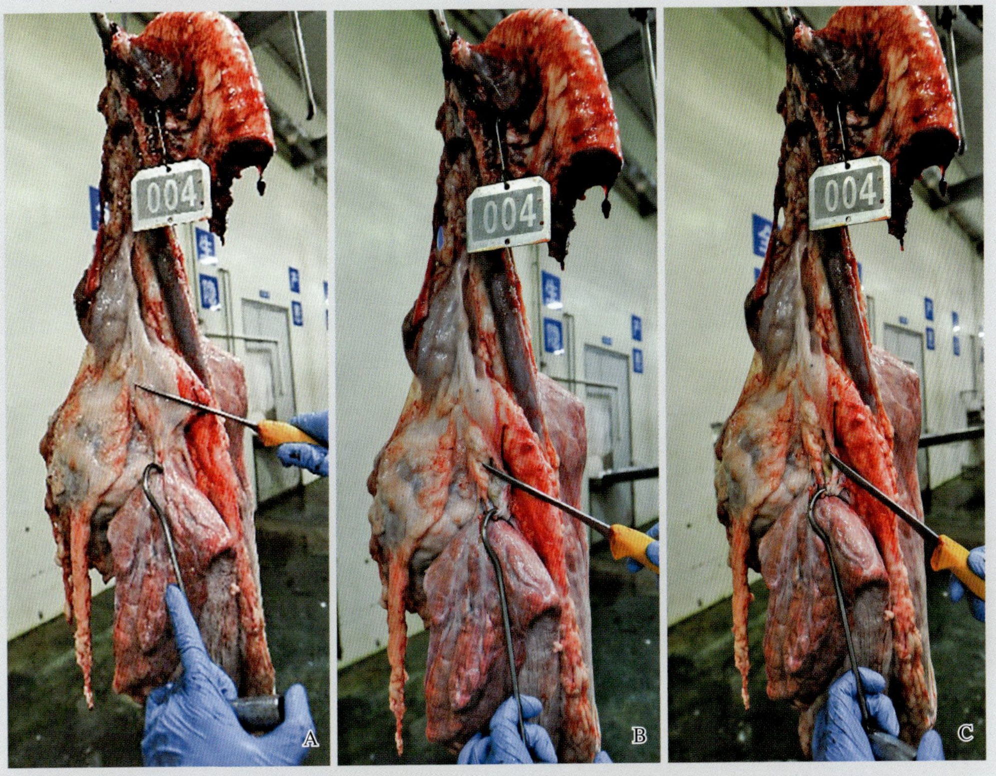

图4-76 吊挂左支气管淋巴结检查

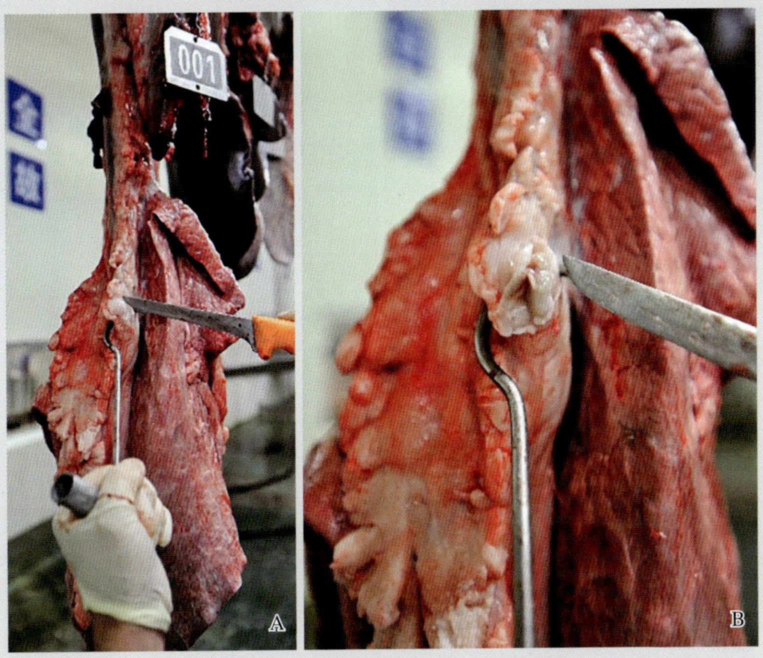

图4-77 吊挂右支气管淋巴结检查

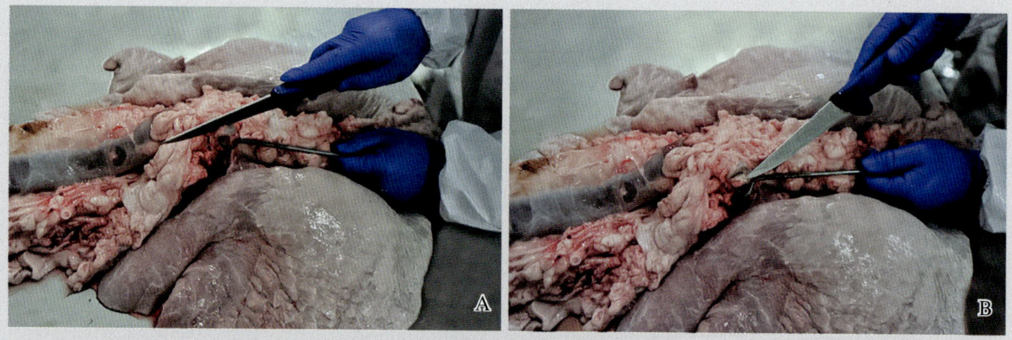

图4-78 检验台左支气管淋巴结检查

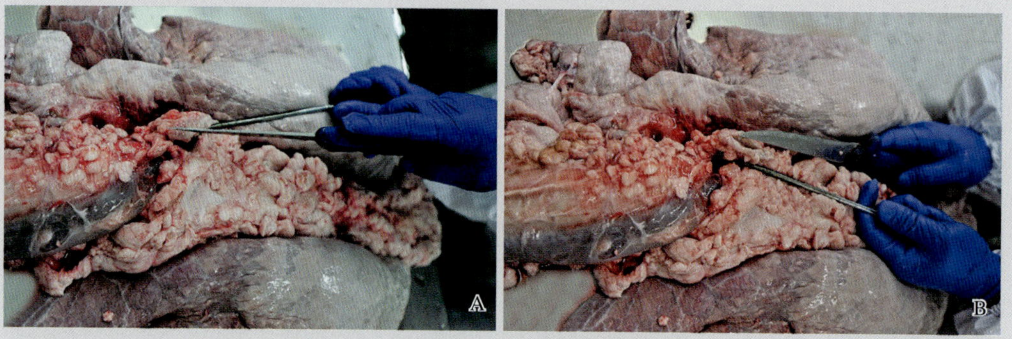

图4-79 检验台右支气管淋巴结检查

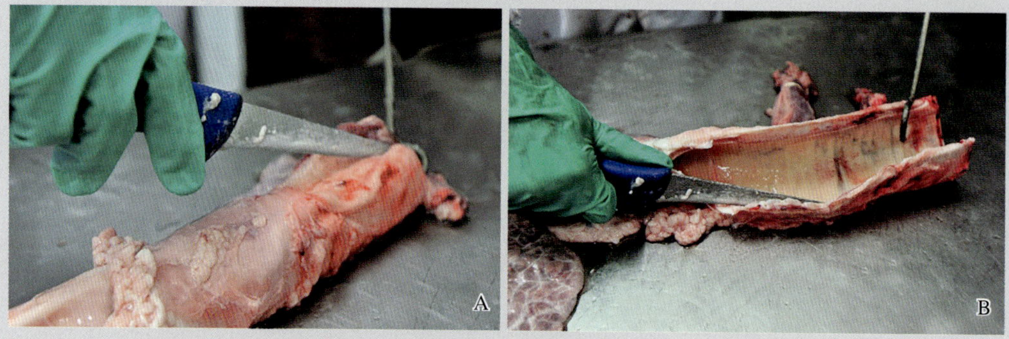

图4-80 气管剖检

【相关疾病宰后病变】

（1）**口蹄疫** 肺气肿和水肿，气管、支气管黏膜有时可见圆形烂斑和溃疡。

（2）**牛结核病** 肺脏见大小不等的结核结节或干酪样坏死，胸膜和肺膜可发生密集的珍珠状结节。支气管淋巴结肿大，质地硬实，切面有黄白色干酪样坏死灶。

（3）**牛传染性鼻气管炎** 气管黏膜严重炎症，有浅溃疡，其上覆有灰色、恶臭、脓性渗出物。

3.肝脏检查

（1）检查内容　检查肝脏的大小、色泽，触检其弹性和硬度；剖开肝门淋巴结，检查有无出血、淤血、肿大、坏死灶等。必要时剖开肝实质、胆囊和胆管，检查有无硬化、萎缩、日本血吸虫等。

（2）检查流程　视检肝脏→触检肝脏→剖检肝门淋巴结→剖检肝实质、胆管和胆囊（必要时）。

（3）检查操作技术

1）视检和触检肝脏

a.吊挂检查　检验员持钩旋转肝脏壁面（凸面）正对检验人员，然后用检验钩顶住脏面（凹面）先观察壁面，右手握刀，用刀背由上向下轻刮表面血污，按压肝脏的壁面并触检肝脏弹性和质地（图4-81A）。然后旋转180°，用检验刀背顶住肝脏右叶，暴露肝门观察脏面（图4-81B）。检查有无淤血、变性、坏死、脓肿、纤维化、脂肪变性、寄生虫结节、肿瘤等异常。

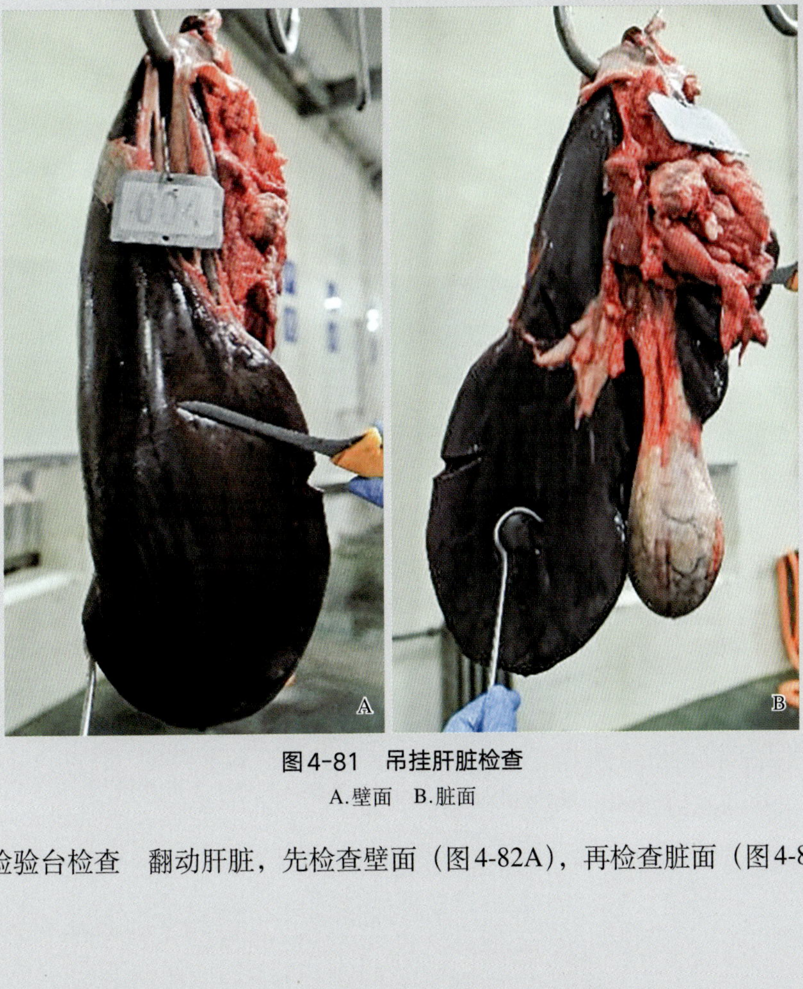

图4-81　吊挂肝脏检查
A.壁面　B.脏面

b.检验台检查　翻动肝脏，先检查壁面（图4-82A），再检查脏面（图4-82B）。

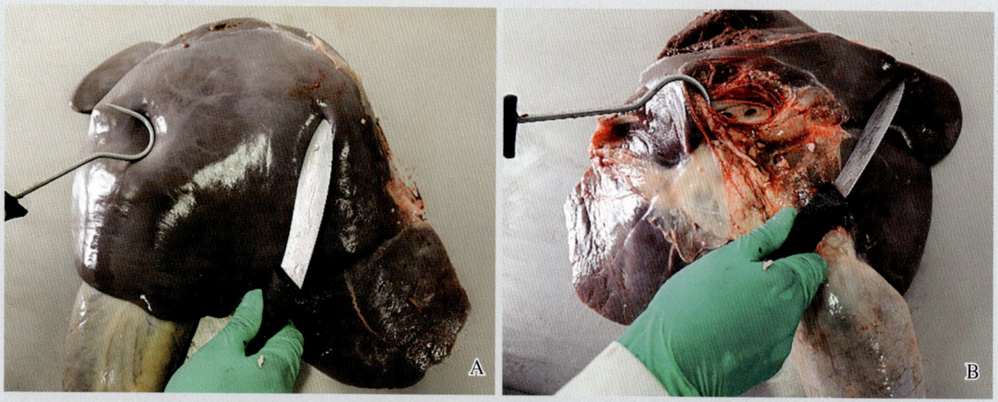

图4-82 检验台肝脏检查

A.壁面 B.脏面

2）剖检肝门淋巴结

a.吊挂检查 暴露肝门后，检验员持钩钩住肝门结缔组织固定肝脏。持检验刀纵剖淋巴结（图4-83A），充分暴露切面（图4-83B），观察有无出血、淤血、肿胀、坏死、切面呈黄白色干酪样坏死灶或白色鱼肉样等异常。

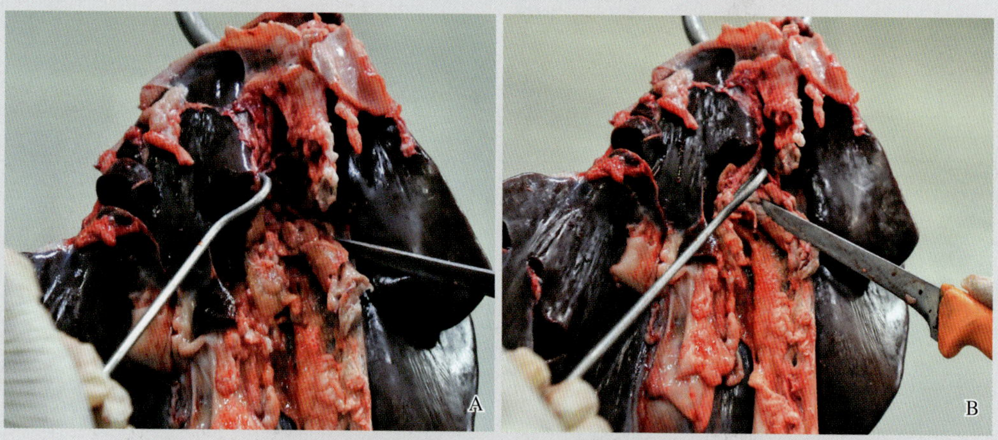

图4-83 吊挂肝门淋巴结检查

A.纵剖淋巴结 B.暴露切面观察

b.检验台检验 钩住肝门结缔组织，纵剖淋巴结（图4-84A），充分暴露切面观察（图4-84B）有无异常。

3）剖检肝实质、胆管和胆囊（必要时） 发现肝脏有可疑病变需进一步诊断时，将肝脏摘出后放到检验台上进行病理学检查，以免污染生产线。肝脏的脏面朝上，暴露出肝门、肝门淋巴结、胆囊和胆囊管，便于检验员检查和操作。

a.肝脏实质剖检 主要剖检病变部位。如果肝脏表面无明显病变，则左手持钩

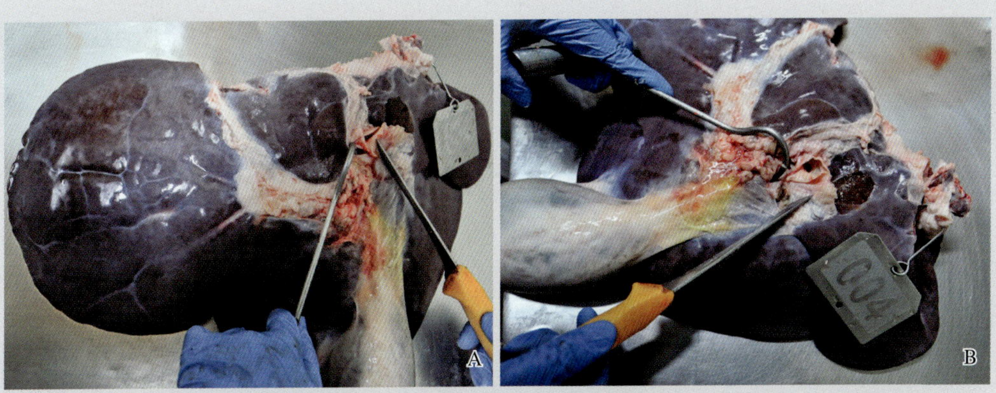

图4-84 检验台肝门淋巴结检查
A.纵剖淋巴结 B.暴露切面观察

按住肝脏，右手持刀横切肝脏实质（图4-85A），沿肝脏中部切开，剖面充分暴露后（图4-85B），检查有无异常。

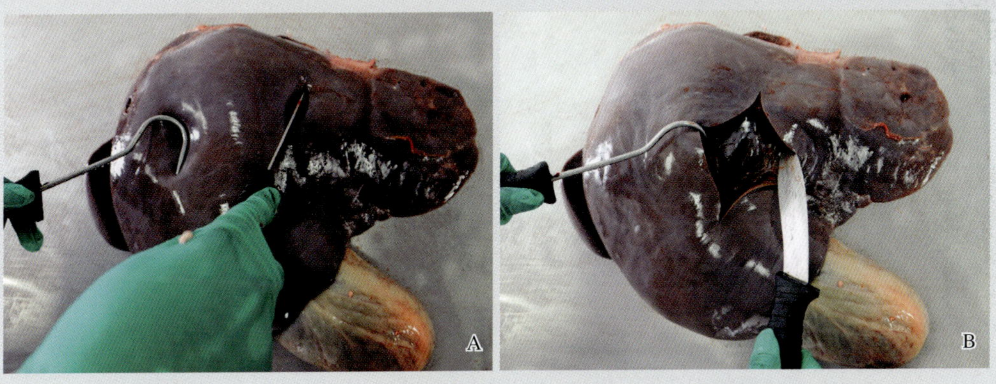

图4-85 肝脏实质剖检
A.横切肝实质 B.观察剖面

b.胆管剖检 观察发现异常，如见胆管粗大凸起等，需剖检胆管。左手持钩钩住肝门的结缔组织，在肝门下方以浅刀斜切并横断胆管（图4-86A），然后用刀背由胆囊向胆管切口方向移动挤压胆管（图4-86B），检查有无肝片吸虫等逸出。胆管未见异常的，可以不剖检。

c.胆囊剖检 左手持钩钩住肝门的结缔组织，沿胆囊长轴切开（图4-87A），检查胆囊黏膜有无出血、淤血、结石、肿瘤、寄生虫损害（图4-87B）。注意收集胆汁，防止污染肝脏和检验台。

【相关疾病宰后症状】

（1）牛结核病 肝脏见大小不等的结核结节或干酪样坏死。

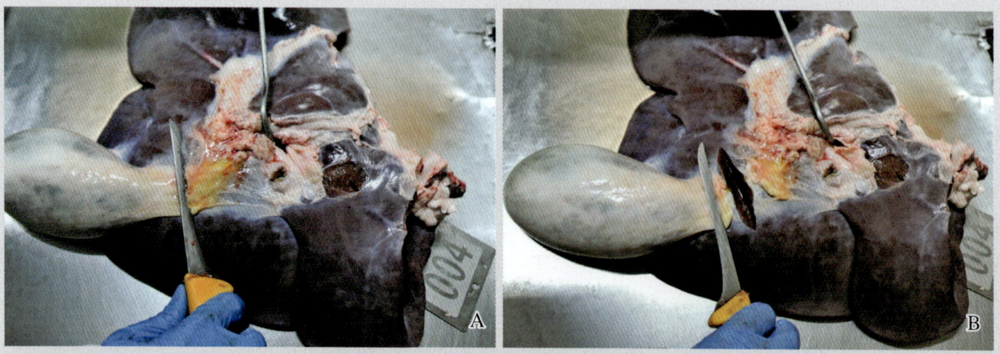

图4-86　检验台胆管检查

A.以“横、浅、斜刀”横断胆管　B.用刀背向切口方向挤压胆管

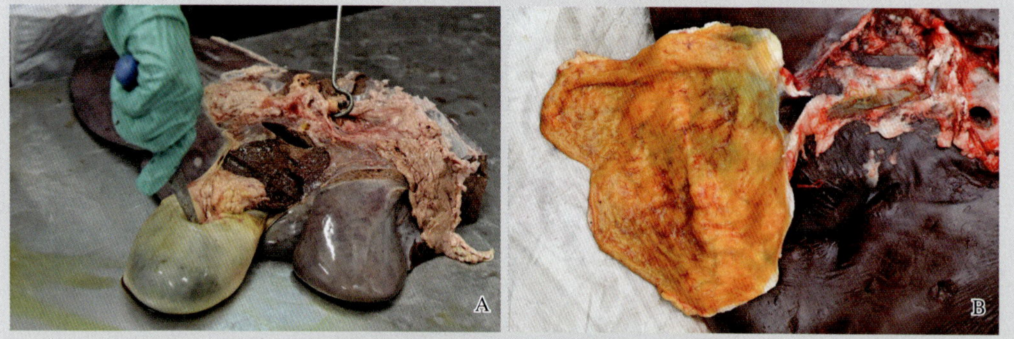

图4-87　胆囊剖检

A.沿胆囊长轴切开　B.检查胆囊黏膜

（2）**日本血吸虫病**　肝脏多见虫卵结节，胆囊偶有虫卵沉积。肝门静脉有雌雄合抱的成虫虫体寄生。

（3）**片形吸虫病**　肝脏肿大，变硬或萎缩，表面有灰白色条索；总胆管和胆囊管极度扩张，管壁增厚粗糙，胆汁淤滞，内有大量成虫虫体。急性期肝脏肿大，有多量出血斑，暗红色索状虫道，可发现童虫及幼小虫体。

（三）脾脏检查

1.检查岗位设置　剖腹后取出牛脾脏挂同步检验轨道或放入检验盘中进行检查。

2.检查内容　检查脾脏的弹性、颜色、大小等，检查有无出血、淤血、肿胀、坏死等异常变化。必要时剖检脾实质。

3.检查操作技术　脾脏检查可以在同步轨道或检验台上进行。

（1）吊挂检查　检验员先用检验钩钩住脾尾，用刀背刮壁面进行观察（图4-88A）；然后向左侧逆时针旋转180°，检查脏面（图4-88B），观察有无出血、淤血、肿胀、坏死等异常变化。如发现异常，从同步轨道挂钩上取下脾脏放置检验台进行检查。

(2) 检验台检查　先视检脾脏的壁面（图4-89A），再翻转视检脏面（图4-89B），并触检脾脏，检查有无异常。

(3) 脾实质剖检　必要时，剖检脾实质。横断脾脏，剖面充分暴露，观察脾髓（图4-90）。检查切面有无紫黑色、脾髓软化呈糊状似煤焦油状；或脾脏切面隆突，脾髓呈颗粒状的“西米脾”。

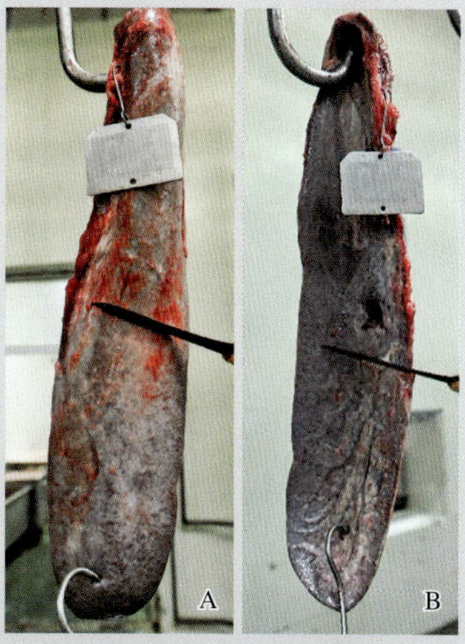

图4-88　吊挂脾脏检查
A.壁面　B.脏面

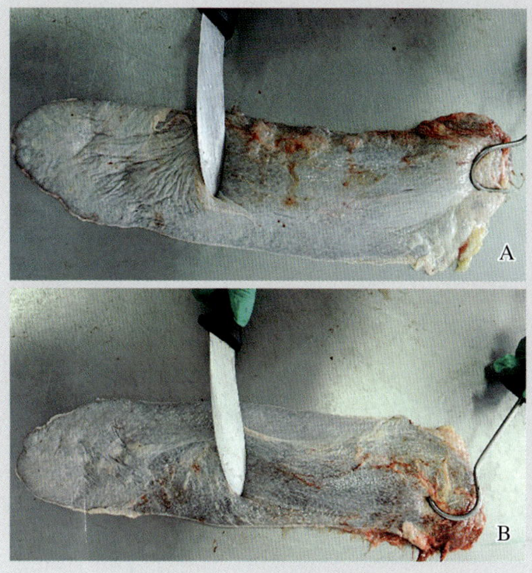

图4-89　检验台脾脏检查
A.壁面　B.脏面

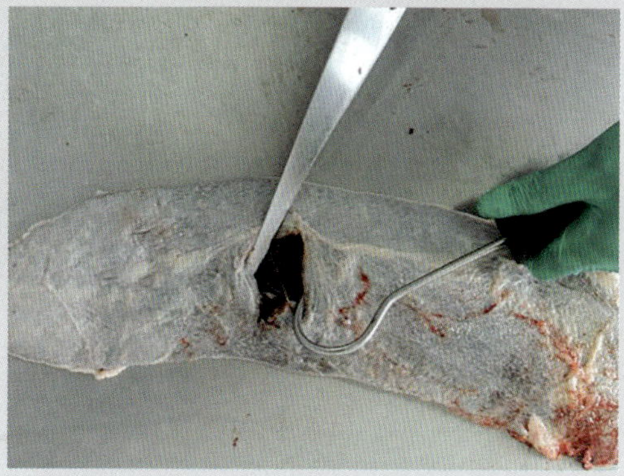

图4-90　剖检脾实质，观察脾髓

【相关疾病宰后病变】

(1) **炭疽**　脾脏肿大至2～5倍，呈暗红色或紫黑色，被膜紧张，触摸有波动感，质地柔软，切面紫黑色、脾髓软化呈糊状似煤焦油状。

(2) **布鲁氏菌病**　脾肿胀，有炎性坏死灶或肉芽肿。

(3) **牛结核病**　脾脏被膜或实质深层多发或单个存在、大小不等、圆形或不规则形的灰白色或黄色肉芽肿，有厚的结缔组织包囊，中心干酪样坏死与钙化。

（四）胃肠检查

1.检查岗位设置　设在胃肠摘除之后。放在同步轨道的检验盘里进行检查，如无同步轨道，编号后放到检验台上进行检查。牛的胃肠较为庞大，胃、肠应分别放置于检验台上进行检查。

2.检查内容 先进行全面观察，检查肠袢、肠浆膜及肠系膜，有无胃肠浆膜水肿、淤血、出血、粘连、坏死等；剖开肠系膜淋巴结，检查形状、色泽，有无肿胀、淤血、出血、粘连、结节、坏死等异常变化。必要时剖开胃肠，检查内容物、黏膜以及有无淤血、出血、淤血、结节、水肿、粘连、糜烂、溃疡、寄生虫等。

3.检查操作技术

（1）全面观察 翻动胃肠，仔细观察胃、肠及肠浆膜有无异常（图4-91A ～ D），注意有无创伤性胃炎病变、肠系膜血管有无日本血吸虫。

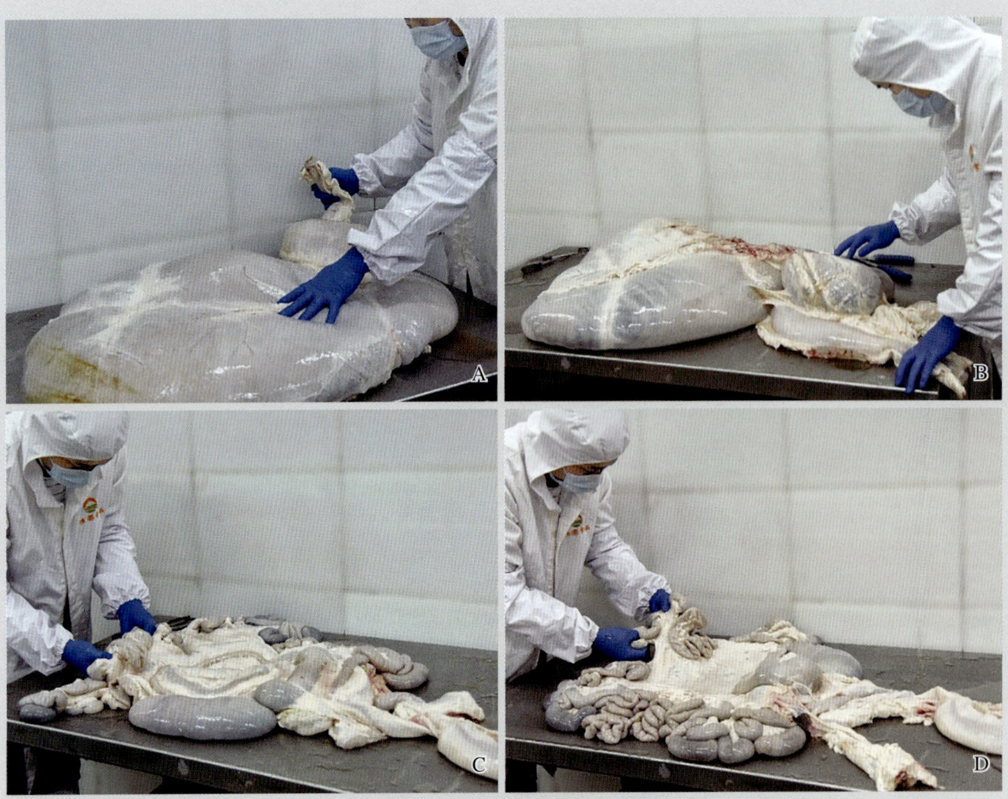

图4-91 牛胃肠全面观察（示例）

A.视检牛胃壁面 B.视检牛胃脏面及表面血管

C.检查肠袢、肠浆膜（正面） D.检查肠袢、肠浆膜（反面）

（2）肠系膜淋巴结剖检 一般在检验台检查，左手抓住空肠系膜末端，将小肠全部展开，检查全部肠系膜淋巴结有无异常（图4-92A）。右手持刀纵剖肠系膜淋巴结20 cm以上（沿肠系膜淋巴结链条方向剖开，剖检2刀，每刀刀迹长10 cm）（图4-92B）。

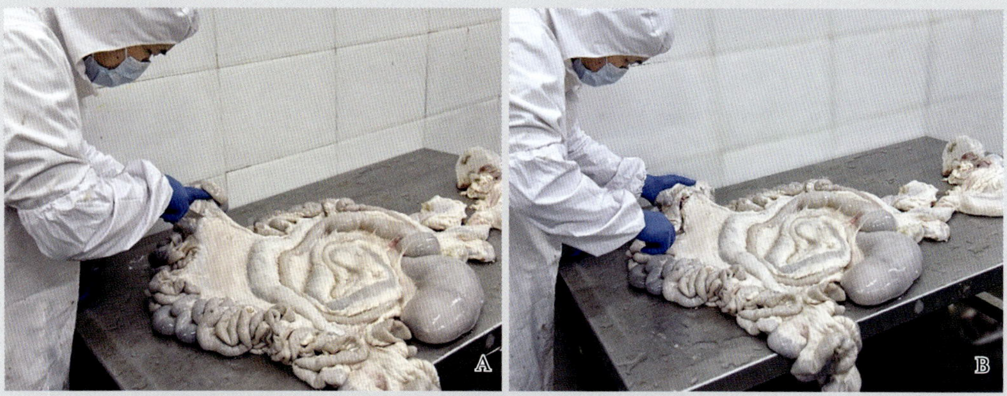

图4-92 肠系膜淋巴结检查（示例）
A.左手抓住空肠系膜末端，将小肠全部展开，检查全部肠系膜淋巴结有无异常
B.沿肠系膜淋巴结链条方向剖检2刀

由于牛肠系膜比较厚而且坚韧，注意运刀时不能割破肠系膜，也不能触及肠壁，如割破肠壁应马上清洗。

（3）胃肠剖检（必要时）

1）清除胃肠内容物　清除胃肠内容物，注意检查内容物状态等。

2）检查胃肠黏膜　打开胃壁和肠壁，观察胃肠黏膜（图4-93至图4-98），注意有无有无淤血、出血、结节、胶样浸润、糜烂、溃疡、化脓、寄生虫等。如果检查头部时，发现口蹄疫病变或可疑时，此时应注意检查胃肠有无出血性炎症，瘤胃黏膜尤其注意肉柱部分，有无浅平褐色糜烂。

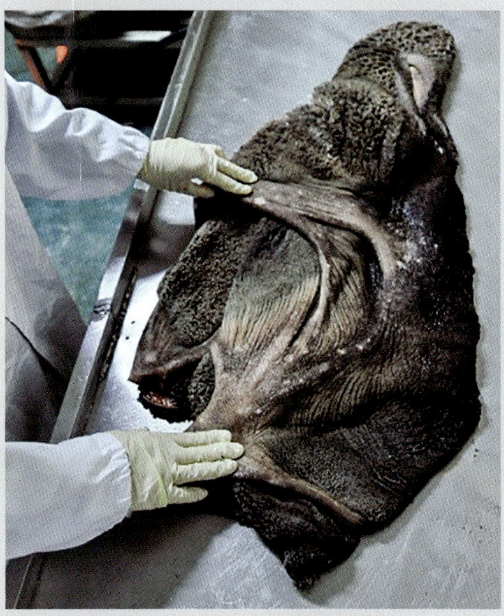

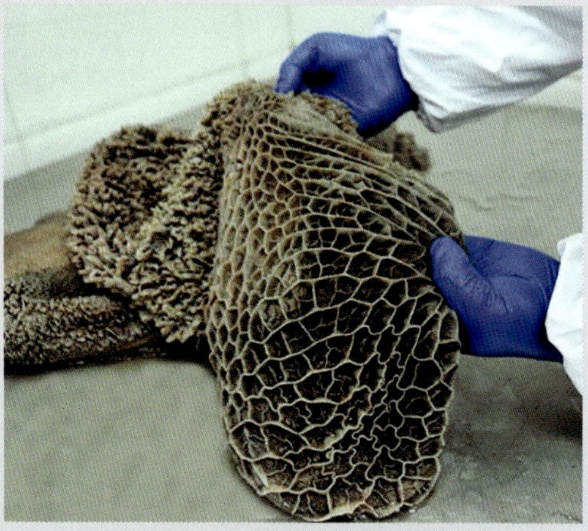

图4-94 网胃黏膜检查

图4-93 瘤胃黏膜及肉柱检查

图4-95　瓣胃黏膜检查

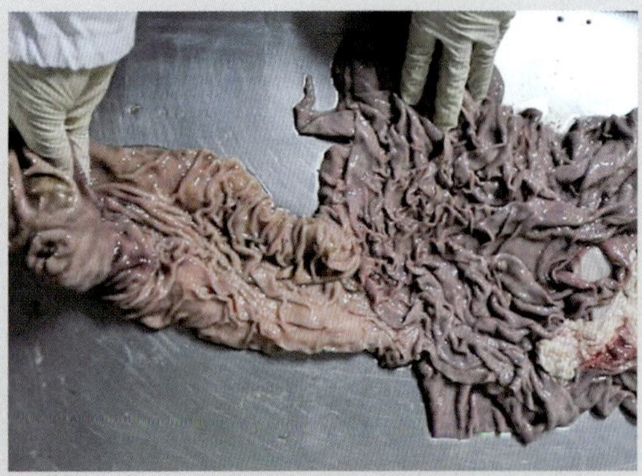

图4-96　皱胃黏膜检查

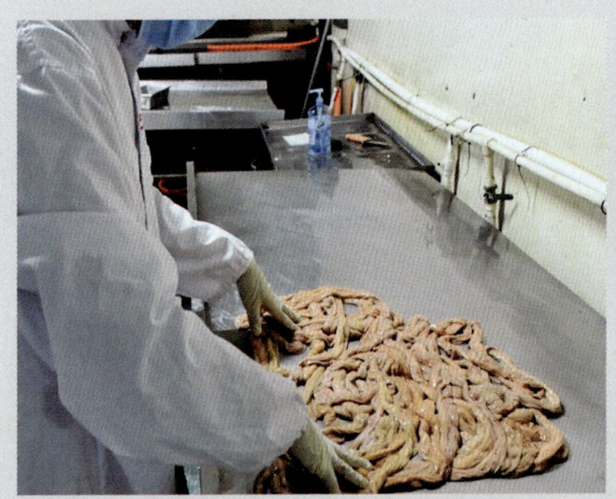

图4-97　小肠黏膜检查

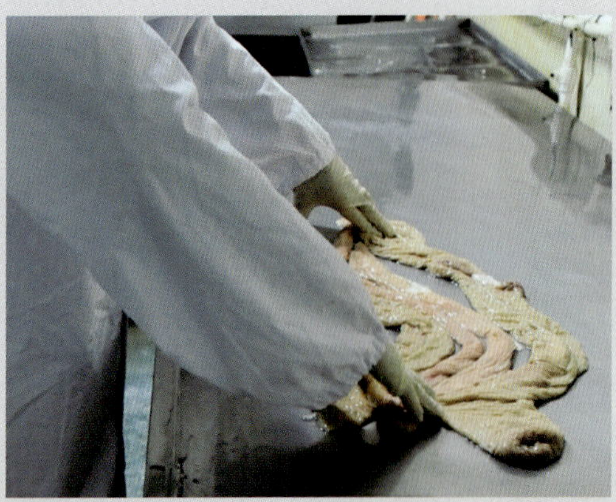

图4-98　大肠黏膜检查

【相关疾病宰后病变】

（1）**口蹄疫**　胃肠黏膜出血性炎症，瘤胃黏膜尤其肉柱部分有浅平褐色糜烂。

（2）**炭疽**　肠黏膜出血性坏死性炎症，表面覆盖纤维素性坏死性黑色痂膜，或形成痈型炭疽。肠系膜淋巴结肿大、出血、水肿，切面充血、出血，樱桃红或砖红色，有黑色坏死灶。

（3）**牛结核病**　腹膜上可见密集的结核结节，肠道有结核结节或结核性溃疡，或胃肠黏膜肉芽肿，切面有黄白色干酪样坏死灶。肠系膜淋巴结肿大，质地硬实，切面有黄白色干酪样坏死灶。

（4）**布鲁氏菌病**　肠系膜淋巴结肿大，切面有坏死灶。

（5）**日本血吸虫病**　胃、肠壁、肠系膜及肠系膜淋巴结等有虫卵沉积结节，肠系膜血管中有时能发现寄生的成虫。

（6）**放线菌病**　胃肠黏膜可见大小不等的结节或脓肿，内有乳黄色脓液。

（五）肾脏检查

1.检查岗位设置 牛的肾脏一般不带在胴体上，在红脏取出后摘取。因此，肾脏检查设在白、红内脏检查之后胴体检查之前，或胴体检查之后单独进行。肾脏检查前应先摘除肾上腺，肾上腺摘除放在白、红内脏摘取之后，肾脏及包裹油脂摘出之前进行。

2.检查内容 剥离肾包膜，视检肾脏色泽、大小和形状是否正常，触检弹性和硬度，观察有无出血、淤血、变性、坏死、囊肿、结节、肿瘤等病变。必要时剖开肾实质，检查皮质、髓质和肾盂有无出血、肿大等。

3.检查流程 摘除肾上腺→ 剥离肾包膜→ 视检肾脏→ 触检肾脏→ 剖检肾脏（必要时）。

4.操作技术

（1）摘除肾上腺 检验员持钩钩住吊挂牛屠体左右肾上腺之间上部的结缔组织，持检验刀将右肾上腺上方及右侧的结缔组织连同右肾上腺及连接的浆膜割下（图4-99A、B），然后再将左肾上腺及左侧的结缔组织连同左肾上腺及连接的浆膜割下（图4-99C、D）。摘除后存放在不透水的有明显标识的专用容器中集中处理。无害化处理或作为生化制剂的原料。

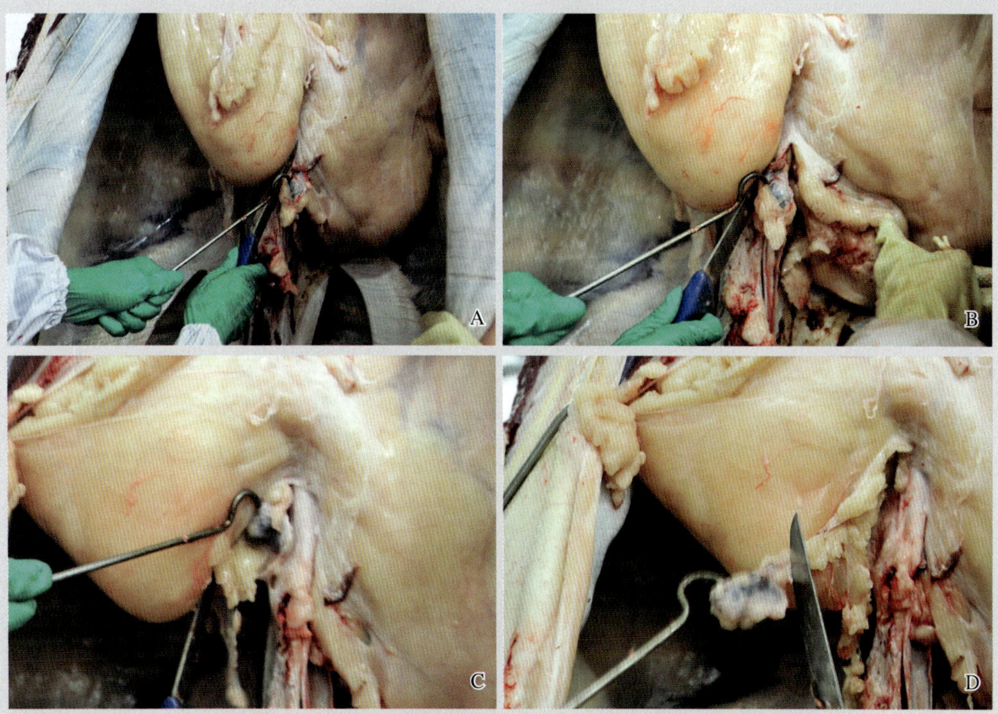

图4-99 吊挂牛肾上腺摘除

A、B.右肾上腺摘除 C、D.左肾上腺摘除注意：摘取胃肠及膀胱时，将肾上腺完整保留在胴体内，不得损伤。肾上腺摘除应在摘取肾脏及胴体劈半之前摘除，否则肾上腺将破损。如果没有摘除，需要在摘出的带有肾脂囊的肾脏上摘除肾上腺（图4-100A、B）。

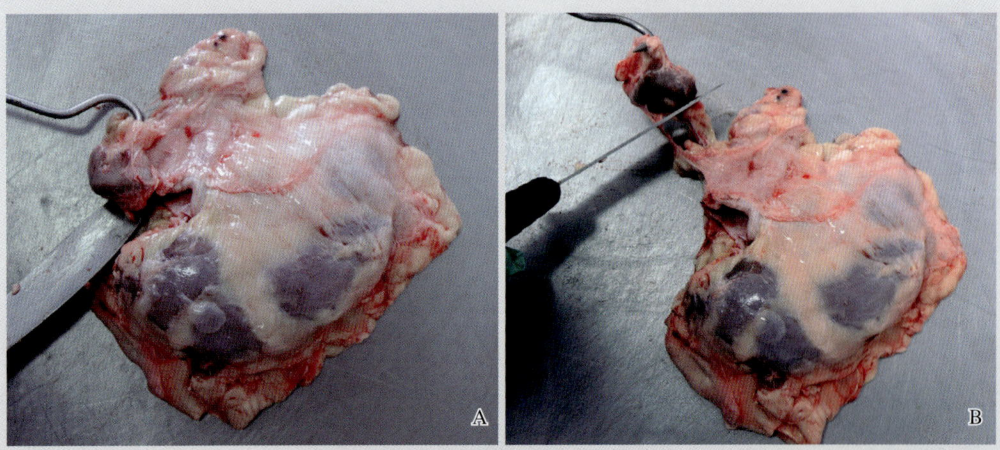

图4-100 摘出肾脏的肾上腺摘除
A.检验钩钩住肾上腺周围的结缔组织 B.摘除肾上腺

（2）剥离肾包膜

1）吊挂检查 牛肾脏外面包裹的肾脂囊较厚，剥离后有助于对肾脏的观察。持检验钩钩住肾脂囊中部，握刀由上向下沿肾脂囊表面纵向将肾脂囊及肾包膜剖开（图4-101A），深度以不伤及肾实质为宜（图4-101B），然后将刀尖伸进刀口，以刀尖背侧将肾包膜向右外侧挑开（图4-101C），同时将左手的检验钩拉紧，沿顺时针向左上方转动，两手外展，将肾脏从肾脂囊和肾包膜中完全剥离出来，观察肾脏有无异常（图4-101D）。右肾检查方法相同（图4-102A、B）。

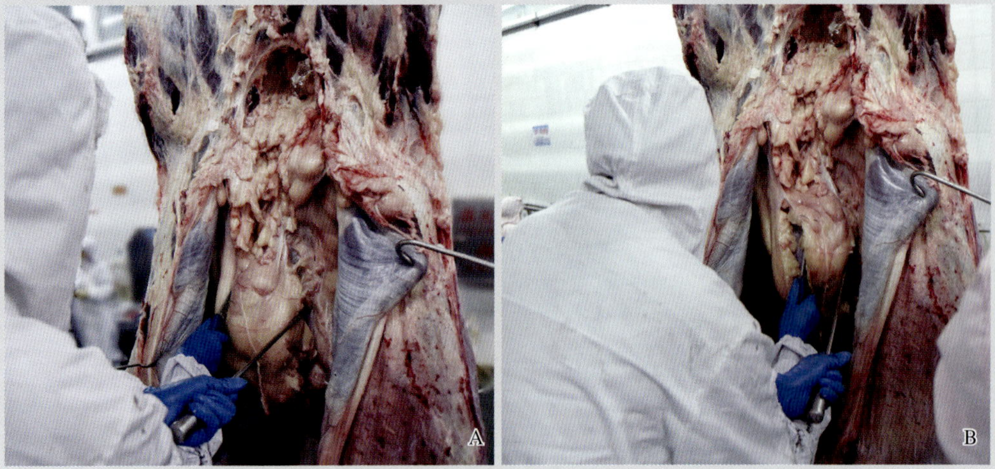

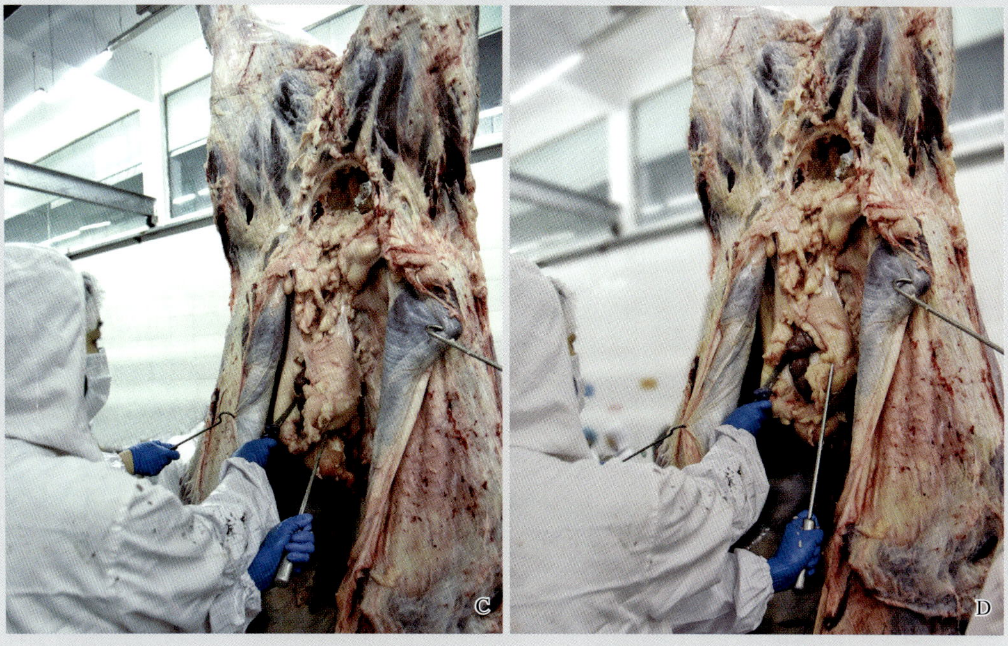

图4-101　吊挂牛左肾检查

A.检验钩住肾脂囊中部，右手从上向下纵剖肾脂囊及肾包膜　B.剖开肾脂囊及肾包膜，深度以不伤及肾实质为宜
C.将刀尖伸进刀口，以刀尖背侧将肾包膜向右外侧挑开
D.顺时针向左上方转动，两手外展，将肾脏从肾脂囊和肾包膜中完整剥离出来，观察肾脏

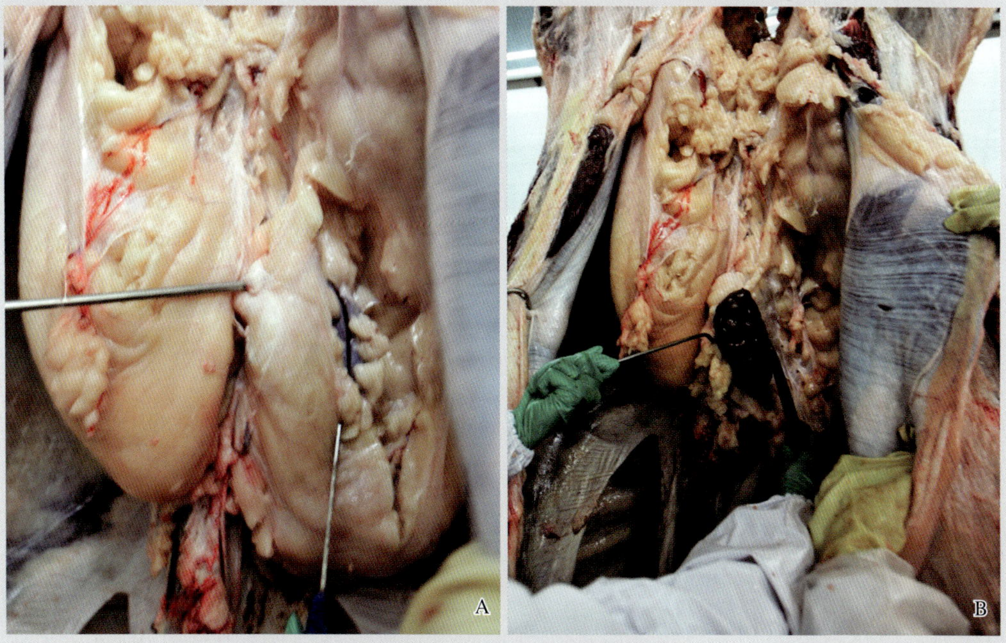

图4-102　吊挂牛右肾检查

A.剖开肾脂囊及肾包膜　B.完整剥离肾脂囊及肾包膜，观察肾脏有无异常

2）检验台检查　持钩钩住肾脂囊中部，检验刀由上向下沿肾脂囊表面纵向将肾脂囊及肾包膜完全剖开，将肾脏从肾脂囊和肾包膜中完全剥离出来（图4-103）。

（3）视检、触检肾脏　视检肾脏色泽、大小和形状是否正常（图4-101D，图4-102B，图4-103），用检验刀刀背触检肾脏的弹性和硬度，观察有无出血、淤血、变性、坏死、囊肿、结节、肿瘤等异常变化。

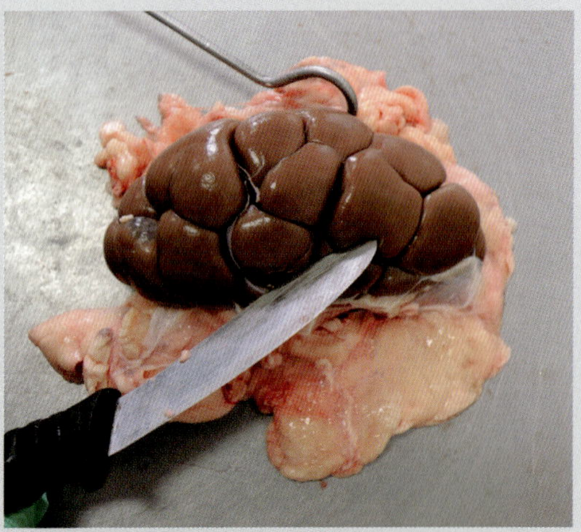

图4-103　去掉肾脂囊和肾包膜，观察肾脏有无异常

（4）剖检肾脏（必要时）

1）吊挂检查　肾脏有异常变化时，进行剖检。用检验钩钩住肾门部的结缔组织，检验刀纵向剖开肾实质（图4-104A），剖面充分暴露后，检查皮质、髓质和肾盂有无出血、肿大、脓肿、结核结节等（图4-104B），还应注意检查有无间质性肾炎、萎缩、先天性囊肿、梗死、肾盂积液、肿瘤等。

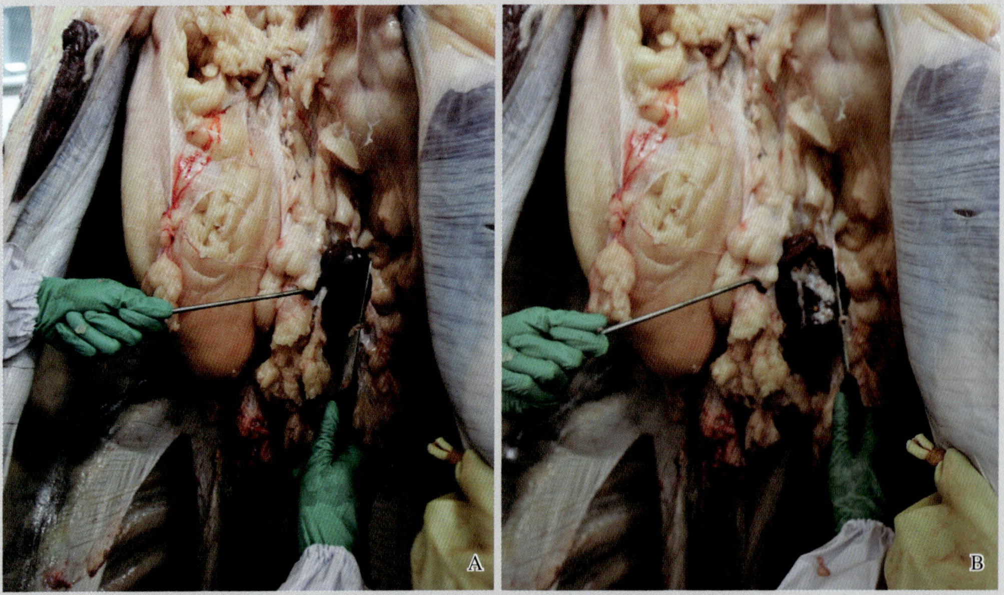

图4-104　吊挂肾脏剖检

A.纵向剖开肾实质　B.剖面充分暴露后，观察有无异常

2）检验台检验　充分暴露剖面，检查有无异常变化（图4-105A、B）。可能还有肾结石、肾硬化、先天性囊腔等。

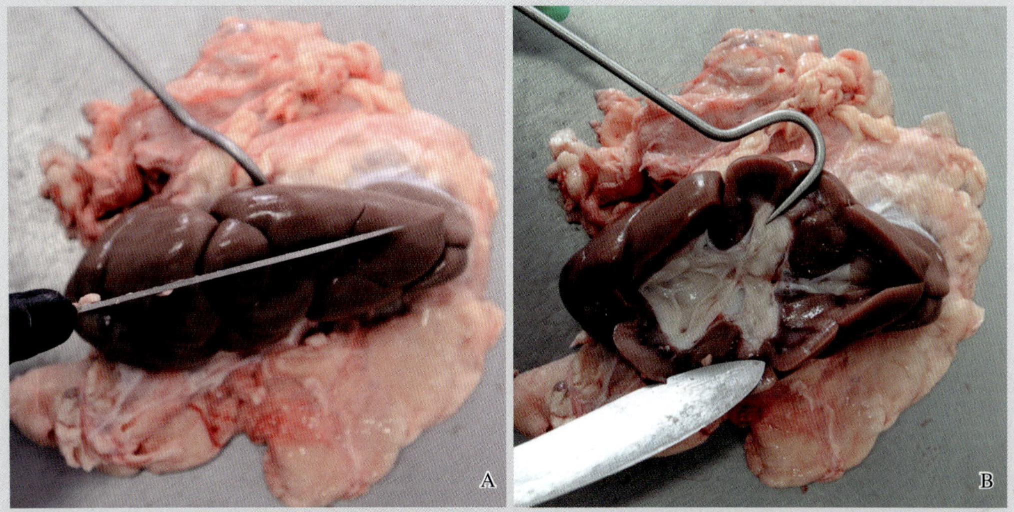

图4-105 检验台肾脏剖检

A.纵向剖开肾实质 B.剖面充分暴露后，观察有无异常

（六）生殖泌尿器官摘除和检查

《牛屠宰检疫规程》规定了子宫和睾丸的检查。《牛羊屠宰兽医卫生检验人员岗位技能要求》“内脏检查岗”规定了胸腹腔及乳房、生殖器官的检查。因此，在牛屠体剖腹前后，检验人员应观察被摘除的乳房、生殖器官和膀胱有无异常。但是建议在摘除生殖器官前在胴体上进行视检和淋巴结检查，如有异常，摘除之后与内脏进行对照检查。

1.岗位设置 设在屠体剖腹前或剖腹后。

2.检查内容 检查乳房、生殖器官和膀胱有无异常。发现有化脓性乳房炎时，对照检查胴体、内脏有无化脓性病变；发现生殖器官肿瘤时，对照检查胴体、内脏有无广泛性肿瘤病变。检查母牛子宫浆膜有无出血，黏膜有无黄白色或干酪样结节。检查公牛睾丸有无肿大，睾丸、附睾有无化脓、坏死等。

3.检查流程

（1）公牛 睾丸和附睾检查→膀胱检查。

（2）母牛 乳房检查→子宫检查和卵巢摘除→膀胱检查。

4.检查操作技术

（1）公牛

1）睾丸和附睾检查 设置在割除生殖器官工序之前或之后。视检睾丸有无肿大（图4-106A、B），睾丸、附睾有无淤血、水肿、炎症、化脓、坏死灶等。如有异常，用检验刀从中部切开（图4-107A），剖面充分暴露后观察（图4-107B）。

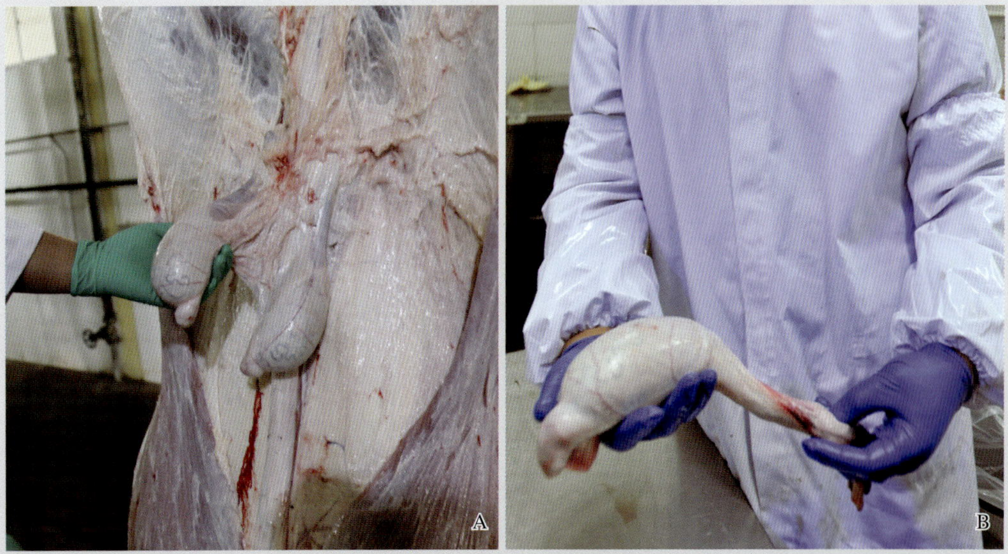

图4-106　睾丸视检

A.屠体上睾丸视检　B.离体睾丸视检

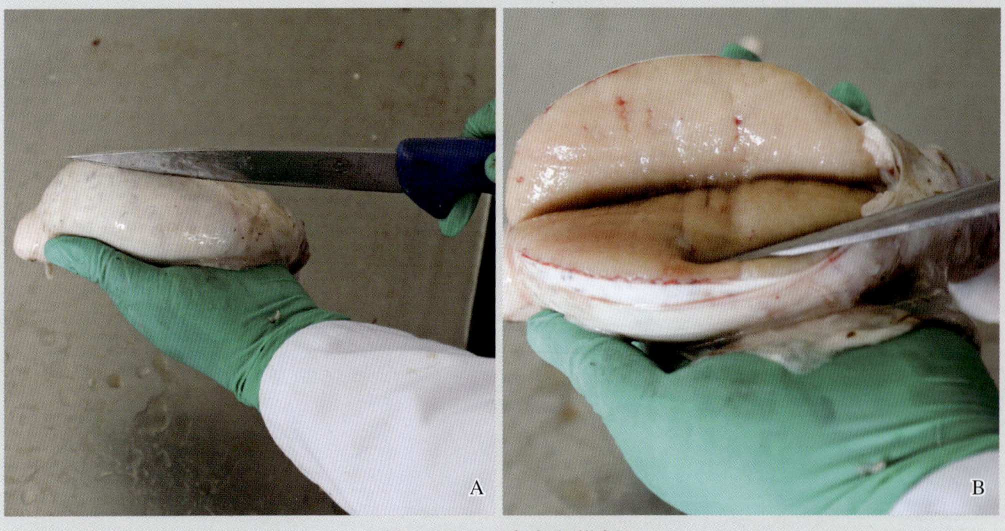

图4-107　牛睾丸纵剖

A.用检验刀从中部切开　B.充分暴露剖面，观察有无异常

2）膀胱检查　设在割除外生殖器官工序之后，建议在胃肠摘除之前，也可设在胃肠摘除之后。

A.视检膀胱　视检胴体上的膀胱（图4-108A）或被摘除的膀胱（图4-108C），如有异常，摘除后进行剖检。

B.摘除膀胱　一手握住膀胱颈，一手持刀将膀胱颈割断（图4-108B），取下膀胱后，用拇指和食指将膀胱颈捏住，避免尿液涌出，污染腹腔脏器及胴体，去掉尿液后，将膀胱放进固定的容器中统一收集。

C.膀胱剖检 检验钩钩住膀胱表面以固定膀胱，检验刀纵向切开膀胱（图4-108D），暴露膀胱黏膜，观察有无异常。

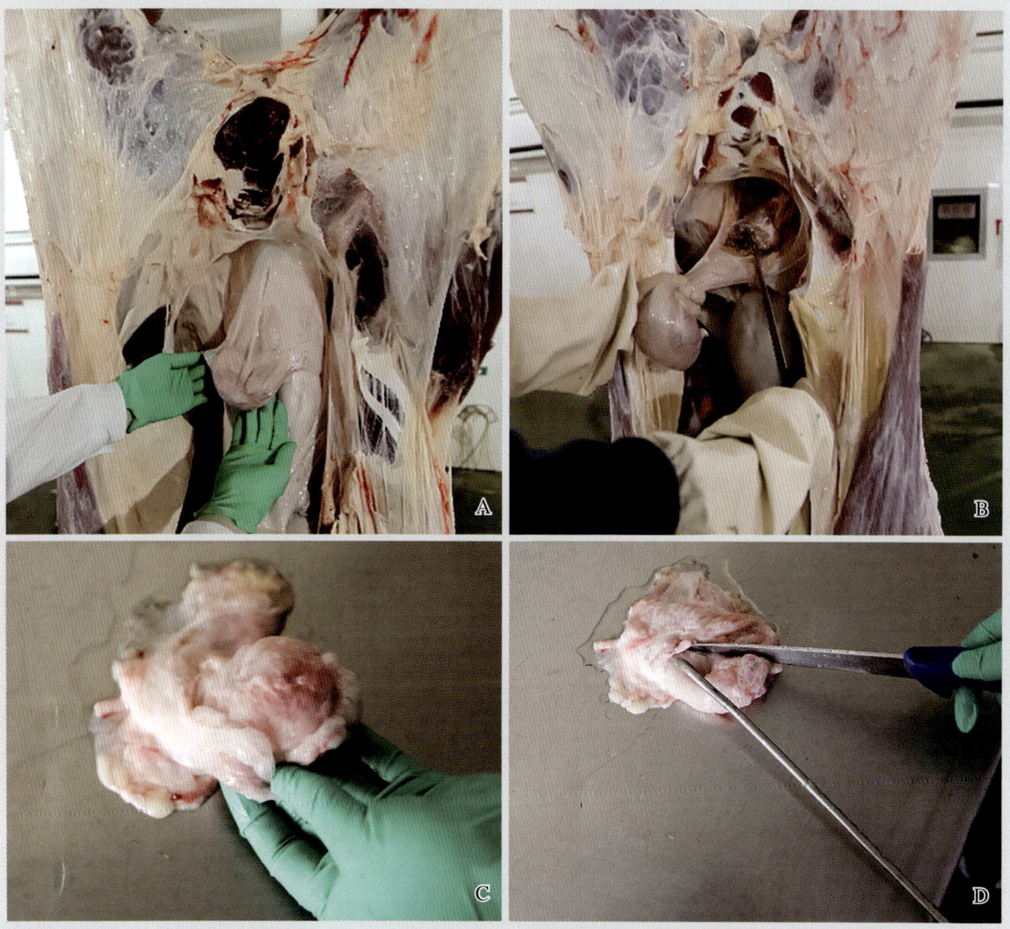

图4-108 膀胱检查

A.视检胴体上的膀胱 B.摘除膀胱 C.视检离体膀胱 D.膀胱剖检

（2）母牛

1）乳房检查 设置在割除生殖器官工序之前或之后。GB/T 19477《畜禽屠宰操作规程 牛》规定母牛应在取白脏前摘除乳房，因此，乳房检查应在割除前与胸腹腔检查一道或单独进行，或与内脏检查中生殖器官检查进行对照检查。

视检乳房的形状、大小，注意有无肿大、变形、水疱、脓疱、结节等变化，触检乳房弹性（图4-109A、B）。

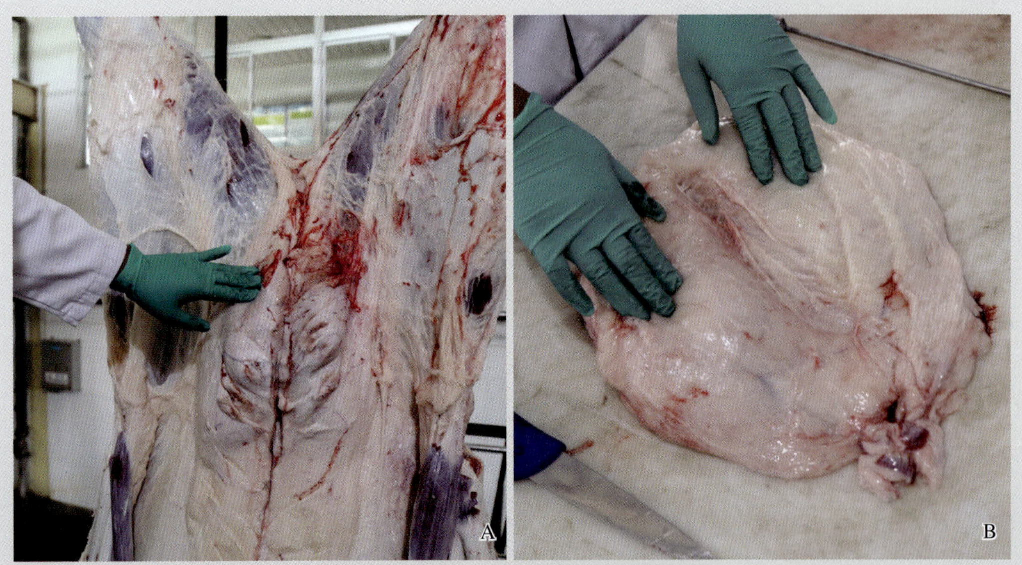

图4-109 乳房的视检和触检

A.屠体上的乳房 B.离体乳房

如发现乳房有异常，应剖检乳房实质。检验钩钩住乳房实质固定（图4-110A、图4-110C），持检验刀沿乳房中部切开乳房实质，剖面充分暴露后（图4-110B、图4-110D），观察有无化脓、黄白色或黄色干酪样结节等病变。

如果乳房及其实质有异常，将乳房淋巴结从中部切开，剖面充分暴露后，观察有无病变。

a.屠体上乳房淋巴结检查　左右两侧检查方法相同（图4-111A、B）。

b.离体乳房淋巴结检查　左右两侧检查方法相同（图4-111C、D）。

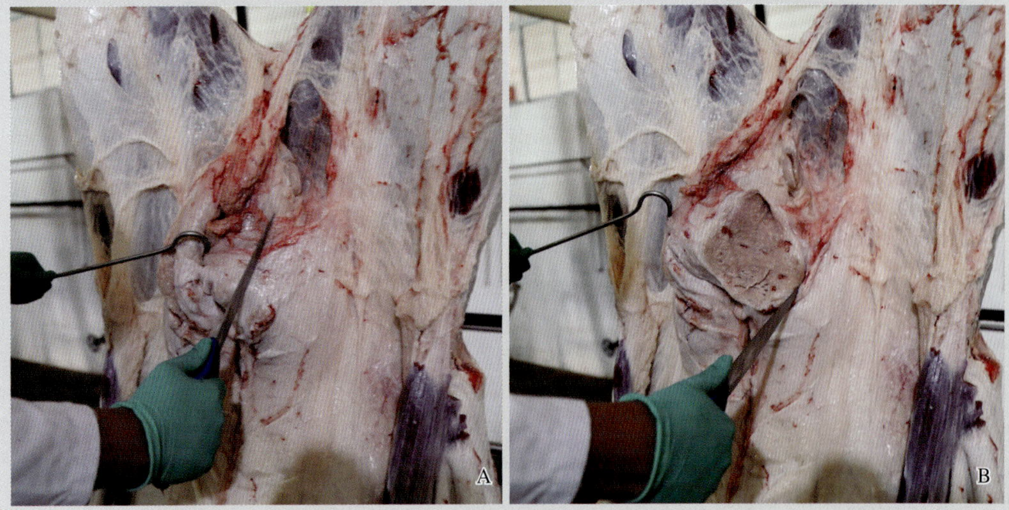

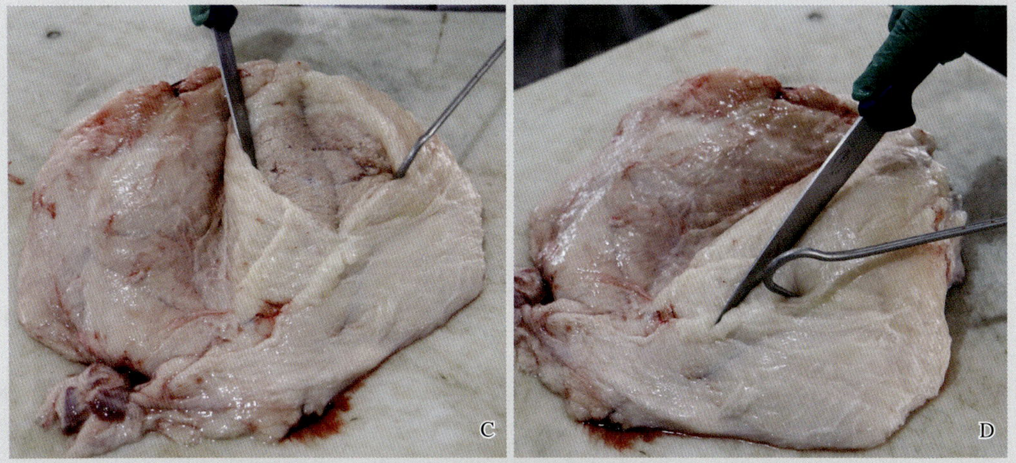

图4-110 乳房实质检查

A.吊挂检查：切开乳房实质 B.吊挂检查：暴露剖面，观察有无病变
C.检验台检查：切开乳房实质 D.检验台检查：暴露剖面，观察有无病变

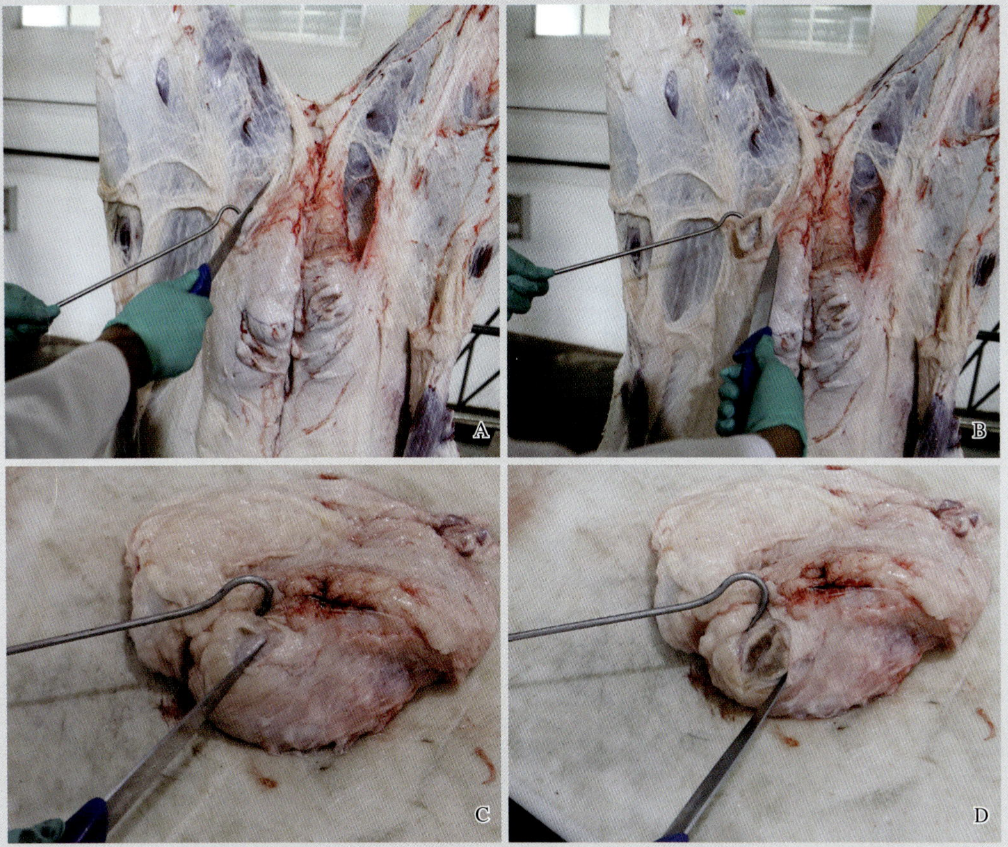

图4-111 乳房淋巴结检查

A、B.屠体上左侧乳房淋巴结 C、D.离体右侧乳房淋巴结

2）子宫检查和卵巢摘除　设置在取出内脏后进行。

A.视检　视检子宫浆膜和黏膜的色泽，触检质地，注意浆膜有无出血、黏膜有无黄白色或干酪样结节。首先用手抓住子宫体，前后翻动，视检背侧和腹侧子宫浆膜的色泽，注意有无出血，触检质地（图4-112A、B）。

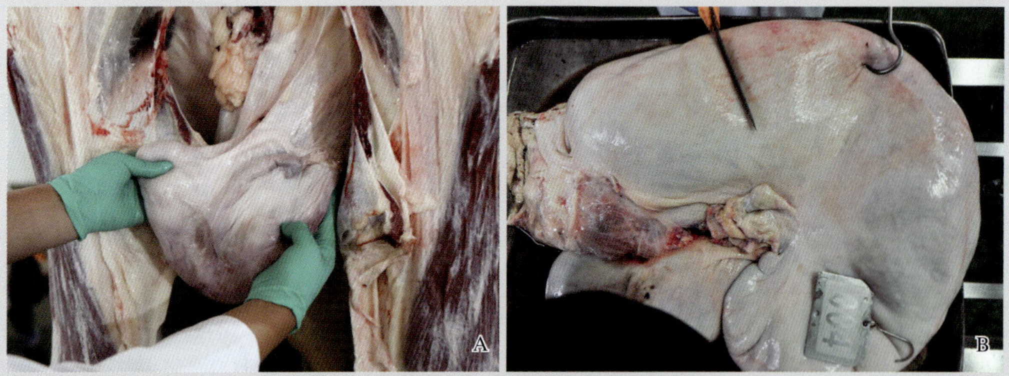

图4-112　子宫视检触检

A.胴体上的子宫　B.离体子宫

B.摘除

a.同时摘除　吊挂牛剖腹后，一手提起母牛的子宫和卵巢，一手持刀将其摘除（图4-113A、B），放到专用容器中。在离体的母牛生殖系统中，找到卵巢，将其摘除（图4-113C、D）。

b.分别摘除　吊挂牛剖腹后，一手提起卵巢，一手持刀将其摘除（图4-114A、B）。然后再摘除子宫，方法同上（图4-113B）。注意：摘除后不得随意丢弃，要存放在不透水的专用容器中，容器要有明显的标识。可作为提取生物产品的原料，或无害化处理。

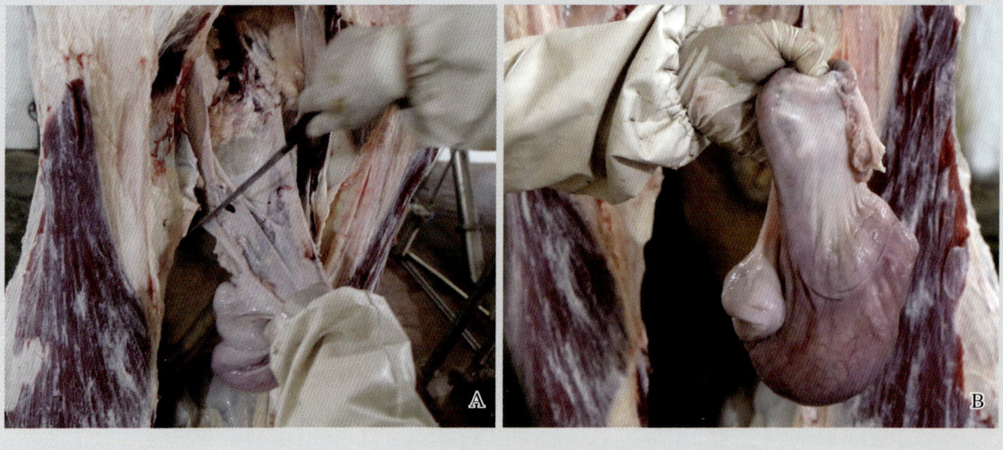

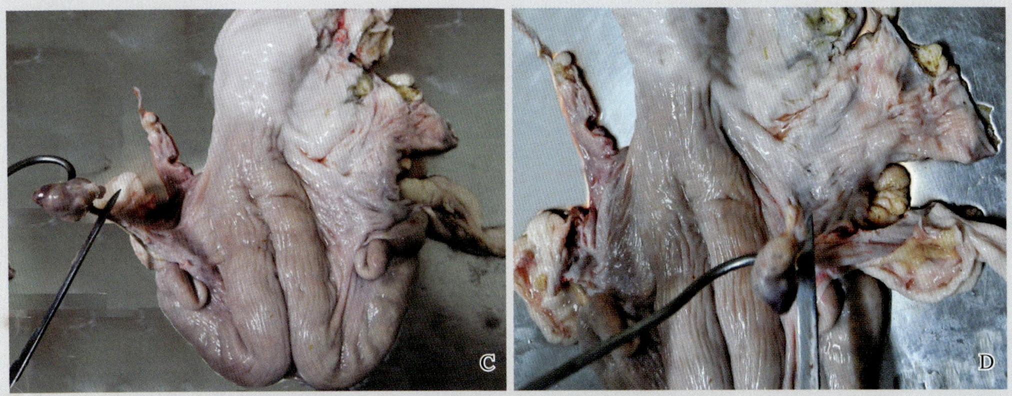

图4-113 摘除子宫和卵巢（同时摘除）

A.提起母牛的子宫和卵巢 B.持刀将其摘除 C.左侧卵巢摘除 D.右侧卵巢摘除

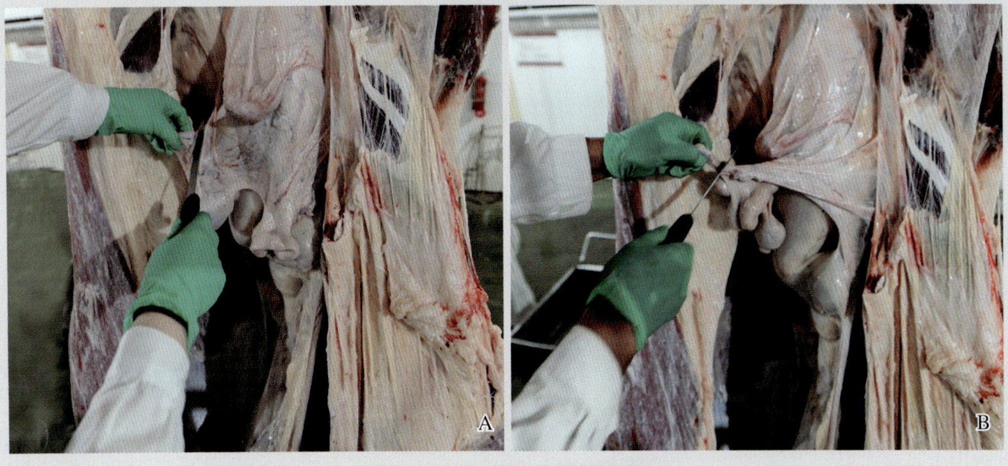

图4-114 吊挂牛摘除卵巢

A.左侧卵巢 B.右侧卵巢

C.剖检 纵向切开子宫（图4-115A），暴露子宫黏膜（图4-115B），检查黏膜有无出血、坏死、黄白色或干酪样结节等异常变化。

3）膀胱检查 同公牛。

【相关疾病宰后病变】

（1）**口蹄疫** 乳头及乳房皮肤出现大小不一的水疱、糜烂、溃疡和结痂。

（2）**牛布鲁氏菌病** 睾丸、附睾与精索淤血、水肿、炎症，偶见阴茎红肿、睾丸和附睾肿大等症状。乳腺为间质性或兼有实质性乳腺炎，或乳腺萎缩和硬化。子宫与胎膜出血、水肿、坏死。

（3）**炭疽** 乳房或外阴部出现界限明显的局灶性炎性水肿。

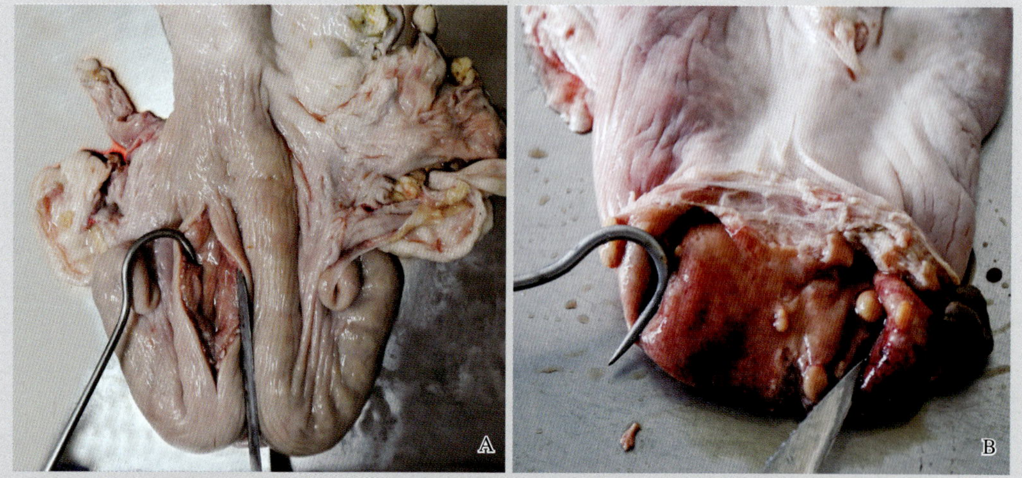

图4-115 子宫剖检

A.纵切子宫 B.检查子宫黏膜

(4) 牛结核病 乳房表面有凹凸不平的坚硬大肿块或乳腺中有多数不痛不热的坚硬结节。母牛子宫黏膜有黄白色或干酪样结节。

(5) 牛传染性鼻气管炎 外阴、阴道、宫颈黏膜、包皮、阴茎黏膜充血、红肿、脓疱等炎症。

四、胴体检查

胴体检查发现疫病或疑似病时要结合头蹄和内脏检查结果综合判断和确诊疾病，确诊后要按照有关规定进行处理。胴体检查是对胴体或二分胴体所进行的检查。设在内脏摘除和检查以后，劈半之前或劈半之后（一般设在劈半之后）。

胴体检查包括胴体整体检查、胴体肌肉和脂肪检查、淋巴结检查、胴体卫生检查、注水肉检查。检查时按照先上后下、先左后右的顺序检查。在检查实践中，髂下淋巴结、颈浅淋巴结、肌肉检查是左右交替进行的。

（一）胴体整体检查

1.检查岗位设置 设在内脏摘除和检查以后，劈半之前或劈半之后（一般设在劈半之后）。

2.检查内容 检查皮下组织、脂肪、肌肉、淋巴结以及胸腔、腹腔浆膜有无淤血、出血、脓肿、结节和其他异常等。

3.检查操作技术

（1）视检整体 用检验钩钩住胴体腹部组织加以固定，视检整体和四肢，从上至下（图4-116A、B）、从左到右（图4-116C）仔细观察有无异常，有无淤血、出血、水肿、变性或化脓病灶（图4-117），腰背部和前胸有无寄生性病变，臀部有无注射痕迹（图4-118）。关节有无炎症病灶（图4-119），颈部有无血污（图4-120）。发现异常的，应做局部修割。

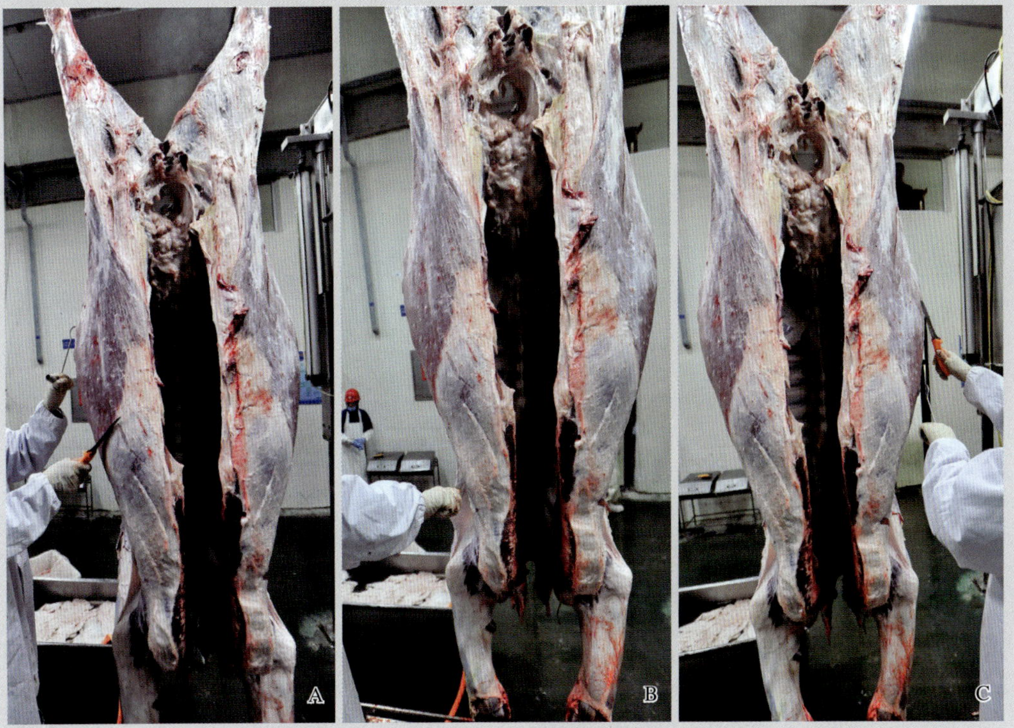

图4-116 胴体视检

A.左侧上 B.左侧下 C.右侧

（2）胸、腹腔视检 检查腹腔浆膜有无淤血、出血、坏死、粘连、脓肿、结节状增生物、肿瘤等异常变化（图4-121）；检查胸腔中有无肋膜炎和结节状增生物（图4-122）。发现异常的，应做局部修割。

（二）胴体肌肉和脂肪检查

1.检查岗位设置 设在胴体整体检查之后。

2.检查内容 视检肌肉和脂肪，有无淤血、出血、水肿、变性、坏死、黄疸等异常变化。

3.检查操作技术

（1）肌肉检查 视检肌肉，仔细观察股部内侧肌（图4-123）和肩胛外侧肌（图4-124）有无肿胀、白色条纹、条块的斑纹状外观症状，或腹部、胸部、肩胛部

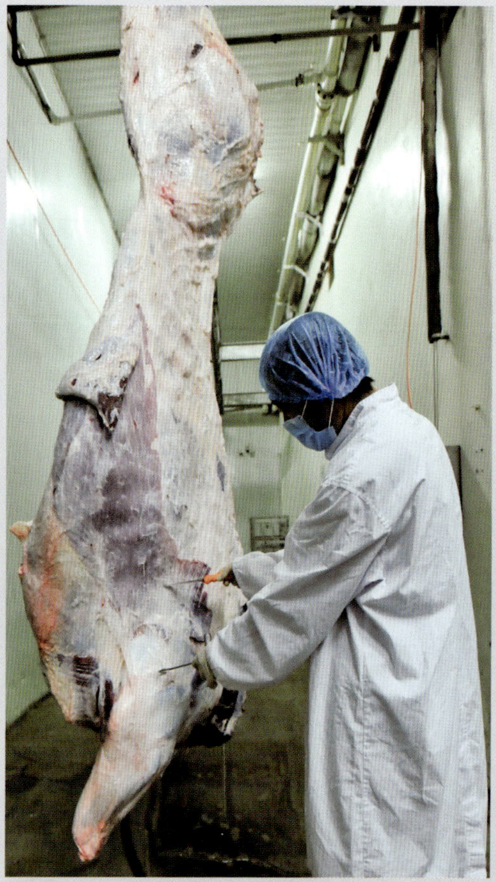

图4-117　检查肌肉组织有无水肿、变性等变化

图4-118　检查臀部有无残留的注射痕迹

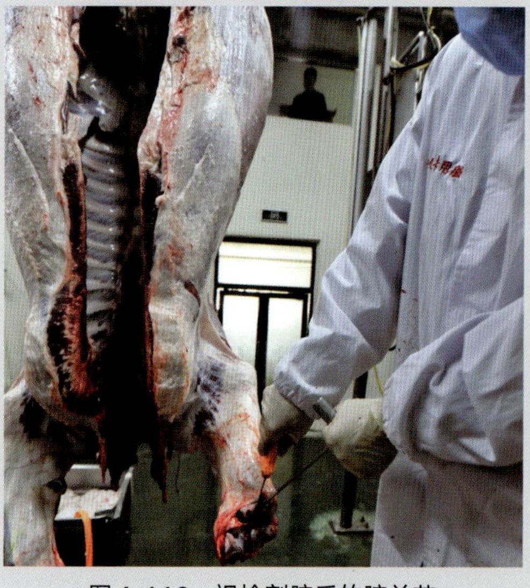

图4-119　视检割蹄后的腕关节

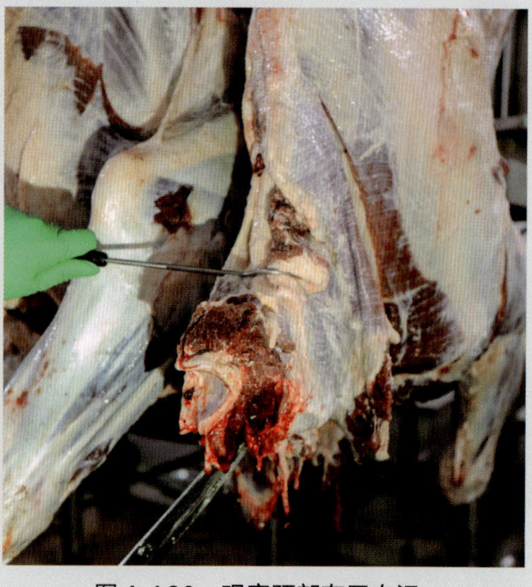

图4-120　观察颈部有无血污

图4-121 腹腔视检

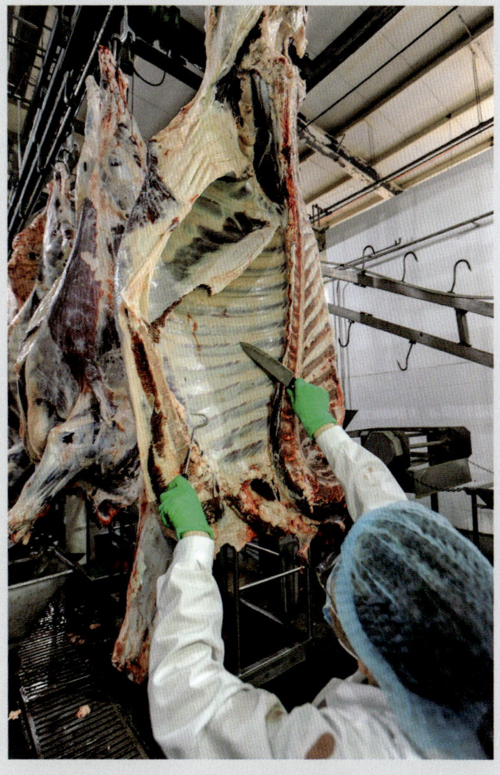

图4-122 胸腔视检

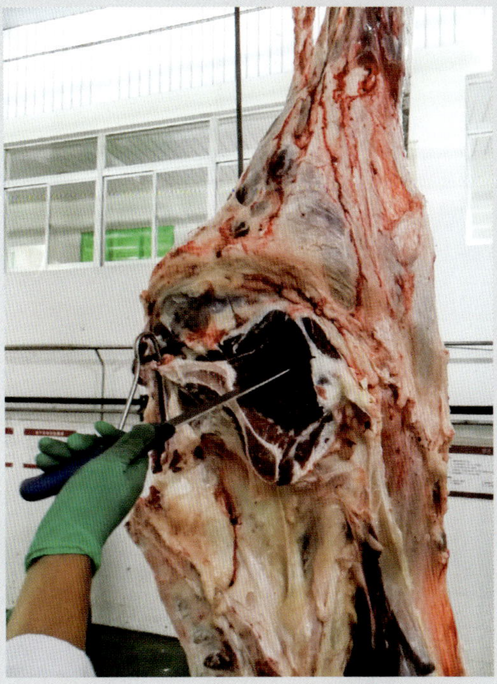

图4-123 股部内侧肌视检

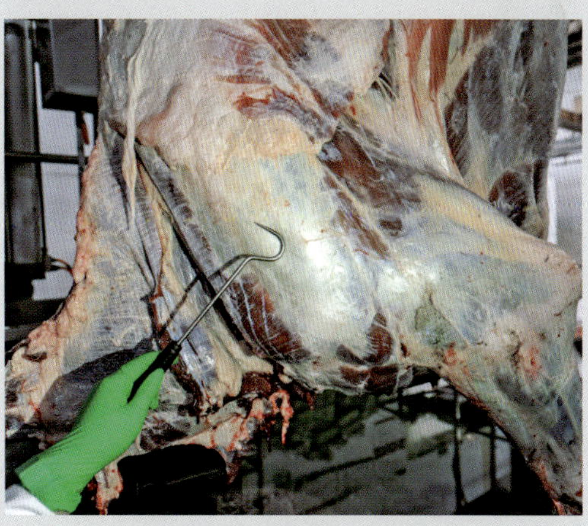

图4-124 肩胛外侧肌视检

肌肉中有无淡黄色麦粒大小的坏死灶；观察有无DFD肉特征；发现淤血、出血、水肿、脓肿、变性、寄生虫损害等异常变化部分，应做局部修割。检查发现肌肉、关节液、黏膜等处出现全身黄染，胴体放置24 h后黄色不消退的为黄疸。

（2）脂肪检查　视检皮下脂肪，发现淤血、出血、水肿、脓肿、变性、寄生虫损害等异常变化部分，应做局部修割。检查有无黄脂等异常变化。

（三）淋巴结检查

牛宰后要检查颈浅淋巴结、髂下淋巴结，必要时检查腹股沟深淋巴结。对检出的病变淋巴结进行摘除。

1.检查岗位设置　设在胴体肌肉和脂肪检查之后。

2.检查流程　颈浅淋巴结→髂下淋巴结→腹股沟深淋巴结（必要时）。

3.检查内容和操作技术

（1）颈浅淋巴结（肩前淋巴结）检查　剖开一侧颈浅淋巴结，检查切面形状、色泽及有无肿胀、淤血、出血、坏死灶。牛胴体倒挂时，在肩关节前稍上方，形成一个椭圆形隆起，颈浅淋巴结就埋藏在内。检验人员持钩钩住前肢肌肉并向下侧方拉拽，刀尖稍向肩部，在隆起的最高处刺入并顺着肌纤维切开一条长10 ～ 15 cm的切口（图4-125A），用检验钩拉开切口下缘，暴露被脂肪组织包裹的颈浅淋巴结（图4-125B）。纵向切开淋巴结（图4-125C），充分暴露切面，观察有无异常（图4-125D）。右侧颈浅淋巴结检查方法相同（图4-126）。如在屠宰流程中有去掉肩淋巴油的工序（图4-127A），取出肩淋巴油后，剖检颈浅淋巴结进行观察（图4-127B），割除淋巴结后分别置于专用容器中收集。

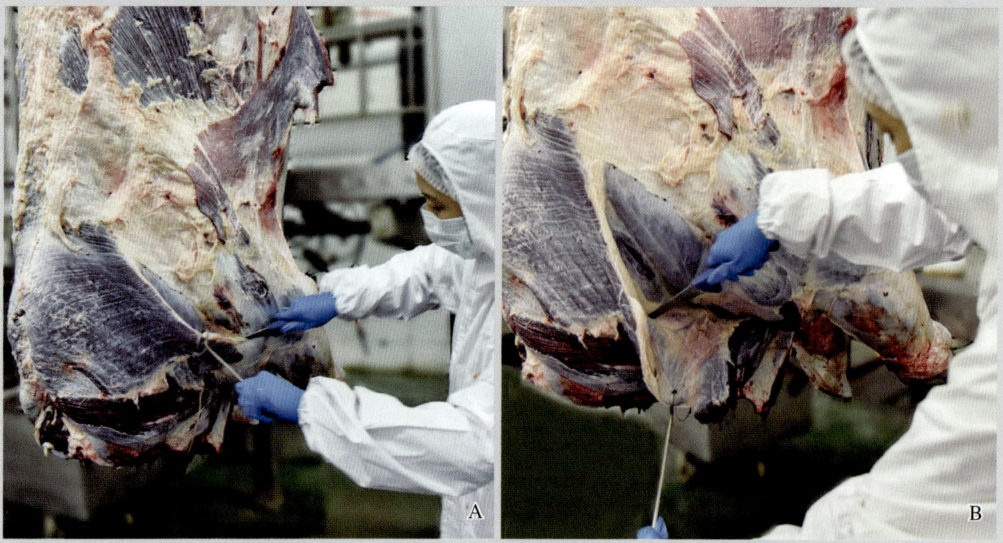

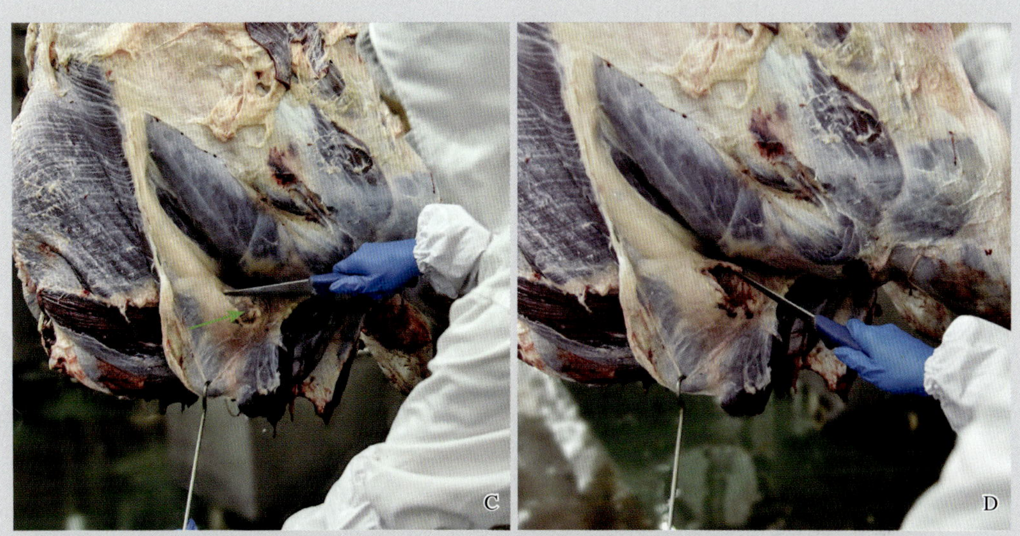

图4-125 左侧颈浅淋巴结检查

A.刀尖稍向肩部，在隆起的最高处刺入并顺着肌纤维切开 B.拉开切口下缘，暴露颈浅淋巴结 C.纵向切开淋巴结 D.暴露切面，观察有无异常

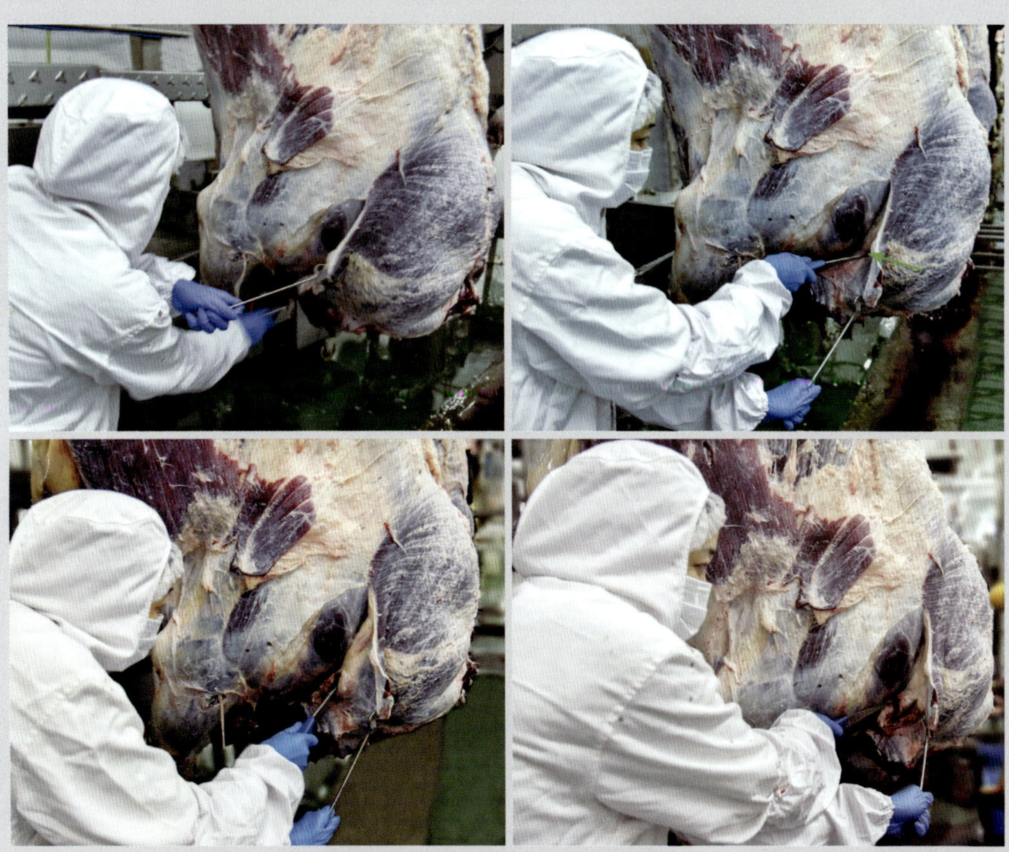

图4-126 右侧颈浅淋巴结检查

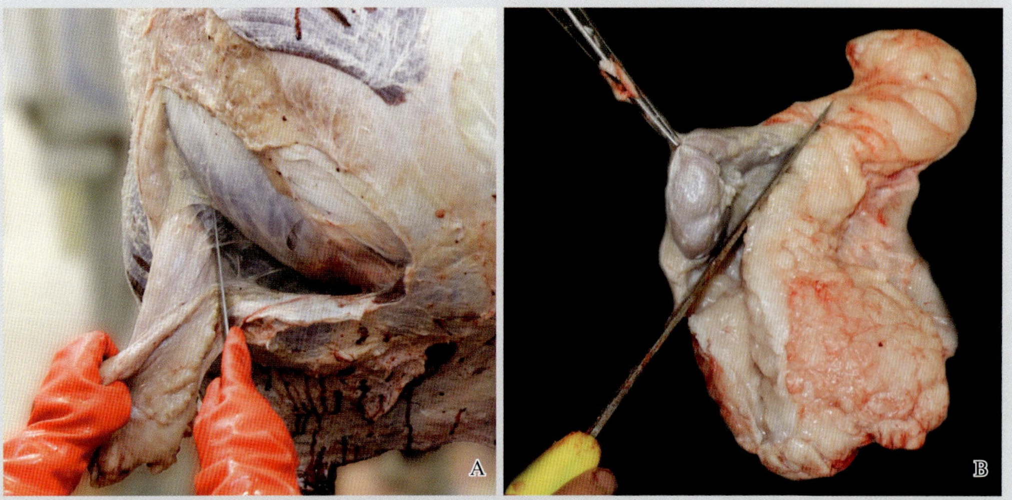

图4-127 去肩淋巴油和剖检淋巴结

A.去牛左侧肩淋巴油 B.剖检淋巴结

（2）髂下淋巴结（股前淋巴结、膝上淋巴结）检查 剖开一侧淋巴结，检查切面形状、色泽、大小及有无肿胀、淤血、出血、坏死灶等。牛胴体倒挂时，由于腿部肌群向后牵直，将原来膝褶拉成一道斜沟，在此沟里可见一条长约10 cm的棒状隆起，髂下淋巴结就埋藏在其内。检验人员持钩钩住膝褶斜沟的棒状隆起（图4-128A），运刀在膝关节的前上方、阔筋膜张肌前缘膝褶内侧脂肪层剖开一侧髂下淋巴结（图4-128B、C），充分暴露切面（图4-128D），检查有无异常。右侧检查方法相同（图4-129）。

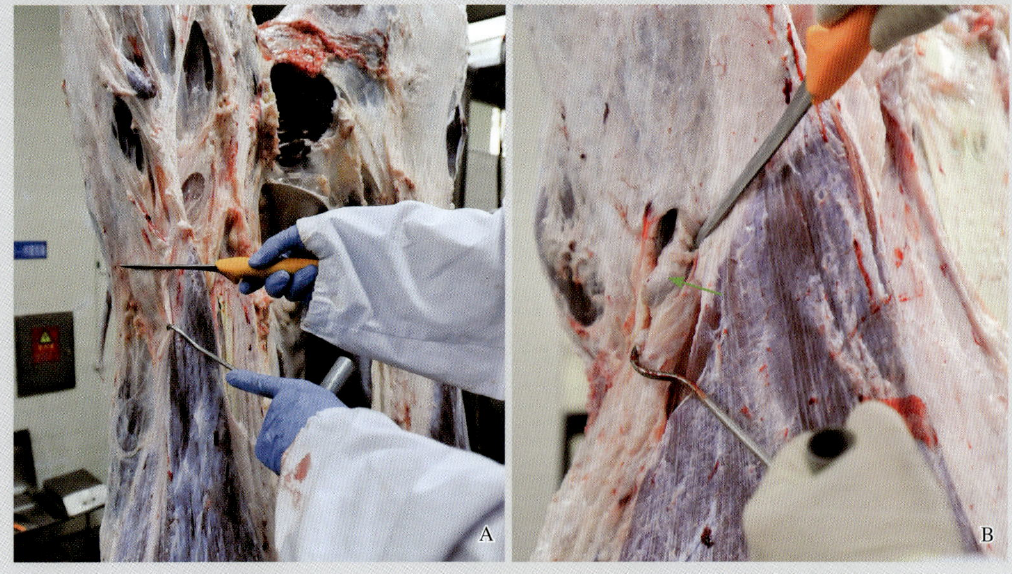

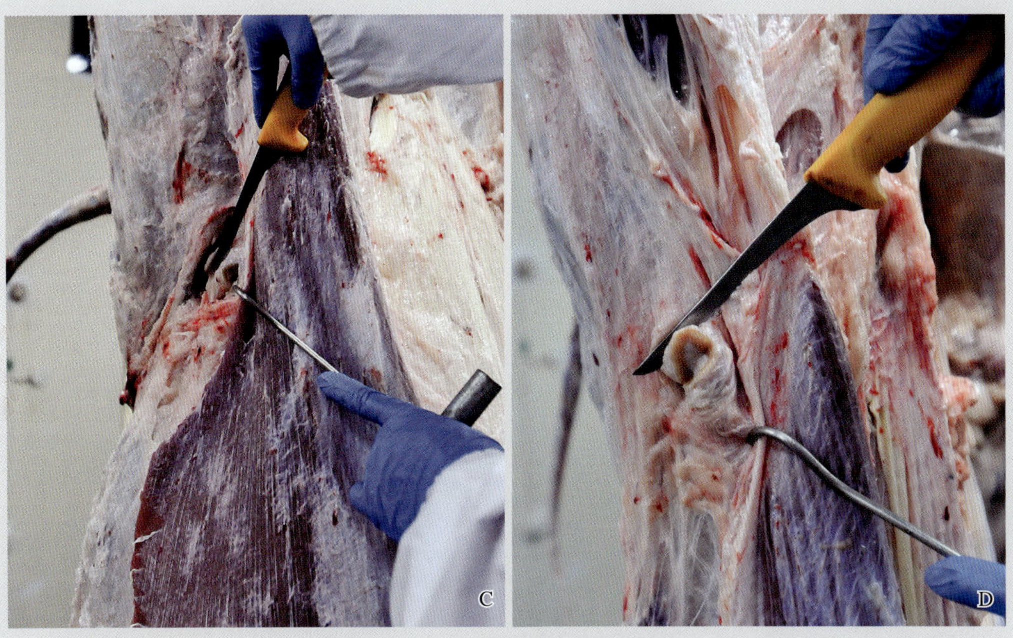

图4-128　左侧髂下淋巴结检查

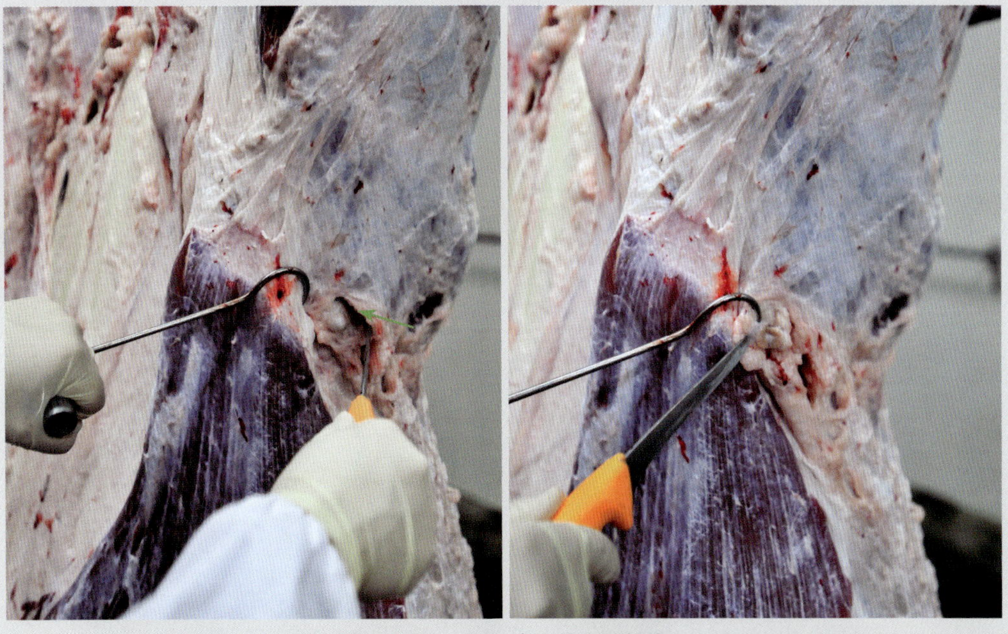

图4-129　右侧髂下淋巴结检查

（3）腹股沟深淋巴结检查（必要时）　剖开一侧淋巴结，充分暴露切面，检查切面形状、色泽、大小及有无肿胀、淤血、出血、坏死灶等（图4-130和图4-131）。两侧检查方法相同。

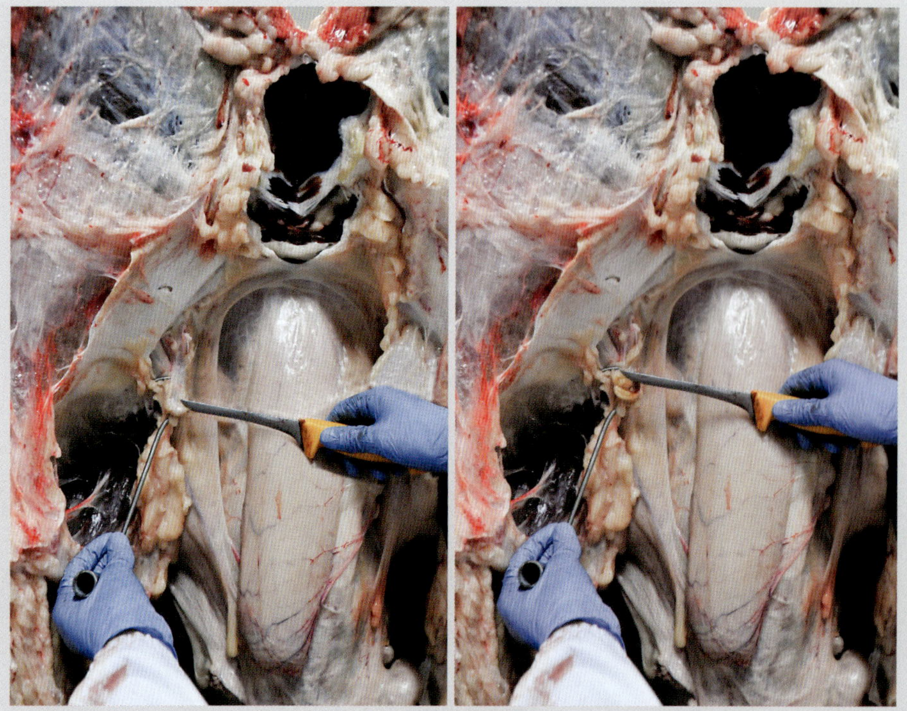

图4-130 左侧腹股沟深淋巴结检查

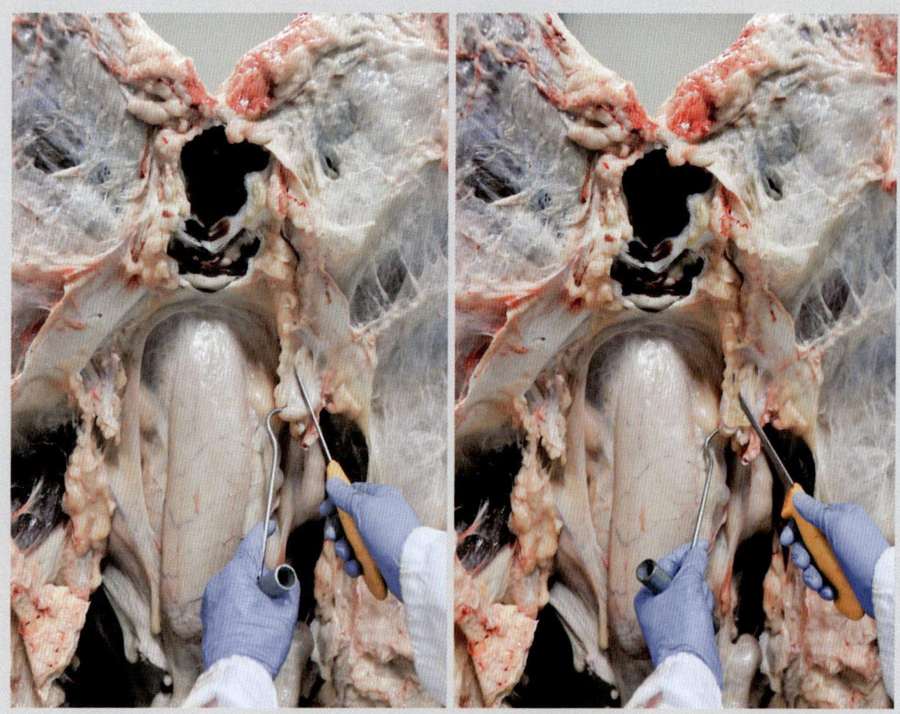

图4-131 右侧腹股沟深淋巴结检查

（四）胴体卫生检查

1.检查岗位设置 设在胴体淋巴结检查之后或者与胴体整体检查同步进行。

2.检查内容和操作技术 检查胴体体表、体腔壁有无污染。如有血污、毛及其他污物，应冲洗干净；如有脓污、粪污、胆汁污染，应修割被污染的胴体表层。按照先上后下，先左后右进行检查。

（五）注水肉检查

1.检查岗位设置 设在胴体整体检查之后或同步进行。

2.检查内容和操作技术 检查牛肉是否颜色较浅，指压后是否容易复原，放置后有无浅红色血水流出，胃、肠等内脏器官有无肿胀。疑似注水肉的，送实验室检测确定。水分含量的检测按照GB 18394《畜禽肉水分限量》规定的方法执行（见第五章）。

【相关疾病宰后病变】

（1）**口蹄疫** 病变多见于股部、肩胛部、前臂部和颈部肌肉，病变与心肌类似，肌肉切面可见灰白色或灰黄色条纹与斑点，有斑纹状外观。

（2）**炭疽** 急性炭疽表现为全身淋巴结肿胀、出血、水肿；痈型炭疽表现为痈肿部位皮下出血性胶样浸润，附近淋巴结肿大，周围水肿，淋巴结切面呈暗红色或砖红色。

（3）**牛结核病** 胸腹膜有灰红色、湿润、形如珍珠状的密集结节群。淋巴结有结核结节或干酪样坏死。

（4）**布鲁氏菌病** 膝关节和腕关节肿胀，关节炎、黏液囊炎变化。

五、复验

（一）检查岗位设置

设在胴体检查之后。

（二）复验内容及操作技术

进行全面检查，检查有无漏检，肾上腺是否摘除干净。有无未修割干净的污染部分，肌肉组织有无水肿、病变等。如检查椎骨中有无化脓灶和钙化灶（图4-132A）、放血程度（图4-132B）。

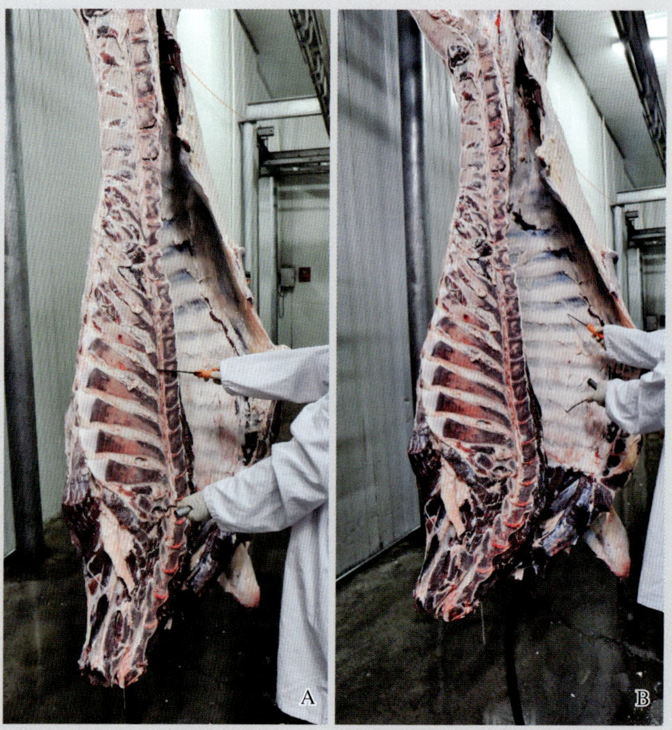

图4-132 复 验

A.检查椎骨中有无化脓灶和钙化灶 B.检查放血程度

六、宰后检查的处理

结合头蹄部、内脏、胴体、复验、实验室检验结果，综合判定胴体、内脏等产品是否能食用，并确定所检出的不合格肉的无害化处理方法。

（一）合格产品的处理

确认合格的产品，对胴体、内脏、头、蹄等产品出具肉品品质检验合格证，准予出厂（场）。

（二）不合格产品的处理

经宰后同步检疫怀疑患有动物疫病的，由官方兽医出具检疫处理通知单，向农业农村部门或者动物疫病预防控制机构报告，并由货主采取隔离等控制措施。

经宰后检查确诊为品质不合格的，加施无害化处理等标识，并做相应处理。

1.应做无害化处理的

（1）头部、蹄部修割部分，检出的头部病变淋巴结。

（2）异常变化的乳房、生殖器官、膀胱和脾脏。

（3）整体出现异常变化的内脏以及内脏局部修割的异常变化部分。

（4）胴体局部修割的病变部分、严重污染及异常部分。

（5）检出黄疸的牛胴体及其他产品。

（6）多器官或全身检出肿瘤的牛胴体及其他产品。

（7）多器官或全身检出化脓性疾病的牛胴体及其他产品。

（8）胴体上检出的病变淋巴结。

（9）注水、注入其他物质的牛胴体及其他产品。

（10）检出脓毒症、尿毒症、急性及慢性中毒、肌肉变质、高度水肿的牛胴体及其他产品。

（11）其他需要做无害处理的牛屠体、牛胴体及其他产品。

2.应做非食用处理或者无害化处理的 甲状腺、肾上腺、修割的黑干肉。

第三节 羊宰后检查

一、概述

羊宰后检查是指按《羊屠宰检疫规程》和肉品品质检验规程规定的程序和方法对解体后的羊胴体、脏器、组织及其他应检部位实施的全流程同步检验检疫及必要的实验室检查，并根据检查结果进行处理的过程。

宰后检查是宰前检查的继续和补充，因为宰前检查重点在于检出具有体温反应或症状比较明显的患病羊和可疑患病羊，而对那些缺乏明显临床症状，特别是处于发病初期或疾病潜伏期的患病羊则难以检出，往往会随健康羊进入屠宰加工环节。这些患病羊只有在宰后解体的情况下，通过直接观察胴体、脏器及组织呈现的病理变化和异常现象以及必要的实验室检查，进行综合分析判断才能被发现和确诊，如患有棘球蚴病、片形吸虫病的羊。因此，宰后检查对于保证肉品卫生质量，保障消费者身体健康，防止动物疫病的传播，具有十分重要的意义。

宰后检查以感官检查为主，必要时辅以病理组织学、病原学、免疫学、理化学等方法进行实验室检查。感官检查和实验室检查方法和内容，宰后检查常用的工具及使用方法、检查技术和操作要求等参考本章第二节相应内容。

羊的宰后检查主要包括头蹄检查、内脏检查、胴体检查、复验、宰后检查后的处理等环节。

二、头蹄检查

（一）头部检查

1.检查点的设置 羊的头部检查设在去头工序之后，应在去羊头位置附近设置头部检查岗，并配置检验台及清洗消毒装置。

2.头部检查的程序 先进行整体检查，必要时剖检下颌淋巴结，摘除甲状腺。

3.头部检查的内容和方法

（1）头部整体检查 用检验钩固定羊头部，先整体观察头部是否肿胀、皮肤和口鼻部是否有异常。用检验刀轻触羊鼻部并视检，注意有无水疱、溃疡、烂斑、坏死、充血、出血、发绀等（图4-133）；用检验刀拨开上、下唇，暴露齿龈检查，注意有无病变（图4-134）；用检验刀打开羊口腔，检查口腔黏膜、舌及舌面，注意有无水疱、溃疡、烂斑等病理变化（图4-135）。

检查发现以上部位异常时，如有必要，可进行眼结膜和咽喉黏膜的检查。用手或检验钩翻开眼睑，观察眼结膜有无充血、出血、大量分泌物等病理变化（图4-136）。

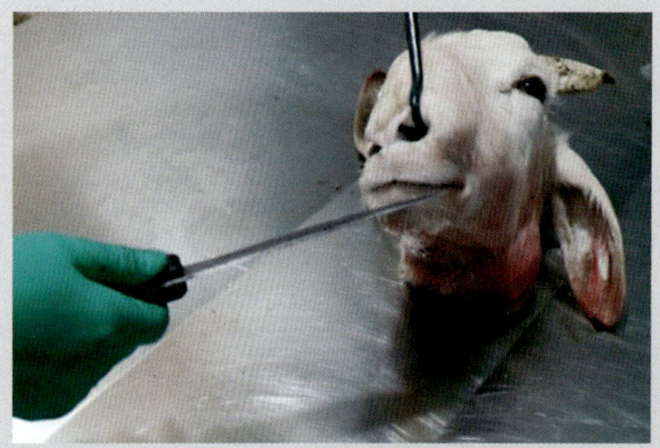
图4-133 羊头部及鼻部检查

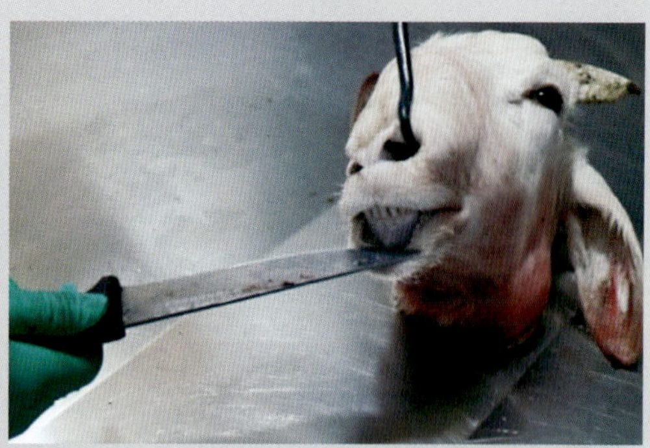
图4-134 羊齿龈检查

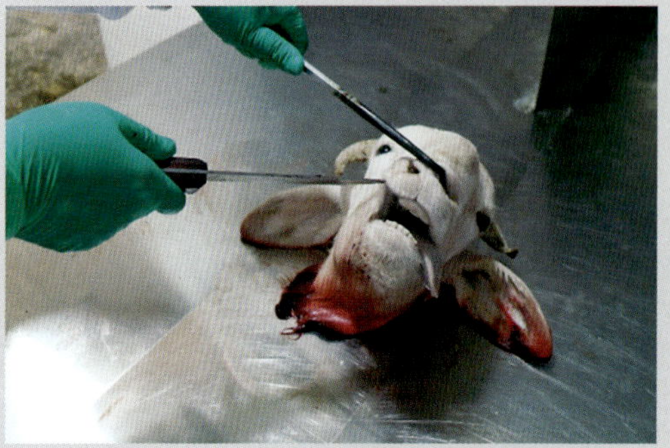
图4-135 羊口腔黏膜及舌的检查

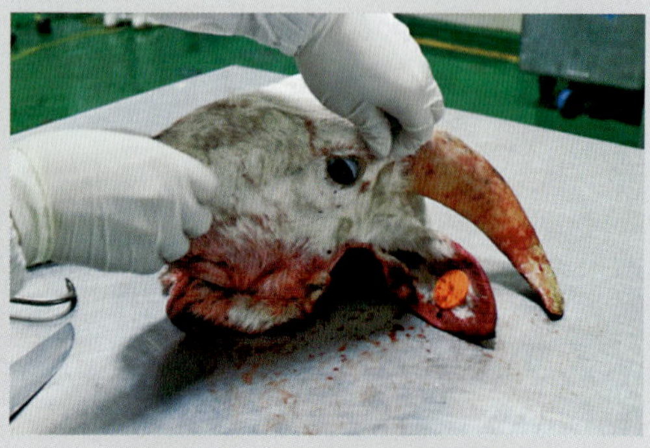
图4-136 羊眼结膜的检查

检查咽喉及黏膜时，用检验刀沿下颌间隙切开皮肤和软组织，剥离下颌骨间软组织，在舌的两侧和软腭上各切一刀，从下颌间隙拉出舌尖，并沿下颌骨将舌根两侧切开，使舌根和咽喉部充分暴露，进行观察。

（2）淋巴结剖检　头部检查发现异常时，可以增加对两侧下颌淋巴结视检并剖检。检查时，将离体的羊头置于检验台上，口唇部朝向检查者，用检验钩固定羊头，找到两侧的下颌淋巴结（图3-48），观察淋巴结的形态、大小、色泽等有无异常，再用检验刀分别剖检左、右下颌淋巴结（图4-137至图4-140），观察有无出血、充血、水肿、坏死等。

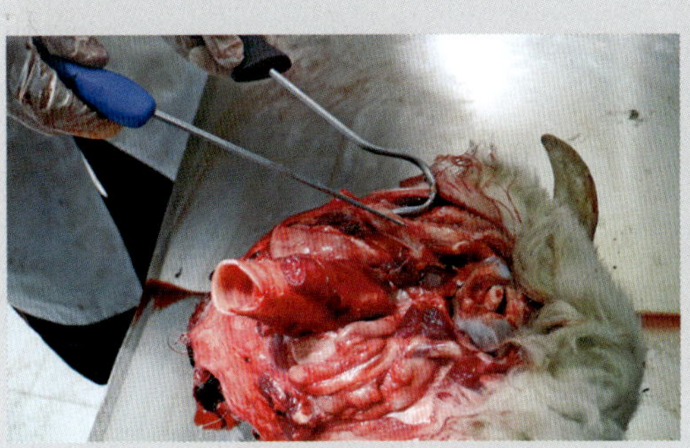

图4-137　羊左侧下颌淋巴结的剖检

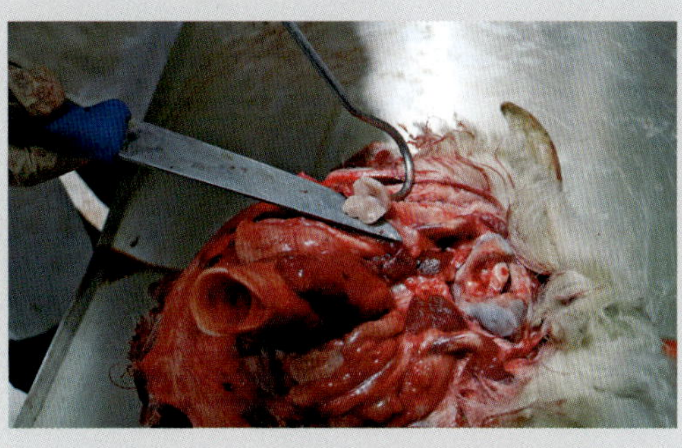

图4-138　羊左侧下颌淋巴结的剖开

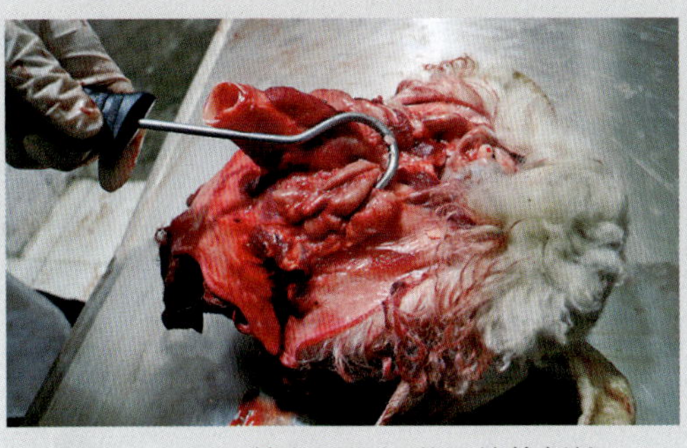

图4-139　羊右侧下颌淋巴结的剖检

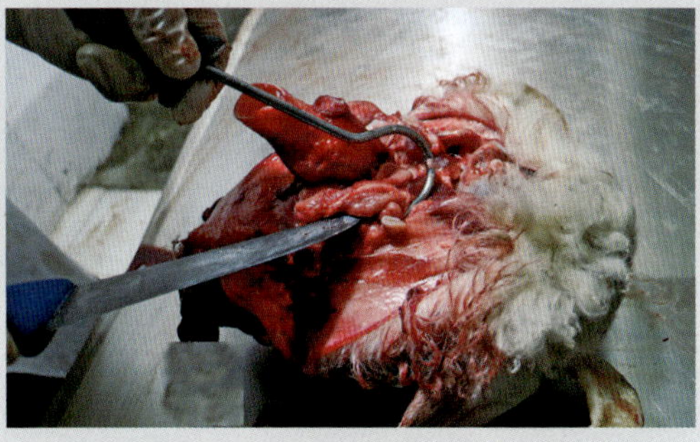

图4-140　羊右侧下颌淋巴结的剖开

（3）摘除甲状腺　甲状腺属于必须摘除的“三腺”之一，宰后将羊的甲状腺摘除干净，集中收集和处理，否则一旦被人误食会引起中毒。

检查人员按照解剖位置找到甲状腺，用检验刀将全部甲状腺摘除（图3-60、图4-141），应注意观察甲状腺的完整性，如果不完整，应在肺脏检查时将气

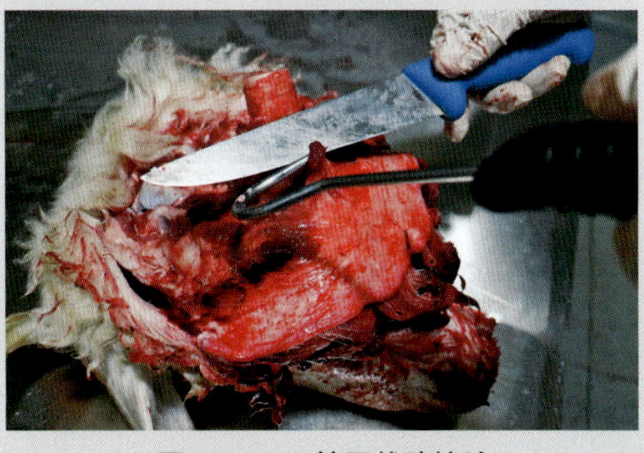

图4-141　羊甲状腺摘除

管环上的甲状腺找到并摘除，对摘除的甲状腺集中收集和处理。

（二）蹄部检查

1.检查点的设置 羊的蹄部检查设在去前蹄和后蹄之后，一般与头部检查一并进行。

2.蹄部检查的内容和方法 在检验台上，以检验钩固定羊蹄，检查蹄冠部位，用检验刀打开蹄叉检查，重点观察蹄冠、蹄叉皮肤有无水疱、溃疡、烂斑、结痂等（图4-142）。也可以直接手持羊蹄进行检查（图4-143）。

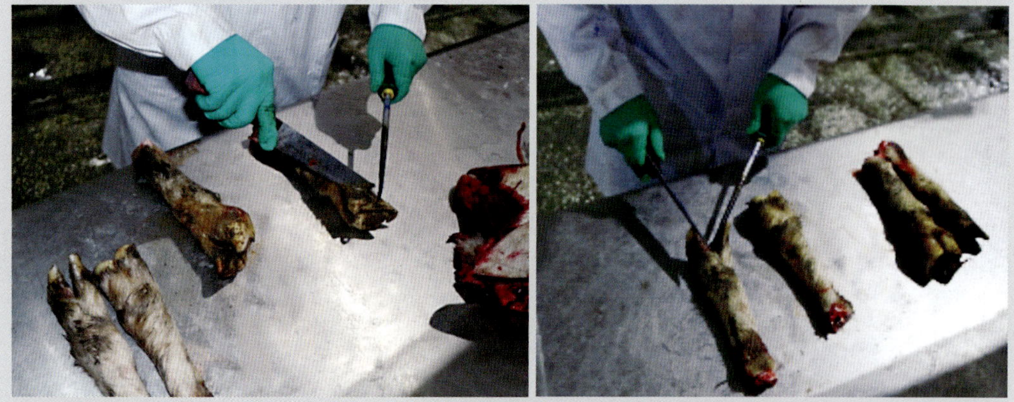

图4-142 羊蹄冠、蹄叉检查（持检验工具）

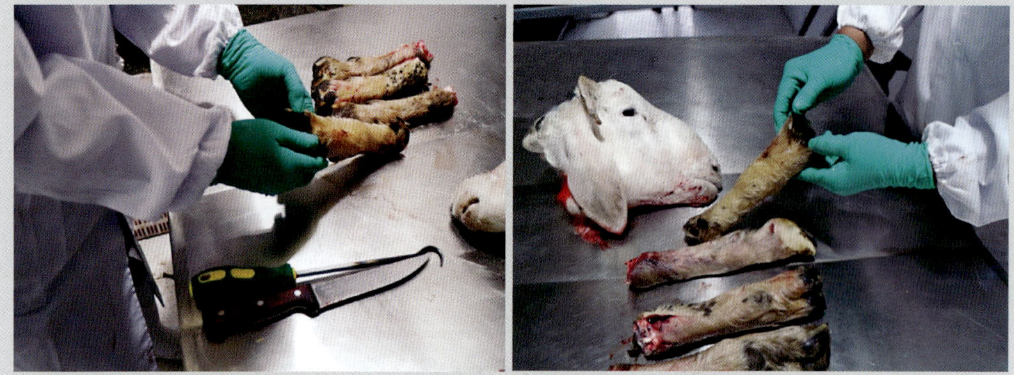

图4-143 羊蹄冠、蹄叉检查（手持检验）

三、内脏检查

内脏检查在羊屠体开膛后进行。取出内脏前，先观察胸腔、腹腔有无积液、粘连、纤维素性渗出物及肿瘤病变。内脏取出后分别检查心脏、肺脏、肝脏、脾脏、胃肠、肾脏，剖检支气管淋巴结、肝门淋巴结、肠系膜淋巴结等，检查有无病变和其他异常。并对有害腺体及病变淋巴结进行摘除。

（一）胸腹腔检查

在开胸腔、剖腹后，取出胸腹腔内脏前进行检查。重点观察：胸腔有无积液、粘连、纤维素性渗出物，视检心、肺有无异常；腹腔有无积液、粘连、纤维素性渗出物等，视检胃肠的外形、肠系膜浆膜有无异常。发现疑似由疫病引起的异常，不能取出内脏，应将该羊屠体推入隔离轨道或隔离区域，并向农业农村部门或动物疫病预防控制机构报告。

（二）心脏检查

在同步轨道挂钩上或检验台上对心脏进行检查。用检验钩钩住心包膜表面脂肪组织，检查带包膜心脏的形状、大小、色泽，注意观察有无淤血、出血、心包积液、脓肿等（图4-144）。在发现异常时进行剖检探查，钩住心包膜表面脂肪组织，用检验刀由上向下纵行切开心包，检查心包膜、心包液和心脏表面有无异常（图4-145）。如需进一步剖检时，用检验刀于左纵沟平行的心脏后缘房室分界处右侧进刀剖开心脏，暴露心腔（图4-146），观察有无心内膜出血、心肌坏死、心肌脓肿等。

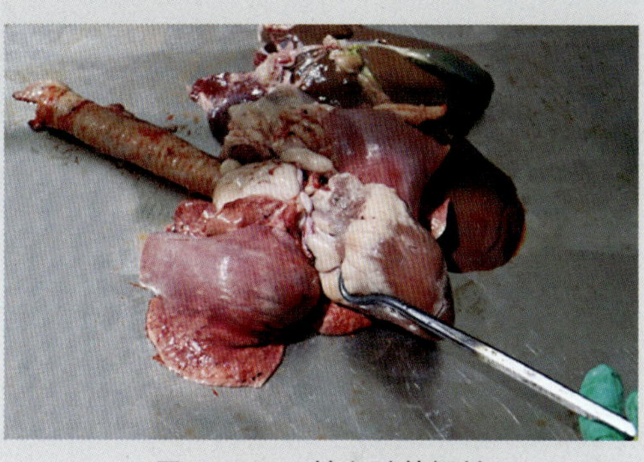

图4-144 羊心脏的视检

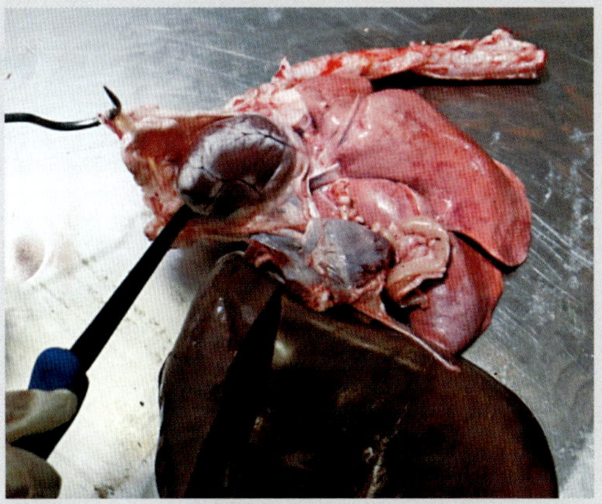

图4-145 心包膜、心包液、心脏表面检查

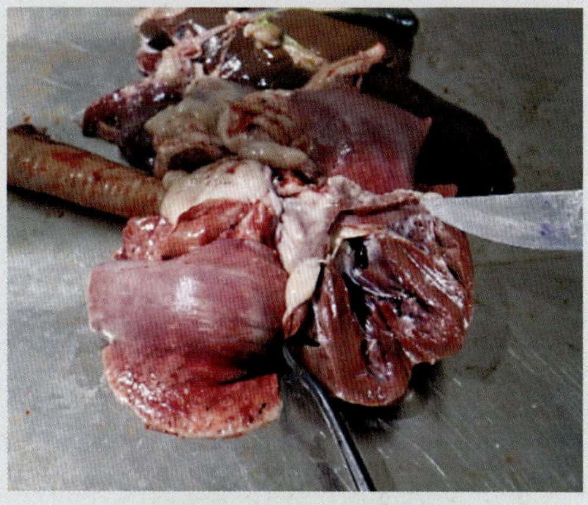

图4-146 羊心脏的剖检

（三）肺脏检查

1.肺脏整体检查 观察两侧肺叶大小、色泽、形状（图3-25），注意有无水肿、淤血、出血、化脓、实变、粘连、纤维素性渗出、包囊砂、寄生虫等；触检肺叶实

质，感触其弹性、质地、光滑度、包囊和结节的性状等（图4-147）；在发现异常变化需要进一步探查时，剖检肺脏异常部位和支气管，观察肺脏深层的病变及气管内的病变（图4-148）。

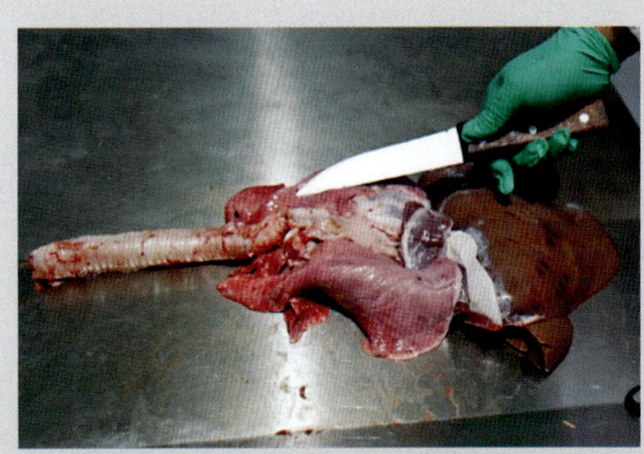

图4-147　羊肺脏触检

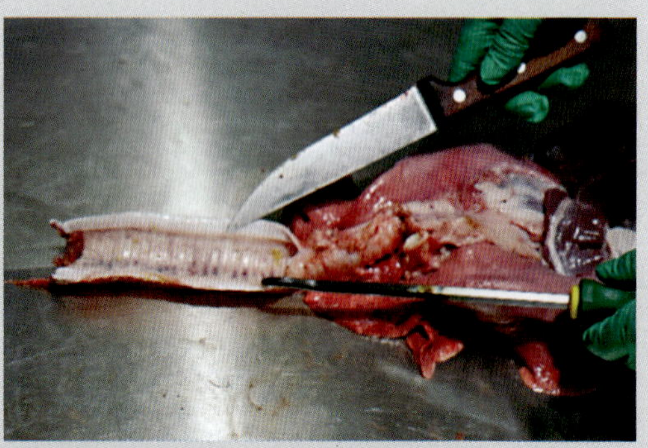

图4-148　羊气管剖检

2.支气管淋巴结剖检　宰后检查常选择剖检左支气管淋巴结，其位于肺支气管分叉的左方和尖叶支气管的根部（图4-149），检查切面有无淤血、出血、水肿等。按照肺脏摘除后在检验流程中的存在方式分为吊挂检查和检验台检查，其操作略有不同。

（1）吊挂检查　检查人员一手持检验钩钩住左肺尖叶与支气管之间的结缔组织向下拉开，暴露支气管，另一手持检验刀，紧贴气管向下运刀，纵剖位于肺支气管分叉背面的左支气管淋巴结（图4-150），充分暴露淋巴结剖面后，观察切面有无异常。

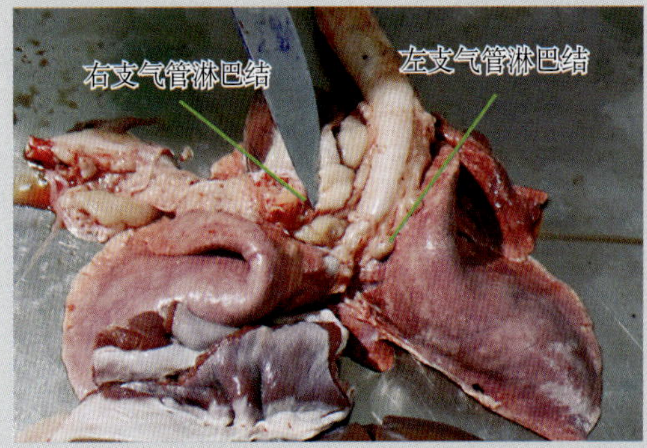

图4-149　羊支气管淋巴结位置

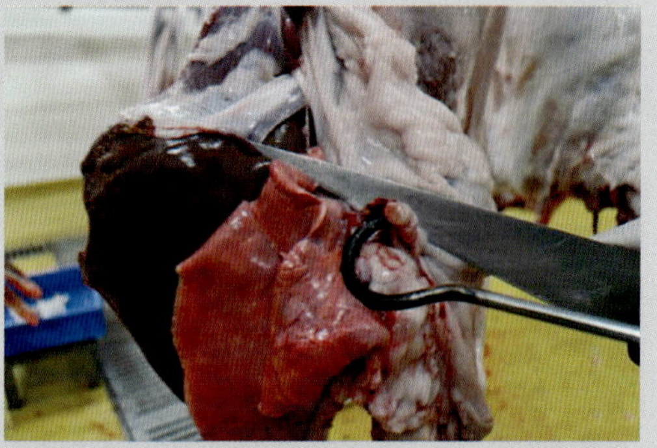

图4-150　羊左支气管淋巴结剖检（吊挂）

（2）检验台检查　检验人员一手持检验钩，钩住左肺支气管淋巴结附近的结缔组织，一手持检验刀，纵剖位于肺支气管分叉背面的左支气管淋巴结（图4-151），剖面充分暴露后进行观察。

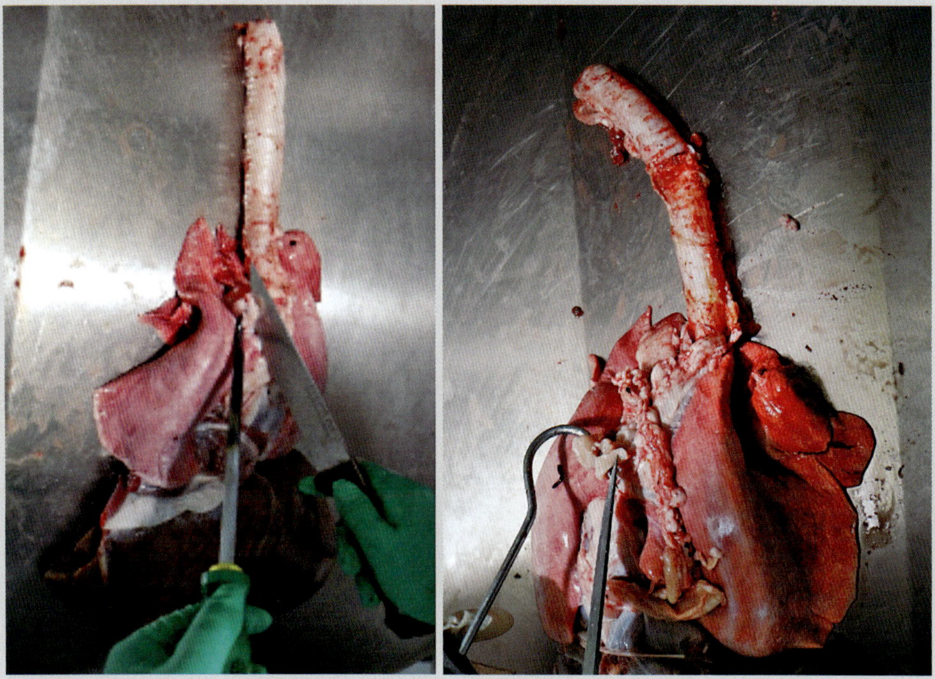

图4-151 羊左支气管淋巴结剖检（检验台）

（四）肝脏检查

1.肝脏整体检查 检查肝脏大小、色泽，注意有无肿大、萎缩、淤血、出血、坏死、脂肪变性、脓肿，表面有无大小不一的突起（图4-152）；用检验刀背触检肝脏弹性、硬度（图4-153）。

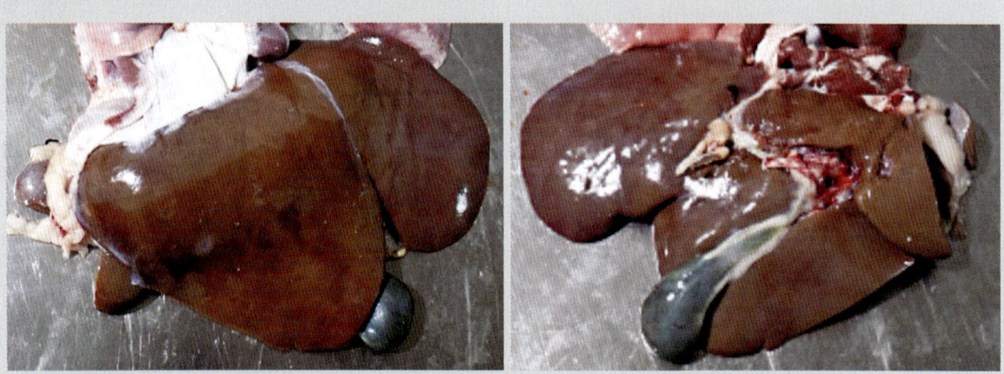

图4-152 羊肝脏（肝脏背面-左，肝脏腹面-右）

2.肝门淋巴结剖检 用检验钩钩住肝门部位的结缔组织固定肝脏，检查肝门淋巴结有无肿大、出血、淤血（图4-154），用检验刀纵向剖开肝门淋巴结（图4-155），观察有无出血、淤血、坏死、结节等。

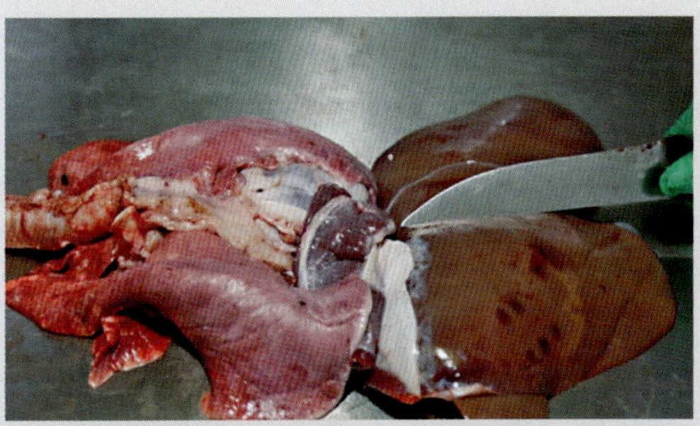

图4-153　羊肝脏的触检

图4-154　羊肝门淋巴结的位置

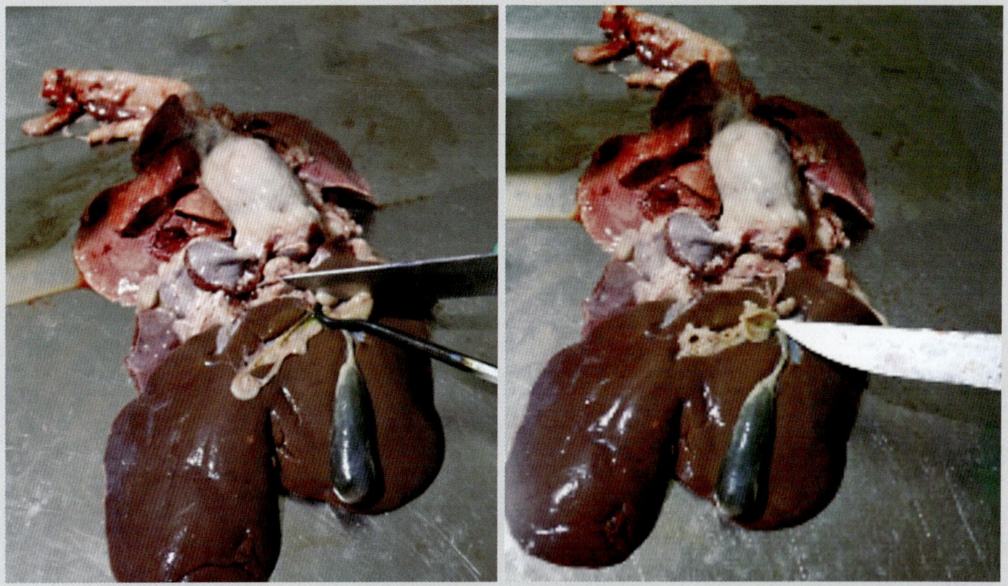

图4-155　羊肝门淋巴结的剖检

3. 胆管检查　切开胆管（图4-156），检查有无寄生虫。

4. 肝脏剖检　必要时剖开肝实质，沿肝脏中部切开，充分暴露切面（图4-157），检查有无异常。

（五）脾脏检查

检查人员一手持检验钩固定脾脏，另一手持检验刀用刀背刮拭脾脏表面，

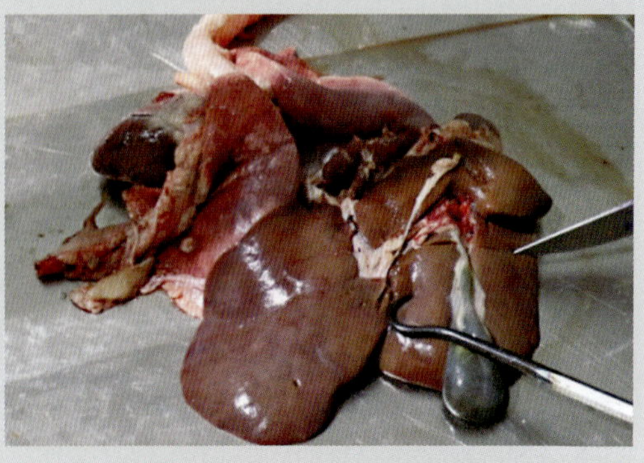

图4-156　羊肝胆管剖检

观察脾脏颜色、大小、形状，注意有无淤血、出血、肿大、坏死等病变（图4-158）；触检弹性是否正常（图4-159）。在发现病变时，剖检脾实质（图4-160），进一步探查。

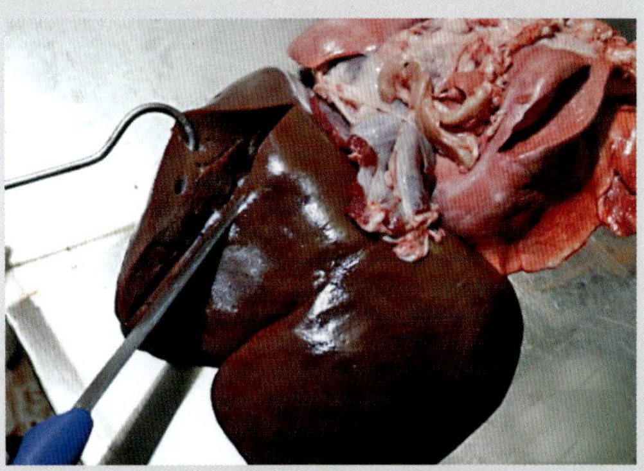

图4-157 羊肝实质剖检

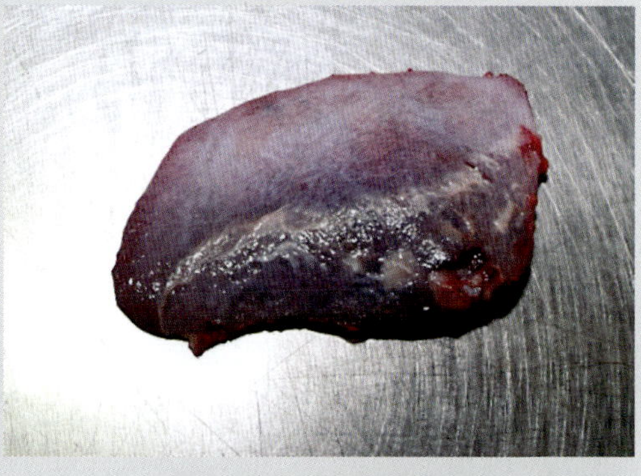

图4-158 羊脾脏的视检

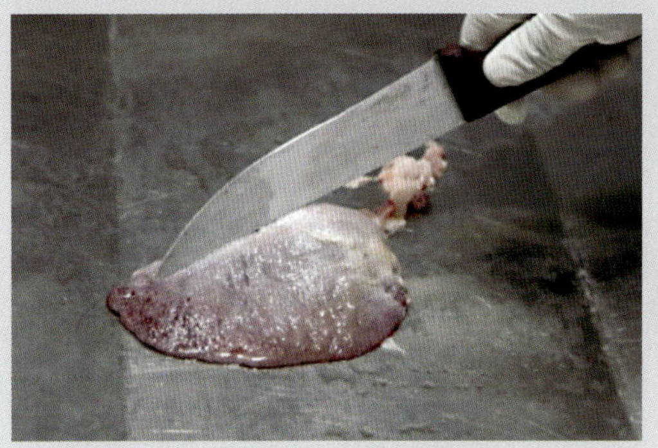

图4-159 羊脾脏的触检

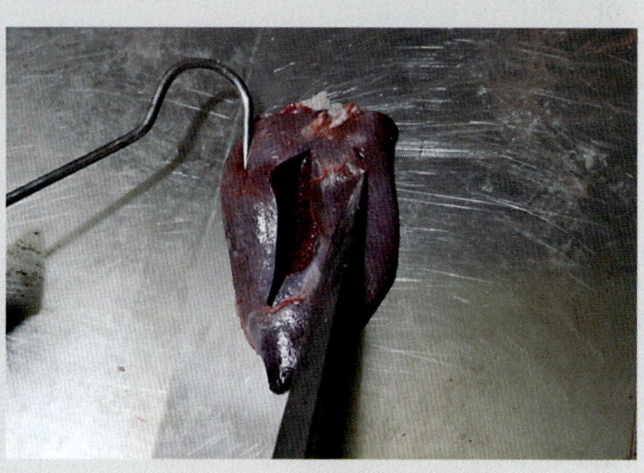

图4-160 羊脾脏的剖检

（六）胃肠检查

1.胃肠检查 在同步检验检疫盘中或检验台上，视检胃肠浆膜面及肠系膜（图4-161），注意有无淤血、出血、粘连等。观察肠系膜上有无寄生虫包囊（囊尾蚴）。发现胃肠病变，需要进一步剖检时，剖开胃肠，清除内容物，检查有无淤血、出血、胶样浸润、糜烂、溃疡、化脓、结节、寄生虫等，检查瘤胃肉柱表面有无水疱、糜烂或溃疡等（图4-162、图4-163）。

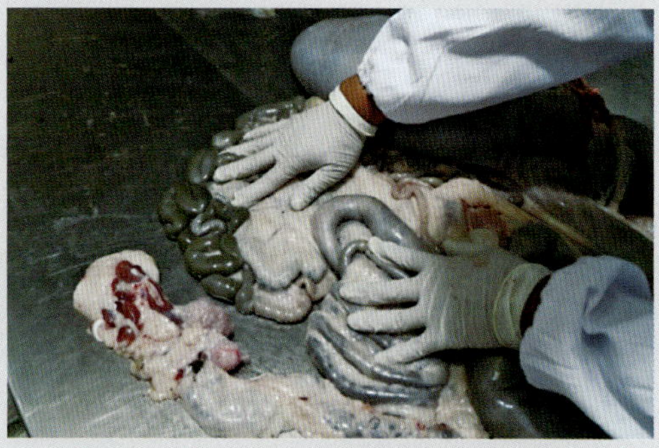

图4-161 胃肠浆膜及肠系膜视检

2.肠系膜淋巴结剖检 在进行胃肠检查时，需要进行肠系膜淋巴结剖检。抓住空肠系膜末端，将小肠全部展开，找到空肠系膜上的成串或条索状的肠系膜淋巴结（图4-164）；先观察淋巴结形

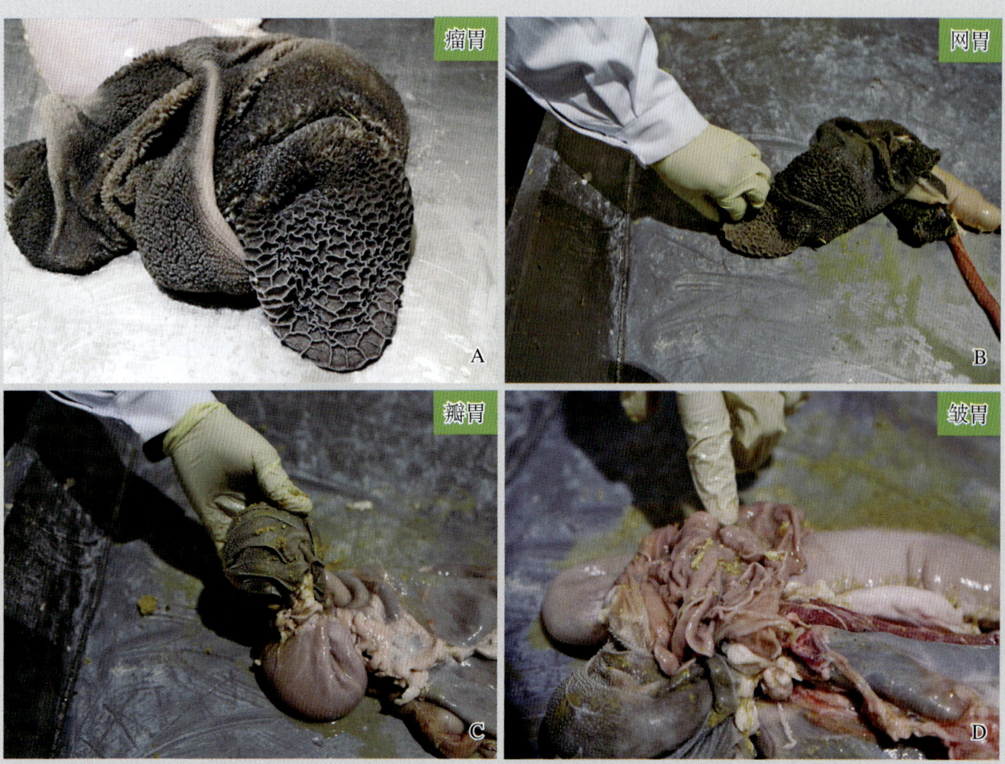

图4-162　胃黏膜的检查

A.瘤胃肉柱检查　B.网胃黏膜检查　C.瓣胃黏膜检查　D.皱胃黏膜检查

态、大小、色泽是否正常，如果发现淋巴结显著肿大、红黑色等病变，疑似肠炭疽时，严禁剖检；在排除肠炭疽的情况下，为进一步探查需要，用检验刀纵剖肠系膜淋巴结20 cm以上（图4-165），检验全部肠系膜淋巴结有无肿胀、淤血、出血、增生、坏死等。

图4-163　小肠黏膜的检查

（七）肾脏检查

羊的肾脏一般不随腹腔内脏一起摘除，而保留在胴体上，故一般在胴体检查时一并进行检查。

（八）睾丸、乳房和子宫检查

1.睾丸检查　根据屠宰工艺，在割除公羊睾丸及附睾前后，检查睾丸及附睾有无肿大、化脓、坏死等。

2.乳房检查　根据屠宰工艺，在割除母羊乳房前后，检查乳房的形状、大小，

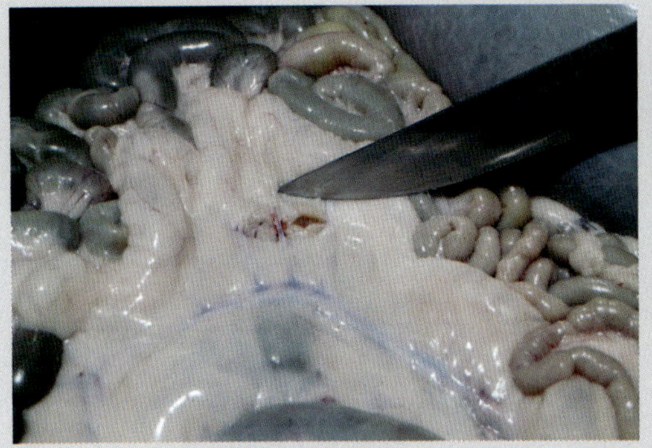

图4-164　肠系膜淋巴结检查

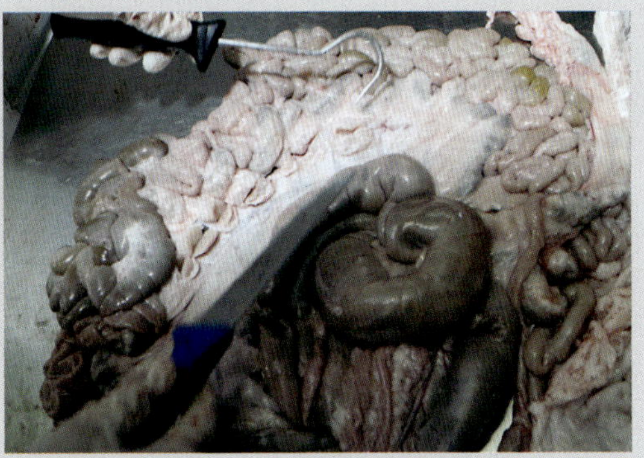

图4-165　肠系膜淋巴结剖检

注意有无肿大、变形、水疱、脓疱、结节，触检乳房弹性，判断有无乳房炎，发现有化脓性乳房炎时，对照检查胴体、内脏有无化脓性病变。

3. 子宫检查　在取出腹腔脏器后，检查子宫浆膜，发现异常后，将子宫纵向剖开，暴露子宫腔，观察黏膜有无出血、炎症、渗出、坏死、结节等。

四、胴体检查

根据屠宰过程中是否剥皮，羊胴体分为剥皮羊胴体和脱毛羊胴体。宰后胴体检查主要包括胴体表面检查、体腔检查、淋巴结检查、注水肉检查等，重点检查羊屠宰检疫对象、肉品卫生和质量、有害腺体的摘除情况等。由于羊肾脏一般保留在胴体上，故在进行体腔检查时，一并对肾上腺的割除情况及肾脏进行检查。

（一）整体检查

用检验钩钩住胴体腹部组织对吊挂的羊胴体进行固定，按照从外到内、从上到下的顺序对胴体有无异常及卫生状况进行检查。

1. 胴体表面和体腔检查　从上到下依次检查胴体表面（脱毛后的皮肤表面或剥皮后的组织表面），视检皮肤（皮下组织）的完整性、色泽（红染、黄染）、病变等，注意表面有无血污、粪污和其他污染（图4-166）；视检体腔（图4-167），有无黄染、红染、肿瘤、脂肪坏死、坏死性结节、化脓灶等，注意体腔有无血污、粪污和其他污染；视检脖颈部（图4-168），观察有无污染。对发现的污染物，按照要求进行修割或冲洗等。

2. 肾脏检查

（1）肾包膜的剥离　用检验钩钩住肾脂囊中部，用检验刀由上向下沿肾脂囊表面纵向将肾脂囊及肾包膜剖开，深度以不伤及肾实质为宜，然后将刀尖伸进刀口，以刀尖背侧将肾包膜向外侧挑开，同时将检验钩拉紧沿顺时针向左上方转动，两手外展，将肾脏从肾脂囊和肾包膜中完全剥离出来（图4-169）。

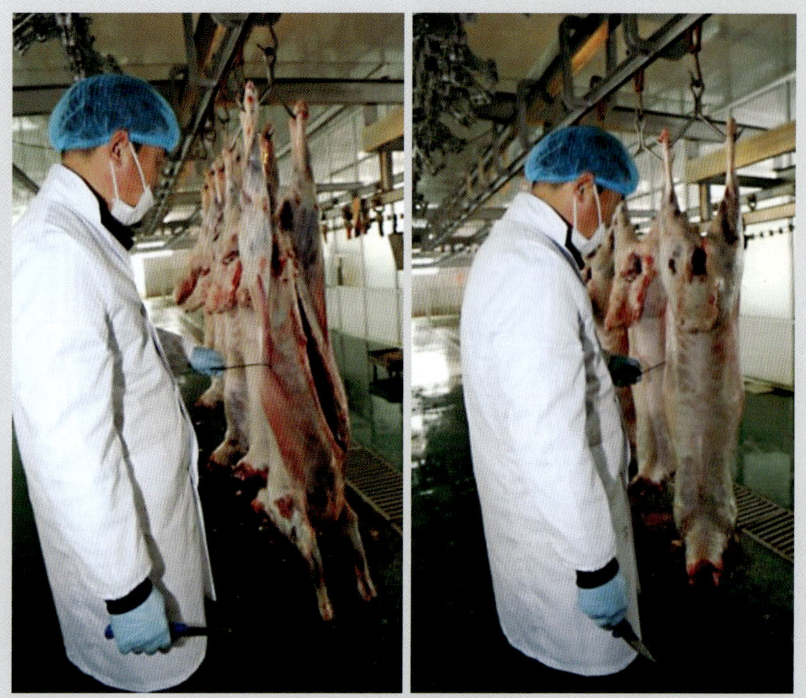

图4-166　胴体表面检查

图4-167　腹腔和胸腔检查

（2）肾脏的视检和剖检　在剥离肾包膜后，视检肾脏色泽、大小和形状是否正常，用检验刀刀背触检肾脏的弹性和硬度，观察有无出血、淤血、变性、坏死、囊肿、结节、肿瘤等异常变化。必要时，对肾实质进行剖检（图4-170），钩住肾门部的结缔组织，纵向剖开肾实质，剖面充分暴露后，检查皮质、髓质和肾盂有无出血、肿大、脓肿、结节等，还注意检查有无间质性肾炎、萎缩、囊肿、梗死、肾盂积液、肿瘤等。在肾脏检查的同时，检查肾上腺是否割除干净（图4-171）。

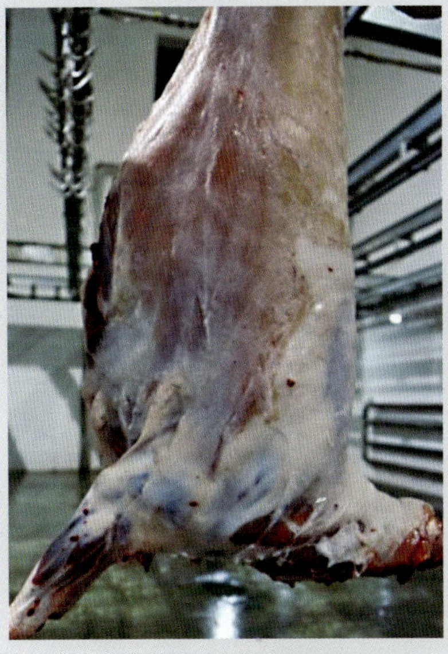

图4-168　脖颈检查

图4-169　肾包膜的剥离

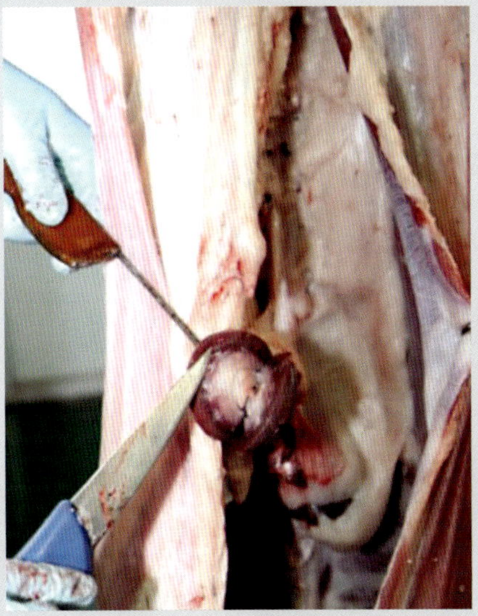

图4-170　剖检肾脏

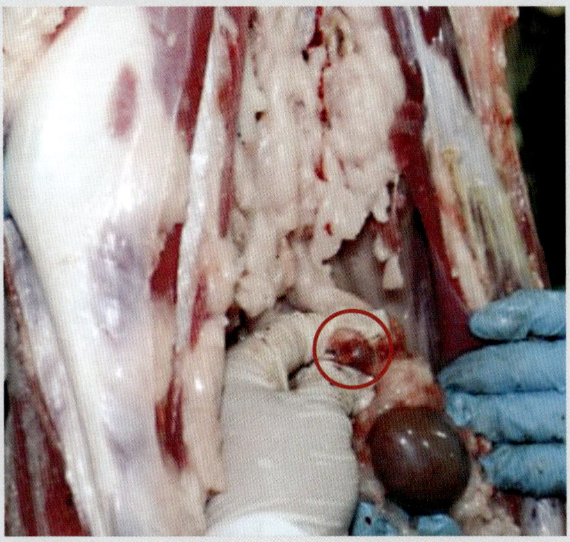

图4-171　摘除肾上腺

3.肌肉和脂肪检查

（1）全面检验　检查肌肉组织和皮下脂肪有无淤血、出血、水肿、脓肿、变性等。

（2）黄疸和黄脂检验　检查发现胴体仅皮下和体腔脂肪呈黄色，胴体放置24 h后黄色消退的，为黄脂。检查发现脂肪、皮肤、关节液等处出现全身黄染，胴体放置24 h后黄色不消退的，为黄疸。

（二）淋巴结检查

《羊屠宰检疫规程》规定剖检一侧的颈浅淋巴结（肩前淋巴结）和髂下淋巴结（股前淋巴结、膝上淋巴结）。必要时检查腹股沟深淋巴结。

1.颈浅淋巴结剖检　剖检羊左右两侧颈浅淋巴结。剖检时，检查人员用检验钩钩住羊前肢或颈部肌肉并向下侧方拉紧，另一手持刀使刀尖稍向肩部，在隆起部位的最高处刺入并顺着肌纤维切开一条长5 ~ 10 cm的切口，用检验钩拉开切口的一侧，暴露被脂肪组织包着的颈浅淋巴结，纵向切开淋巴结（图4-172、图4-173），视检切面形状、颜色、有无渗出物及其性状等，注意有无水肿、肿大、出血、淤血、结节、坏死、脓肿等。

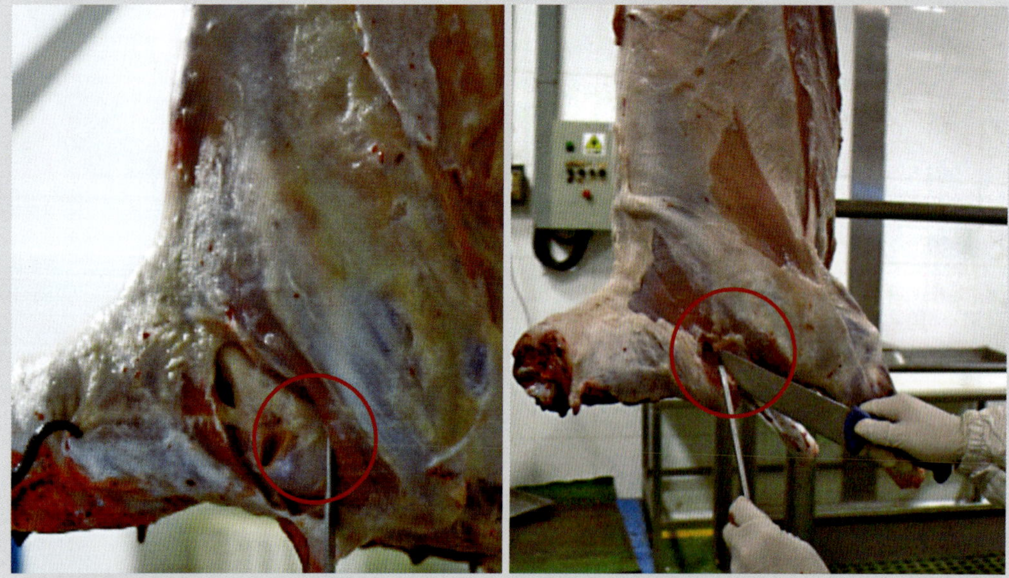

图4-172　左侧颈浅淋巴结的剖检

2.髂下淋巴结（股前淋巴结、膝上淋巴结）剖检　检查人员用检验钩钩住膝褶斜沟的棒状隆起部位，用检验刀在膝关节的前上方、阔筋膜张肌前缘膝褶内侧脂肪层剖开一侧髂下淋巴结（图4-174、图4-175）。视检切面形状、颜色、渗出物性状，注意有无水肿、肿大、出血、淤血、结节、坏死、脓肿等。

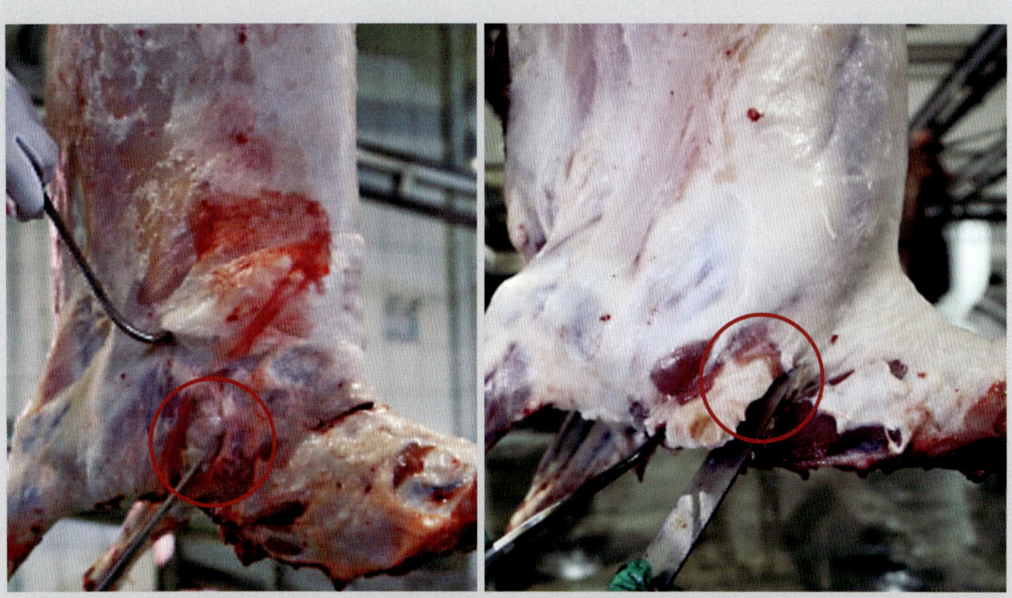

图4-173 右侧颈浅淋巴结的剖检

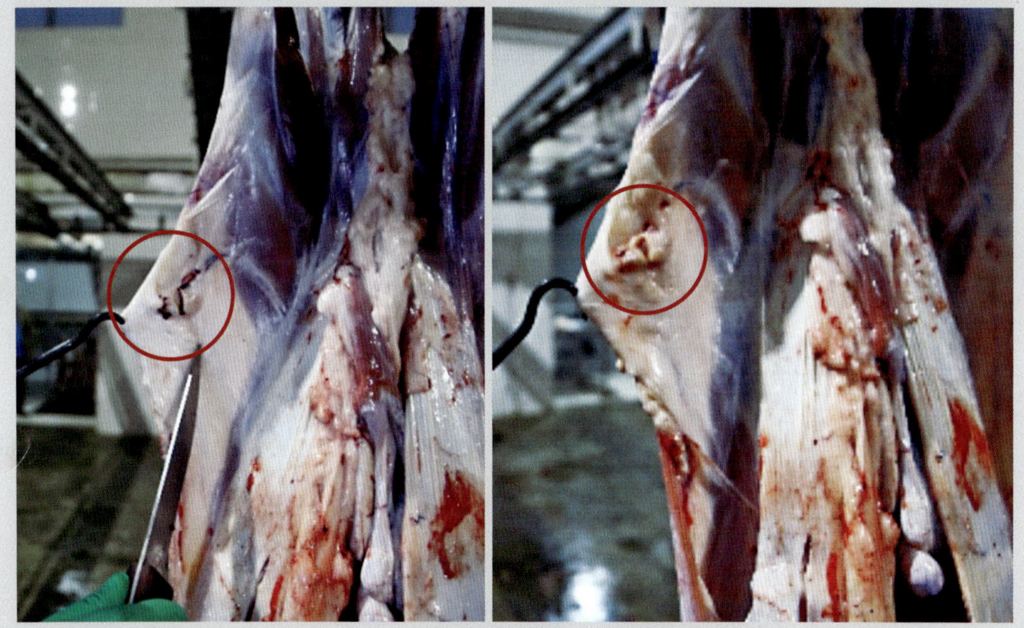

图4-174 左侧髂下淋巴结的剖检

3.腹股沟深淋巴结剖检 在颈浅淋巴结和髂下淋巴结检查均发现淋巴结病变，难以进行结果判定时，需要补充检查腹股沟深淋巴结。先视检腹股沟深淋巴结的形状、大小、色泽有无异常（图4-176）。剖检羊左右腹股沟深淋巴结，检验人员用检验钩钩住一侧腹壁，用检验刀纵向剖开一侧腹股沟深淋巴结（图4-177）；视检

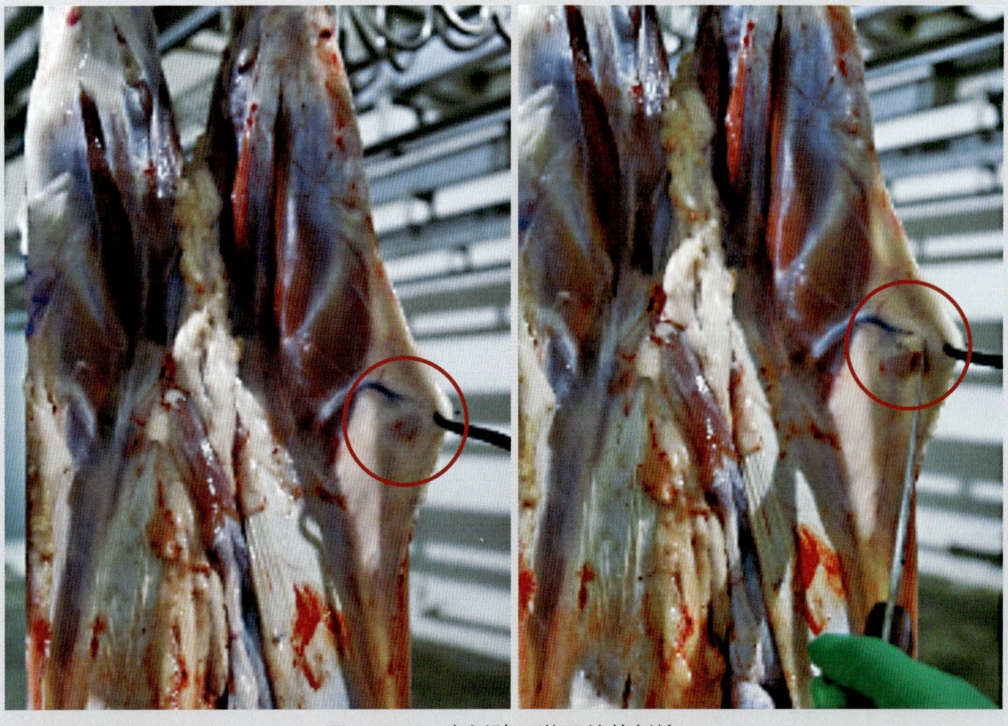

图4-175　右侧髂下淋巴结的剖检

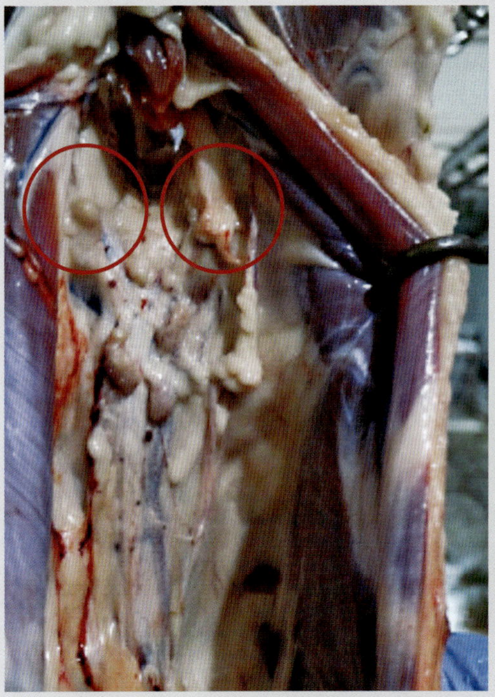

图4-176　腹股沟深淋巴结的位置

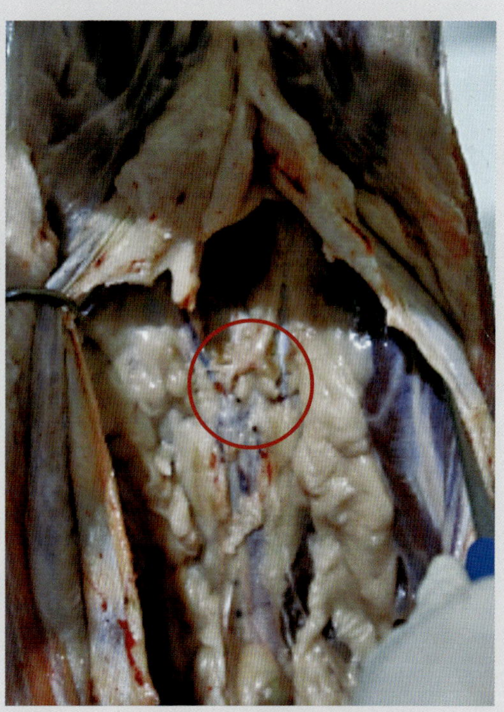

图4-177　腹股沟深淋巴结剖检

切面形状、颜色、渗出物性状，注意有无水肿、肿大、出血、淤血、结节、坏死、脓肿等。

（三）注水肉检查

检查羊肉是否颜色较浅泛白，指压后是否容易复原，放置后有无浅红色血水流出，胃、肠等内脏器官有无肿胀。疑似注水羊肉，送实验室检测确定。

五、复验

复验是对羊产品在出厂（场）或进一步加工前的全面检查。

1.检查的项目及结果复核 各个检验岗位是否按照要求开展规定的项目检查、检查结果是否准确、处理方式是否正确等，如有漏检，需要进行补检。

2.胴体的卫生状况检查 胴体表面、体腔、脏器等有无血污、粪污及其他污染，并按照污染类型进行处置。

3.商品外观检查 羊产品的商品外观是否良好，对影响商品外观的，进行必要的修削整形。

4."三腺"检查 检查甲状腺、肾上腺是否修割完全，病变淋巴结是否摘除。

六、宰后检查后的处理

1.确认合格的产品，对胴体、内脏、头、蹄等产品出具肉品品质检验合格证，准予出厂（场）。

2.确认不合格的，加施无害化处理等标识。

（1）应做无害化处理的 ①头部、蹄部修割部分，检出的头部病变淋巴结；②异常变化的乳房、生殖器官、膀胱和脾脏；③整体出现异常变化的内脏以及内脏局部修割的异常变化部分；④胴体局部修割的病变部分、严重污染及异常变化部分；⑤检出黄疸的羊胴体及其他产品；⑥注水、注入其他物质的羊胴体及其他产品；⑦患有急性及慢性中毒、过度瘠瘦及肌肉变质的羊胴体及其他产品；⑧其他需要做无害化处理的羊屠体、羊胴体及其他产品。

（2）应做非食用处理或者无害化处理的 ①甲状腺、肾上腺；②严重的并带有不良气味的黄脂。

思考题：

1.简述牛羊宰前检查的程序、内容和方法。

2.简述牛羊群体检查和个体检查的内容。

3.简述牛羊宰前检查后的处理方法。
4.简述牛羊宰后检查的程序、内容和方法。
5.简述牛羊头蹄检查的内容和方法。
6.简述牛羊内脏检查的内容和方法。
7.简述牛羊胴体检查的内容和方法。
8.简述牛羊宰后复验的内容。
9.简述牛羊宰后检查的处理方法。
10.简述牛羊肉品品质检验的内容。

第五章

牛羊屠宰实验室检验

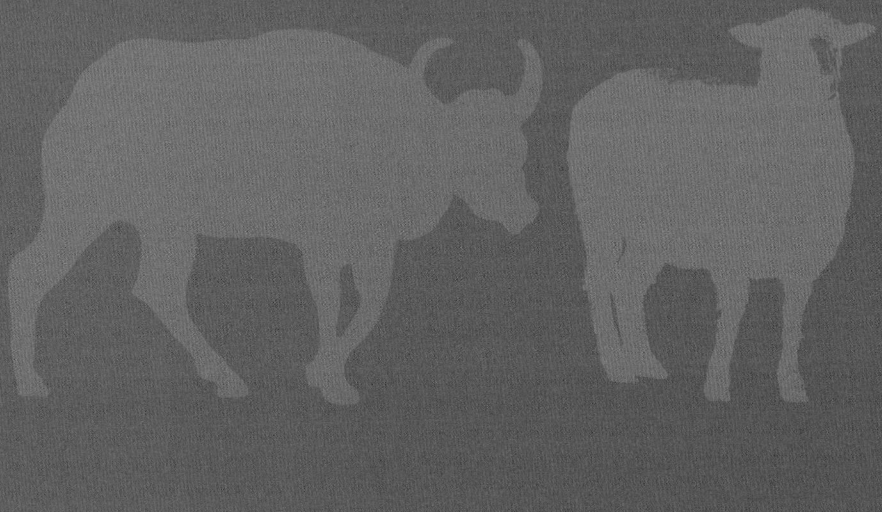

第一节　实验室检验基本要求

一、实验室的功能及设施要求

根据牛羊屠宰加工企业实验室的常规检验要求，一般设有药品保管室、样品保存室、样品前处理室、理化检验室、微生物学检验室、免疫学检验室、核酸检验室、清洗室等，并与企业的屠宰规模相适应。各实验室分区的功能、需配备的设施及有关要求如下。

（一）药品保管室

药品保管室（药品间）是专门用来存放化学试剂的地方，应设置在阴凉、通风、干燥的地方，并有防火、防盗设施（图5-1）。药品柜和边台等能防强酸碱，存放有毒有害试剂、药品的应有双锁，易挥发性药品需要保存在通风良好、具有外排管路

图5-1　药品保管室

的柜内。化学危险品的贮存应符合GB 15603《危险化学品仓库储存通则》的规定。

（二）样品保存室

样品保存室为贮存待检样品的场所，应设立在整个实验室的入口处，并配备有冰箱、冰柜等。

（三）样品前处理室

样品检验前一般要进行前处理，因此，样品前处理室（图5-2）需要有通风橱（图5-3）、超净工作台等，有独立的排风管道（外排连接）。

（四）理化检验室

理化检验室（图5-4）主要用于对畜肉进行感官指标、水分含量、挥发性盐基氮、农兽药残留、重金

图5-2 样品前处理室

图5-3 样品前处理室（通风橱）

图5-4　理化检验室

属等检测。理化检验室应有通风橱，还应设有中央台、边台，独立于生活用水的上下水管道，利于废水收集处理，并设有独立的排风管道（外排连接）。

（五）微生物学检验室

微生物学检验室（图5-5）用于菌落总数、大肠菌群、致病菌（沙门氏菌、志贺氏菌、金黄色葡萄球菌等）等微生物学指标的检测。应有进行无菌操作的超净工作台（图5-6）或生物安全柜，也应有中央台、边台。此外，微生物检验室应配备紫外线消毒灯等消毒灭菌装置，房间应具备良好的换气和通风条件。高级别实验室宜配备独立的通排风系统，确保气流由低风险区向高风险区流动。

（六）免疫学检验室

主要用于血清等样品的免疫学检测，利

图5-5　微生物学检验室

图5-6　微生物学检验室（超净工作台）

用免疫学试验快速检测兽药及有毒有害非食品原料等，如检测“瘦肉精”的酶联免疫吸附试验（ELISA）。实验室应有中央台、边台等基本设施。

（七）核酸检验室

开展PCR（聚合酶链式反应）快速检测的场所，建议参考GB 50346《生物安全实验室建筑技术规范》要求建设。根据所采用的检测方法，确定实验室布局，如需提取核酸，应包括样品处理室（含核酸提取）、试剂准备室（含PCR反应体系配制）和扩增室三间，如不需提取核酸，应包括试剂准备室（含PCR反应体系配制）和扩增室两间，实验室入口处应有明显的生物安全标识。进入各工作区域必须严格按照单一方向进行，即样品处理室→试剂准备室→扩增室，如图5-7所示。

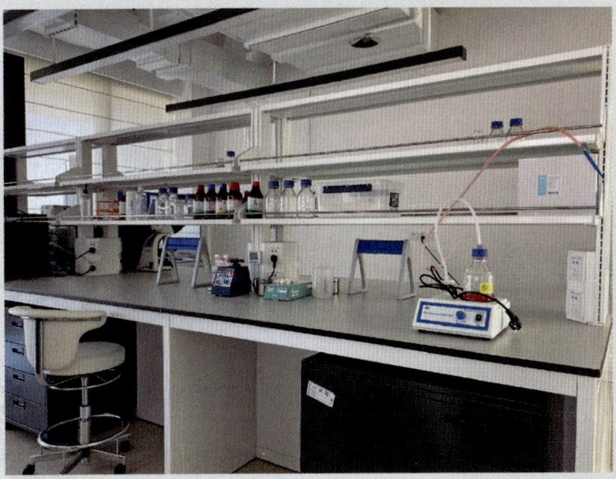

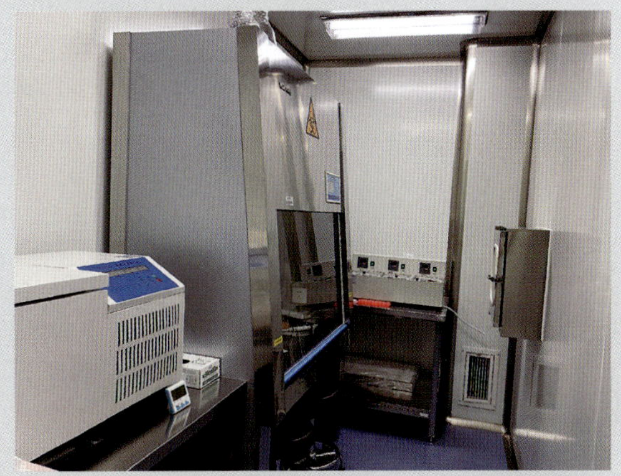

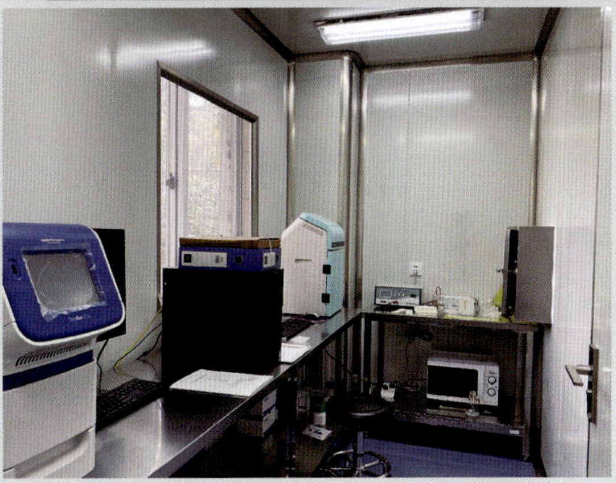

图5-7 样品前处理室、试剂准备室和扩增室（从左到右）

（八）清洗室

用于洗涤烧杯、移液管等试验用品的地方。一般应设洗涤池、烘干设备等（图5-8）。

二、不同功能实验室的仪器配置

（一）样品前处理室仪器配置

样品前处理室仪器设备推荐配置见表5-1。

图5-8 清洗室

表5-1 样本前处理常用仪器

序号	名称	主要用途	规格
1	电子天平	试剂、样品和标准品等的称量	感量0.01 g、0.000 1 g
2	电热干燥箱（图5-9）	样品干燥处理	—
3	食品中心温度计	适用于测量食品中心的温度	测温范围：−50 ~ 100℃
4	酸度计（图5-10）	适用于检测液体的pH	测量范围0.00 ~ 14.00
5	离心机	适用于样品处理过程中的离心	3 000 r/min
6	恒温箱	控制恒定温度	箱内温度10 ~ 150℃
7	粉碎机	样品前处理	不锈钢内胆，体积大于85 mm × 85 mm × 200 mm
8	电加热板/炉	样品前处理	不锈钢板面，温度范围为室温至380℃
9	便携式恒温箱	运送样品	箱内温度范围：5 ~ 45℃

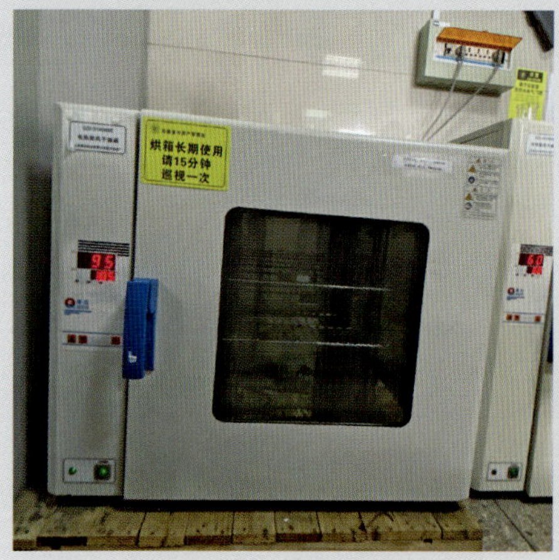

图5-9 电热干燥箱

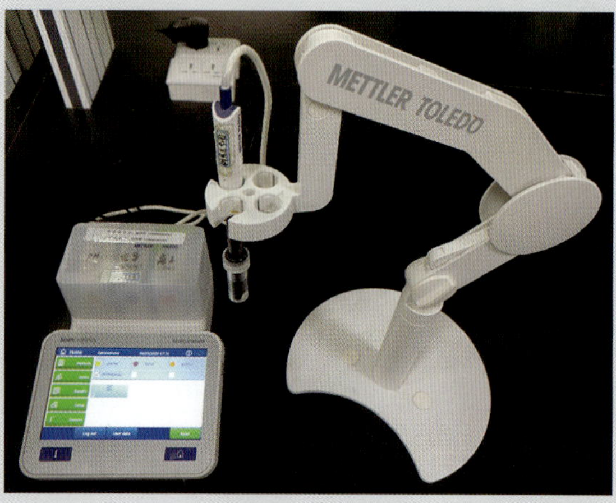

图5-10 酸度计

（二）理化检验室仪器配置

理化检验室应配置通风橱、超净工作台、蒸馏装置、凯氏定氮仪、电炉、干燥箱、电子天平（图5-11）、离心机、移液器等。有条件的企业可配备液相色谱仪、质谱仪等。

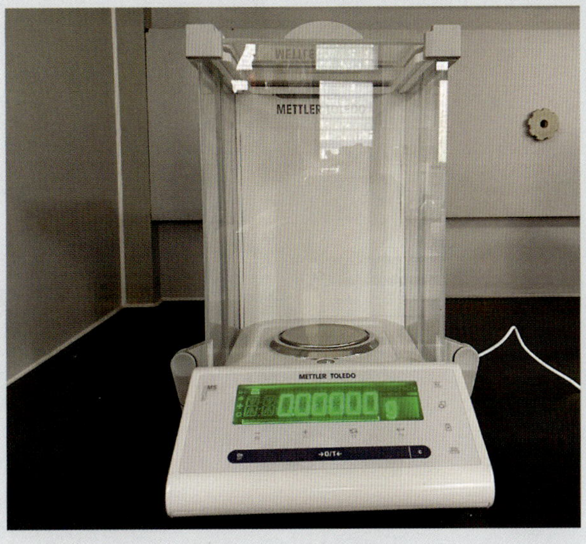

图5-11　电子天平

（三）微生物学检验室仪器配置

微生物学检验室仪器配置见表5-2。此外，屠宰企业根据规模还应配备超净工作台、生物安全柜等设备。

表5-2　微生物学检验室常用仪器

序号	名称	主要用途	规格
1	显微镜（图5-12）	观察微生物样本	
2	高压灭菌器	灭菌试剂的制备	温度范围：50 ~ 135℃
3	恒温培养箱（图5-13）	微生物培养	控温范围：5 ~ 65℃
4	电热鼓风干燥箱	干燥	内容积不少于22.5 L
5	拍打式均质器	均质	拍击速度：3 ~ 12次/min
6	纯水仪	超纯水的制备	四级或五级过滤

（四）免疫学检验室仪器配置

免疫学检验室应配置离心机、恒温水浴锅（100℃，体积≥3 L）、酶标仪（宜为连续波长，图5-14）等，以便于进行免疫学检测。

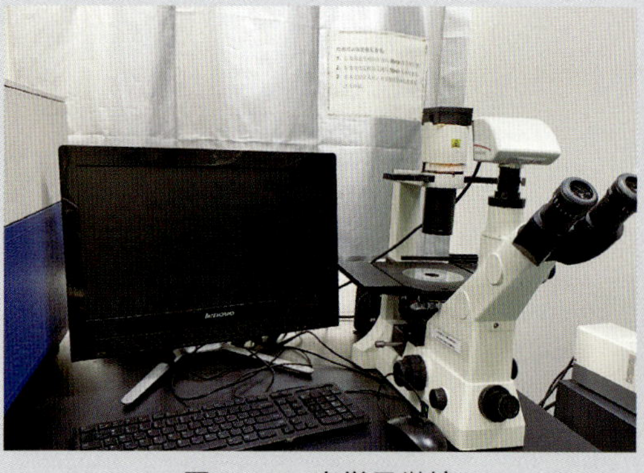

图5-12 光学显微镜

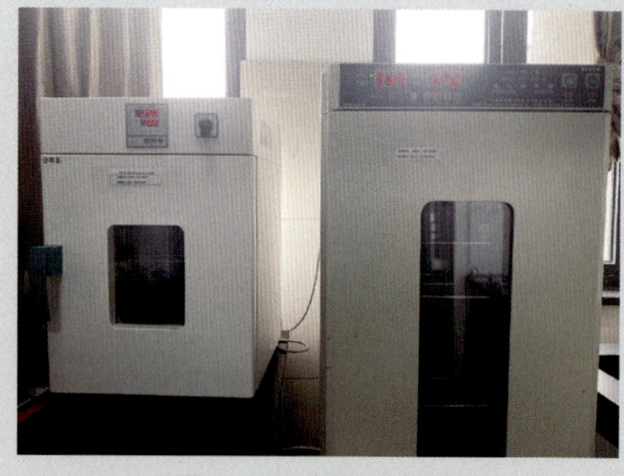

图5-13 恒温培养箱

（五）核酸检验室仪器配置

核酸检验室应配置冰箱、高速冷冻离心机、微量加样器（0.2 ~ 1 000 μL）、生物安全柜、荧光PCR仪、普通PCR仪、离心机、凝胶成像分析仪、电泳仪、水浴锅、自动研磨器等。

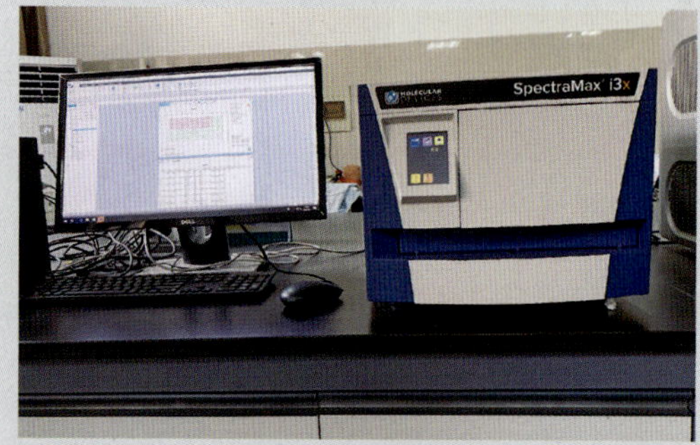

图5-14 酶标仪

三、主要仪器设备的管理

实验室检测结果的精准度，不仅取决于仪器设备的配置和人员的业务素质，还取决于仪器设备的管理维护。

1.建立实验室仪器设备操作使用制度，并严格按各项操作规程进行操作。

2.建立设备的日常维护保养制度，并对实验室内的设备定期进行擦拭、清洁等简单的保养维护。

3.贵重仪器设备由专人负责，专人使用，其他人员不得动用。设备异常时，请专业人员来维修，正常后方可运行使用。

4.每次使用仪器设备均按要求及时进行登记，对每次维护、维修、校准等如实记录存档。

5.根据仪器设备对环境的不同要求及用途进行合理存放，不得放于潮湿、易发生腐蚀的地点。

6.当检测设备偏离校准状态时，应先将此设备停用，校准后方可继续使用。对此期间检测的项目，必须对检测结果进行评定。

7.当设备误差严重到影响实验结果时，或检定部门确定不合格时，需及时报废更换新仪器设备。

四、实验室常用试剂的质量控制及管理

在试剂使用前应对其质量进行检查确认，合格后方可使用。

（一）试剂、染色液的质量控制

所用试剂需购自规范的生产厂家，自配液按标准方法配制。配制完成经检验合格后可保存使用，并注明试剂名称、溶液浓度、配制日期、有效期等。

（二）化学试剂、药品的使用管理

遵循实验室化学品使用和贮存管理规定。

1.化学试剂、药品应指定专人保管，并有详细账目。药品购进后，及时验收、记账，使用后及时销账，掌握药品的消耗和库存数量。不外借（给）药品，特殊情况下需要外借时，必须经有关领导批准签字。

2.化学试剂、药品必须根据化学性质分类存放于有专用柜的药品保管室。药品保管室内应干燥、阴凉、通风、避光，并配有防火、防盗安全措施。药品保管室（橱）周围及内部严禁火源。

3.化学性质不同或灭火方法相抵触的化学试剂应分柜存放，受光照易变质、易燃、易爆、易产生有毒气体的化学试剂应存放在阴凉、通风处，易燃、易爆物还应远离火源。

4.易挥发试剂应存放在有通风设备的房间内。易制毒、易制爆化学品和剧毒化学品应专柜存放，双人双锁保管。

5.配制的试剂应贴标签，注明名称、浓度、配制日期、有效期、配制人。配好后的试剂应放在加盖或具有塞子、适宜的洁净试剂瓶中。见光易分解的试剂应装于棕色瓶中；保存挥发性试剂的试剂瓶瓶塞要严密；保存见空气易变质试剂的试剂瓶应用蜡封口；碱性试剂易腐蚀玻璃，应贮存于聚乙烯瓶中。

6.按一定使用周期配制试剂，不要多配。特别是危险品、毒品，应随用随配，多余试剂退库，以防长时间放置发生变质或造成事故。配制后试剂的存放时间根据其性质分别制定。除有特殊规定外，一般配制的试剂使用期限为6个月，稳定性差的临用新配，配置量适宜。

7.化学试剂使用前首先辨明试剂名称、浓度、纯度，是否在使用期内。无标签或标签字迹不清，超过使用期限的试剂不得使用。使用后应立即旋好盖、密封好，以防受潮或挥发，立即放回原处并妥善保存。试剂使用应有记录。

五、实验操作人员应掌握的技能及注意事项

（一）实验操作人员应掌握的技能

实验操作人员应具有职业道德，遵守职业守则。应掌握样品采集、处理、保存、运输、检测及试剂配制等操作技术，了解人员防护和生物安全相关知识。具体如下：

1.在样品采集方面，要求操作人员能按规定和标准要求进行血样、肉样采集，能对分泌物、排泄物和环境样品等进行采集，能进行病变组织的采集。

2.在化学试剂配制与保存方面，能熟练掌握常用化学试剂的配制和保存方法。

3.在快速检测方面，能熟练使用快速检测试纸条，开展酶联免疫吸附试验等。

4.在理化检测方面，能开展挥发性盐基氮、水分等理化指标检测。

5.在微生物检测方面，能开展常规微生物学检验（包括菌落总数测定和大肠菌群计数），可开展致病性大肠埃希氏菌和沙门氏菌等检验。

6.在仪器操作方面，了解液相色谱仪、液相色谱-质谱联用仪等仪器操作流程。

（二）实验操作人员注意事项

实验操作人员应严格遵守实验操作规程和实验室安全规范。

1.所有人员进入实验室都必须穿工作服，严禁穿着工作服离开实验室。工作服不得和日常服装放在同一柜子内。

2.在实验操作时，必须使用合适的手套以保护自身，有必要时需佩戴护目镜、面罩、口罩、手套等。

3.工作人员不得穿凉鞋、拖鞋、高跟鞋进入实验室，宜穿平底、防滑的满口鞋。工作时不应戴首饰、手表，不应化妆。

4.禁止在实验室工作区域储存食品和饮料；禁止在实验室工作区域进食、吸烟、化妆和处理隐形眼镜等。

5.所有利器，如使用后的针头、破碎玻璃器皿，应妥善保管在防刺、扎的硬质塑料桶（专用容器）内。

6.实验室所有污染物和废弃物均应置于套有黄色塑料袋的桶内，污染物和废弃物桶应贴上生物危害标识，并由专门机构处理。

（三）实验室意外事件应急处置

实验室操作人员能针对各类意外情况采取有效、及时的处理措施，确保实验室及自身、他人安全。

1.皮肤针刺伤或切割伤，立即用肥皂和大量流水冲洗，尽可能挤出损伤处的血液，用75%酒精或其他消毒剂消毒伤口。

2.实验室一旦发生火灾，应保持沉着冷静，立即熄灭附近所有火源，关闭电源，并移开附近的易燃物质。小火可用湿布盖熄；火较大时应立即报警，并根据具体情况使用灭火器扑灭。

3.工作人员发生轻度烫伤、烧伤时，立即用大量冷水浸泡或冲洗。严重烫伤、烧伤，保护创面，尽快就医。

4.被浓硫酸溅到时，应立即用不含水的布擦拭，再用大量清水冲洗，接着用3%～5%的碳酸氢钠溶液清洗，最后用清水冲洗；被其他酸溅到时，先用大量清水冲洗，再用3%～5%的碳酸氢钠溶液清洗，最后用清水冲洗；被碱溶液溅到时，立即用大量清水冲洗，再用2%的醋酸溶液清洗，最后用清水冲洗。

5.发生吸入气体中毒时，应立即开窗通风，疏导其他人离开现场，将中毒者移至室外，解开衣领。吸入少量氯气或溴者，可用碳酸氢钠溶液漱口；试剂溅入口中尚未咽下者，应立即吐出，用大量水冲洗口腔；如已吞下，应根据毒物性质给以解毒剂，并立即送医。

6.如果一般病原微生物溶液泼溅在实验室工作人员皮肤上，立即用75%酒精或碘伏进行消毒，然后用清水冲洗；如果潜在感染性物质溢出，立即用布或纸巾覆盖，由外围向中心倾倒消毒剂，作用一定时间（约30 min）后再用消毒剂擦拭。所有操作均需戴手套。

7.实验室发生高致病性病原微生物污染时，工作人员应及时向实验室污染预防及应急处置专业小组报告，并立即采取控制措施，防止病原微生物扩散。

8.实验室应备有急救箱（图5-15），内置以下物品：

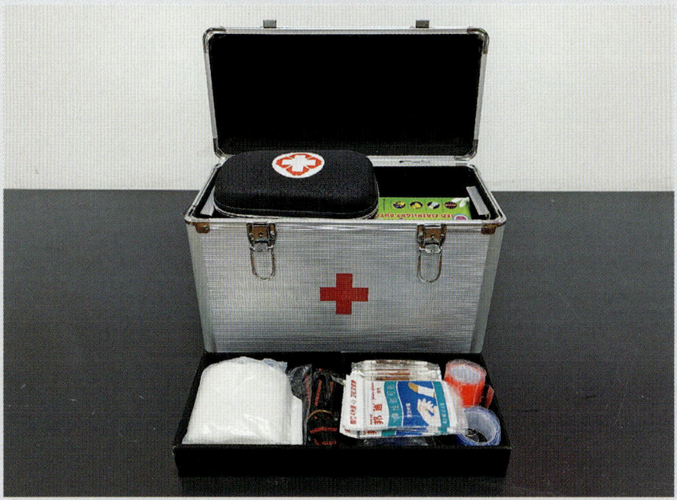

图5-15　实验室急救箱

（1）绷带、纱布、棉花、橡皮膏、创可贴、医用镊子、剪刀等。

（2）凡士林、玉树油或鞣酸油膏、烫伤油膏及消毒剂等。

（3）醋酸溶液（2%）、碳酸氢钠溶液、医用酒精、甘油、碘酊等。

第二节　采样方法

一、采样前的准备

（一）确定采样方案

采样前，根据检验目的、样品特点、批量、检验方法、微生物危害程度等确定采样方案，并确定采样部位、采样量等。

（二）采样人员要求

采样应由专人负责，采样人员应为专业技术人员或经过相应培训，熟悉采样方案和采样方法的人员。

（三）采样用品的准备

采样前，应准备好以下采样用品：①采样记录单；②标签；③记号笔；④乳胶手套；⑤采样容器，如采样袋（瓶）等；⑥刀、剪、镊子等。

用于微生物学检验的采样用品，应事先进行灭菌、消毒处理，保证无菌采样。①刀、剪、镊子等用具煮沸消毒30 min，使用前用酒精擦拭，用时进行火焰消毒。器皿（玻璃制品、陶制品等）经103 kPa（121℃）高压灭菌30 min备用。②使用的针头和注射器一般要求为一次性的。③样品袋应未受到污染，具有良好的密闭性。④采集一种样品，使用一套器械与容器，不同样品不可混用一套器械与容器。⑤可重复使用的用具，采样后应先消毒再清洗。

（四）采样原则

1.样品的采集应遵循随机性、代表性、典型性和时效性的原则。样本量以满足检测需要为宜，以来源同一养殖场且同一时段屠宰的牛/羊为一个检测批次。

2.对微生物学检验和理化检验用样品，采样时应规范、科学地遵循无菌操作程序，防止一切可能的外来污染。

3.采样中采样人员应注意个人的安全防护，防止被感染。检验时若发现疑似口蹄疫、布鲁氏菌病和炭疽时，立即报告官方兽医确诊处置。其中，对炭疽病牛/羊或同群牛/羊及其产品严禁剖检，严禁采血采样。应做好人员防护，严防感染人畜共患病。应做好环境消毒和病害肉、动物尸体的处理，防止污染环境和防止疾病传播。采样要小心谨慎，以免对牛羊产生不必要的刺激或损害，或对采样者构成威胁。

4.应抽取同一批次、同一规格的产品，取样量要满足分析的要求，不得少于分析取样、复验和留样备查的总量。

5.对样品的采集应进行详细的记录，采样、检验、留样、报告均应按规定的程序进行，并且各阶段都要有完整的记录。

二、理化检验采样方法

按照GB/T 9695.19《肉与肉制品　取样方法》的规定进行。

（一）鲜肉的取样

从3 ~ 5片胴体或同规格的分割肉（图5-16、图5-17）上取若干小块混为一份样品，每份样品500 ~ 1 500 g，对样品进行编号（图5-18），并带回实验室进行检验（图5-19）。

图5-16　胴体取样

图5-17　分割肉取样

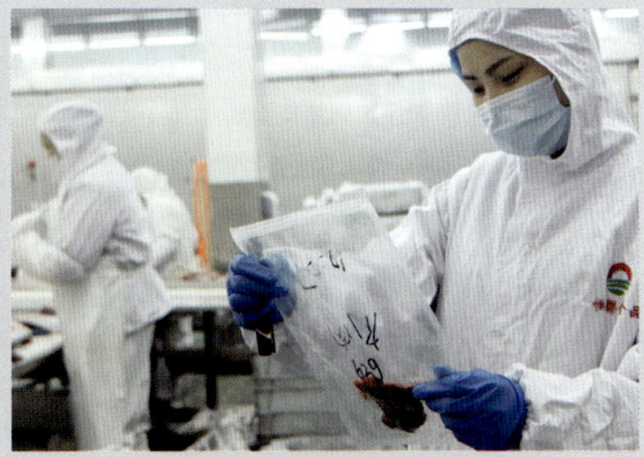

图5-18　编号并记录重量

图5-19　样品带回实验室检验

（二）冻肉的取样

1.成堆产品（图5-20）　在堆放空间的四角和中间设采样点，每点从上、中、下三层取若干小块混为一份样品。每份样品500 ～ 1 500 g。

2.包装冻肉（图5-21）　随机取3 ～ 5包混合，总量不得少于1 000 g。

图5-20　成堆产品

图5-21　包装冻肉

（三）成品库的抽样

根据GB/T 17238《鲜、冻分割牛肉》和GB/T 9961《鲜、冻胴体羊肉》的规定，从成品库中码放产品（图5-22）的不同部位，按表5-3和表5-4规定的数量抽样。

图5-22 成品库

表5-3 鲜、冻牛肉抽样数量及判定规则

批量范围（件或箱）	样本数量（件或箱）	合格判定数（Ac）	不合格判定数（Re）
＜1 200	5	0	1
1 200 ～ 2 500	8	1	2
＞2 500	13	2	3

表5-4 鲜、冻羊肉抽样数量及判定规则

批量范围（只）	样本数量（只）	合格判定数（Ac）	不合格判定数（Re）
＜1 200	5	0	1
1 200 ～ 35 000	8	1	2
＞35 000	13	2	3

三、微生物学检验采样方法

按照GB 4789.1《食品安全国家标准　食品微生物学检验　总则》与GB 4789.17《食品安全国家标准　食品微生物学检验　肉与肉制品采样和检样处理》的规定进行样品采集。

（一）采样方案

采样方案分为二级和三级采样方案。二级采样方案设有n、c和m值，三级采样方案设有n、c、m和M值。

n——同一批次产品应采集的样品件数；

c——最大可允许超出m值的样品数；

m——微生物指标可接受水平限量值（三级采样方案）或最高安全限量值（二级采样方案）；

M——微生物指标的最高安全限量值。

按照二级采样方案设定的指标，在n个样品中，允许有$\leqslant c$个样品中相应微生物指标检验值大于m值。按照三级采样方案设定的指标，在n个样品中，允许全部样品中相应微生物指标检验值小于或等于m值；允许有$\leqslant c$个样品中相应微生物指标检验值在m值和M值之间；不允许有样品相应微生物指标检验值大于M值。

要检验的微生物对人的危害程度为中等或严重的情况下使用二级采样方案，如金黄色葡萄球菌检测。对健康危害低（一般）的，则建议使用三级采样方案，如大肠菌群检测。

（二）取样

样品的采集应遵循随机性、代表性的原则。采样过程应遵循无菌操作程序，防止一切可能的外来污染。

1.鲜肉 可在开膛后，用无菌刀取两腿内侧肌肉各50 g，也可在劈半后取两侧背最长肌各50 g，作为检样。样品采集后应放于灭菌容器内，立即送检，最好不超过3 h；送检时应注意冷藏，防止微生物繁殖。

2.预包装肉

（1）独立包装小于或等于1 000 g的肉品，取相同批次的独立包装。

（2）独立包装大于1 000 g的肉品，可采集独立包装样品，也可用无菌采样工具从同一包装的不同部位分别采集适量样品，放入同一个无菌采样容器内，作为检样。

3.散装肉或现场制作肉制品 样品混匀后应立即取样，用无菌采样工具从样品的不同部位采集，放入同一个无菌采样容器内作为一件样品。如果样品无法进行混匀，应选择更多的不同部位采集样品。

四、“瘦肉精”检测采样方法

（一）样本量的确定

在屠宰线上，根据屠宰厂（场）的规模，按照屠宰数量采样，采集的样品不能经过任何洗涤或处理。尿样抽样数见表5-5、表5-6。

表5-5 牛尿样抽样数

动物数量（样本数）	抽样个数	动物数量（样本数）	抽样数
≤ 50	5	51 ~ 100	8
101 ~ 500	12	> 500	15

注：引自《动物及动物产品兽药残留监控抽样规范》(NY/T 1897)。

表5-6 羊尿样抽样数

动物数量（样本数）	抽样个数	动物数量（样本数）	抽样数
≤ 50	1	51 ~ 500	3
501 ~ 1 000	7	1 001 ~ 5 000	10
5 001 ~ 10 000	12	> 10 000	15

注：引自《动物及动物产品兽药残留监控抽样规范》(NY/T 1897)。

当同一批次牛、羊来自多个养殖场（户）时，抽检样品应涵盖每个场（户），且每个场（户）抽样数量不能少于1头（只）。

牛/羊组织：根据屠宰牛/羊数计算抽样个数。牛/羊组织抽样数见表5-7。

表5-7 牛/羊组织检样抽样数

动物数量（样本数）	抽样个数	动物数量（样本数）	抽样个数
≤ 100	5	101 ~ 500	8
501 ~ 2 000	10	> 2 000	15

注：引自《动物及动物产品兽药残留监控抽样规范》(NY/T 1897)。

（二）采样方法

1.尿样

（1）待宰牛/羊用采样杯接取尿液约100 mL（图5-23），分别装入样品瓶中，标记，封装。

（2）屠宰后，用注射器抽取膀胱尿液约100 mL，分别装入样品瓶中，标记，封装。

图5-23 对待宰羊接取尿液

2.肉样　待取和已取样品不经过任何处理。戴一次性手套，用不锈钢手术剪或手术刀割取样品。将取好的样品用清洁干燥的密实袋封装、标识，立即送检。如不能立即检验，放冰箱暂存。

五、布鲁氏菌病检测采样方法

样品的采集、保存、运输应符合NY/T 541《兽医诊断样品采集、保存与运输技术规范》和《高致病性动物病原微生物菌（毒）种或者样本运输包装规范》的有关要求。

血清样品的采集：用一次性采血器或一次性注射器采集牛的颈静脉或尾静脉血液，羊的颈静脉血液。每头畜采集血样3 ~ 5 mL于灭菌离心管中、编号、登记，倾斜放置于室温中静置2 ~ 4 h，待血液凝固自然析出血清，必要时可低速离心（1 000 g离心10 ~ 15 min）分离血清。血清样品若在24 h内运达实验室，在保温箱内加冰袋冷藏运输；如超过24 h，应先置于−15℃以下冷冻保存，运输时在保温箱内加冰袋运输，途中不超过48 h。

六、样品的保存

在样品采集之后应以最快最直接的途径送入实验室进行检测（图5-24），妥善保存。由于牛羊肉样品中含有丰富的营养物质，在合适的温度、湿度条件下，微生物迅速生长繁殖，会导致样品的腐败变质；同时，样品中还可能含有易挥发、易氧化及热敏性物质。因此，在样品保存过程中应注意以下几个方面：

（一）防止污染

盛装样品的容器和操作人员的手必须清洁，不得带入污染物；样品应密封保存；容器外贴上标签，注明名称、采样日期、编号、分析项目等，如图5-25所示。

（二）防止腐败变质

采取低温冷藏的方法保存，以降低酶的活性及抑制微生物的生长繁殖。对于已经腐败变质的样品，应废弃，重新采样分析。

（三）防止样品的水分蒸发

由于水分的蒸发直接影响水分含量检测，同时水分的含量直接影响样品中各物质的浓度和组成比例，因此采样后应尽快分析，对于不能及时分析的样品要采取适当的方法保存，在保存过程中应避免样品风干、变质，保证样品的外观和化学组成不发生变化。一般检验后的样品还需保留1个月，以备复查；保存时应密封并尽量保持原状。

（四）样品的保存方法

1.全血样品　一般要求4℃及以下保存，如需长期保存，可将采集好的全血快速

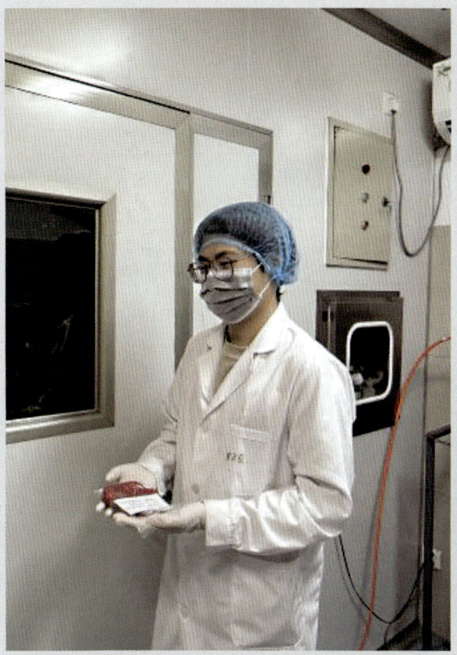

图5-24　采样后尽快送往实验室

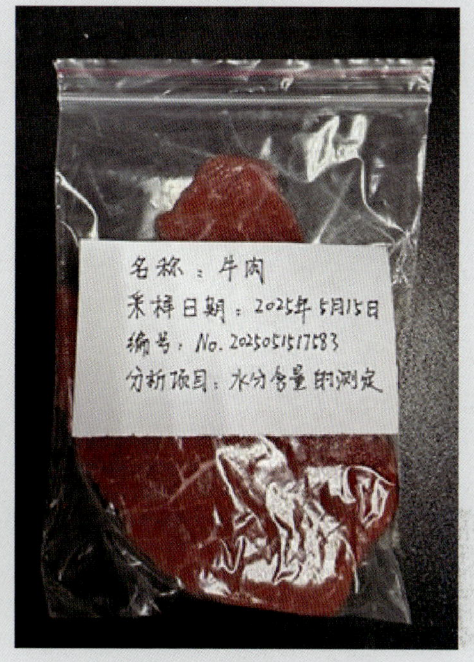

图5-25　样品应封口完好

转移至冻存管，置−80℃保存，且避免反复冻融。

2.血清样品　1周以内进行检测的血清样品可置于4℃短期保存（图5-26）。1周

图5-26　按不同检测目的妥善保存样品

后进行检测或检测后需要留样的血清样品转移至冻存管，置-80℃保存，且避免反复冻融。

3.尿液样品 直接放入灭菌瓶中，置于4℃冷藏保存。

4.组织器官样品 组织器官采集后应尽快冷藏。不能及时进行检验的样品，要置于-20℃以下保存。

5.采样拭子 将拭子放入含磷酸盐缓冲液（PBS）的灭菌容器中，置于4℃冷藏保存。如需长期保存，则置于-20℃以下。

第三节 肉品感官及理化检验

感官检验就是借助检查者的感觉器官对被检样品进行的检查。感官检验的项目主要有外观、色泽、气味、弹性、黏度、肉汤试验。感官检验虽然简便，有时也相当灵敏准确，但是这种方法有一定的局限性。因此，在许多情况下，一般采用感官检验和实验室检验相结合的方法。

一、感官检验

鲜、冻牛肉和羊肉的感官指标和检验方法应符合GB 2707《食品安全国家标准 鲜（冻）畜、禽产品》、GB/T 17238《鲜、冻分割牛肉》、GB/T 9961《鲜、冻胴体羊肉》等规定。

冻牛羊肉需提前解冻后再进行感官检验。

（一）外观检查

观察牛羊肉样品的表面是否整洁、完好；是否有较大面积的病变、坏死、淤血、异物（如碎骨、浮毛等）等异常现象（图5-27）。

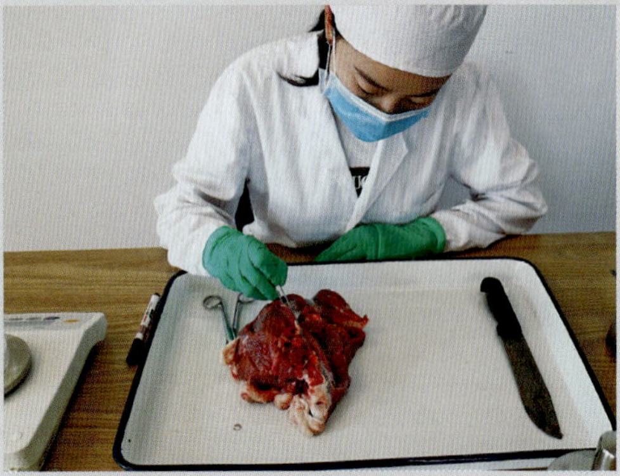

图5-27 视检样品的色泽和外观

（二）色泽检查

观察牛羊肉样品的表面和新切面的色泽。

牛肉：鲜牛肉色泽呈鲜红或深红

色，有光泽，脂肪呈乳白或淡黄色；冻牛肉（解冻后）色泽呈鲜红或深红色，有光泽，脂肪呈乳白或微黄色。

羊肉：鲜羊肉色泽呈浅红、鲜红或深红色，有光泽，脂肪呈乳白色、淡黄色或黄色；冷却羊肉肌肉红色均匀，脂肪呈乳白色、淡黄色或黄色；冻羊肉（解冻后）肌肉有光泽，色泽鲜艳，脂肪呈乳白色、淡黄色或黄色。

（三）气味检查

嗅闻牛羊肉样品的气味（图5-28）。应具有新鲜牛羊肉固有的气味，无异味。冻牛羊肉应具有冻牛羊肉的正常气味，无异味。

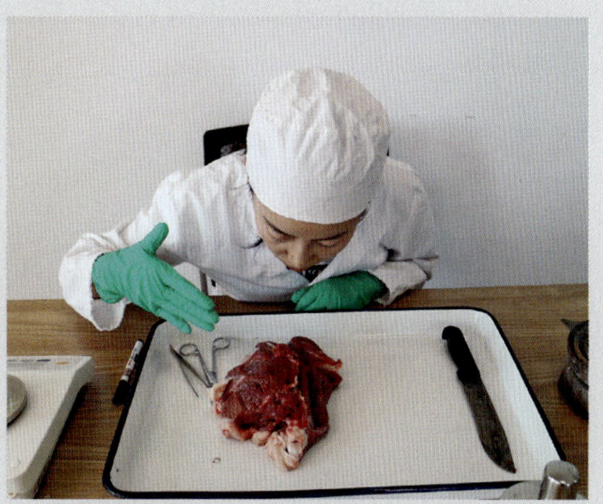

图5-28 嗅检样品的气味

（四）弹性（组织状态）检查

用手按压肌肉组织，检查样品的弹性（图5-29）。

牛肉：鲜牛肉指压后的凹陷可恢复；冻牛肉（解冻后）的肌肉结构紧密，肌纤维韧性强，有坚实感。

羊肉：鲜羊肉肌纤维致密，富有弹性，指压后的凹陷可恢复；冷却羊肉的肌纤维致密，坚实，有弹性，指压后立即恢复；冻羊肉（解冻后）肉质紧密，有坚实感，肌纤维有韧性。

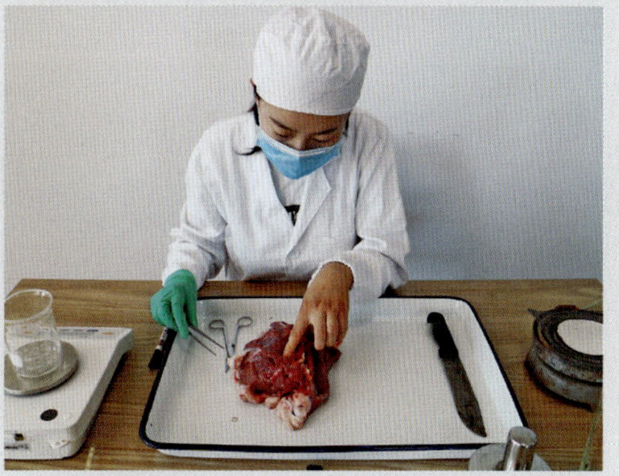

图5-29 按压触检样品的弹性

（五）黏度检查

触摸肉样表面和新切面的干湿度及黏度（图5-30）。

牛肉：鲜牛肉外表微干或有风干膜，不黏手；冻牛肉（解冻后）肌肉表面微干，或有风干膜，或外表湿润，不黏手。

羊肉：鲜羊肉和冷却肉样的外表微干或有风干膜，切面湿润、不黏手；冻羊肉（解冻后）表面微湿润，不黏手。

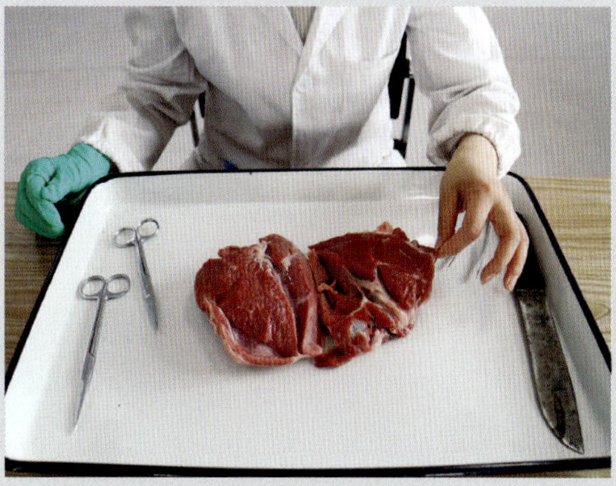

图5-30 检查样品的黏度

（六）肉汤试验

称取切碎的肉样20 g，置于200 mL烧杯中，加水100 mL，烧杯上加盖（表面皿或平皿），加热至50 ~ 60℃，开盖检查气味（图5-31、图5-32）。煮沸后观察肉汤性状及肉汤表面脂肪滴凝聚情况（图5-33）；品尝煮沸冷却后肉汤的滋味，以判断肉样的新鲜度（图5-34）。

图5-31　切碎样品加热至50 ~ 60℃

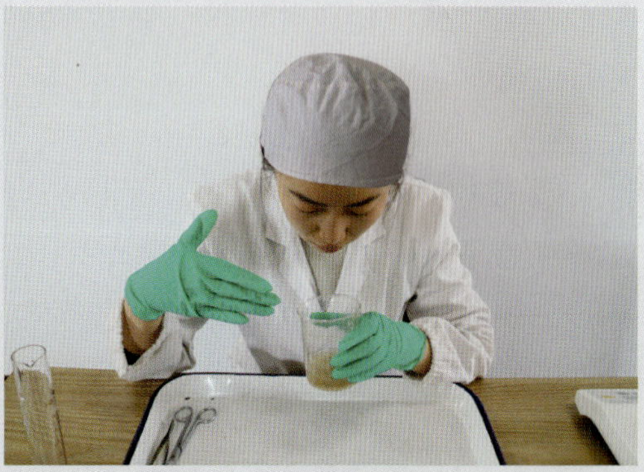

图5-32　加热后检查气味

图5-33　煮沸后肉汤澄清透明、脂肪团聚于表面

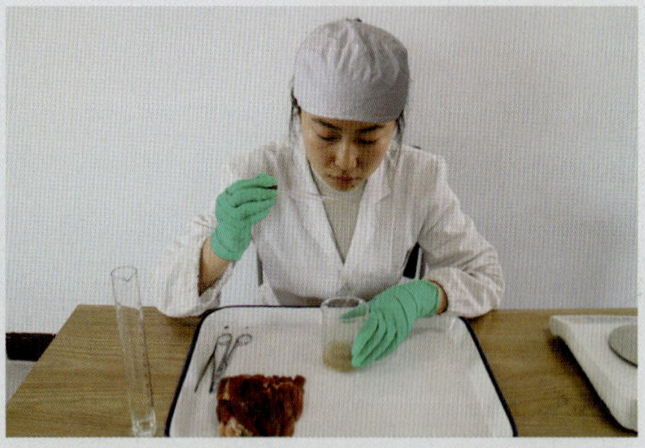

图5-34　品尝煮沸冷却后肉汤的滋味

牛肉：鲜牛肉煮沸后肉汤澄清透明，脂肪团聚于表面，具有特殊香味；冻牛肉（解冻后）煮沸后肉汤澄清透明，脂肪团聚于表面，具有牛肉汤固有的香味和鲜味。

羊肉：鲜羊肉及冷却羊肉煮沸后肉汤澄清透明，脂肪团聚于液面，具有羊肉特有的香味；冻羊肉（解冻后）煮沸后肉汤澄清透明，脂肪团聚于液面，无异味。

二、温度测定

（一）冷却肉的温度测定

使用电子数显温度计，直接插入4 ~ 5 cm肌肉深层，在1 ~ 2 min内读取数据（图5-35）。

（二）冷冻肉的温度测定

测温前用电钻在肉块较厚的中间部位钻孔，用温度显示仪测量温度（图5-36）。温度显示仪插入肌肉孔中，约3 min后，记录温度计度数。

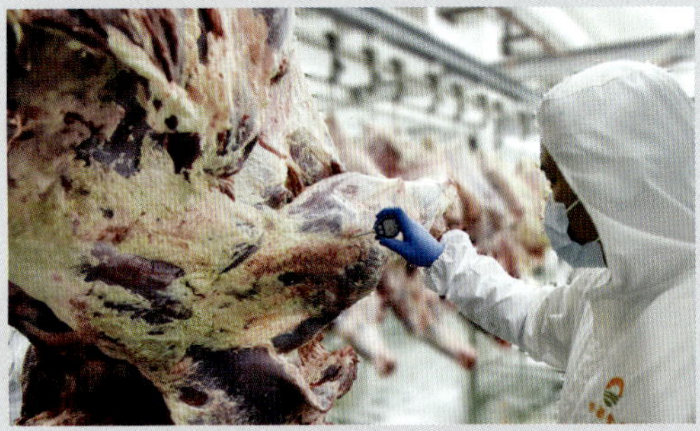

图5-35 冷却肉的温度测定

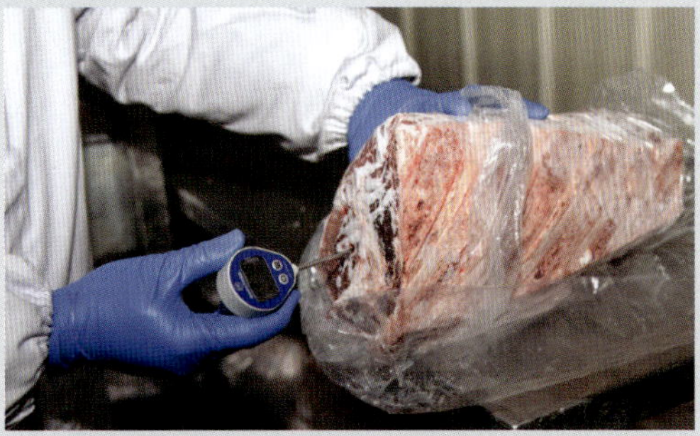

图5-36 冷冻肉的温度测定

冷却肉、冷冻肉的温度测定应注意电钻钻头和温度计测温前后的消毒。

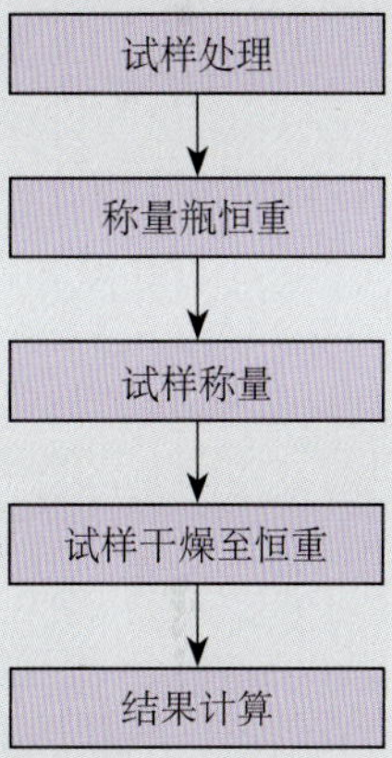

图5-37 直接干燥法测定牛羊肉中水分的程序

三、水分含量测定

GB 5009.3《食品安全国家标准 食品中水分的测定》规定了水分测定的直接干燥法、蒸馏法等。GB 18394《畜禽肉水分限量》规定，牛肉的水分含量应不大于77%，羊肉的水分含量应不大于78%。

（一）直接干燥法

利用食品中水分的物理性质，在101.3 kPa（一个大气压），温度101 ~ 105℃下采用挥发方法测定样品中干燥减失的重量，包括吸湿水、部分结晶水和该条件下能挥发的物质，再通过干燥前后的称量数值计算出水分的含量。测定程序见图5-37。

1.分析步骤

（1）试样处理 剔除肉样中脂肪、筋、腱等组织（冻肉自然解冻），尽可能剪碎，颗粒试样要求长度小于2 mm，密闭容器保存待检（图5-38、图5-39）。

（2）称量瓶恒重、称重 见图5-40、图5-41。

（3）试样称重 试样厚度不超过5 mm，如为疏松试样，厚度≤10 mm（图5-42）。

（4）试样干燥 试样置于干燥箱105℃加热2 ~ 4 h后取出，在干燥器内冷却0.5 h（图5-43）。

（5）记录结果 试样干燥至恒重，称重并记录结果。

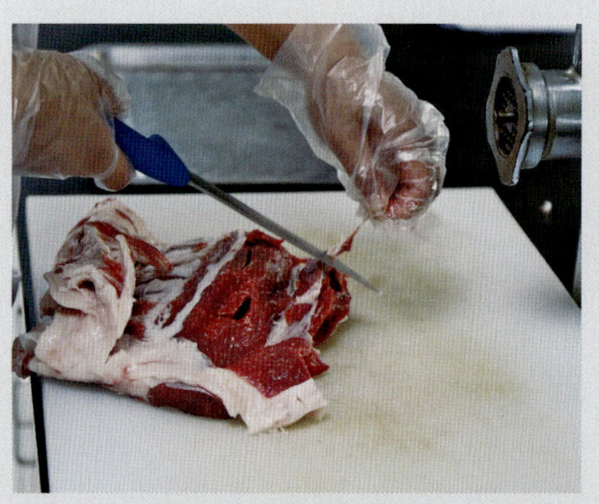

图5-38　试样处理（1）

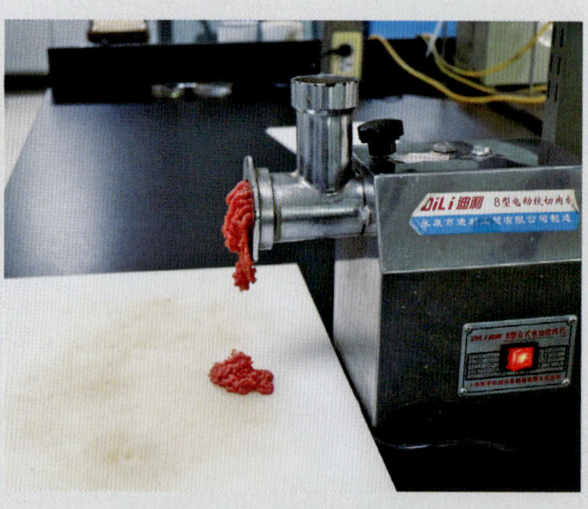

图5-39　试样处理（2）

图5-40　将称量瓶放干燥器内恒重

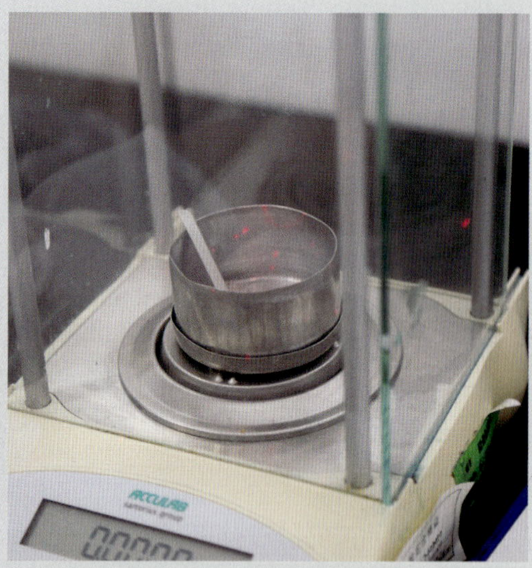

图5-41　称量瓶恒重后称重

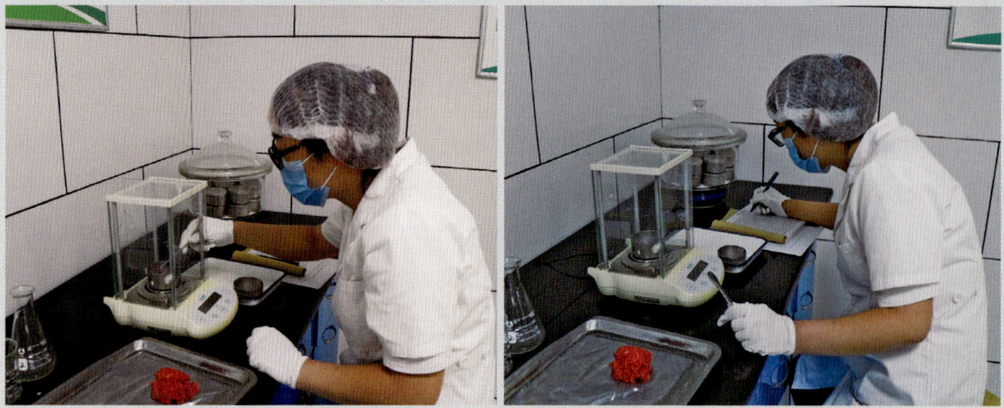

图5-42　试样称重并编号记录

图5-43 置于干燥箱105℃加热2～4 h后取出，在干燥器内冷却0.5 h

2.计算公式

$$X=\frac{m_1-m_2}{m_1-m_3}\times 100$$

式中：

X ——试样中水分的含量，单位为克/百克（g/100 g）；

m_1 ——称量瓶（加海砂、玻璃棒）和试样的质量，单位为克（g）；

m_2 ——称量瓶（加海砂、玻璃棒）和试样干燥后的质量，单位为克（g）；

m_3 ——称量瓶（加海砂、玻璃棒）的质量，单位为克（g）；

100——单位换算系数。

水分含量≥1 g/100 g时，计算结果保留三位有效数字；水分含量<1 g/100 g时，计算结果保留两位有效数字。

冻肉的水分含量计算公式如下：

$$X(\%)=\frac{(m_1-m_2)+m_2\times c}{m_2}\times 100$$

式中：

X ——试样中水分的含量，单位为克/百克（g/100 g）；

m_1 ——解冻前样品的质量，单位为克（g）；

m_2 ——解冻后样品的质量，单位为克（g）；

c ——解冻后样品的水分百分含量，单位为克/百克（g/100 g）；

100——单位换算系数。

3.注意事项

（1）两次恒重值在最后计算中，取质量较小的一次称量值。

（2）水分含量计算结果保留两位或三位有效数字；在重复性条件下获得的两次独立测定结果的绝对差值不得超过算术平均值的10%。

（二）蒸馏法

按照GB 5009.3进行操作。蒸馏法的原理是利用食品中水分的物理化学性质，使用水分测定器将食品中的水分与甲苯或二甲苯共同蒸出，根据接收的水的体积计算出试样中水分的含量。测定程序见图5-44。

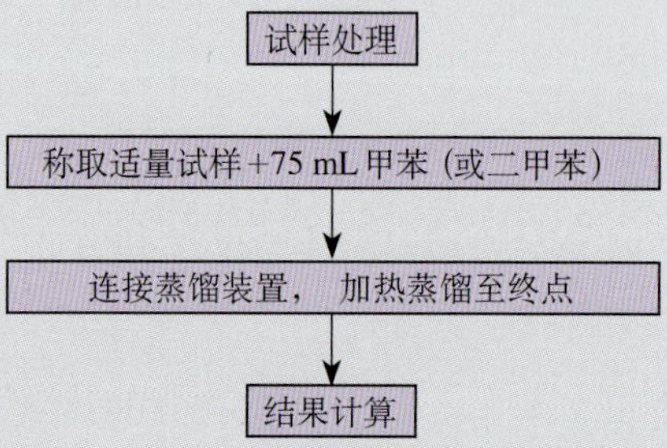

图5-44　蒸馏法测定牛羊肉中水分的程序

1.分析步骤

（1）试样处理　同直接干燥法中的试样处理。

（2）称量试样　准确称取适量试样（应使最终蒸出的水的体积为2 ~ 5 mL，但最多取样量不得超过蒸馏瓶的2/3），放入250 mL蒸馏瓶中，加入新蒸馏的甲苯（或二甲苯）75 mL（图5-45）。

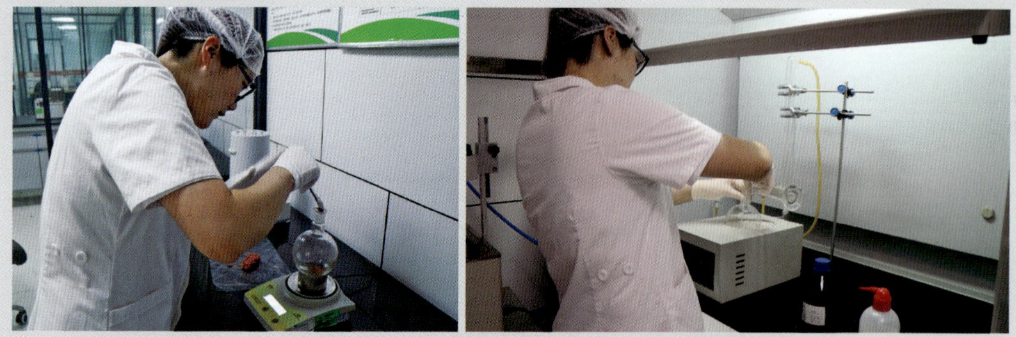

图5-45　称取适量试样，加入75 mL甲苯

（3）蒸馏　连接冷凝管与水分接收管，从冷凝管顶端注入甲苯（二甲苯），装满水分接收管。同时设甲苯（或二甲苯）的试剂空白组，加热慢慢蒸馏。接收管水平面保持10 min不变为蒸馏终点，读取接收管水层的体积（图5-46）。

2.结果计算 试样中水分的含量按以下公式计算：

$$X=\frac{V-V_0}{m}\times 100$$

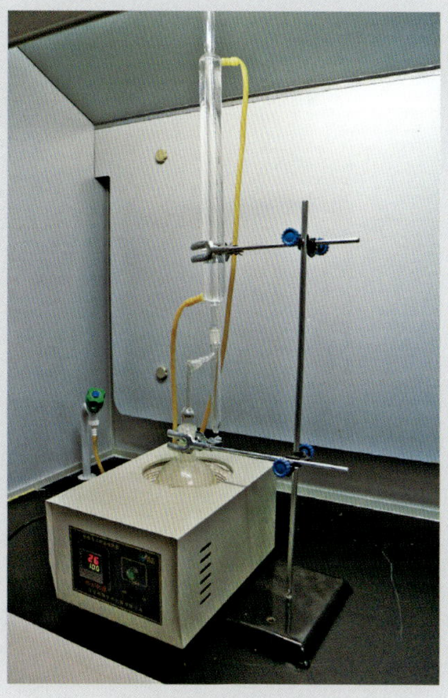

图5-46 蒸 馏

式中：

X ——试样中水分的含量，单位为毫升/百克（mL/100 g）（或按水在20℃的相对密度0.998，20 g/mL计算质量）；

V ——接收管内水的体积，单位为毫升（mL）；

V_0 ——试剂空白组，接收管内水的体积，单位为毫升（mL）；

m ——试样的质量，单位为克（g）；

100——单位换算系数。

3.注意事项

（1）必须同时设甲苯（或二甲苯）的试剂空白组。

（2）蒸馏应先慢后快至蒸馏终点。

（3）以在重复性条件下获得的两次独立测定结果的算术平均值表示，结果保留三位有效数字。绝对差值不得超过算术平均值的10%。

四、挥发性盐基氮的测定

挥发性盐基氮是动物性食品由于酶和细菌的作用，在腐败过程中，使蛋白质分解而产生的氨及胺类等碱性含氮物质。因其具有挥发性，可在碱性溶液中蒸出，利用硼酸溶液吸收后，用标准酸溶液滴定计算挥发性盐基氮含量。挥发性盐基氮是衡量肉品新鲜度的重要指标之一。GB 2707规定牛羊肉挥发性盐基氮均应≤15 mg/100 g。测定方法参照GB 5009.228《食品安全国家标准 食品中挥发性盐基氮的测定》，包括半微量定氮法、自动凯氏定氮仪法、微量扩散法等。以自动凯氏定氮仪法为例进行说明，测定程序见图5-47。

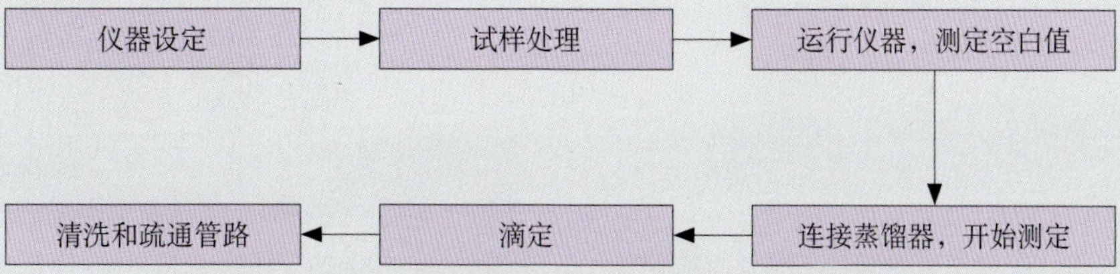

图5-47 自动凯氏定氮仪法测定挥发性盐基氮的程序

1.**测定步骤** 见图5-48至图5-56。

图5-48 将样品除去脂肪、骨及筋腱后，绞碎搅匀，称取瘦肉部分10.000 g，样品质量记为m

图5-49 将样品装入蒸馏管中，加水75 mL，振摇，浸渍30 min

图5-50 清洗，试运行，进行试剂空白测定，记录空白值V_2

图5-51 加30 mL硼酸溶液

图5-52 加10滴甲基红-溴甲酚绿指示剂

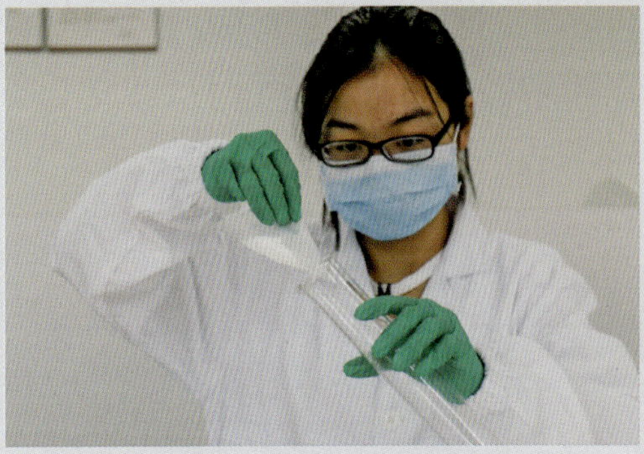

图5-53 在试样蒸馏管中加入1 g氧化镁

图5-54 将试样蒸馏管立刻连接到蒸馏器上，按照仪器操作说明开始测定

图5-55 取下蒸馏器上的锥形瓶，用0.100 0 mol/L（浓度记为c）盐酸或硫酸标准溶液滴定

图5-56 滴定至终点，溶液为红色，记录下体积V_1

2.结果计算 试样中挥发性盐基氮的含量按下式计算：

$$X = \frac{(V_1 - V_2) \times c \times 14}{m} \times 100$$

式中：

X——试样中挥发性盐基氮的含量，单位为毫克/百克（mg/100 g）；

V_1——试液消耗盐酸或硫酸标准滴定溶液体积，单位为毫升（mL）；

V_2——试剂空白组消耗盐酸或硫酸标准滴定溶液体积，单位为毫升（mL）；

c——盐酸或硫酸标准滴定溶液的浓度，单位为摩尔/升（mol/L）；

14——滴定1.0 mL盐酸［c(HCl)=1.000 mol/L］或硫酸［$c(1/2\ H_2SO_4)$=1.00 mol/L］标准滴定溶液相当的氮的质量，单位为克/摩尔（g/mol）；

m——试样质量，单位为克（g），或试样体积，单位为毫升（mL）；

100——计算结果换算为毫克/百克（mg/100 g）的换算系数。

3.注意事项 实验结果以在重复性条件下获得的两次独立测定结果的算术平均值表示，绝对差值不得超过算术平均值的10%。

五、汞的测定

GB 2762《食品安全国家标准 食品中污染物限量》规定食品中重金属限量标准：肉类（畜禽内脏除外）铅的限量为0.2 mg/kg，畜禽内脏为0.5 mg/kg；肉及肉制品（畜禽内脏及其制品除外）镉的限量为0.1 mg/kg，畜禽肝脏及其制品为0.5 mg/kg，畜禽肾脏及其制品为1.0 mg/kg；肉类总汞的限量为0.05 mg/kg；肉及肉制品总砷的限量为0.5 mg/kg。这些重金属的测定应分别按照相应的食品安全国家标准规定的方法进行。以汞的测定为例，按GB 5009.17《食品安全国家标准　食品中总汞及有机汞的测定》的冷原子吸收光谱法进行。当样品称样量为0.5 g，定容体积为25 mL时，方法检出限为0.002 mg/kg，方法定量限为0.007 mg/kg。检验程序见图5-57。

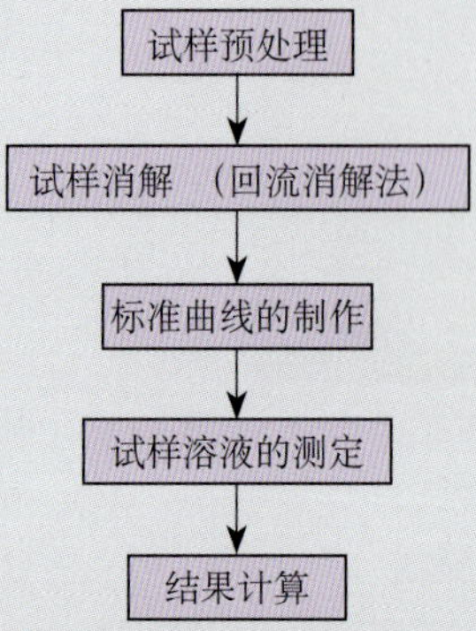

图5-57　冷原子吸收光谱法测定总汞的程序

（一）测定步骤

1.试样消解　称取0.5 ~ 2.0 g试样，置于消化装置的锥形瓶中，加玻璃珠数粒及30 mL硝酸、5 mL硫酸，转动锥形瓶防止局部炭化。装上冷凝管后，低温加热，待开始发泡即停止加热，发泡停止后，加热回流2 h（图5-58）。如加热过程中溶液变棕色，再加5 mL硝酸，继续回流2 h（图5-59），消解到样品完全溶解，一般呈淡黄色或无色（图5-60），放冷后从冷凝管上端小心加20 mL水，继续加热回流10 min放冷，用适量水冲洗冷凝管，冲洗液并入消化液中，将消化液经玻璃棉过滤于100 mL容量瓶内，用少量水洗涤锥形瓶、滤器，洗涤液并入容量瓶内，加水至刻度，混匀（图5-61）。同时做空白试验。

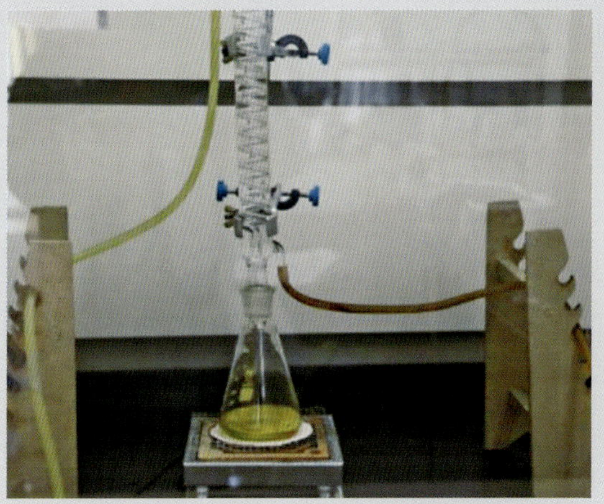

图5-58　低温加热，待开始发泡即停止加热

图5-59　在加热过程中溶液变棕色，继续回流2 h

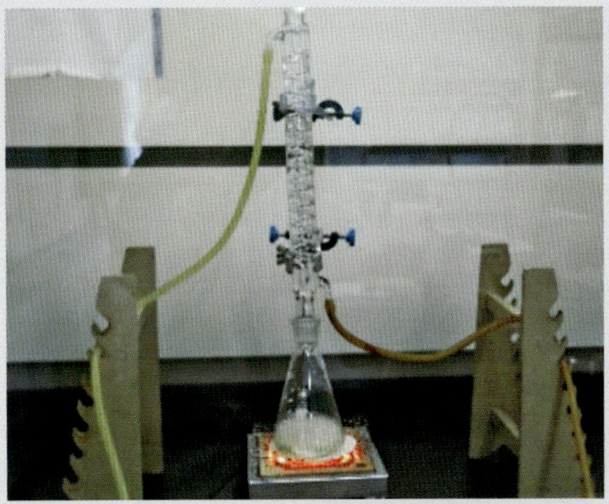

图5-60　消解样品完全溶解，呈淡黄色或无色

图5-61　过滤、定容、混匀

2.标准曲线的制作　分别吸取汞标准溶液（50 ng/mL）（图5-62）0.00 mL、0.20 mL、0.50 mL、1.00 mL、1.50 mL、2.00 mL、2.50 mL，加入50 mL容量瓶中，用硝酸溶液（1+9）稀释至刻度，混匀。求得吸光度值与汞质量关系的一元线性回归方程。

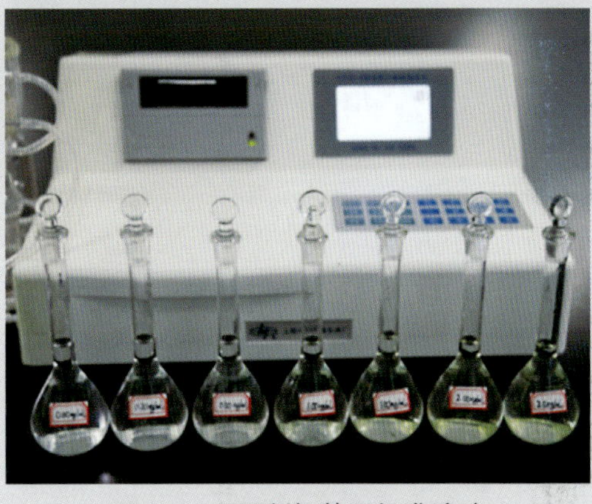

图5-62　配制好的汞标准溶液

3.试样溶液的测定　分别吸取试样溶液和试剂空白液各5.0 mL，置于测汞仪的汞蒸气发生器的还原瓶中（图5-63），连接抽气装置，沿壁迅速加入3.0 mL还原剂氯化亚锡（100 g/L）（图5-64），

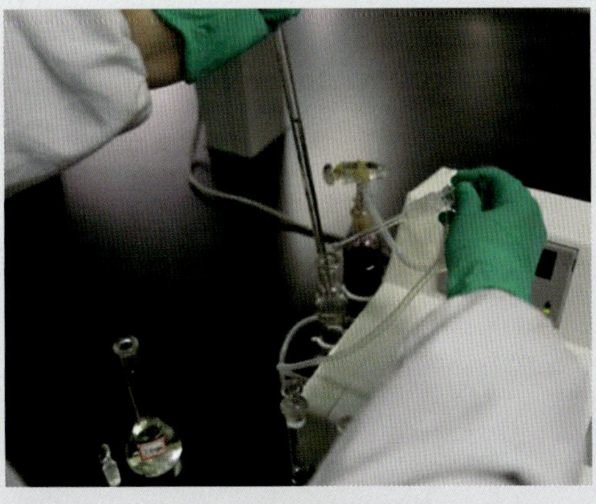

图5-63　加5.0 mL汞标准溶液置于汞蒸气发生器中

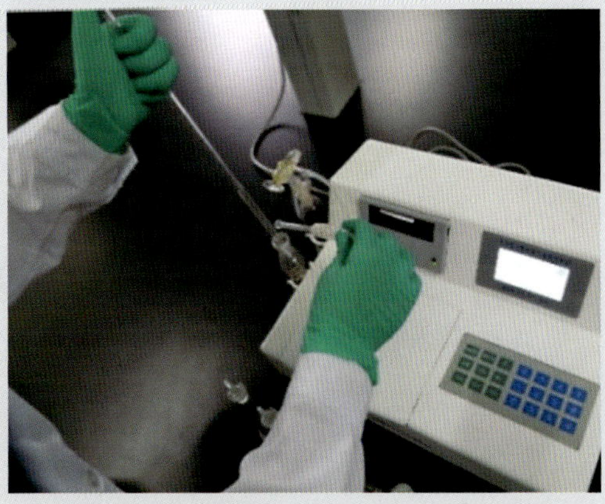

图5-64　沿瓶壁迅速加入3.0 mL氯化亚锡

迅速盖紧瓶塞，随后有气泡产生，立即通过流速为1.0 L/min的氮气或经活性炭处理的空气，使汞蒸气经过氯化钙干燥管进入测汞仪中，从仪器读数显示的最高点测得其吸收值（图5-65）。然后，打开吸收瓶上的三通阀，将产生的剩余汞蒸气吸收于高锰酸钾溶液（50 g/L）中（图5-66），待测汞仪上的读数达到零点时进行下一次测定。同时做空白试验。将测得的吸光度值代入标准系列溶液的一元线性回归方程中求得试样溶液中汞含量。

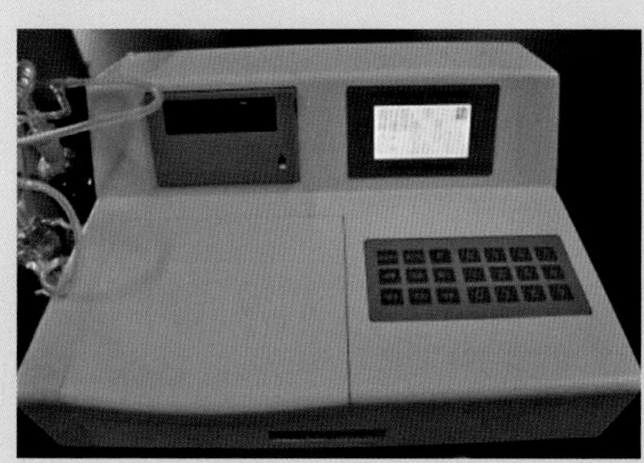

图5-65　读取吸收值

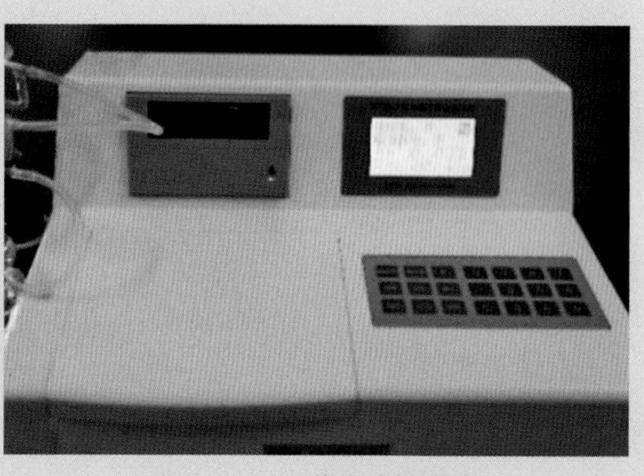

图5-66　吸收剩余汞蒸气

4.结果计算

$$X=\frac{(m_1-m_2)\times V_1\times 1\ 000}{m\times V_2\times 1\ 000\times 1\ 000}$$

式中：

X ——试样中汞含量，单位为毫克/千克（mg/kg）；

m_1 ——试样溶液中汞质量，单位为纳克（ng）；

m_2 ——空白液中汞质量，单位为纳克（ng）；

V_1 ——试样消化液定容总体积，单位为毫升（mL）；

m ——试样称样量，单位为克（g）；

V_2 ——测定样液体积，单位为毫升（mL）；

1 000——换算系数。

当汞含量≥1.00 mg/kg时，计算结果保留三位有效数字；当汞含量<1.00 mg/kg时，计算结果保留两位有效数字。

（二）注意事项

1.在采样和制备过程中，应注意不使试样污染。新鲜肉类样品，匀浆装入洁净聚乙烯瓶中密封，4℃冰箱冷藏备用。

2.测定前测汞仪应预热1 h，将仪器性能调至最佳状态；待读数达到零点时进行下一次测定。

3. 样品消解和试样测定应同时做空白对照。

4. 在重复性条件下获得的两次独立测定结果的绝对差值不得超过算术平均值的20%。

第四节　菌落总数测定和大肠菌群计数

菌落总数和大肠菌群的测定分别按照GB 4789.2《食品安全国家标准　食品微生物学检验　菌落总数测定》和GB 4789.3《食品安全国家标准　食品微生物学检验　大肠菌群计数》规定的方法进行。

一、菌落总数的测定

菌落总数是指食品检样经过处理，在一定条件下培养后（如培养基、培养温度和培养时间等），所得每克（毫升）检样中形成的微生物菌落总数。菌落总数主要作为判定食品被细菌污染程度的标志。菌落总数的检验程序见图5-67。

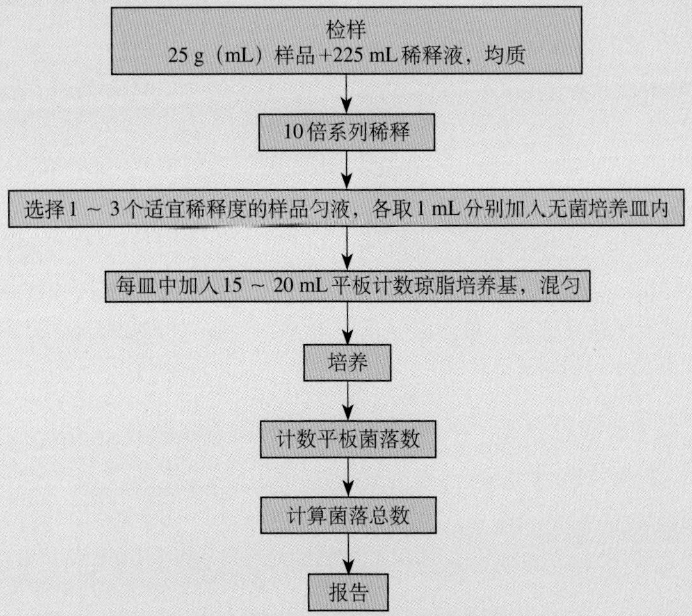

图5-67　菌落总数的检验程序

（一）测定步骤

1.样品的稀释 称取25 g（mL）样品置于盛有225 mL稀释液的无菌均质袋中，均质（图5-68），用1 mL无菌吸管或微量移液器吸取1 ： 10样品匀液1 mL，沿管壁缓慢注于盛有9 mL稀释液的无菌试管中，对样品进行10倍系列稀释（图5-69）。选择1 ～ 3个适宜稀释度的样品匀液，吸取1 mL样品匀液于无菌培养皿内，每个稀释度做两个培养皿。同时，分别吸取1 mL空白稀释液加入两个无菌培养皿内做空白对照（图5-70）。及时将15 ～ 20 mL冷却至46 ～ 50℃的平板计数琼脂培养基（可放置于48℃±2℃恒温装置中保温）倾注培养皿中，并转动培养皿使其混合均匀（图5-71）。

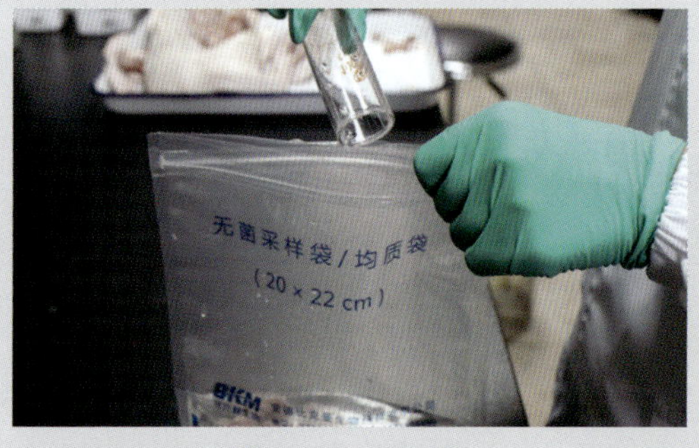

图5-68 均 质

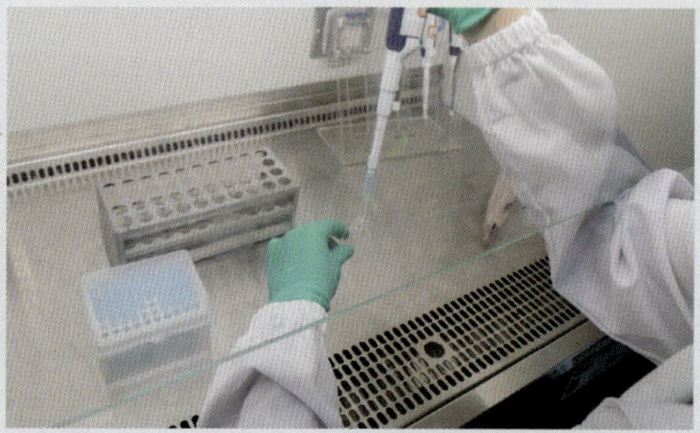

图5-69 依次制备10倍系列稀释样品匀液

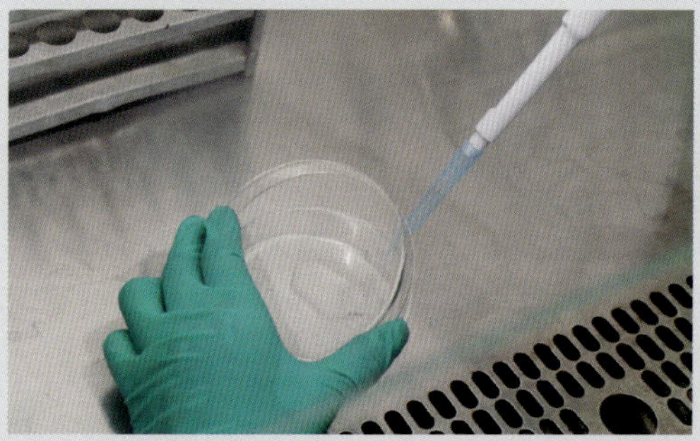

图5-70 选择适宜稀释度的样品匀液，分别吸取1 mL于无菌平皿内，每个稀释度做2个平皿。同时做空白对照

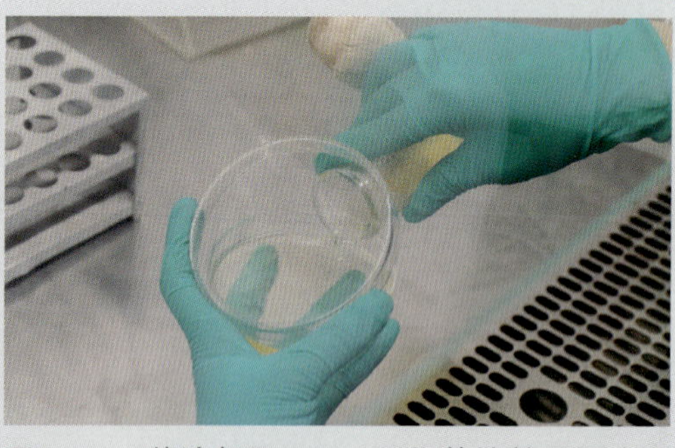

图5-71 将冷却至46 ～ 50℃的培养基倾注平皿中，转动平皿混合均匀

2.培养 水平放置培养皿，待琼脂凝固后，将培养皿翻转，36℃±1℃培养48 h±2 h（图5-72）。如果样品中可能含有在琼脂培养基表面蔓延生长的菌落，可在凝固后的琼脂培养基表面覆盖一薄层平板计数琼脂培养基（约4 mL），凝固后翻转平板，进行培养。

3.菌落计数 记录稀释倍数和相应的菌落数量，以菌落形成单位（CFU）表示（图5-73）。

图6-72 待琼脂凝固后，将平板翻转，36 ℃ ± 1 ℃培养48 h ± 2 h

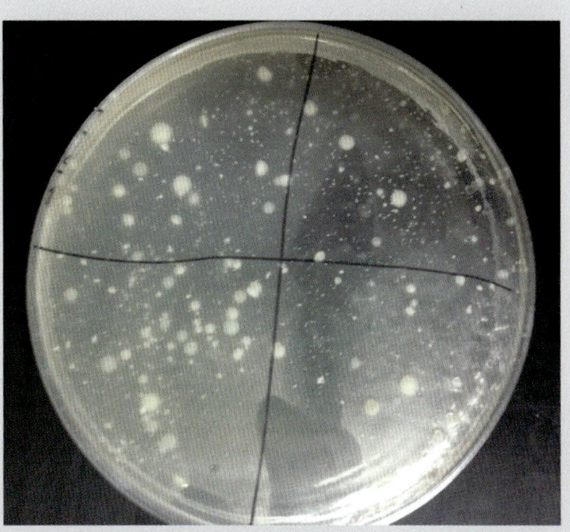

图6-73 每个稀释度的菌落数应采用两个平板的平均数

4.结果与报告 稀释度选择及菌落数报告方式参考GB 4789.2的规定。若有两个连续稀释度的平板菌落数在适宜计数范围内时，按以下公式计算：

$$N = \frac{\sum C}{(n_1 + 0.1 n_2) d}$$

式中：

N ——样品中菌落数；

ΣC——平板（含适宜范围菌落数的平板）菌落数之和；

n_1 ——第一稀释度（低稀释倍数）平板个数；

n_2 ——第二稀释度（高稀释倍数）平板个数；

d ——稀释因子（第一稀释度）。

（二）注意事项

1.必须同时做空白稀释液对照，若空白对照上有菌落生长，此次检测结果无效。

2.检验过程中应遵循无菌操作原则，防止一切可能的外来污染。

二、大肠菌群计数

大肠菌群是指在一定培养条件下能发酵乳糖、产酸产气的需氧和兼性厌氧革兰氏阴性无芽孢杆菌。食品中检出大肠菌群，表明该食品有粪便污染。大肠菌群数反映了食品被肠道致病菌污染的风险。GB 4789.3中规定的大肠菌群计数方法有最近似数法（MPN计数法）和平板计数法两种方法，可根据检测的需要选择采用，一般MPN计数法较普遍。

（一）大肠菌群MPN计数法

适用于大肠菌群含量较低的食品中大肠菌群的计数，检验程序见图5-74。

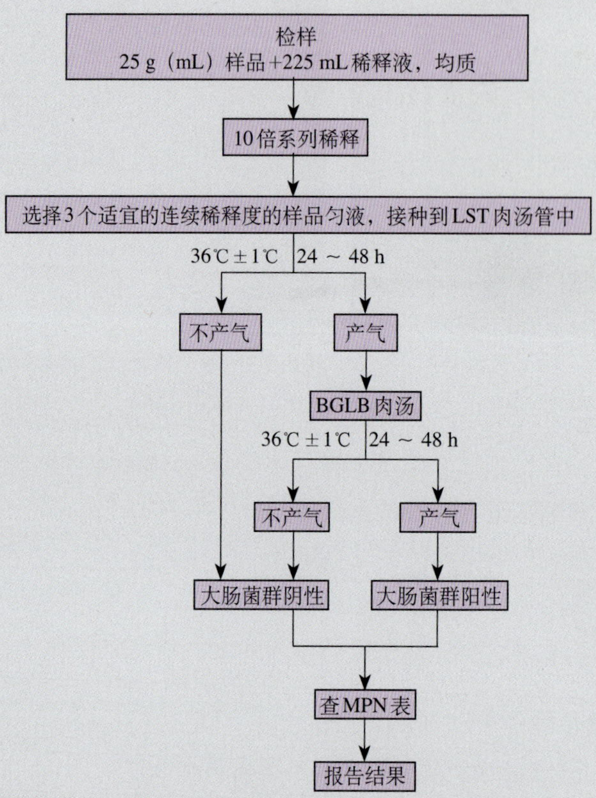

图5-74 大肠菌群MPN计数法检验程序

1.测定步骤

（1）样品处理　与菌落总数测定时相同。

（2）初发酵试验　每个样品，选择3个适宜的连续稀释度的样品匀液，每个稀释度接种3管月桂基硫酸盐胰蛋白胨（LST）肉汤，每管LST肉汤接种1 mL样品匀液（如接种体积超过1 mL，则加到等体积的双料LST肉汤中）（图5-75）。从制备样品匀液开始至接种到LST肉汤完毕，全过程不得超过15 min。将已接种样品的LST肉汤管置于36℃±1℃培养24 h±2 h，检查产气情况。LST肉汤管（杜氏管）或产气收集装置内有气泡产生，或轻轻振摇LST肉汤管可见试管内有细密气泡不断上升者，判断为产气，产气者进行复发酵试验（确认试验）。如未产气，则继续培养至48 h±2 h，再检查产气情况，产气者进行复发酵试验；培养至48 h±2 h，仍未产气者，判断为大肠菌群阴性（图5-76）。

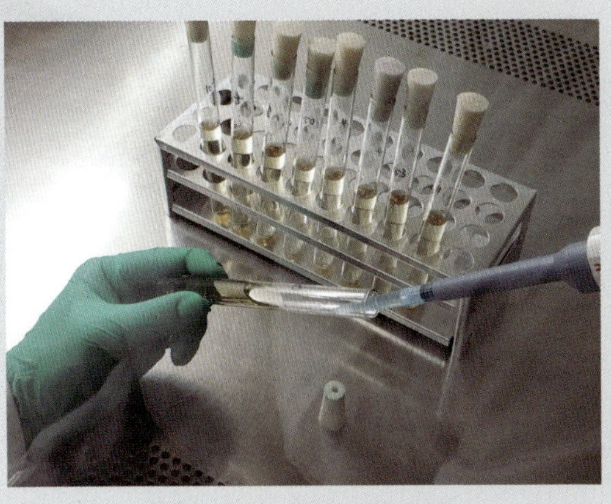

图5-75 接种LST肉汤

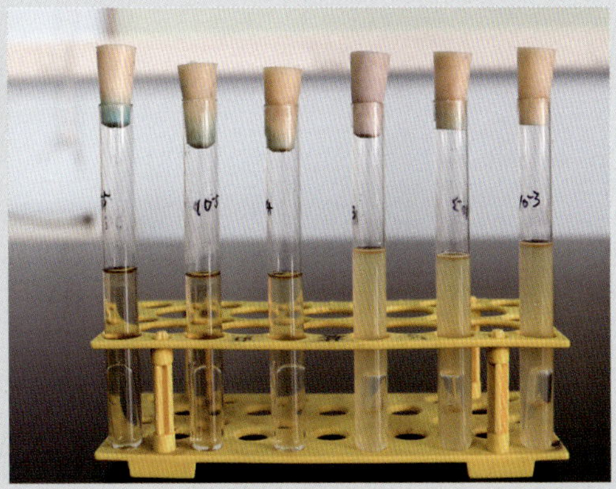

图5-76 左边3管（杜氏管）未产气，右边3管内有明显的气体产生，培养基混浊

（3）复发酵试验 轻轻振摇各产气的LST肉汤管，分别用接种环取培养物1环，转种于BGLB肉汤管中，36℃±1℃培养24 h±2 h，检查产气情况，产气者判断为大肠菌群阳性；未产气者则继续培养至48 h±2 h，再检查产气情况，产气者判断为大肠菌群阳性，仍未产气者判断为大肠菌群阴性（图5-77、图5-78）。

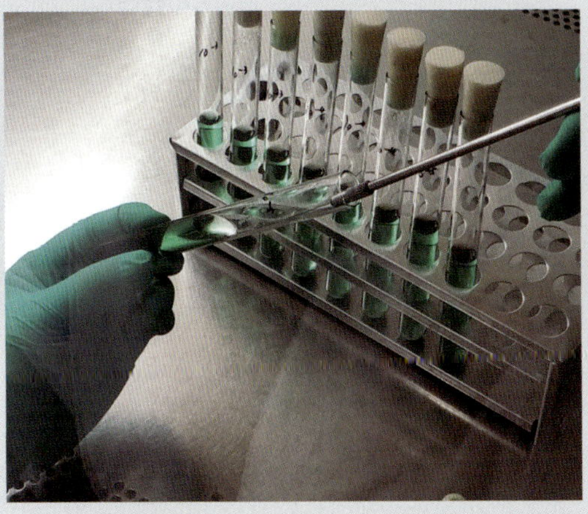

图5-77 移种于煌绿乳糖胆盐（BGLB）肉汤培养基

图5-78 左边3管培养基变混浊，杜氏管内有气体产生，第4管培养基变混浊但倒管内无气体，右边2管没有任何变化

（4）结果报告 按确证的大肠菌群BGLB阳性管数，检索MPN表（GB 4789.3），报告每克样品中大肠菌群的MPN值。

2.注意事项

（1）样品匀液pH应为6.5～7.5。从制备样品匀液至样品接种完毕，全过程不得超过15 min。

(2) 检验过程中应遵循无菌操作原则，防止一切可能的外来污染。

（二）大肠菌群平板计数法

适用于大肠菌群含量较高的食品中大肠菌群的计数，检验程序见图5-79。

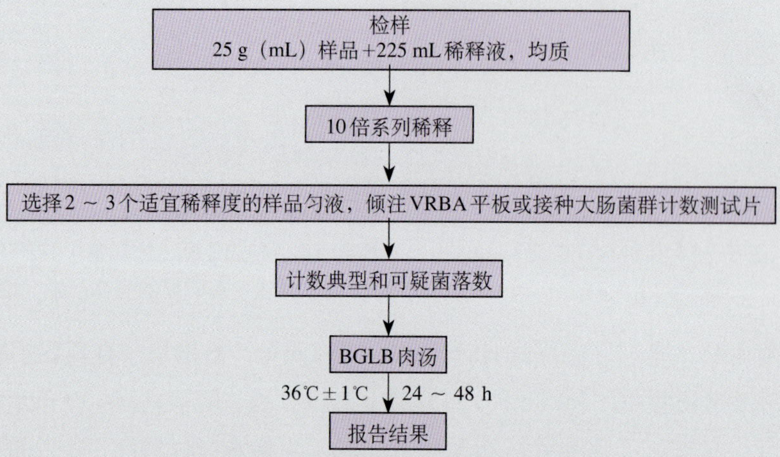

图5-79　大肠菌群平板计数法检验程序

1.测定步骤

(1) 样品处理　方法同前。倾注VRBA（结晶紫中性红胆盐琼脂）平板见图5-80。

(2) 平板计数。

(3) 平板菌落数的选择　选取菌落数为15 ～ 150 CFU的平板（图5-81），分别计数平板上出现的典型和可疑大肠菌群菌落。典型菌落为红色至紫红色，菌落周围可带有红色沉淀环，菌落直径一般大于0.5mm。可疑菌落为红色至紫红色，菌落直

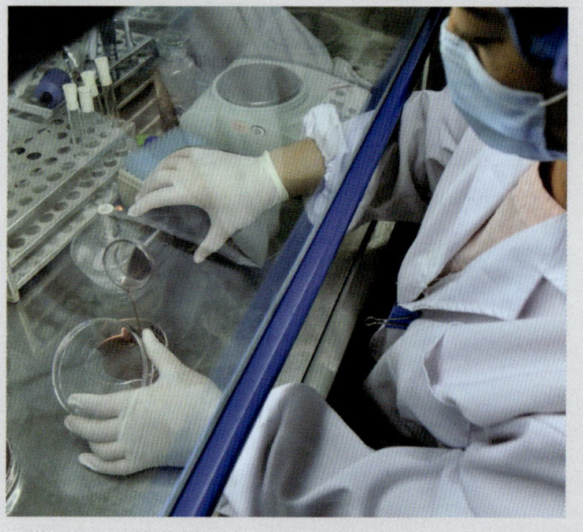

图5-80　倾注VRBA平板

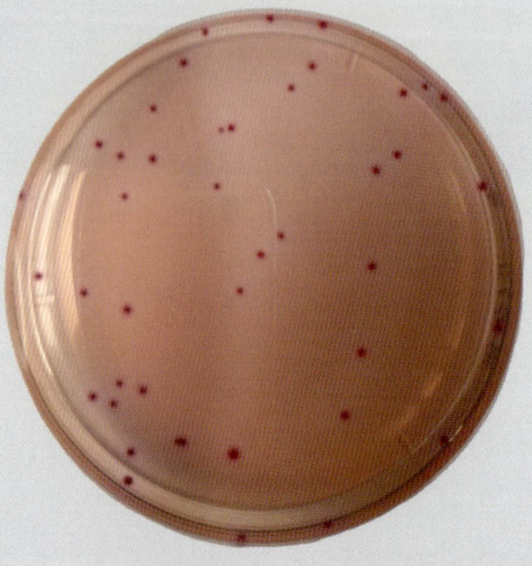

图5-81　典型菌落为紫红色，菌落周围有红色的胆盐沉淀环

径一般小于0.5mm。

(4) 确认试验　从同一稀释度的VRBA平板上挑取典型和可疑菌落各5个，典型或可疑菌落少于5个者，则挑取其全部菌落。每个菌落接种1支BGLB肉汤管，36℃±1℃培养24 h±2 h，检查产气情况，产气者为大肠菌群阳性；未产气者则继续培养至48 h±2 h再观察，产气者为大肠菌群阳性，仍未产气者为大肠菌群阴性。

(5) 结果报告　所选稀释度的典型菌落数及可疑菌落数与各自大肠菌群阳性率的乘积之和的平均值，乘以稀释倍数，为大肠菌群的菌落数。大肠菌群的菌落数小于100 CFU时，按“四舍五入”的原则修约，以整数报告。大肠菌群的菌落数大于或等于100 CFU时，第3位数字采用“四舍五入”原则修约后，取前2位数字，后面用0代替位数；也可用10的指数形式来表示，按“四舍五入”原则修约后，保留两位有效数字。若空白对照上有菌落生长，则此次检验结果无效。

2.注意事项

最低稀释度平板低于15 CFU的记录具体菌落数。其他同MPN计数法。

第五节　兽药及有毒有害非食品原料检测

兽药及有毒有害非食品原料检测常用筛选法、定量和确证方法。筛选法包括酶联免疫吸附试验（ELISA）和胶体金免疫层析法（试纸卡法）。优点是成本低、携带方便、使用快捷；缺点是假阳性结果较高，灵敏度相对较低，不能定量，因此必须再经仪器进行确证。定量和确证法有高效液相色谱法（HPLC）、液相色谱-串联质谱法（LC-MS/MS）和气相色谱串联质谱法（GC-MS）等。这些方法具有灵敏度高、选择性强和定量准确的优点。兽医卫生检验人员需熟练掌握兽药残留及有毒有害非食品原料的筛选法。

一、兽药残留检测（酶联免疫吸附试验）

兽药残留检测可采用酶联免疫吸附试验，测定程序见图5-82所示。

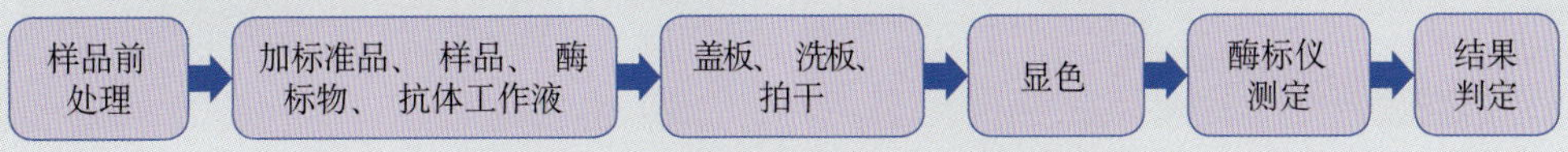

图5-82　酶联免疫吸附试验测定程序

（一）样品前处理

1.除去肌肉、肝脏或者肾脏中的脂肪，使用均质器进行匀浆（图5-83）。

2.取1 g匀浆样品，加入4 mL 70%乙醇（图5-84）。

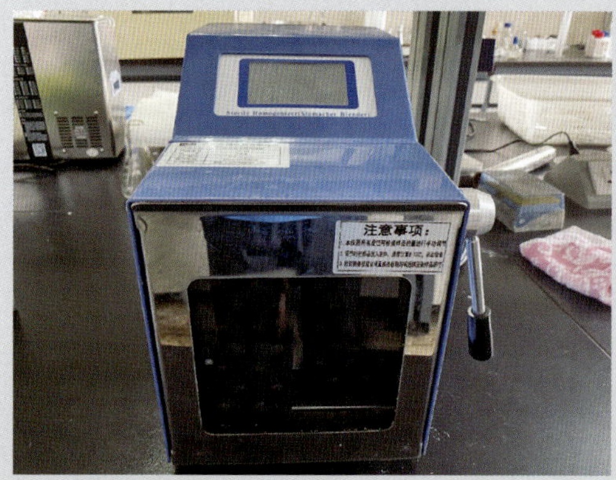

图5-83　使用均质器进行匀浆

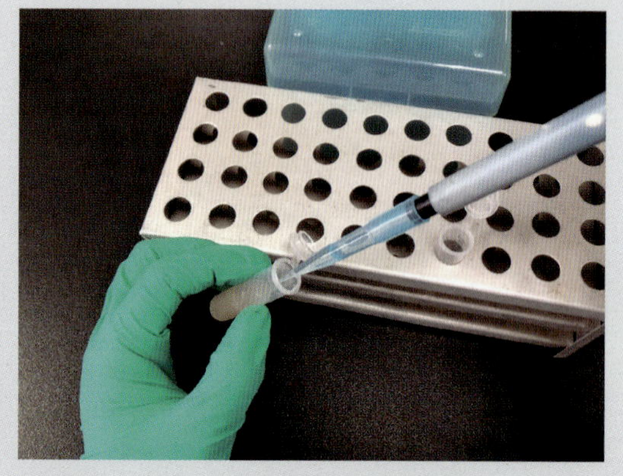

图5-84　加入70%乙醇

3.最大转速涡旋振荡10 min（图5-85）。

4.室温下离心5 min（图5-86）。

5.移取0.5 mL上清液到另一试管中（图5-87），加入0.5 mL样品提取液，混合均匀，每孔取50 μL用于检测。

（二）检测步骤

兽药残留的酶联免疫吸附试验检测步骤参考“瘦肉精”检测。

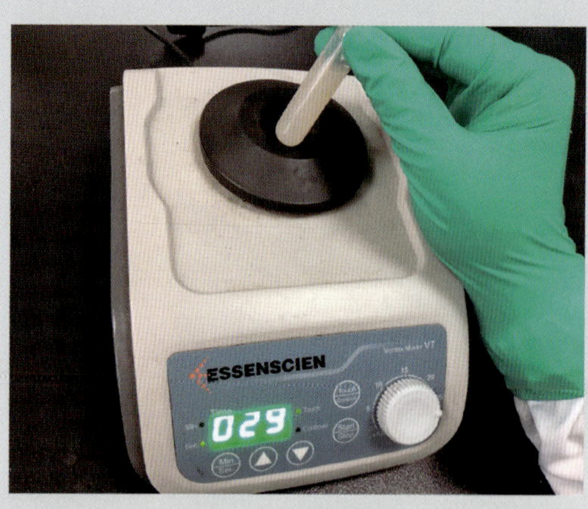

图5-85　涡旋振荡

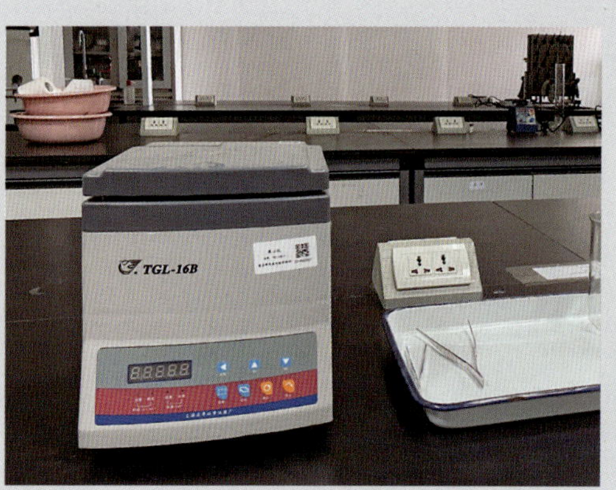

图5-86　室温下离心

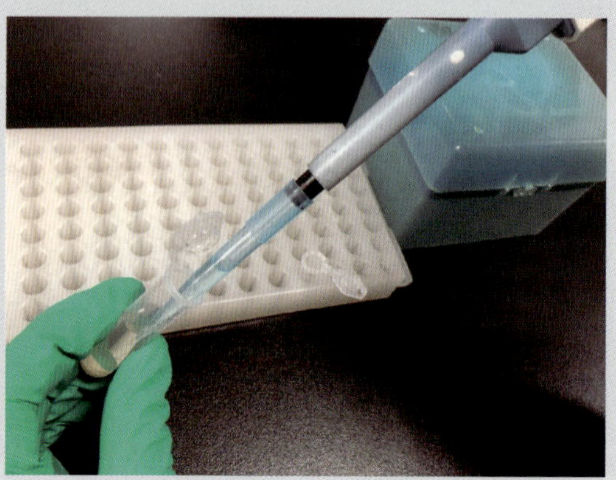

图5-87　移取0.5 mL上清液到另一试管中

二、"瘦肉精"的检测

非法添加物中以"瘦肉精"检测为主，常采用"筛选"和"确证"相结合的方法进行检测，可以同时检测数量较多的样品，又能提高检测结果的准确性和可靠性。

常用胶体金快速检测试纸和酶联免疫吸附试验进行初筛，再应用GC-MS或LC-MS/MS进行确证。目前的检测标准有GB/T 5009.192《动物性食品中克伦特罗残留量的测定》、农业部1063号公告-3-2008《动物尿液中11种β-受体激动剂的检测 液相色谱-串联质谱法》等。

（一）胶体金免疫层析法

牛羊排尿时，用采样杯按不少于3%的比例直接接取尿液（图4-30、图4-31），进行"瘦肉精"的检测。通常采用胶体金免疫层析法进行盐酸克伦特罗、莱克多巴胺及沙丁胺醇等的快速检测（图5-88、图5-89）。

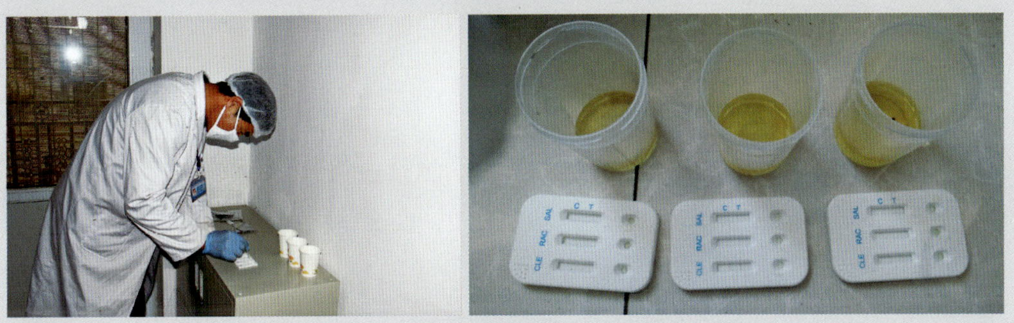

图5-88 采用尿液样本进行"瘦肉精"检测

1.采样 详见本章第二节"瘦肉精"检测采样方法。

2.检测方法

（1）检测 从检测样品中吸取尿液1 mL，垂直滴加2 ~ 3滴于快速检测试纸卡加样孔内，液体流动时开始计时，反应5 min后进行结果判定。

（2）结果判定 对照示意图判定结果。

1）阴性结果 C线显红色，T线肉眼可见，无论颜色深浅，均判为阴性（图5-90）。

2）阳性结果 C线显红色，T线不显色，或者T线隐隐约约，判为阳性（图5-91）。

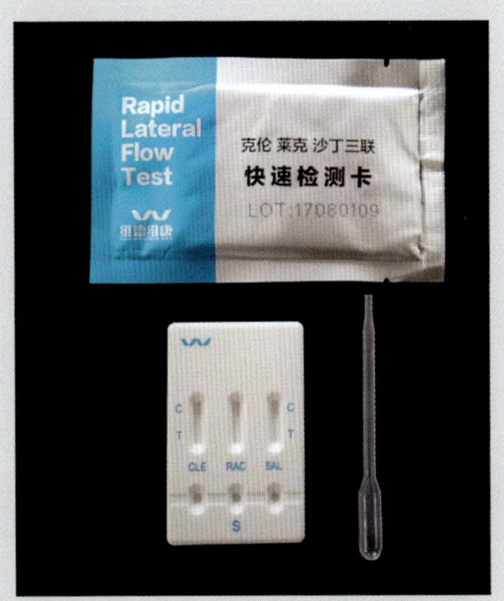

图5-89 克伦特罗、莱克多巴胺、沙丁胺醇三联快速检测卡

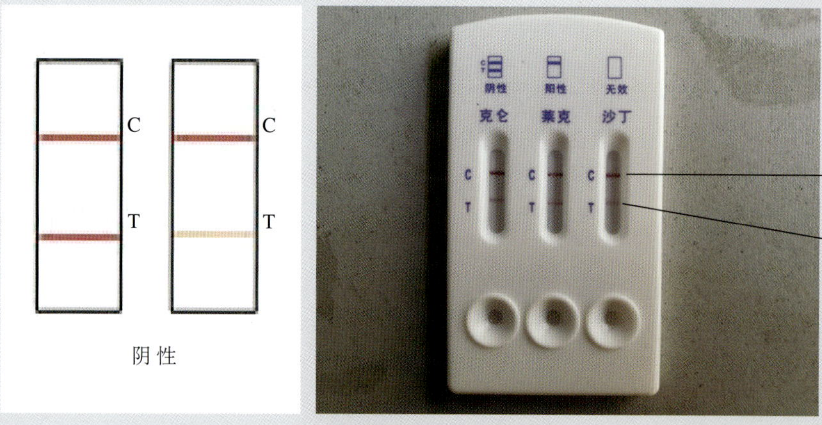

图5-90 阴性结果

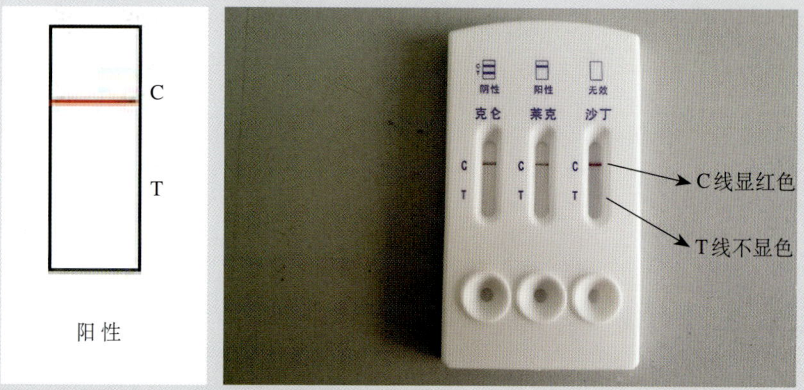

图5-91 阳性结果

3）无效 C线不显色，无论T线是否显色，该试纸均判为无效。一般检测卡在过期的情况下容易出现无效结果（图5-92）。

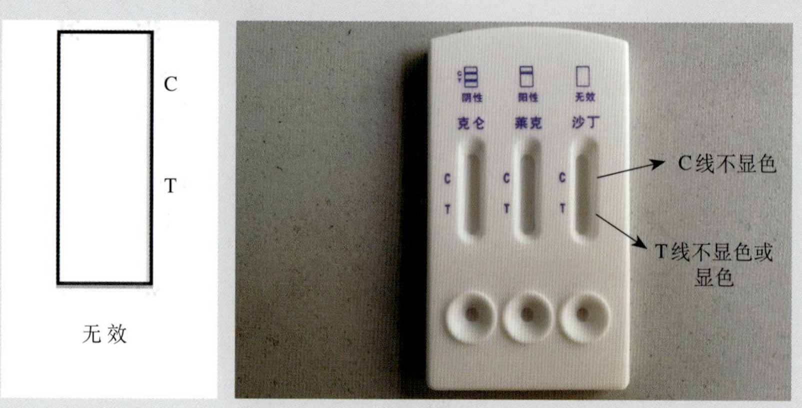

图5-92 无效结果

3.检验后处理

（1）宰前"瘦肉精"检验后的处理　检验后要填写《屠宰厂（场）"瘦肉精"自检记录表》，并出具检验报告。检测阴性的，准予屠宰。检测阳性的，送样复检。复检仍为阳性的，全部进行无害化处理。

（2）宰后"瘦肉精"检验后的处理

1）检验后报告　检验后要记录并出具检验报告，根据检验结果做出处理。

2）检测结果为阴性　准予屠宰加工。

3）检测结果为阳性　检验人员要在屠体或胴体上盖"可疑病牛/羊"章，并将其从生产轨道上转入病牛/羊轨道，送入病牛/羊间。再次取样复检，复检仍为阳性的，全部进行无害化处理。将未屠宰的同群牛/羊赶入隔离圈，逐个取样检测。

（二）酶联免疫吸附试验

酶联免疫吸附试验是竞争性抗原抗体结合反应。试验用微孔板上包被有β-受体激动剂抗体，含有抗原的样品或标准品与酶标记物经过孵育及洗涤后，游离的抗原与抗原酶标记物竞争抗体结合位点，显色液结合酶标记物产生有色产物，加入终止液终止反应，通过比色测定样品中抗原的量。尿样可以直接测定，组织样品需经处理后进行测定，灵敏度为0.1 μg/kg。测定流程如图5-93所示。

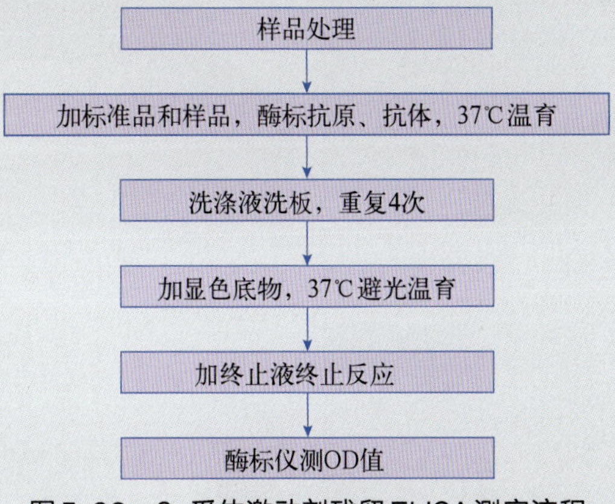

图5-93　β-受体激动剂残留ELISA测定流程

1.测定　步骤见图5-94至图5-98。

2.结果判定　样品中的"瘦肉精"含量，按公式计算，单位为μg/kg或μg/L。

（1）吸光度比值计算公式　吸光度比值% =标准品（或样品）的平均吸光度值/零标的吸光度值 × 100。

（2）标准曲线　将各标准品的吸光度值输入半对数系统中，并与对应浓度拟合标准曲线。

（3）将获得的结果代入标准曲线　将待测样品的百分吸光度值代入标准曲线中，即可得到样品的稀释倍数与样品实际残留量。

3.注意事项

（1）使用前将所有试剂平衡至室温（20～25℃），温度过低会导致数值偏低。

（2）洗板拍干后应立即进行下一步操作，否则会出现标准曲线不成线性、重复性不好的现象。

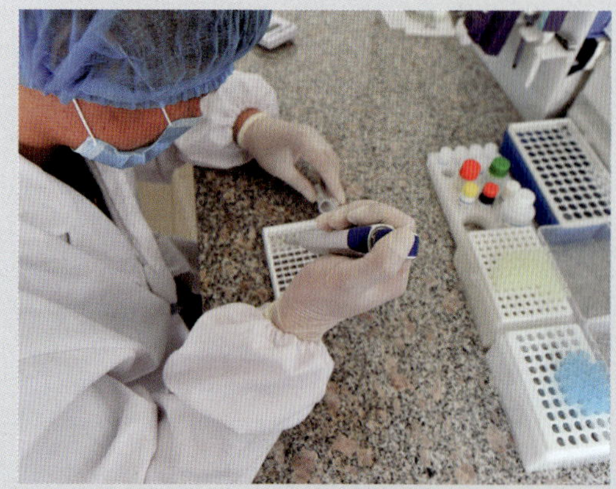

图5-94　分别吸取标准品和样品加至相应的微孔中，依次加入酶标抗原和抗体，密封，37℃温育

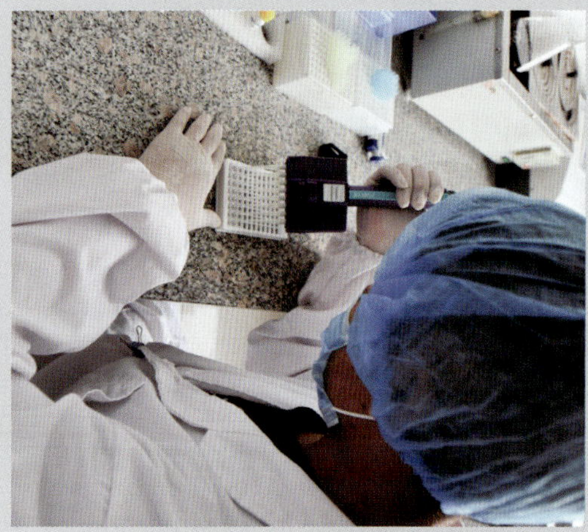

图5-95　用洗涤液洗板（重复4次）

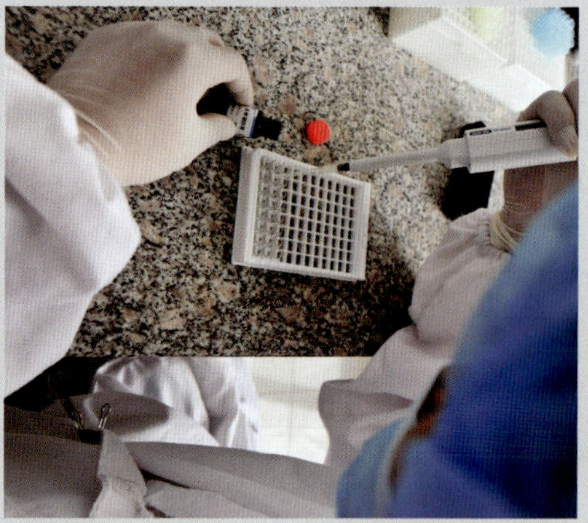

图5-96　加显色底物

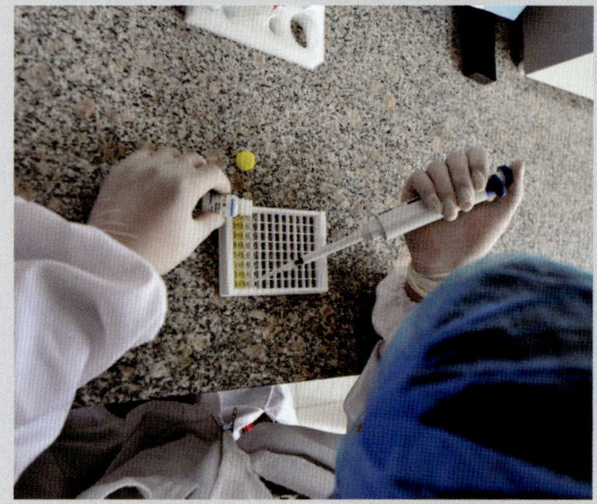

图5-97　加终止液终止反应

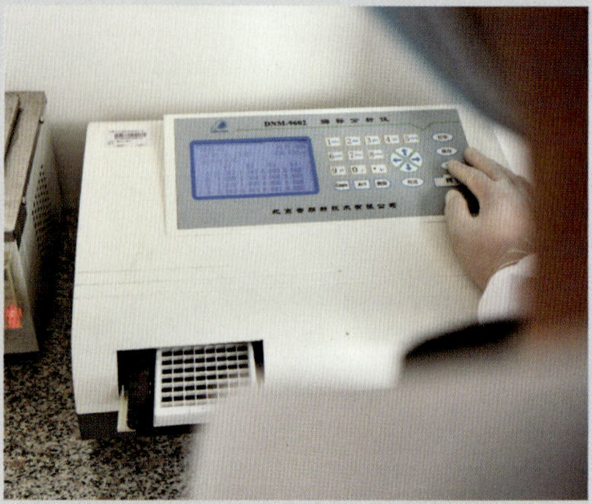

图5-98　用酶标仪测OD值

（3）混合要均匀，洗板要彻底（包括加样品和标准品时）。

（4）标准品和显色液对光敏感，避免直接暴露在光线下。

（5）在重复试验中获得的两次独立测定结果的绝对差值不得超过算术平均值的20%。

三、兽药残留及有毒有害非食品原料检测（色谱法和质谱法）

牛羊肉及组织中兽药残留及有毒有害非食品原料的检测按照GB/T 5009.192《动物源性食品中克伦特罗残留量的测定》、农业部1063号公告-3-2008《动物尿液中11种β-受体激动剂的检测　液相色谱—串联质谱法》、农业部第1025号公告《动物性食品中头孢噻呋残留检测　高效液相色谱法》等规定执行，牛羊肉及组织中兽药残留及有毒有害非食品原料的主要检测项目及方法见表5-8、表5-9及图5-99至图5-104。没有测定条件的企业可委托第三方检测。

表5-8　牛肉及牛组织中主要药物残留检测项目及方法

序号	检测项目	检测方法
1	牛肉和牛肝中阿维菌素类	高效液相色谱法（HPLC） 液相色谱-质谱法（LC-MS/MS）
2	牛肉中克伦特罗	气相色谱-质谱法（GC-MS）
3	牛肉中同化激素	液相色谱-质谱法（LC-MS/MS）
4	牛肉中头孢噻呋	高效液相色谱法（HPLC）
5	牛甲状腺和牛肉中硫脲嘧啶、甲基硫脲嘧啶、正丙基硫脲嘧啶、它巴唑、硫基苯并咪唑	液相色谱-质谱法（LC-MS/MS）
6	畜禽肉中十六种磺胺类药物	液相色谱-质谱法（LC-MS/MS）
7	畜禽肉中地塞米松	液相色谱-质谱法（LC-MS/MS）
8	可食动物肌肉、肝脏中氯霉素、甲砜霉素和氟苯尼考	液相色谱-质谱法（LC-MS/MS）
9	四环素类	液相色谱-质谱法（LC-MS/MS） 高效液相色谱法（HPLC）
10	喹乙醇残留标示物	高效液相色谱法（HPLC）
11	安乃近代谢物	液相色谱-紫外检测法（LC-UV） 液相色谱-质谱法（LC-MS/MS）
12	苯丙咪唑类	液相色谱-质谱法（LC-MS/MS）
13	α-群勃龙、β-群勃龙	液相色谱-紫外检测法（LC-UV） 液相色谱-质谱法（LC-MS/MS）
14	硝基呋喃类代谢物	高效液相色谱-质谱法（HPLC-MS）

表5-9 羊肉及羊组织中主要药物残留检测项目及方法

序号	检测项目	检测方法
1	羊/肉中磺胺类药物	高效液相色谱-质谱法（HPLC-MS）
2	羊/肉中克伦特罗	气相色谱-质谱法（GC-MS） 高效液相色谱法（HPLC）
3	畜禽肉中地塞米松	液相色谱-质谱法（LC-MS/MS）
4	可食动物肌肉、肝脏中氯霉素、甲砜霉素和氟苯尼考	液相色谱-质谱法（LC-MS/MS）
5	四环素类	液相色谱-质谱法（LC-MS/MS） 高效液相色谱法（HPLC）
6	喹乙醇残留标示物	高效液相色谱法（HPLC）
7	安乃近代谢物	液相色谱-紫外检测法（LC-UV） 液相色谱-质谱法（LC-MS/MS）
8	苯丙咪唑类	液相色谱-质谱法（LC-MS/MS）
9	α-群勃龙、β-群勃龙	液相色谱-紫外检测法（LC-UV） 液相色谱-质谱法（LC-MS/MS）
10	硝基呋喃类代谢物	高效液相色谱-质谱法（HPLC-MS）

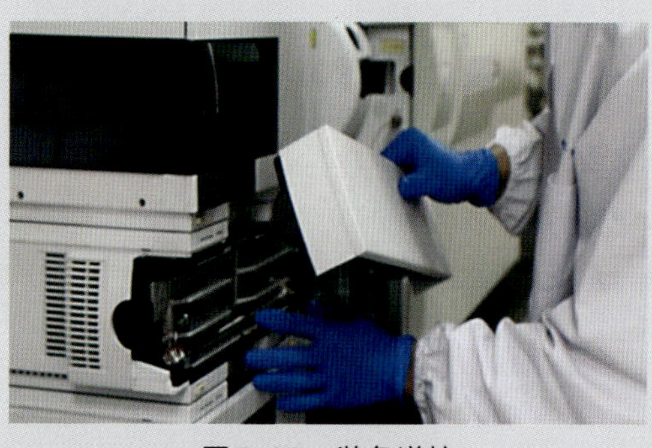

图5-99 装色谱柱

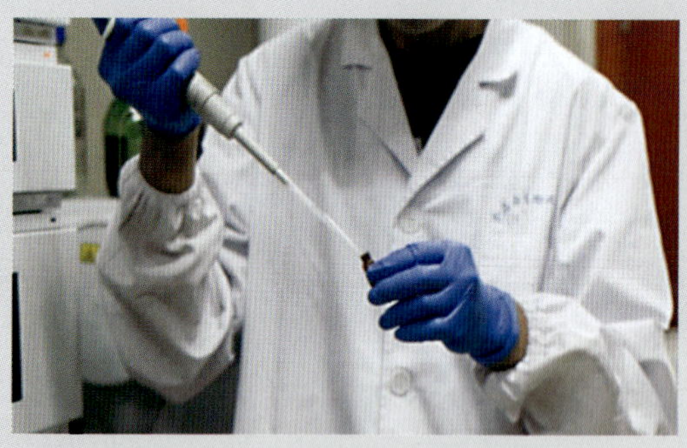

图5-100 加 样

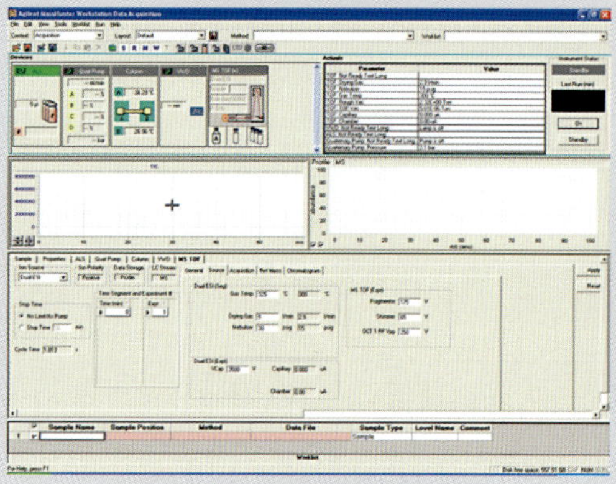

图5-101 仪器工作参数设定

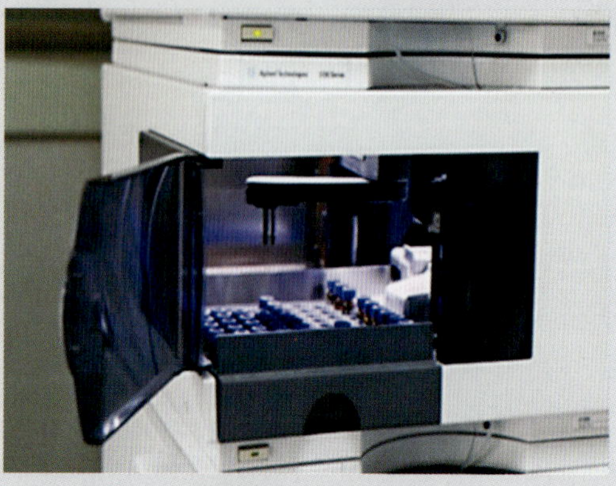

图5-102 进 样

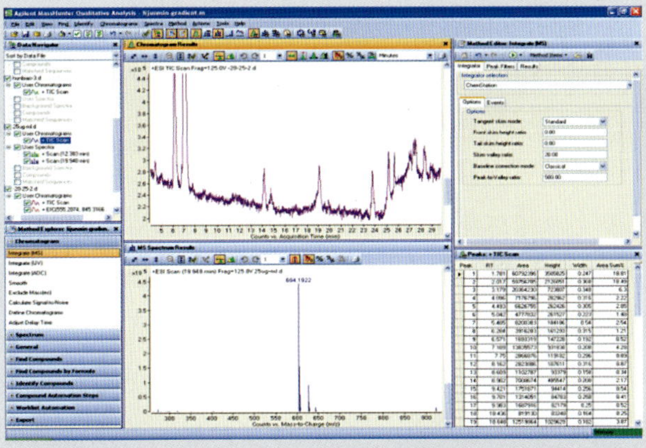

图5-103 绘制标准曲线

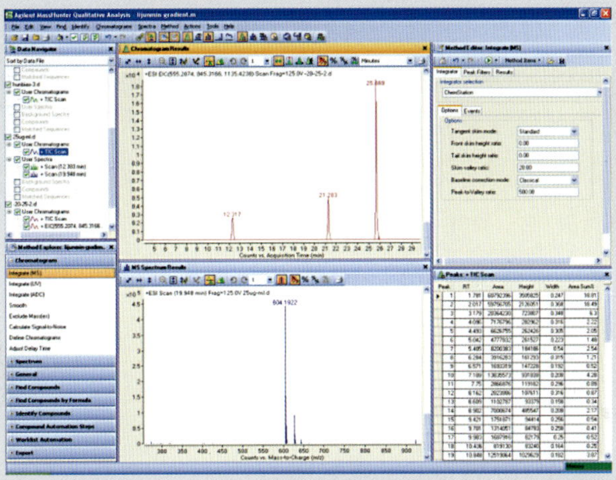

图5-104 定量测定

第六节 布鲁氏菌病诊断

屠宰企业对牛羊布鲁氏菌病的诊断应按照GB/T 18646《动物布鲁氏菌病诊断技术》规定的方法进行，主要包括虎红平板凝集试验（RBT）、竞争ELISA抗体检测方法（cELISA）、免疫层析法（ICA）和实时荧光PCR方法等。具体操作如下：

一、虎红平板凝集试验

1.样品采集方法见本章第二节。

2.按常规方法制备和分离待检血清，要求血清清亮，无溶血、无污染。样品1周内使用的，可于2 ～ 8℃保存，长期保存需置−20℃。在每次开始检测样品前，应用阳性对照血清和阴性对照血清分别与抗原进行反应，以确保试验条件适于检测。

3.将待检血清和抗原从冰箱取出，平衡至室温（22℃±4℃）。

4.轻轻混匀待检血清，每份样品吸取30 μL，加到反应板上。

5.轻轻混匀抗原，在每份血清旁滴加30 μL等量抗原。

6.立即将血清与抗原混合（每个样品用一个干净的混匀棒），混合成直径约2 cm的圆形或椭圆形。双手端起反应板，按不同方向轻轻摇晃反应板，室温（22℃±4℃）下作用4 min后，在自然光或强灯光下立即观察凝集情况。

7.凝集判定标准 凝集反应程度分为5个等级：

（1）++++ 出现大的凝集片或颗粒，凝集块间液体完全清亮透明；

（2）+++ 有明显凝集颗粒，凝集块间液体几乎清亮透明；

（3）++ 有较明显凝集颗粒，凝集块间液体稍清亮透明；

（4）+ 有微弱凝集，凝集物间液体混浊；

（5）− 无凝集，反应混合液均匀混浊。

8.试验成立条件 同时满足下列条件，判定试验条件成立：

a.阳性对照血清出现"++"及以上凝集现象；

b.阴性对照血清无凝集"−"。

9.结果判定 符合上述条件，结果判定如下：

a.待检血清出现"+"及以上凝集现象时，判定为阳性；

b.待检血清出现"−"时，判定为阴性。

10.注意事项

（1）试验应设标准阴、阳性血清对照。

（2）在观察时可将玻璃板或凝集板进行摇动使混合液流动，更利于结果的观察。

（3）抗原在室温放置30 ～ 60 min进行回温，利于抗原与抗体的结合。

（4）检测山羊和绵羊血清时，待检血清与抗原的比例调整为3 ∶ 1（例如，75 μL血清∶ 25 μL抗原），能提高其检测灵敏性。

二、竞争ELISA抗体检测法

1.用包被液将LPS包被抗原稀释至终浓度2.0 μg/mL，每孔加入100 μL，4℃孵育16 ～ 18 h，以洗涤液300 μL/孔洗板3次后拍干。加入封闭液，200 μL/孔，37℃孵育2 h，以洗涤液300 μL/孔洗板3次后拍干备用。用样品稀释液将待检血清与强阳性对照血清、弱阳性对照血清、阴性对照血清进行10倍稀释。

2.按图5-105分布，分别加入稀释后的待检血清与强阳性对照血清、弱阳性对照血清和阴性对照血清，50 μL/孔，立即加入工作浓度的酶标单克隆抗体 50 μL/孔，缓和混匀后，室温（22℃±4℃）孵育45 min。

	1	2	3	4	5	6	7	8	9	10	11	12
A	PC++	S1										
B	PC++	S2										
C	PC+	S3										
D	PC+	S4										
E	NC											
F	NC											
G	Blank											
H	Blank											

图5-105 酶标板微孔排列示意

PC++——强阳性对照血清；PC+——弱阳性对照血清；NC——阴性对照血清；Blank——空白对照；S1、S2、S3、S4等——待检血清孔，其余类推

3.弃去反应孔中的液体，加入洗涤液，300 μL/孔，洗板4次后拍干（图5-106）。

4.加入用样品稀释液按1 ∶ 8 000稀释的HRP标记抗鼠IgG，100 μL/孔，室温（18 ~ 25℃）孵育45 min。

5.弃去反应孔中的液体，加入洗涤液，300 μL/孔，洗板4次后拍干。

6.加入显色液（图5-107），100 μL/孔，室温（18 ~ 25℃）避光孵育10 min。

7.加入终止液，50 μL/孔，终止反应。用酶标仪在450 nm波长下测定每孔OD值（图5-108）。

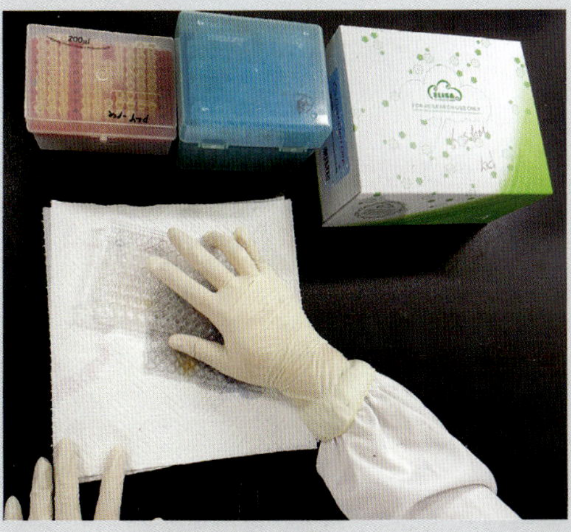

图5-106 洗涤、拍干

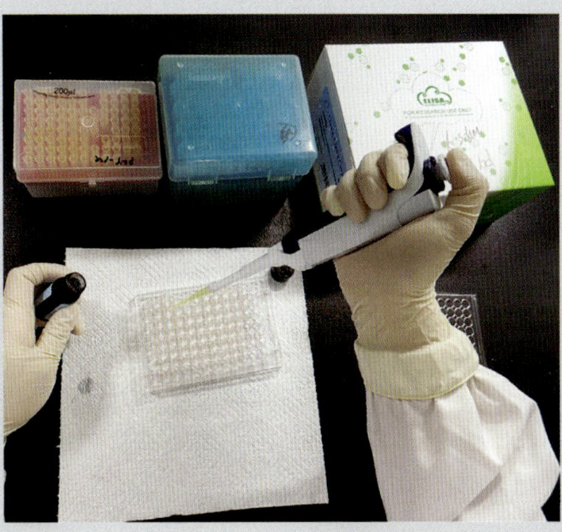

图5-107 加入显色液

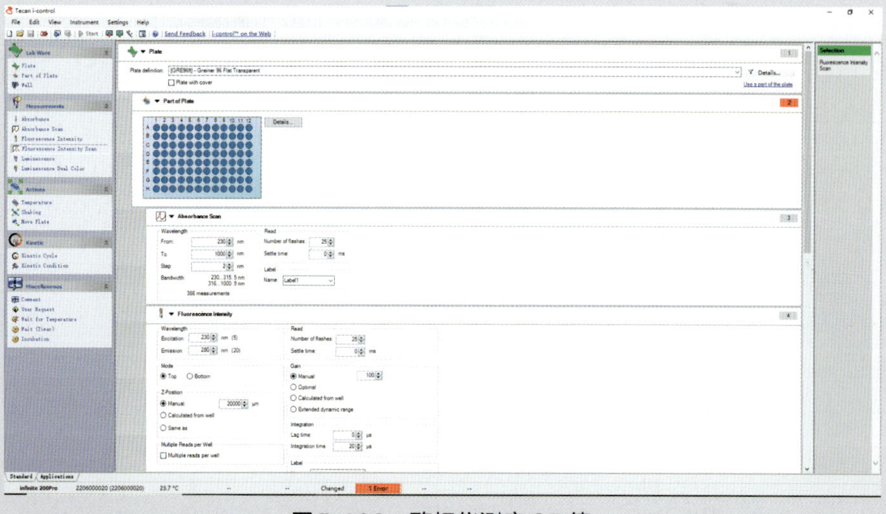

图5-108 酶标仪测定OD值

8. 结果判定

（1）实验成立的条件

空白对照OD值（450 nm）：0.75 ～ 2.0；

强阳性对照血清抑制率（PI）：80%～ 100%；

弱阳性对照血清抑制率（PI）：35%～ 65%；

阴性对照血清抑制率（PI）：−15%～ 15%。

待检样品抑制率：按下式计算。

$$PI = \frac{OD_{450\text{-}NC} - OD_{450\text{-}S}}{OD_{450\text{-}NC}} \times 100\%$$

式中：

PI ——抑制率；

$OD_{450\text{-}NC}$——阴性对照血清在450 nm波长处的OD值；

$OD_{450\text{-}S}$ ——待检血清在450 nm波长处的OD值。

（2）在试验成立的前提下，抑制率（PI）≥30%判为阳性，抑制率（PI）<30%判为阴性。

三、免疫层析法

免疫层析法又称试纸条检测法。检测时，样品中的布鲁氏菌抗体与胶体金包被的抗原结合形成抗原抗体复合物，并沿着试纸条流向NC膜的另一端。当该复合物流到膜上的T区时，固定在膜上的特异性抗原捕获该复合物并逐渐凝集成一条可见的T线。C线出现则表明免疫层析发生，即试纸有效；T线出现则表明样品中含有布鲁氏菌抗体。

1.采样 详见本章第二节。

2.检测方法

（1）拆开装有试纸条的密封袋，取出试纸条。

（2）用滴管吸取待检血清，加1滴（20 ~ 30 μL）到试纸条的加样孔中。

（3）用滴管向加样孔中加PBS缓冲液2 ~ 3滴（60 ~ 100 μL）。

（4）置于室温10 ~ 20 min，读取结果。

3.结果判定

（1）试验成立条件 在试纸条标记“C”的位置出现一条反应指示条带，判定试验结果成立，否则判定试验结果不成立。

（2）在试验成立条件下，进行判定

1）出现两条反应指示条带，一条位于标记“C”的位置，另一条位于标记“T”的位置，判为阳性；

2）只出现一条反应指示条带，位于标记“C”的位置，而在标记“T”的位置无反应指示条带，判为阴性。

注：商品化试剂盒的操作和结果判定见其说明书。

四、实时荧光PCR方法

实时荧光PCR方法是一种基于聚合酶链式反应（PCR）技术的检测方法。它利用荧光标记的探针与PCR扩增产物结合，通过荧光信号的检测来判断样品中是否存在布鲁氏菌，在布鲁氏菌检测中应用广泛，满足了检验检疫、流行病学调查、诊断等多方面的需求。与常规PCR方法相比，实时荧光PCR方法具有更高的特异性、灵敏性，耗时短，不需要进行电泳分析，避免DNA污染等优点。

1.样品采集 见本章第二节。

2.样品前处理 新鲜血液样品可直接使用。

3.细菌DNA的提取 可采用细菌DNA提取试剂盒，按说明书规定程序提取样品DNA，也可采用酚-三氯甲烷-异戊醇抽提法，步骤如下：

（1）取200 μL处理过的样品放入离心管，加入裂解液（10 mmol/L EDTA，150 mmol/L NaCl，0.5% SDS，200 μg/mL蛋白酶K）200 μL，56℃消化2 h，12 000 g离心20 s，取上清液置于另一个管中，然后加入等体积的酚-三氯甲烷-异戊醇（25 ∶ 24 ∶ 1）混合物，上下颠倒3 ~ 4次，混匀。

（2）4℃ 7 000 g离心10 min，移上层液相置于另一个管中，加入2.5倍体积预冷

70%（体积分数）乙醇，−20℃沉淀30 min，12 000 g离心10 min，弃去液相，加入1 mL 70%（体积分数）乙醇漂洗，12 000 g离心2 ～ 3 min，弃去液相，留取沉淀，真空或室温干燥，加入20 μL ddH$_2$O，−20℃保存备用。

4.反应体系 按表5-10配制反应体系，每次检测，应设阴性对照和阳性对照，采用商品化试剂盒时，按试剂盒提供的方法配制。

表5-10 实时荧光PCR反应体系

试剂成分	储存液浓度	体积（μL）
荧光PCR反应预混液	2×	10.0
上游引物	10 pmol/μL	0.4
下游引物	10 pmol/μL	0.4
探针	10 pmol/μL	0.2
无核酸酶水	—	4.0
样品DNA	—	5.0
总体积	—	20.0

5.反应条件 将PCR扩增管置入荧光PCR仪中。设定反应条件：第一步，95℃ 5 min；第二步，95℃ 10 s，60℃ 25 s，40个循环，在60℃延伸结束时收集荧光信号。

6.试验成立条件 阳性对照Ct值<26，并出现特异性扩增曲线；阴性对照无Ct值，且没有特异性扩增曲线，试验成立。

7.结果判定 在满足上述试验成立条件下：

（1）样品Ct值≤36，且出现特征性的扩增曲线，可判定为核酸阳性。

（2）样品无Ct值或者无特征性扩增曲线，可判定为核酸阴性。

（3）样品Ct值>36，且出现特征性的扩增曲线，应重新检测。重新检测时，模板量加倍，并做3个重复；复检后有2个以上重复反应Ct值≤38，则判为核酸阳性，否则判为阴性。

思考题：

1.简述微生物学检验样品采集的要求。

2.简述牛羊肉“瘦肉精”检测的尿样采集方法。

3.简述直接干燥法测定牛羊肉中水分含量的步骤。

4.简述菌落总数的定义及检测意义。

5.ELISA的中文名称是什么？简述其原理与操作步骤。

第六章

记录、证章、标识和标志

第一节　牛羊屠宰检查记录

牛羊屠宰检查记录是官方兽医和兽医卫生检验人员在检疫、检验过程中形成的书面材料，是记载屠宰动物的具体情况、操作过程和检查结果的原始记录。动物检疫和肉品品质检验工作档案是所有动物检疫和肉品品质检验工作记录的汇总材料。

动物检疫和肉品品质检验是动物产品安全的重要保障，是防范动物源性传染病传播的关键环节。动物检疫和肉品品质检验工作记录是规范动物检疫和肉品品质检验操作的重要手段，也是动物源性食品安全可追溯体系建设和检验检疫痕迹化管理的必然要求。

通过查证牛羊屠宰检验检疫工作记录（文字、图片、实物、电子档案等资料），可以准确掌握检验检疫的操作过程和结果。根据《动物检疫管理办法》《牛屠宰检疫规程》《羊屠宰检疫规程》和肉品品质检验规程的规定，牛羊屠宰检查记录主要有屠宰检疫记录和屠宰厂（场）应当建立的肉品品质检验等相关记录。

一、牛羊屠宰检疫记录内容和要求

（一）牛羊屠宰检疫记录

根据《动物检疫管理办法》的规定，国家实行动物检疫申报制度；官方兽医应当检查待宰动物健康状况，在屠宰过程中开展同步检疫和必要的实验室疫病检测，并填写屠宰检疫记录。按照《牛屠宰检疫规程》《羊屠宰检疫规程》的规定，官方兽医应做好检疫申报、宰前检查、同步检疫、检疫结果处理等环节记录，记录保存不得少于12个月。记录内容包括申报人及产地、屠宰动物种类及入场数量、产地检疫证明种类、临床情况、是否佩戴规定的畜禽标识、入场查验回收的畜禽标识数量、入场查验回收的证明数量及编号、宰前合格数及不合格数、同步检疫出具的证明编号、同步检疫合格数与不合格数、官方兽医姓名等。检疫不合格的，由官方兽医开具检疫处理通知单，并按规定处理。电子记录与纸质记录具有同等效力。

2010年发布的《农业部关于印发动物检疫合格证明等样式及填写应用规范的通知》（农医发〔2010〕44号），统一了动物检疫申报单（图6-1）、检疫处理通知单（图6-2）格式。

2013年，中国动物疫病预防控制中心下发《关于印发〈动物检疫工作记录规范〉的通知》（疫控（督）〔2013〕135号），统一动物检疫记录格式，《屠宰检疫工作情况日记录表》（表6-1）、《屠宰检疫无害化处理情况日汇总表》（表6-2）、《皮、毛、绒、骨、蹄、角检疫情况记录表》（表6-3）由实施检疫的官方兽医填写。

检 疫 申 报 单

（货主填写）

编号：
货主：
联系电话：
动物/动物产品种类：
数量及单位：
来源：
用途：
启运地点：
启运时间：
到达地点：
依照《动物检疫管理办法》规定，现申报检疫。
货主签字（盖章）：
申报时间：____年____月____日

注：本申报单规格为210mm×70mm，其中左联长110mm，右联长100mm。

申报处理结果

（动物卫生监督机构填写）

□ 受理。拟派员于___年___月___日到________实施检疫。
□ 不受理。
理由：________

经 办 人：
年 月 日

（动物卫生监督机构留存）

检 疫 申 报 受 理 单

（动物卫生监督机构填写）

No.

处理意见：
□ 受理：本所拟于____年____月____日派员到__________实施检疫。
□ 不受理。理由：________________

经办人：　　联系电话：

动 物 检 疫 专 用 章
年 月 日

（交货主）

图6-1　检疫申报单

检疫处理通知单

编号：________

________________：

按照《中华人民共和国动物防疫法》和《动物检疫管理办法》有关规定，你(单位)的________________________经检疫不合格，根据________________________之规定，决定进行如下处理：

一、________________
二、________________
三、________________
四、________________

动物卫生监督所（公章）
年 月 日

官方兽医（签名）：
当事人签收：

备注：1. 本通知单一式二份，一份交当事人，一份动物卫生监督所留存。
2. 动物卫生监督所联系电话：
3. 当事人联系电话：

图6-2　检疫处理通知单

表6-1 屠宰检疫工作情况日记录表

动物卫生监督所（分所）名称：　　　　屠宰厂（场）名称：　　　　屠宰动物种类：

申报人	产地	入场数量（头、只、羽、匹）	入场监督查验			宰前检查		同步检疫			官方兽医姓名	备注
			临床情况	是否佩戴规定的畜禽标识	回收动物检疫合格证明编号	合格数（头、只、羽、匹）	不合格数（头、只、羽、匹）	合格数（头、只、羽、匹）	出具动物检疫合格证明编号	不合格数（头、只、羽、匹）		
合计												

检疫日期：　　年　　月　　日

填表说明：1.“申报人”：填写货主姓名。2.产地：应注明被宰动物产地的省、市、县及养殖场（小区）、交易市场或村名称。3.“临床情况”：应填写“良好”或“异常”。4.“官方兽医姓名”：应填写出具动物检疫证明或检疫处理通知单的官方兽医姓名。5.日记录表填写完成后需对各个项目进行汇总统计，录入合计栏。“入场数量”“宰前检查合格数”“宰前检查不合格数”“同步检疫合格数”“同步检疫不合格数”录入合计数量，“产地”“官方兽医姓名”录入不同的产地、官方兽医的个数，“回收动物检疫合格证明编号”“出具动物检疫合格证明编号”录入回收动物检疫合格证明、出具动物检疫合格证明的总数。

表6-2 屠宰检疫无害化处理情况日汇总表

动物卫生监督所（分所）名称：　　　　屠宰厂（场）名称：

货主姓名	产地	《检疫处理通知单》编号	宰前处理		同步检疫		官方兽医姓名
			不合格数（头、只、羽、匹）	无害化处理方式	不合格数（头、只、羽、匹）	无害化处理方式	
合计							

检疫日期：　　年　　月　　日

填表说明：1.产地：应注明被宰动物产地的省、市、县及养殖场（小区）、交易市场或村名称。2.“无害化处理方式”：应填写焚烧、化制、掩埋、发酵等。3.“官方兽医姓名”：应填写出具动物检疫证明或检疫处理通知单的官方兽医姓名。4.日汇总表填写完成后需对各个项目进行汇总统计，录入合计栏。“宰前检查不合格数”“同步检疫不合格数”录入合计数量，“产地”“官方兽医姓名”录入不同的产地、官方兽医的个数，“无害化处理方式”录入不同处理方式的数量，“《检疫处理通知单》编号”录入出具《检疫处理通知单》的总数。

表6-3 皮、毛、绒、骨、蹄、角检疫情况记录表

动物卫生监督所（分所）名称：　　　　　　　　　　　　　　　　　　单位：枚、张、千克

检疫日期	货主	申报单编号	产品种类	产品数量	检疫地点	检疫方式	出具动物检疫证明编号	出具《检疫处理通知单》编号	到达地点	运载工具牌号	官方兽医姓名	备注

填表说明：1.“检疫地点”：现场检疫的，填写现场全称；指定地点检疫的，填写指定地点名称。2.“到达地点”：应注明到达地的省、市、县、乡、村或交易市场、加工厂名称。3.“官方兽医姓名”：应填写出具动物检疫证明或《检疫处理通知单》的官方兽医姓名。4.“检疫方式”：填写消毒。

（二）牛羊屠宰检疫记录填写及存档要求

2013年，《关于印发〈动物检疫工作记录规范〉的通知》（疫控（督）〔2013〕135号）对动物检疫记录的填写提出如下要求：

1.填写要求 ①采用纸质版或电子版形式，电子版内容和格式应与纸质版相统一，纸质版与电子版同等效力；②纸质版的填写应符合以下要求：使用蓝色、黑色钢笔或签字笔填写；逐一填写所列项目，不得漏项、错项；填写准确规范，字迹工整清晰；一经填写，不得涂改；具体填写要求分别见每个单项单（表）的填写说明。

2.存档要求 ①《动物检疫工作记录表》和《动物检疫工作汇总表》填写后，由动物卫生监督机构按月统一收集整理；②《动物检疫工作记录表》《屠宰检疫工作情况日记录表》及《屠宰检疫无害化处理情况日汇总表》应与动物检疫证明、《检疫处理通知单》等一一对应后归并存档；③动物卫生监督机构应设专人专柜妥善保管，不得遗失；④《动物检疫工作记录表》和《动物检疫工作汇总表》的保存期限、销毁程序与动物检疫合格证明的保存期限、销毁程序相同。

二、牛羊肉品品质检验记录内容和要求

按照屠宰肉品品质检验的相关规定，牛羊屠宰厂（场）应每天如实记录以下内容，记录保存期限不得少于2年。

（一）牛羊肉品品质检验记录内容

1.屠宰牛羊来源，包括头数、产地、货主等。

2.牛羊产品流向，包括数量、销售地点等。

3.肉品品质检验，包括宰前检验和宰后检验内容。

4.病牛、病羊和不合格牛羊产品的处理情况。

（二）不同岗位的记录

1.牛羊进厂（场）记录 ①填写《动物进厂（场）验收和宰前检验记录表》（表6-4）；②填写《屠宰厂（场）"瘦肉精"自检记录表》（表6-5）。

2.牛羊待宰记录 ①按规定进行检疫申报后，保存《动物检疫申报单》受理联；②填写《动物进厂（场）验收和宰前检验记录表》（表6-4）。

3.牛羊屠宰检验记录 填写《动物屠宰和宰后检验记录表》（表6-6）。

4.无害化处理记录 ①填写《病害动物无害化处理记录表》（表6-7）；②填写《病害动物产品无害化处理记录表》（表6-8）。

5.牛羊产品出厂（场）记录 填写《动物产品出厂（场）记录表》（表6-9）。

6.消毒记录 填写《运载工具消毒记录表》（表6-10）。

表6-4 动物进厂（场）验收和宰前检验记录表（供参考）

表单编号： 数量单位：头、只

动物进场							宰前检验				检验员签字
进场时间（月、日、时）	动物货主名称及联系方式	进场数量	自营或代宰	产地（省、市、县）	动物检疫证明编号	待宰前死亡动物数量	急宰数量	病害动物处理数量	无害化处理原因及方式	准宰数量	

填表说明：按照每日进厂（场）动物的批次顺序登记相关信息；待宰前死亡动物数量指对送至屠宰厂（场）时已死的动物进行无害化处理的数量；病害动物处理数量指对病活动物、进入待宰圈后死亡（病死或死因不明）的动物进行无害化处理的数量；无害化处理方式一般包括高温、焚烧等；按月、季度或年度汇总装订存档，本记录表保存期限不少于2年。

表6-5 屠宰厂（场）“瘦肉精”自检记录表（供参考）

日期	来源	畜主	数量	检疫证明编号	抽样头数	抽检牛羊耳标号	检测项目及结果						检测人员
							盐酸克伦特罗		莱克多巴胺		沙丁胺醇		
							−	+	−	+	−	+	

注：“−”代表阴性，“+”代表阳性，对应列填写数量。

表6-6 动物屠宰和宰后检验记录表（供参考）

数量单位：头、只

屠宰时间（月、日、时）	动物货主名称	屠宰数量	宰后检验				复验人员签字
			不合格			合格数量	
			病害动物处理数量	病害动物产品处理数量（kg）	无害化处理原因及方式		

填表说明：按照每日屠宰动物的批次顺序登记相关信息；病害动物处理数量指病害动物无害化处理数量，病害动物产品处理数量指将经检疫或肉品品质检验确认不可食用的动物产品进行无害化处理的数量；不合格产品包括有组织病变、皮肤和器官病变、肿瘤病变、色泽异常等不符合质量要求的肉品，无害化处理方式一般包括高温、焚烧等；按月、季度或年度汇总装订存档，本记录表保存期限不少于2年。

表6-7 病害动物无害化处理记录表（供参考）

单位：（公章） 日期： 年 月 日

货主	处理原因	处理头数	处理方式	兽医卫生检验人员或检疫人员签字	无害化处理人员签字	货主签字

填表人： 屠宰厂（场） 负责人： 监督人：

表6-8 病害动物产品无害化处理记录表（供参考）

单位：（公章） 日期： 年 月 日

货主	产品（部位）名称	处理原因	处理数量（千克）	折合头数	处理方式	兽医卫生检验人员或检疫人员签字	无害化处理人员签字	货主签字

填表人： 屠宰厂（场） 负责人： 监督人：

表6-9 动物产品出厂（场）记录表（供参考）

出场日期（月、日）	购货业主姓名及联系方式	销售品种	数量（只或千克）	销售市场或单位	动物检疫证明编号	肉品品质检验合格证编号	动物来源（动物货主名称）	登记人员签字

填表说明：按照每日销售动物产品的批次顺序登记相关信息；销售品种一般包括白条肉、分割肉等；销售市场或单位一般包括经营户、肉商姓名，或者农贸市场、超市、专卖店及企业、学校、宾馆饭店等鲜肉销售网点名称；按月、季度或年度汇总装订存档，本记录表保存期限不少于2年。

表6-10 运载工具消毒记录表（供参考）

时间	消毒车辆牌号	消毒药品	司机签名	消毒人员签名	备注

（三）记录档案要求

应及时记录检验结果和不合格产品处理情况，记录内容应完整、真实，确保从牛羊进厂到产品出厂的所有环节都可以有效追溯。检验记录保存期限不得少于2年。

第二节 牛羊屠宰检疫证章标志

一、概述

（一）检疫证章标志概念

检疫证章标志是承载牛羊屠宰检疫工作结果的载体，是动物卫生监督机构官方兽医实施动物检疫后，依法签发的证件。动物检疫证章标志包括：动物检疫证明、动物检疫印章、检疫标志，以及农业农村部规定的其他动物检疫证章标志。

（二）检疫证章标志的管理

动物检疫证章标志的内容、格式、规格、编码和制作等要求由农业农村部统一规定。《农业部关于印发动物检疫合格证明等样式及填写应用规范的通知》《农业农村部办公厅关于规范动物检疫验讫证章和相关标志样式等有关要求的通知》《全国一体化政务服务平台 电子证照 动物检疫证明》等文件明确了动物检疫证章标志的具体要求。

县级以上动物卫生监督机构负责本行政区域内动物检疫证章标志的管理工作，建立动物检疫证章标志管理制度，严格按照程序订购、保管、发放。

二、动物检疫证明

（一）纸质动物检疫证明样式

为进一步规范动物检疫证明等动物检疫证章标志使用和管理，根据《中华人民共和国动物防疫法》《动物检疫管理办法》有关规定，农业农村部制定了动物检疫合格证明样式以及填写应用规范。《农业部关于印发动物检疫合格证明等样式及填写应用规范的通知》（农医发〔2010〕44号）规定自2011年2月28日起实施。动物检疫证明分为动物A、动物B、产品A、产品B四类。

（1）动物检疫合格证明（动物A） 用于跨省境销售或运输的动物（图6-3）。

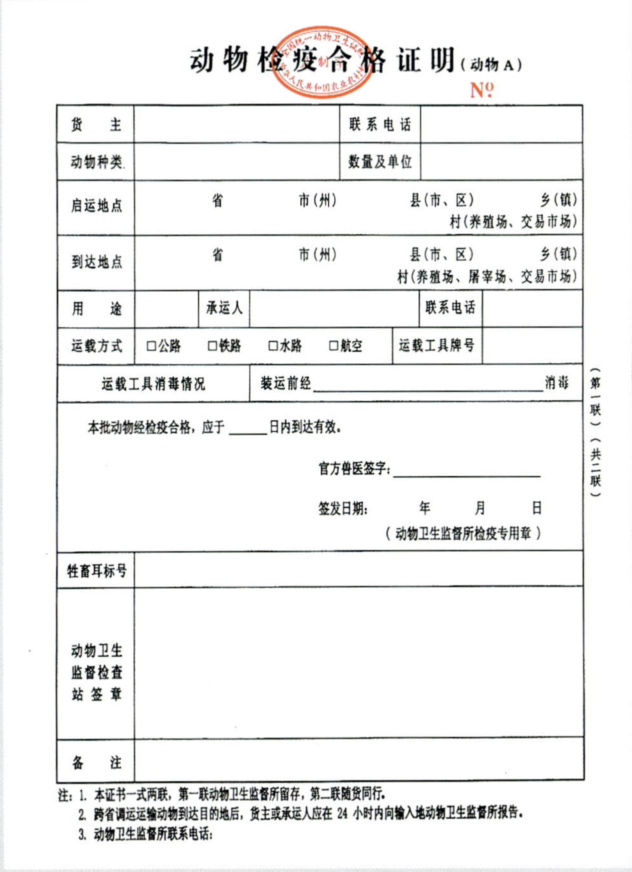

动物检疫合格证明（动物A）

No

货 主		联系电话	
动物种类		数量及单位	
启运地点	省 市（州） 县（市、区） 乡（镇） 村（养殖场、交易市场）		
到达地点	省 市（州） 县（市、区） 乡（镇） 村（养殖场、屠宰场、交易市场）		
用 途	承运人	联系电话	
运载方式	□公路 □铁路 □水路 □航空	运载工具牌号	
运载工具消毒情况	装运前经______消毒		
本批动物经检疫合格，应于____日内到达有效。 官方兽医签字：______ 签发日期： 年 月 日 （动物卫生监督所检疫专用章）			
牲畜耳标号			
动物卫生监督检查站签章			
备 注			

（第一联）（共二联）

注：1. 本证书一式两联，第一联动物卫生监督所留存，第二联随货同行。
2. 跨省调运输动物到达目的地后，货主或承运人应在24小时内向输入地动物卫生监督所报告。
3. 动物卫生监督所联系电话：

图6-3 动物检疫合格证明（动物A）

（2）动物检疫合格证明（动物B） 用于省内销售或运输的动物（图6-4）。

（3）动物检疫合格证明（产品A） 用于跨省境销售或运输的动物产品（图6-5）。

（4）动物检疫合格证明（产品B） 用于省内销售或运输的动物产品（图6-6）。

动物检疫合格证明（动物B）

No

货　主			联系电话		
动物种类		数量及单位		用　途	
启运地点	市（州）　　县（市、区）　　乡（镇）　　村（养殖场、交易市场）				
到达地点	市（州）　　县（市、区）　　乡（镇）　　村（养殖场、屠宰场、交易市场）				
牲畜耳标号					
本批动物经检疫合格，应于当日内到达有效。 官方兽医签字：________ 签发日期：　　年　　月　　日 （动物卫生监督所检疫专用章）					

（第一联）（共二联）

注：1. 本证书一式两联，第一联动物卫生监督所留存，第二联随货同行。
2. 本证书限省境内使用。

图6-4　动物检疫合格证明（动物B）

动物检疫合格证明（产品A）

No

货　　主		联系电话	
产品名称		数量及单位	
生产单位名称地址			
目 的 地	省　　市（州）　　县（市、区）		
承 运 人		联系电话	
运载方式	□公路　□铁路　□水路　□航空		
运载工具牌号		装运前经 ________ 消毒	
本批动物产品经检疫合格，应于 ____ 日内到达有效。 官方兽医签字：________ 签发日期：　　年　　月　　日 （动物卫生监督所检疫专用章）			
动物卫生监督检查站签章			
备　　注			

（第一联）（共二联）

注：1. 本证书一式两联，第一联动物卫生监督所留存，第二联随货同行。
2. 动物卫生监督所联系电话：

图6-5　动物检疫合格证明（产品A）

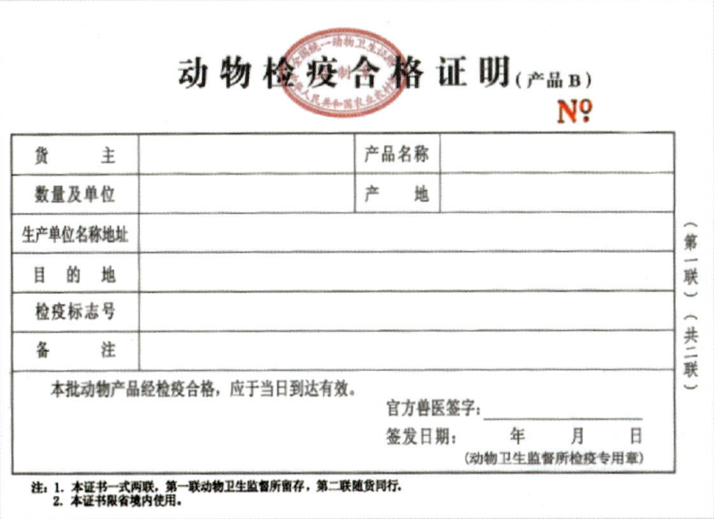

动物检疫合格证明（产品B）

No

货　　主		产品名称	
数量及单位		产　　地	
生产单位名称地址			
目　的　地			
检疫标志号			
备　　注			

本批动物产品经检疫合格，应于当日到达有效。

官方兽医签字：

签发日期：　　年　　月　　日

（动物卫生监督所检疫专用章）

（第一联）（共二联）

注：1. 本证书一式两联，第一联动物卫生监督所留存，第二联随货同行。
2. 本证书限省境内使用。

图6-6　动物检疫合格证明（产品B）

（二）电子动物检疫证明样式

从2020年开始，农业农村部分批组织部分地区开展无纸化出具动物检疫证明试点，《农业农村部办公厅关于开展无纸化出具动物检疫合格证明（B证）试点工作的通知》（农办牧〔2020〕27号）开启了无纸化动物检疫证明的篇章。2021年，《全国一体化政务服务平台　电子证照　动物检疫证明》对无纸化动物检疫证明的要求进行了具体规定，要求使用全国统一的二维码生成规则和无纸化电子检疫证明样式。

2023年8月农业农村部办公厅下发《关于加快推进无纸化出具动物检疫证明工作的通知》，明确自2024年1月1日起，在全国范围内推行无纸化出证（动物B证），各地原则上不再出具纸质动物B证。自2025年1月1日起，在全国范围内推行无纸化出证（动物A证），各地原则上不再出具纸质动物A证。按照《国务院关于加快推进政务服务标准化规范化便利化的指导意见》（国发〔2022〕5号）要求，将在2025年底前全面实施无纸化出证，实现动物检疫证明电子证照全国互通互认。

电子检疫证明样式包括4种：

（1）电子动物检疫证明（动物A）　见图6-7。

（2）电子动物检疫证明（动物B）　见图6-8。

（3）电子动物检疫证明（产品A）　见图6-9。

（4）电子动物检疫证明（产品B）　见图6-10。

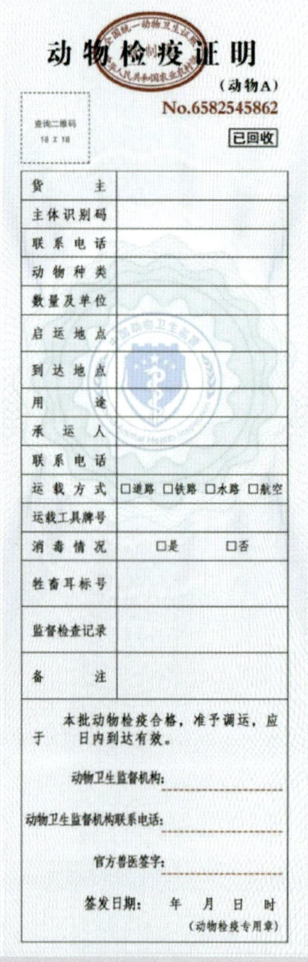

动物检疫证明

（动物A）

No.6582545862

查询二维码 18 X 18

已回收

货　　主	
主体识别码	
联系电话	
动物种类	
数量及单位	
启运地点	
到达地点	
用　　途	
承运人	
联系电话	
运载方式	□道路 □铁路 □水路 □航空
运载工具牌号	
消毒情况	□是 □否
牲畜耳标号	
监督检查记录	
备　　注	

本批动物检疫合格，准予调运，应于　　日内到达有效。

动物卫生监督机构：

动物卫生监督机构联系电话：

官方兽医签字：

签发日期：　年　月　日　时

（动物检疫专用章）

图6-7　电子动物检疫证明（动物A）

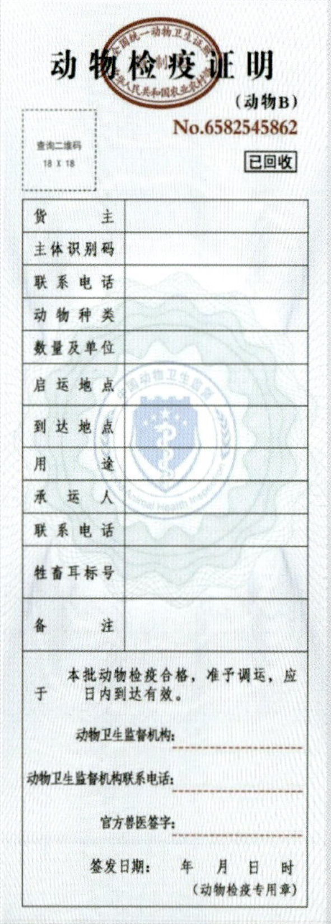

动物检疫证明

（动物B）

No.6582545862

查询二维码 18 X 18

已回收

货　　主	
主体识别码	
联系电话	
动物种类	
数量及单位	
启运地点	
到达地点	
用　　途	
承运人	
联系电话	
牲畜耳标号	
备　　注	

本批动物检疫合格，准予调运，应于　　日内到达有效。

动物卫生监督机构：

动物卫生监督机构联系电话：

官方兽医签字：

签发日期：　年　月　日　时

（动物检疫专用章）

图6-8　电子动物检疫证明（动物B）

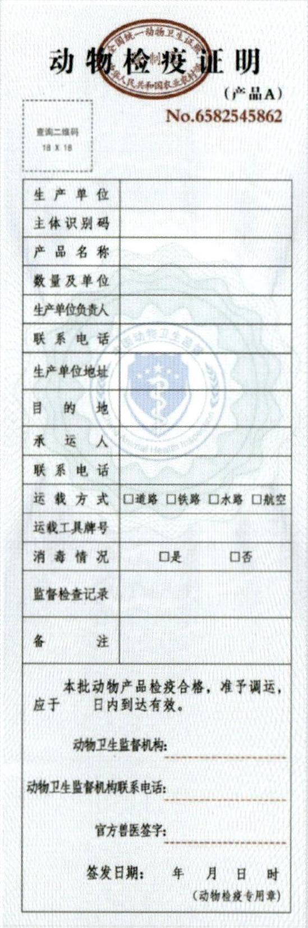

动物检疫证明

（产品A）

No.6582545862

查询二维码 18 X 18

生产单位	
主体识别码	
产品名称	
数量及单位	
生产单位负责人	
联系电话	
生产单位地址	
目的地	
承运人	
联系电话	
运载方式	□道路 □铁路 □水路 □航空
运载工具牌号	
消毒情况	□是 □否
监督检查记录	
备　　注	

本批动物产品检疫合格，准予调运，应于　　日内到达有效。

动物卫生监督机构：

动物卫生监督机构联系电话：

官方兽医签字：

签发日期：　年　月　日　时

（动物检疫专用章）

图6-9　电子动物检疫证明（产品A）

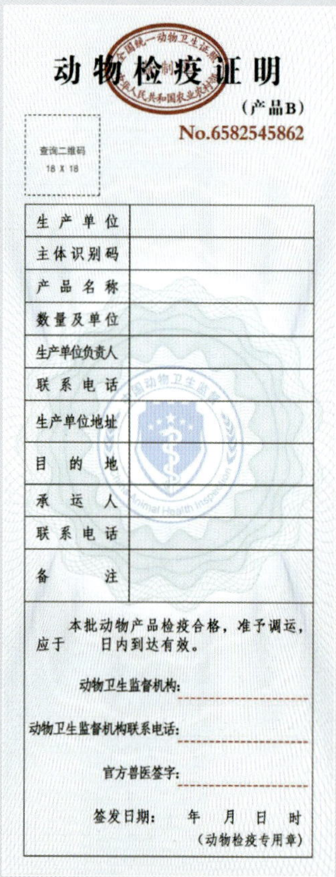

动物检疫证明

（产品B）

No.6582545862

查询二维码 18 X 18

生产单位	
主体识别码	
产品名称	
数量及单位	
生产单位负责人	
联系电话	
生产单位地址	
目的地	
承运人	
联系电话	
备　　注	

本批动物产品检疫合格，准予调运，应于　　日内到达有效。

动物卫生监督机构：

动物卫生监督机构联系电话：

官方兽医签字：

签发日期：　年　月　日　时

（动物检疫专用章）

图6-10　电子动物检疫证明（产品B）

（三）检疫专用章

农业农村部办公厅于2019年11月25日印发了《关于完善动物检疫出证有关事项的通知》（农办牧〔2019〕77号），要求自2019年12月1日起，启用新的动物检疫专用章，用于动物检疫证明（动物A、动物B，产品A、产品B）。检疫印章为圆形，中缀五角星图案，名称由省份名、地市名（或县名）、动物检疫专用章三部分组成。

（四）入场查验

动物检疫证明一式两联，第一联由动物卫生监督机构留存，第二联随货同行。

1.查验动物检疫证明　牛羊屠宰厂（场）应当按照牛羊进厂（场）查验登记制度的要求，查验进厂（场）牛羊附具的动物检疫证明，外省来源的牛羊应附具动物检疫合格证明（动物A）或电子动物检疫证明（动物A），省内来源的牛羊应附具动物检疫合格证明（动物B）或电子动物检疫证明（动物B）。利用信息化手段核实相关信息，核对动物检疫证明所载信息与进厂（场）牛羊信息是否一致，包括牛羊来源、数量、佩戴的动物标识等情况。如实记录屠宰牛羊的来源、数量、检疫证明编号和供货者名称、地址、联系方式等内容，并保存相关凭证。

2.查验动物佩戴标识 畜禽标识指经农业农村部批准使用的耳标、电子标签、脚环以及其他承载畜禽信息的标识物。牛羊养殖者应当按照国家关于《畜禽标识和养殖档案管理办法》的规定，在牛羊应当加施标识的指定部位加施标识。牛羊养殖者应当向当地县级动物疫病预防控制机构申领畜禽标识，并按规定在牛羊出生后30天内加施畜禽标识；30天内离开饲养地的，在离开饲养地前加施畜禽标识；从国外引进牛羊，在到达目的地10天内加施畜禽标识。牛、羊在左耳中部加施畜禽标识，需要再次加施畜禽标识的，在右耳中部加施。

畜禽标识简称耳标，由主标和辅标两部分组成。主标由主标耳标面、耳标颈、耳标头组成。辅标由辅标耳标面和耳标锁扣组成。牛耳标为浅黄色，羊耳标为橙色。耳标编码由激光刻制，牛、羊耳标编码刻制在辅标耳标面正面，编码分上、下两排，上排为主编码，下排为副编码。专用条码由激光刻制在主、副编码中央。牛羊标识编码由畜禽种类代码、县级行政区域代码、标识顺序号共15位数字及专用条码组成。编码形式为：x（种类代码）-xxxxxx（县级行政区域代码）-xxxxxxxx（标识顺序号（图6-11、图6-12）。按照《畜禽标识和养殖档案管理办法》（农业部令第67号）的规定：动物卫生监督机构应当在牛羊屠宰前，查验和登记牛羊耳标，屠宰厂（场）应当在屠宰时回收该标识，交由动物卫生监督机构保存或销毁。同时还规定，屠宰检疫合格后，动物卫生监督机构应当在动物产品检疫标志中注明该标识的编码，以便追溯与查验。

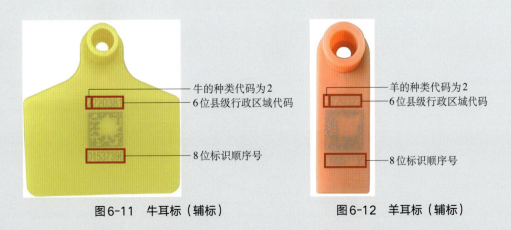

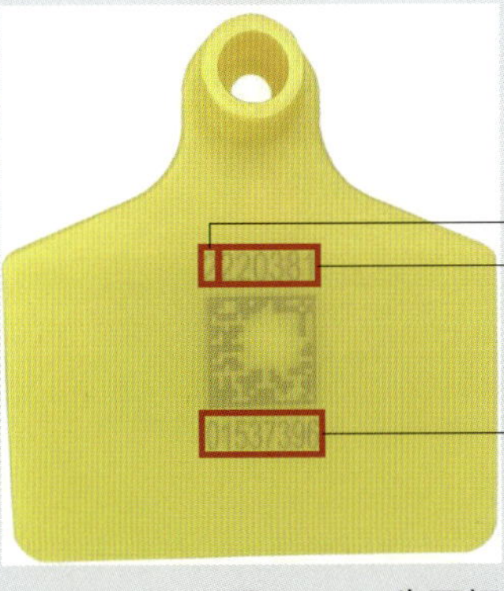

图6-11 牛耳标（辅标）

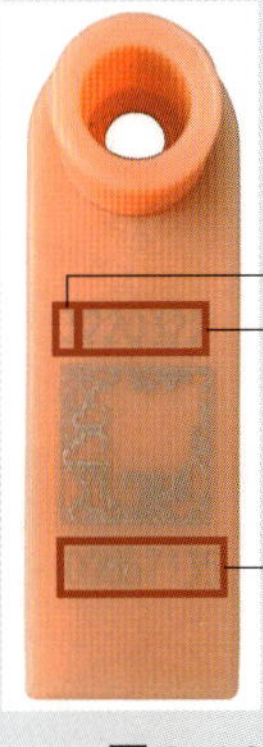

图6-12 羊耳标（辅标）

三、牛羊产品检疫标志

（一）牛羊验讫标志

由于牛羊肉检疫后不易加盖检疫验讫印章，农业农村部设计了牛羊肉塑料卡环式检疫验讫标志（图6-13），并设计了防伪识别码。2019年3月20日，农业农村部办公厅印发了《关于规范动物检疫验讫证章和相关标志样式等有关要求的通知》（农办牧〔2019〕28号），规定了牛羊检疫验讫标志样式。用于经检疫合格后未进行分割包装的牛羊肉胴体。

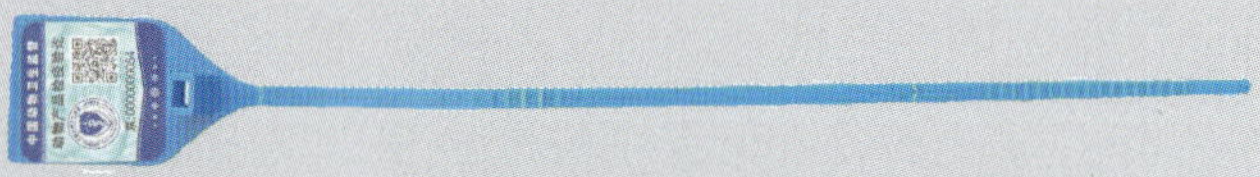

图6-13　牛羊肉塑料卡环式检疫验讫标志

（二）检疫粘贴标志

检疫粘贴标志包括用在动物产品包装袋上的小标签和用在动物产品包装箱上的大标签，这两种标志图案相同，大小不一（图6-14和图6-15）。动物产品检疫粘贴标志背面（图6-16）设计采用团花版纹防伪，团花周边有防伪微缩文字“中国农业

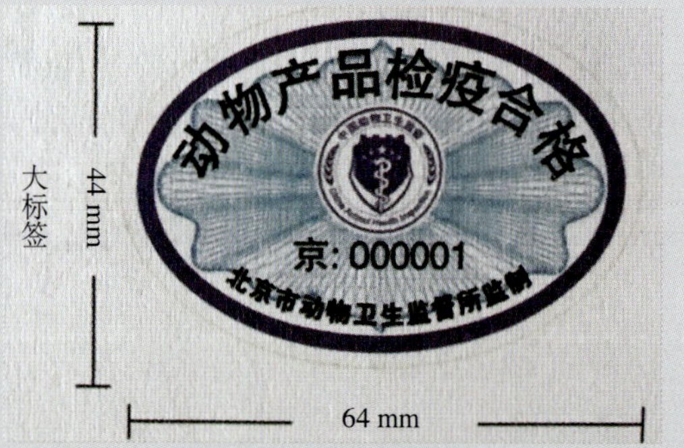

图6-14　大标签正面

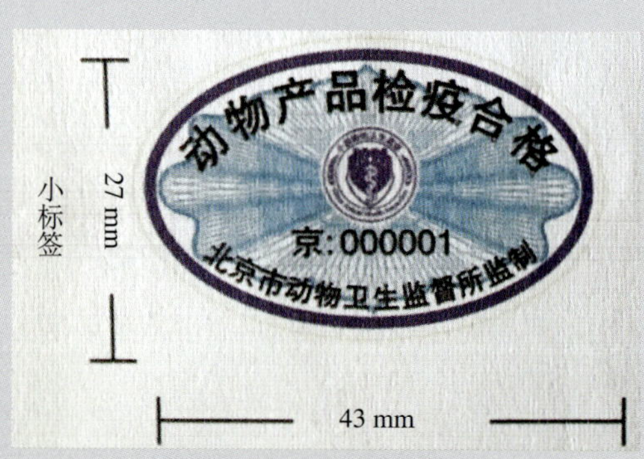

图6-15　小标签正面

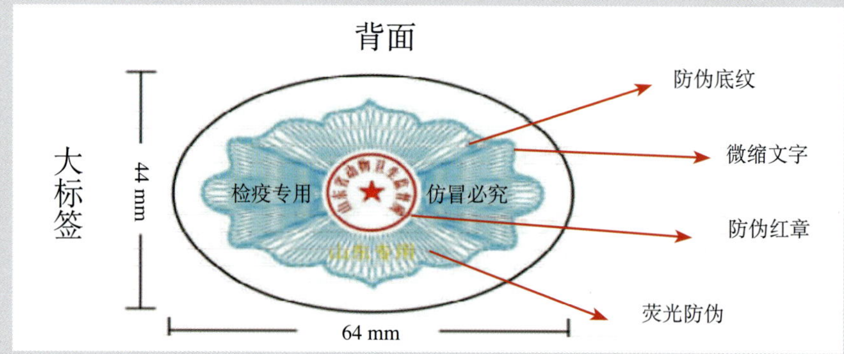

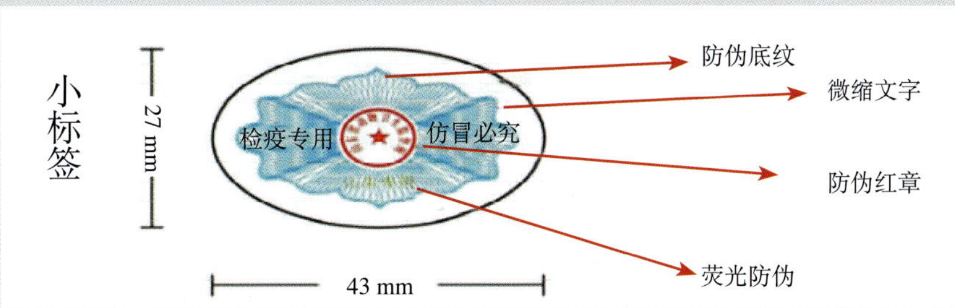

图6-16　大标签和小标签背面

农村部监制”；团花中间为各省份监督所公章；公章左右为黑体“检疫专用，仿冒必究”字样，公章下方印刷防伪荧光字样“xx专用”。

第三节　牛羊肉品品质检验证章标志

一、肉品品质检验合格证明

经肉品品质检验合格的牛羊产品，屠宰厂（场）应当附具肉品品质检验合格证。目前，肉品品质检验合格证有纸质证明和电子证明两种形式，图6-17、图6-18为部分省份纸质肉品品质检验合格证样式（供参考）。

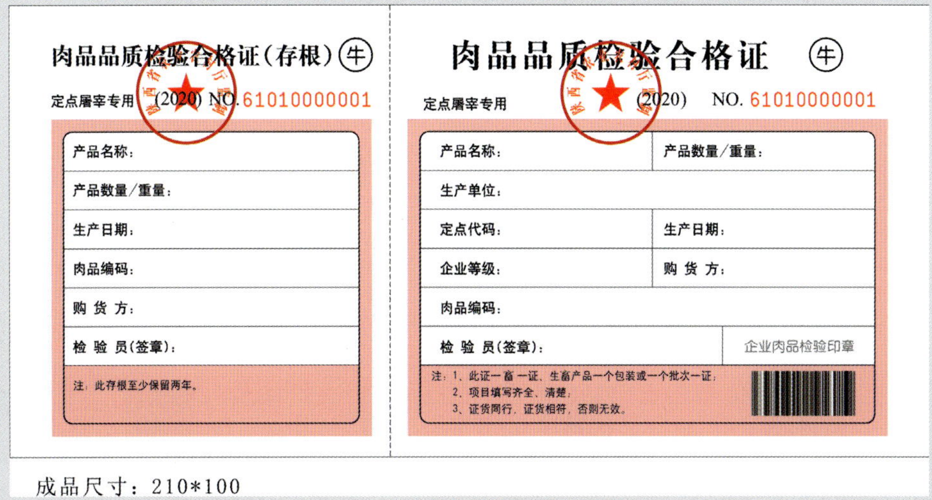
肉品品质检验合格证（存根）㊎牛

定点屠宰专用　(2020)　NO. 61010000001

产品名称：	
产品数量/重量：	
生产日期：	
肉品编码：	
购 货 方：	
检 验 员(签章)：	

注：此存根至少保留两年。

肉品品质检验合格证　牛

定点屠宰专用　(2020)　NO. 61010000001

产品名称：	产品数量/重量：
生产单位：	
定点代码：	生产日期：
企业等级：	购 货 方：
肉品编码：	
检 验 员(签章)：	企业肉品检验印章

注：1. 此证一畜一证、生畜产品一个包装或一个批次一证；
2. 项目填写齐全、清楚；
3. 证货同行、证货相符，否则无效。

成品尺寸：210*100

图6-17　牛肉品品质检验合格证

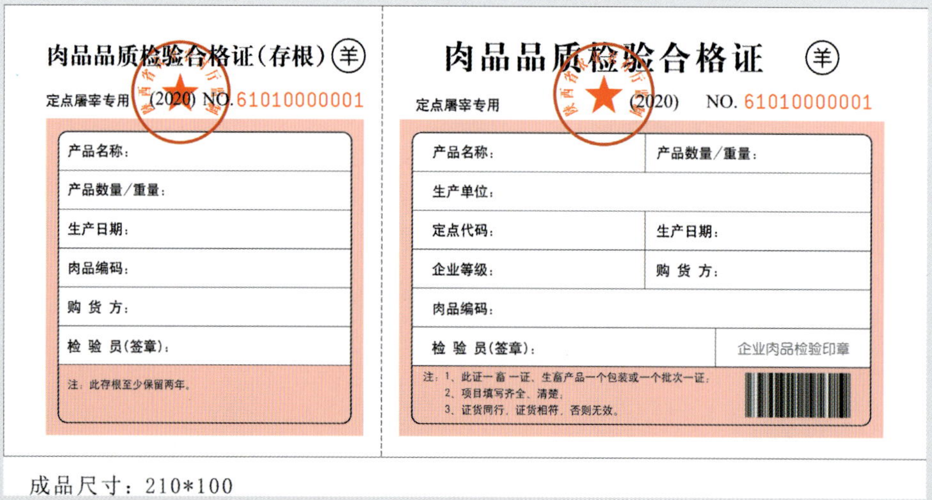
肉品品质检验合格证（存根） 羊

定点屠宰专用 (2020) NO.61010000001

产品名称：	
产品数量/重量：	
生产日期：	
肉品编码：	
购 货 方：	
检 验 员（签章）：	

注：此存根至少保留两年。

肉品品质检验合格证 羊

定点屠宰专用 (2020) NO. 61010000001

产品名称：	产品数量/重量：
生产单位：	
定点代码：	生产日期：
企业等级：	购 货 方：
肉品编码：	
检 验 员（签章）：	企业肉品检验印章

注：1、此证一畜一证、生畜产品一个包装或一个批次一证；
2、项目填写齐全、清楚；
3、证货同行，证货相符，否则无效。

成品尺寸：210*100

图6-18 羊肉品品质检验合格证

近年来，山东、河北等地经农业农村部同意开展了肉品品质检验合格证电子出证试点，在规范企业出证行为、完善产品追溯管理方面进行了积极有益探索。农业农村部支持相关省份开展肉品品质检验合格证电子出证试点，探索推进无纸化出证，完善电子合格证查验认可机制，降低企业在合格证印制等方面的运营成本，图6-19、图6-20为部分省份电子肉品品质检验合格证样式（供参考）。

肉品品质检验合格证 牛

动物检疫合格证明号：000000000

(20XX) NO. 000000000

产品名称		数量及单位	千克
生产日期			
生产单位			
企业等级		定点代码	
到达地点			
购货方			
检验员		验讫印章 盖章处	

注：1、牛产品一个包装或一个批次一证；
2、项目填写齐全、清楚；
3、证货同行，证货相符，否则无效。

肉品溯源二维码

图6-19 肉品品质检验合格证（牛）

肉品品质检验合格证 羊

动物检疫合格证明号：000000000

(20XX) NO. 000000000

产品名称		数量及单位	千克
生产日期			
生产单位			
企业等级		定点代码	
到达地点			
购货方			
检验员		验讫印章 盖章处	

注：1、羊产品一个包装或一个批次一证；
2、项目填写齐全、清楚；
3、证货同行，证货相符，否则无效。

肉品溯源二维码

图6-20 肉品品质检验合格证（羊）

二、肉品品质检验标识

经肉品品质检验合格的牛羊产品，按相关要求加施检验标识。以部分省份为例，经肉品品质检验合格的包装牛羊产品，屠宰厂（场）粘贴肉品品质检验合格标志。肉品品质检验合格标志采用对人体无害的硬质纸标签、不干胶贴等形式。对检验合格的包装牛羊产品，由企业检验人员在产品外包装上粘贴“检验合格”标志。图6-21、图6-22为部分省份肉品品质检验合格证样式（供参考）。具体按照各省规定执行。

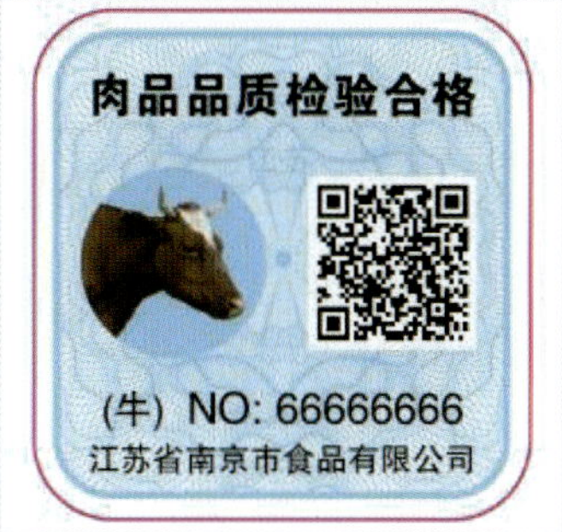

图6-21　肉品品质检验合格证（牛）

图6-22　肉品品质检验合格证（羊）

思考题：

1. 牛羊肉品品质检验记录主要内容包括哪些？
2. 动物检疫证明分为几类？
3. 经检疫检验合格的牛羊胴体应附具哪些证章标志？
4. 牛羊屠宰厂（场）入场查验动物检疫证明包括哪些内容？
5. 牛羊肉品品质检验证章标志包括哪些？
6. 动物检疫证章标志包括哪些？

主要参考文献

[西]费利克斯·瓦尔卡塞·桑乔,2022. 绵羊寄生虫图谱[M]. 殷宏,关贵全,骆学农,主译. 北京:中国农业出版社.

[英]Roger W. Blowey,[美]A. David Weaver, 2004. 牛病彩色图谱[M]. 齐长明,主译. 北京:中国农业大学出版社.

陈怀涛,2008. 兽医病理学原色图谱[M]. 北京:中国农业出版社.

陈怀涛,2021. 兽医病理剖检技术与疾病诊断彩色图谱[M]. 北京:中国农业出版社.

陈溥言,2022. 兽医传染病学[M]. 6版. 北京:中国农业出版社.

陈耀星,2013. 动物解剖学彩色图谱[M]. 北京:中国农业出版社.

陈耀星,崔燕,2019. 动物解剖学与组织胚胎学[M]. 北京:中国农业出版社.

陈耀星,刘为民,2009. 家畜兽医解剖学教程与彩色图谱[M]. 北京:中国农业出版社.

崔治中,金宁一,2013, 动物疫病诊断与防控彩色图谱[M]. 北京:中国农业出版社.

董常生,2015. 家畜解剖学.[M]. 5版. 北京:中国农业出版社.

郭爱珍,2015. 牛结核病[M]. 北京:中国农业出版社.

郭抗抗,2022. 动物性食品卫生学实验指导[M]. 3版. 北京:中国农业出版社.

郭抗抗,2023. 动物防疫与检疫技术[M]. 3版. 北京:高等教育出版社.

李国清,2021. 兽医寄生虫学(中英双语)[M]. 3版. 北京:中国农业出版社.

陆承平,2022. 兽医微生物学[M]. 6版. 北京:中国农业出版社.

罗满林,单虎,朱战波,等,2022. 高级动物传染病学[M]. 北京:科学出版社.

马利青,2016. 肉羊常见病防制技术图册[M]. 北京:中国农业科学技术出版社.

马学恩,王凤龙,2019. 兽医病理学[M]. 5版. 北京:中国农业出版社.

农业部兽医局,中国动物疫病预防控制中心(农业农村部屠宰技术中心),2015. 全国畜禽屠宰检疫检验培训教材[M]. 北京:中国农业出版社.

潘耀谦,刘兴友,冯春花,2019. 牛传染性疾病诊治彩色图谱[M]. 北京:中国农业出版社.

潘耀谦,吴庭才等,2007. 奶牛疾病诊治彩色图谱[M]. 北京:中国农业出版社.

朴范泽,2008. 牛病类症鉴别诊断彩色图谱[M]. 北京:中国农业出版社.

孙锡斌,程国富,徐有生,肖运才,2018. 动物检疫检验彩色图谱[M]. 北京:中国农业出版社.

王贵际,2006. 肉品卫生检验培训教材[M]. 北京:中国商业出版社.

王志亮,吴晓东,包静月,2015. 小反刍兽疫[M]. 北京:中国农业出版社.

熊本海,恩和等,2012. 绵羊实体解剖学图谱[M]. 北京:中国农业出版社.

薛惠文,2003. 肉品卫生监督与检验手册[M]. 北京:金盾出版社.

张旭静,2003. 动物病理学检验彩色图谱[M]. 北京:中国农业出版社.

张彦明,2019. 兽医公共卫生学[M]. 3版. 北京:中国农业出版社.

张彦明，余锐萍，2021. 动物性食品卫生学[M]. 6版. 北京：中国农业出版社.
郑世军，宋清明，2013. 现代动物传染病学[M]. 北京：中国农业出版社.
中国动物疫病预防控制中心（农业农村部屠宰技术中心），2018. 牛屠宰检验检疫图解手册[M]. 北京：中国农业出版社.
中国动物疫病预防控制中心（农业农村部屠宰技术中心），2018. 羊屠宰检验检疫图解手册[M]. 北京：中国农业出版社.
中国动物疫病预防控制中心（农业农村部屠宰技术中心），2021. 全国生猪屠宰兽医卫生检验人员培训教材[M]. 北京：中国农业出版社.
中国动物疫病预防控制中心（农业农村部屠宰技术中心），2021. 畜禽屠宰法规标准汇编[M]. 北京：中国农业出版社.

图书在版编目（CIP）数据

全国牛羊屠宰兽医卫生检验人员培训教材 / 中国动物疫病预防控制中心（农业农村部屠宰技术中心）编．北京 : 中国农业出版社，2025. 8. --（畜禽屠宰行业兽医卫生检验人员培训系列教材）. -- ISBN 978-7-109-33644-5

Ⅰ．TS251. 5

中国国家版本馆CIP数据核字第2025CA0262号

中国农业出版社出版

地址：北京市朝阳区麦子店街18号楼

邮编：100125

责任编辑：刘　伟

版式设计：王　晨　　责任校对：张雯婷　　责任印制：王　宏

印刷：北京通州皇家印刷厂

版次：2025年8月第1版

印次：2025年8月北京第1次印刷

发行：新华书店北京发行所

开本：787mm × 1092mm　1/16

印张：19.5

字数：370千字

定价：140.00元
